西北工业大学出版基金资助项目

材料加工过程实验建模方法

杨 合 詹 梅 编著

西北工业大学出版社

【内容简介】 材料科学与技术的研究与发展迫切需要建立材料成形加工过程的数学模型。材料加工工程是建立在学科基础理论和大量实验基础上的应用技术学科，在很多情况下，理论建模存在很大难度，因此有必要通过一定量的实验建立并求解相关的数学模型。

本书主要内容包括三大部分，即回归分析、试验优化设计以及人工神经网络在实验建模中的应用。其中回归分析又包括简单回归分析、多元最优回归分析；试验优化设计包括简单试验设计、正交试验设计、回归正交试验设计和均匀试验设计。

本书适合用作相关专业本科生和研究生的教材，力求培养学生将工程问题模型化、定量化的能力，适应培养高水平、高素质人才的需求。

图书在版编目(CIP)数据

材料加工过程实验建模方法/杨合，詹梅编著．—西安：西北工业大学出版社，2008.12

ISBN 978-7-5612-2219-5

Ⅰ. 材… Ⅱ. ①杨…②詹… Ⅲ. 工程材料—加工—实验—建立模型—研究
Ⅳ. TB 3-33

中国版本图书馆 CIP 数据核字(2008)第 167657 号

出版发行： 西北工业大学出版社
通信地址： 西安市友谊西路 127 号 邮编：710072
电　　话： (029) 88493844 88491757
网　　址： www.nwpup.com
印 刷 者： 陕西向阳印务有限公司
开　　本： 787 mm×960 mm 1/16
印　　张： 20.75
字　　数： 382 千字
版　　次： 2008 年 12 月第 1 版 2008 年 12 月第 1 次印刷
定　　价： 35.00 元

前言

材料、能源和信息构成了人类现代文明的三大支柱，它的发展与应用在一定程度上标志和影响着国家的综合实力。材料加工过程既是材料实现应用的前提，又是对材料的深度加工。可通过改变和控制材料的外部形状和内部组织结构，将材料制造成为形状、尺寸和性能都满足不同需要的零部件产品。因此，材料加工具有技术密集、增值高和技术经济效益显著等特点。作为先进制造技术的重要组成部分，材料加工过程和技术是推动科技进步、国防现代化以及经济和社会发展的必要条件。

材料加工过程的研究任务是发现现象、揭示规律、阐明机理，并使材料加工过程定量化（模型化）和精确化（最优化），其目的是从理论上得出更有效地处理材料加工工艺问题的途径，增加科学预见性，减少依靠经验处理问题的盲目性，改善材料加工过程，进而对材料加工过程进行优化设计与精确控制，从而提高生产效率，提高产品质量，更合理地利用材料、节约材料和能源，并使其发展成为高质量、短周期、低成本、节约型的先进加工技术。

材料加工工程是一门建立在基础理论和大量实验基础上的技术学科，而材料加工过程往往是多工步、多因素耦合和多场耦合，包含几何、物理和边界条件三重高度非线性的复杂过程，有很多问题到目前也难以完全明确其物理机制，即使在完全明确其物理机制后，要想从理论角度用数学解析方法直接描述也是非常困难的。因此，材料加工工程学科远不像数学、物理学那样有系统和缜密的理论和精确的数学描述方法。如何从材料加工过程明晰的基本概念出发，通过深入思考，抓住主要矛盾，尽可能地实现材料加工过程定量化和精确化的描述与分析，直至优化设计与精确控制，即使难以做到也要尽可能实现定性描述其规律，这是我和我的团队多年来铭心向往和投入热情的一项追求。材料加工过程实验建模方法也正在朝着这一目标前进，以至于作者努力写出这样一部书来贡献于相关领域的学者和学生。从控制和提高材料成形加工质量的角度来看，如果我们明确了影响材料加工过程和质量（包括性能、组织、形状尺寸精度）的主要因素，以此为基础，主动设计并进行一定量的实验，进而获得这些因素和影响结果的数据，就有可能建立影响材料加工过程和质量的主要因素的定量或半定量的关联关系。这一环节即构成了材料先进加工技术走向实用化的关键一步，这也就是材料加工过程实验建模方法所要关注的目标。其研究内容包括：①如何以尽可能少的主动实验获取尽可能多的反映事物本质的信息，这涉及实验的优化设计，包括正交试验设计、均匀试验设计、相似理论以及模型试验等；② 如何选取变量并求取其函数关系，这涉及回归分析与人工神经网络的应用等。

即使在数值建模仿真技术日益广泛应用于各种材料加工技术的今天，实验研究仍然是材料加工技术研究和发展不可替代的一种重要研究手段，而材料先进适用加工技术的研究和发展对实验研究提出了更高的要求，迫切需要通过实验也能建立起尽可能定量化和精确化的数学模型来对材料加工过程进行描述与分析，直至优化设计与精确控制。

虽然基于回归分析、试验设计和人工神经网络的实验建模方法已在材料加工过程中得到了广泛的应用，然而，到目前为止，还没有一部系统论述材料加工过程实验建模方法理论及应用的专著问世，相关的技术和理论及其应用只是散见于大量的期刊和会议论文中。为了促进材料加工过程实验建模方法与技术的发展和应用，我们总结了十余年来本研究团队在材料加工实验建模方法及其应用方面的研究成果，同时也吸纳了国内外这一领域学者反映在学术刊物、会议和网络中的研究成果，撰写了这部专著，希望对材料加工工程及其相关领域的研究和应用工作有所帮助。

本书内容结构的框架由杨合规划，第一章、第二章由杨合与詹梅合作撰写，第三章至第十章由詹梅撰写。本书大部分内容取材于杨合带领的研究团队及其所指导的研究生的研究成果，除了两位作者所做的研究工作外，还包括李恒、谷瑞杰、肖红生、唐汉玲、冯桐、王光祥、任宁、唐泽、张静静、陈岗等研究生的工作，涉及将回归分析、试验优化设计以及人工神经网络应用于材料加工实验建模中的一些成果，包括管材弯曲、薄壁件旋压、钛合金材料本构模型建立与应用等方面。

由于材料加工实验建模方法在不断发展和完善，加之作者水平有限，书稿中很多论述难免有些不够完善或论据不足，甚至是错误的，衷心欢迎读者批评指正。

本书反映的有关研究工作得到了国家杰出青年科学基金、国家自然科学基金、航空科学基金、解放军总装备部、原国防科工委的资助与大力支持，西北工业大学为有关研究工作提供了良好的设施与条件。本书的出版得到了西北工业大学第十期出版基金的资助，西北工业大学出版社对书稿的编辑做了大量卓有成效的工作。在此，衷心感谢所有对本书的出版做出贡献和提供帮助的单位和人士！

杨 合、詹 梅

西北工业大学

2008 年 5 月 18 日

目录

第一章 绪 论

材料、能源和信息构成了人类现代文明的三大支柱[1]。材料科学与技术已成为当代高科技发展的先导，又是其中的重要组成部分。材料加工过程是材料实现应用的前提，材料加工技术不但是先进制造技术的重要组成部分，而且是推动科技进步、国防现代化以及经济和社会发展的必要条件。

1.1 材料加工过程及其复杂性

1.1.1 材料及其加工过程

材料是可以直接制造成产品的物质，是人类赖以生存和发展的物质基础。材料和我们日常生活密切相关，它的使用与发展一直是标志人类进步的里程碑。材料是工业革命的先导，并与能源、信息构成了人类现代文明的三大支柱，它的发展与进步在一定程度上标志和影响着国家和国防的综合实力[1]。材料领域的科研和生产本身为社会创造着丰富的物质财富，并为人们提供了大量的就业机会，同时又与国民经济的几乎所有其他支柱产业及各种社会需求之间有着密切的关联[2]。

新材料和先进材料的研究与开发始终是高科技开发乃至国民经济发展的基础。历史上的每一次工业变革，无不受到新材料和先进材料的影响。甚至如果哪个国家掌握了新材料和先进材料的开发和生产技术，则这个国家就能够真正站立在世界高科技的前沿。当前，材料的高性能化、先进材料的制备与加工成形技术、材料环境的行为与失效、材料的计算设计及模拟仿真，已成为材料科学自身发展的重大科学问题，也是国家中长期材料科学领域发展战略重点中“择需、择重、择优”支持的重要研究方向[3]。材料学与数学、物理、化学、力学、生物学、现代控制理论、信息科学及计算机科学等的交叉、融合和优势互补是新材料学和先进材料学发展的必由之路。

“新材料或先进材料”包含着两个层面的含义。一是对传统材料的再开发，使其在性能上获得重要突破，一般称之为先进材料；二是采用新工艺和新技术合成，开发出具有各种性能优异或新的和特殊功能的材料[4]。由此可以看出，新材料或先进材料与新工艺、先进技术有着密切的关系。一方面，新工艺与先进技术的使用不断地扩展了人类的技术手段，从而使人们能够更加充分地开发传统材料中的各种新的性能或功能，更重要的是，通过新的合成工艺与先进技术，使人类获得种类更多、性能更佳的材料，如纳米材料、多相材料。另一方面，诸多具有特殊性能材料的涌现，推动了高新技术的快速发展。这一点，在现代社会表现得尤为突出。可以说，新材料或先进材料的开发已经成为高新技术的基础与先导。

在现代社会，新材料以及新材料中的高新技术正在为人类展开一个新世界的画卷。其中包括，使一种材料从单一功能向多种功能发展，而且可根据材料来设计产品，根据产品的需要，通过新的组成、结构和工艺设计来实现产品所需功能的概念，也就是说，它的功能要求正在向着适应人类在各个领域的需要而发展。由此，可以说，材料已经成为人类从“自然王国”走向“自由王国”的动力和保证源泉[4]。

通过改变和控制材料的外部形状和内部组织结构，从而达到“控形”和“控性”的目的。使材料成为人类社会所需要的各种零部件产品的过程是材料成形，也称为材料成形加工或制造，或简称为材料加工[5]。这类过程包括铸造、塑性成形、焊接、粉末冶金、喷射成形、表面加工、热处理改性等，又因为这类过程一般都需要将材料加热到一定的温度下才能进行，因此通常又称这类加工方法为热加工。

还有一类加工方法，如传统的车、铣、刨、磨、钻等切削加工，以及直接利用电能、化学能、声能、光能等进行的特殊加工，如电火花加工、电解加工、超声波加工、激光加工等，在加工制造过程中通过去除一部分材料，赋予未去除材料一定的形状、尺寸和表面状态，尤其是尺寸精度和表面粗糙度，而一般不改变材料的内部组织和性能[5]。这一类加工方法统称为切削加工或去除加工。由于这类加工一般在常温下甚至往往是在强制冷却到常温下进行，所以习惯上称这类加工方法为冷加工。

材料加工过程和方法不仅种类繁多，特点各异，而且在不断发展。不同的材料需要不同的加工过程和方法，同样的材料制造不同的工件也要采用不同的加工过程和方法。

材料加工是材料实现应用的前提。材料加工是对材料的深度加工，具有显著的技术经济效益和高增值的特点。工业发达国家都把材料加工技术的研究与开发作为国民经济的重要组成部分，予以高度重视。材料加工技术作为先进制造技术的重要组成部分，是推动科技进步、国防现代化以及经济和社会发展的必要条件[6]。

1.1.2 材料加工过程影响因素的复杂性

随着科学技术与国民经济的发展和国家安全的需要，材料加工的产品种类与数量不断增多。对在材料、形状、尺寸、精度、粗糙度、强度、寿命、重量等方面的要求，不仅日益多样而且日益严格。然而，材料加工是一个非常复杂的物理过程，影响该过程的因素多而复杂，而且因素间还可能存在耦合作用。

以塑性成形为例，材料加工过程的主要影响因素包括：①材料性能；②模具质量与状况；③摩擦与润滑；④变形状况；⑤机床性能与状况；⑥产品设计；⑦生产环境，如图 1.1 所示。

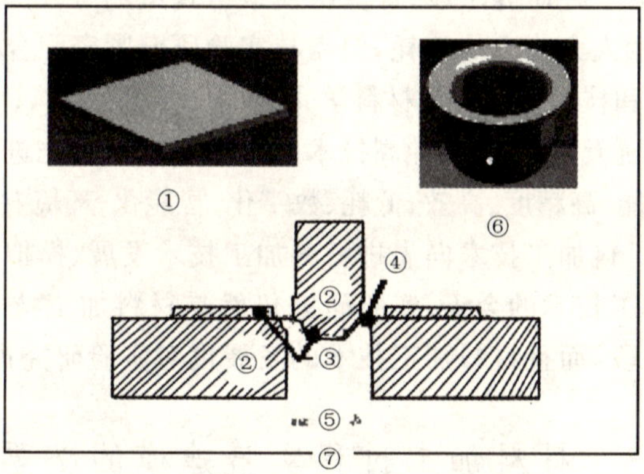

图 1.1 材料加工过程的主要影响因素

其中，材料性质可以构成一个专门的研究领域，并非几个指标所能概括。而产品形状多种多样，通常都比较复杂。摩擦与润滑，在高接触压力和塑性变形下，其机理尚未认识清楚。工件在成形中的受力、变形与破坏状况则更是复杂多变。要掌握材料加工过程的成形规律，就需对材料的行为进行大变形塑性力学的描述，对工件不断变化的形状进行适当的几何描述，并且这两方面还要相互耦合。这之中各因素间的影响更有待进一步研究。

由于材料加工是一个多场、多工步、多因素耦合作用下的复杂的物理过程，因此迄今未能很好建立对这一过程进行系统深入研究的直接观察方法[6]。

1.2 材料加工过程的研究方法

材料加工过程和技术研究是一个既有挑战性又充满机遇的领域，每一项进展都具有提高并深化认识的意义，具有强化生产能力和提高经济效益的实用价值。

材料加工工程学科又是一门技术学科。其研究任务是发现现象、揭示规律、阐明机理，并使材料加工过程定量化（模型化）和精确化（最优化）。其研究目的是从理论上得出更有效地处理材料加工工艺问题的途径，减少依靠经验处理工艺问题的盲目性，增加科学预见性，改善材料加工过程，达到更合理地利用材料、节约材料和能源、减轻劳动强度，从而提高生产效率和产品质量，实现高质量、短周期、低成本、节约型的先进材料加工技术[7,8]。

材料加工过程的研究方法主要有三大类，即理论分析、实验研究和计算机模拟仿真[6]。理论分析由于需要较多的假设和简化，难以研究复杂多因素的影响；而实验研究虽然需要花费较多的人力、物力和时间，但它是材料加工技术研究和发展的基础，是必不可少的一种研究手段；计算机模拟仿真虽然可以模拟复杂的材料加工过程，有效避免大量人力物力的消耗，但需与实验研究紧密配合。

材料加工过程和技术是一门集材料学、机械学、热学、力学、计算机科学于一体的综合性学科。航空航天、汽车和其他高技术的发展要求材料先进加工技术朝着精确成形、轻量化、高性能、高精度、高效、低耗、数字化、智能化、环境友好的方向发展[6]。

综上所述，在材料加工技术向先进材料加工技术发展、模拟仿真技术日益广泛应用于各种材料加工技术的今天，实验研究仍然是材料加工技术研究和发展必不可少的一种研究手段，而且材料加工技术的发展也对实验研究提出了更高的要求。

1.3 材料加工过程实验建模的必要性

材料加工工程学科是一门建立在基础理论和大量实验基础上的技术学科，所以，材料科学及其以此为基础的材料加工工程科学远不像数学、物理学那样有系统的理论和精确的数学方法。在过去，新材料、新物质、新加工工艺和技术的探索、研制与开发常常是采用经验性的反复实验法，或称为“炒菜法”或“试错法”[9]。也即，在材料组织性能或零部件的形状和性能要求提出后，凭经验确定材料制备的配方或零部件加工的工艺过程，然后试制出一批样品或样件，分析其组分、结构，测试其性能及成形质量和形状尺寸精度，如果没有达到要求，就另行改变配方和工艺再进行试验。一般这个过程要反复多次才有可能达到要求。这种方法费时费力，事倍功半。鉴于材料加工工程学科是一门建立在基础理论和大量实验基础上的技术学科的性质，因此，在很多情况下，事物之间的关系难以完全明确其物理机制，即使在完全明确其物理机制后也难以用数学解析方法直接描述。

此外，材料及其制备、加工工艺的研制与开发过程中还面临着一些问题[9]，譬如如何有效利用各种已有的文献资料数据、专利数据，从中提取有用信息，制订科研开发计划；如何在实验室试制阶段，及时总结、调整实验方向；如何在工业生产中，总结、归纳生产和实验记录，提出工业优化方案，在提高或保证材料性能及零部件成形质量的同时，降低新材料及新加工工艺的成本。新材料研制的“炒菜法”及零部件加工过程中的“试错法”和上述的这些难题，造成了新材料研制及以此为基础的材料加工工艺的开发成本高、周期长、盲目性大等缺点。

为了摆脱这种盲目的研究和开发方式,就需要对材料制备及其加工过程进行实验设计,即按照目标要求进行理论计算,确定为达到该要求所应采用的配方和工艺过程。这就是要通过一定量的实验,构造一类逼近这些实验数据的模型,并通过实验进行验证。然而,材料加工过程往往是多场耦合、多工步、多参数耦合的高度非线性的复杂过程,例如金属塑性成形时要经历复杂的组织演化过程和不均匀变形,并且易出现充填不满、裂纹、流线折叠、涡流、穿筋等各种各样的缺陷。由于零部件的成形质量与材料的组分、加工工艺间的关系过于复杂,以及以新材料为对象的新材料加工过程的机理还处于摸索阶段,因此,对材料加工体系建立完备、精确化的数学模型,从原子、分子层次对材料进行自底向上的精确的设计还仅处于概念性阶段,目前尚难以满足研究与发展先进材料加工技术使其向高质量、低成本、短周期、自主创新地实现材料加工产品开发的需求[9]。

然而,从宏观角度来看,零部件的成形质量(包括性能、组织、形状尺寸精度)由材料的组分、制备工艺以及复杂的材料加工工艺参数决定。因此,如果能够确定材料性能和原料种类、原料用量、制备及加工过程等影响因素之间的数学关系,就有可能在不需要了解材料内在物理机制和详细机理的情况下,开发出符合要求的新材料、新工艺过程。因此,确定材料性能与制备的影响因素,确定零部件成形质量和建立影响其加工性能的各因素之间的定量或半定量关系,就成了对新材料和先进加工技术进行实用化设计的关键[9,10]。因此,非常有必要通过实验建立尽可能定量化和精确化的数学模型来对材料加工过程进行描述和分析。

1.4 内容概述

本书的第一章主要对材料及其加工过程、影响材料加工过程的主要因素及其复杂性、材料加工过程的研究方法等进行了简要介绍,引出了在材料加工过程中通过实验研究建立数学模型的必要性。

第二章首先介绍了材料加工过程的三要素流动、数学模型与建模的方法以及材料加工过程理论建模方法,然后给出了材料加工过程实验建模方法和步骤,包括基于回归分析的建模方法、基于试验设计的直接建模方法和基于人工神经网络的建模方法的基本流程,给出了实验建模方法的不足及其发展趋势。

第三章和第四章是基于回归分析的实验建模方法在材料加工过程中的应用。其中,第三章主要着重介绍了线性回归、非线性回归(包括线性化回归和多项式回归)等基本回归分析方法的基本原理及其应用情况。第四章则主要介绍最优回归分析所涉及的选择“最优”回归方程的方法、逐步回归分析、正交多项式回归的基本原理及其应用情况。最后总结了基于回归分析的实验建模方法在材料加工过程中的其他应用情况。

第五、六、七、八章是关于试验设计及其在材料加工过程中的应用情况。其中，第五章是关于单因素和多因素的简单试验设计的基本方法及应用的介绍。第六章全面介绍了正交试验设计的原理、步骤、直观分析与方差分析及各种情况下的正交试验设计的应用,并对其进行了详细的归纳与阐述。第七章是关于回归正交设计的基本原理与方法及其应用的介绍,重点在一次回归正交试验设计方面。第八章是关于均匀试验设计的基本原理与方法及其应用的详细阐述。最后总结了基于试验设计的直接建模方法在材料加工过程中的其他应用情况。

第九章是对基于人工神经网络的实验建模方法的全面介绍。主要对人工神经网络的组成、特点、神经元特点与信息处理过程、人工神经网络的工作方式、结构进行了阐述,重点对在材料加工过程中应用较广泛的误差反向传播(BP)网络的实现步骤、存在的问题及其在材料及其加工过程中的应用进行了详细阐述。最后总结了基于人工神经网络的实验建模方法在材料加工过程中的其他应用情况。

第十章通过对钛合金热变形材料高温本构模型的研究、大口径薄壁管材塑性本构参数的确定和不均匀压下面内弯曲半径预测模型研究等三个材料加工过程典型实例的阐述,详细介绍了上述基于回归分析、试验优化设计和人工神经网络的实验建模方法在材料加工过程中的综合应用情况。

参考文献

[1] 何宇声. 复合材料在材料科学技术中的作用和地位:迎接二十一世纪挑战. 玻璃钢/复合材料，2001,1:37－41.

[2] 马春. 2004年世界新材料研究进展综述. 新材料产业，2005,2:56－60.

[3] 国家科技计划2006年年度报告.[2007－08－10]. http://www.most.gov.cn/ndbg/ndbg2005/ndbg2005_04.pdf.

[4] 李真真. 新材料、新能源技术与人类文明.[2007－08－10]. http://www.cas.ac.cn/html/Books/O61BG/a1/2002/5/5.1_1.htm.

[5] 谢建新，等. 材料加工新技术与新工艺. 北京：冶金工业出版社，2004.

[6] Yang He, Zhan Mei, Liu Yuli, et al. Some advanced plastic processing technologies and their numerical simulation. Journal of Materials Processing Technology，2004,151:63－69.

[7] 杨合，孙志超，林艳，等. 管成形技术发展基础问题研究. 塑性工程学报，2001,8(2):83－85.

[8] 宋玉泉. 连续局部塑性成形的发展前景. 中国机械工程. 2000,1－2: 65－67.

[9] 张纯禹. 现代优化计算方法在材料最优化设计中的应用. 材料科学与工程学报，2003,21(1):44－47.

[10] 李顺平，杨合. 神经网络在塑性加工中的应用. 航空制造工程，1998,3:27－28.

第二章　材料加工过程实验建模方法概述

本章介绍材料加工过程中三要素的流动、数学模型及理论建模方法，以及在材料加工过程实验建模中常用的基于回归分析的建模方法、基于试验设计的直接建模方法和基于人工神经网络的建模方法的基本流程，总结实验建模方法的不足及其发展趋势。

2.1　材料加工过程中三要素的流动

经过千百年的实践和认识，现代生产已经发展成为复杂的工业体系，有多种材料加工过程，但每个材料加工过程都有各自的能力和限制。各种材料成形过程共同的特点为：①使对象发生预期的形状甚至性质上的变化；②都必须具备三要素流动，即材料、信息和能量，如图 2.1 所示。

图 2.1　材料加工过程中的三要素流动

M—材料；　E—能量；　I—信息

在材料加工过程中，能量流的流动之所以呈现耗散特性，是因为一部分能量 ΔE_k（其中 $k=1,2,\cdots,m$）用于改变加工对象的性质，另一部分能量散失，如图 2.2 所示。因此，有

$$E_i = E_e + \sum_{k=1}^{m} \Delta E_k$$

与能量不同，信息在材料加工过程中呈现出积累特性，这是因为材料加工过程的目的就是将形状比较简单的原材料，转变为形状更为复杂的并满足更多要求的产品。加工对象的形状和性质的变化，都伴随着信息的变化 ΔI_k（其中 $k=1,2,\cdots,n$）而变化，如图 2.3 所示。因此，有

$$I_e = I_i + \sum_{k=1}^{m} \Delta I_k$$

在材料加工过程中，材料流按其质量（Mass）变化分为分量流、等量流、增量流

三种，如图 2.4 所示。

(1) 分量流。原材料经过加工后，成为产品 M_{e1} 与工艺废料 M_{e2}。如果从材料加工工程的材料的投入与产出的关系看，分量流的特征也可描述为

$$dM < 0$$

(2) 等量流。原材料经过加工后，产品与原材料的质量相等或近似相等，也可表示为

$$dM \approx 0$$

(3) 增量流。产品由各部分组合而成，也可表示为

$$dM > 0$$

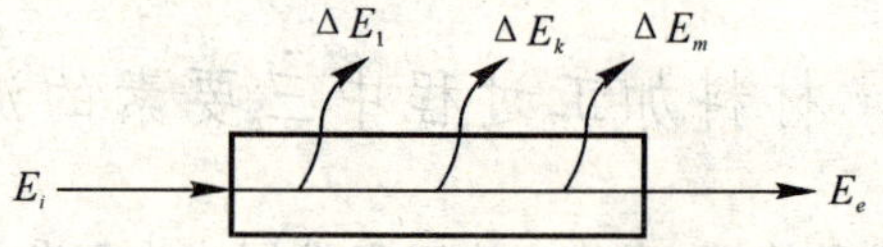

图 2.2　材料加工过程中的能量流

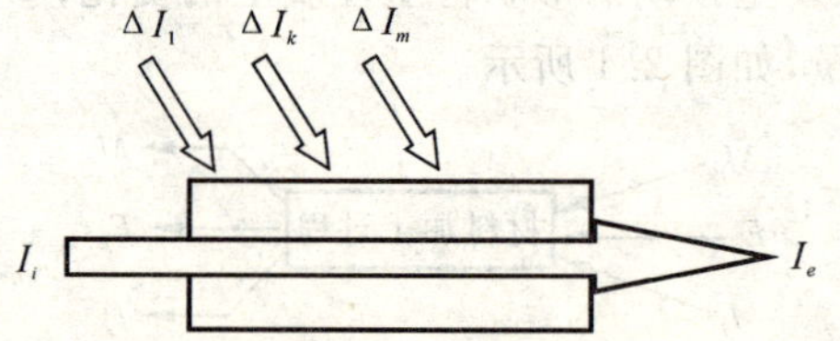

图 2.3　材料加工过程中的信息流

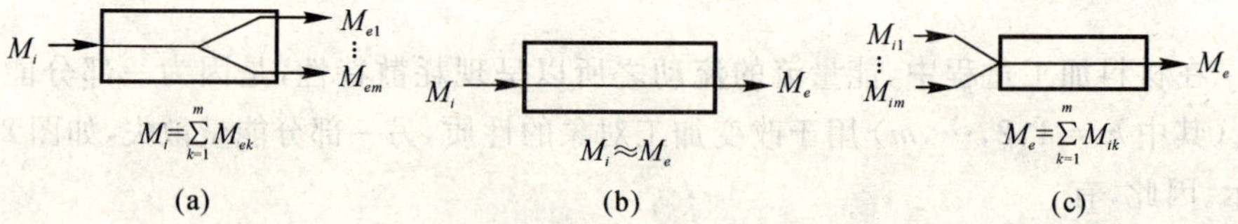

图 2.4　材料加工过程中的材料流

(a) 分量流；(b) 等量流；(c) 增量流

在材料加工过程中，常见的切削是分量流的示例，塑性成形、铸造可看成是等量流的示例，而焊接、组装和激光立体成形则是增量流示例。对于不同的材料，其流动状况也不尽相同(见图 2.5)。

揭示和掌握材料加工过程中三要素的流动规律对实现材料加工过程的优化设计和精确控制具有重要意义，这也是实现材料加工过程建模的目的。

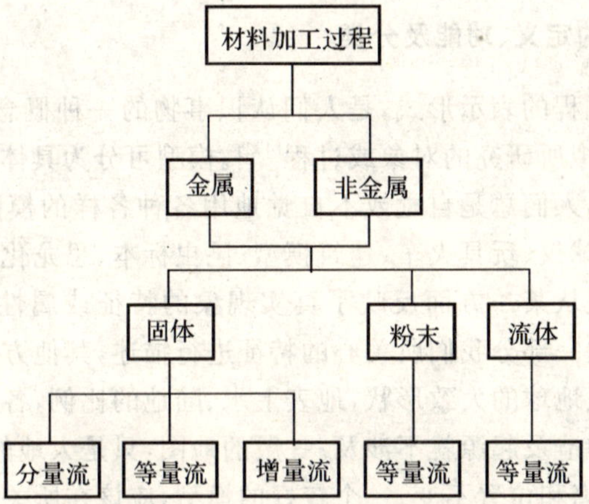

图 2.5　不同材料的加工过程

2.2　数学模型及其建立方法

世界上的一切事物都是按一定客观规律运动、变化着的，事物之间也彼此联系和制约着，无论是从浩瀚的宇宙到渺小的离子，还是从自然科学到社会科学，都是这样。事物的变化规律和事物之间的联系，必然蕴涵着一定的数量关系，所以数学是认识世界和改造世界的必不可少的重要工具，特别是在科学技术飞速发展的今天。

数学是研究现实世界的空间形式和数量关系的科学，是理解世界的方法之一，是万物的度量；数学是高度抽象的、非常严密的，数学的结论和方法可以用在许多方面。随着科技水平的提高，特别是随着计算机技术的发展，使得材料科学与工程等领域都广泛深入地采用了数学的方法和工具，使得以前很多定性的东西也逐步定量化和精确化，数学的应用不再局限于物理等领域。数学本身的发展，也提供了解决随机、确定、离散等问题的途径，从而使得数学在各个学科中的应用显得越来越重要。

一个学科的内容能用数学来分析和表示，这是该学科精确化和科学化的一种表现。利用数学这一工具，可以深刻地认识客观现象的本质，预测未来，促进科学的发展。有许多物理概念用语言叙述是很难说清的，但可以用数学表达式清晰而准确地展现它们。总而言之，当前科学技术的发展要求我们更好地应用数学这一工具为各个方面服务，用数学方法来反映、描述或模拟各种各样的现象，揭示其内在规律。

2.2.1 数学模型的定义、功能及分类

模型是实物、过程的表示形式，是人们认识事物的一种概念框架，也就是用某种形式来近似地模拟所研究的对象或过程[1,2]。模型可分为具体模型和抽象模型。

在现实生活中，人们总是自觉或不自觉地用各种各样的模型来描述一些事物或现象，如地图、地球仪、玩具火车、建筑模型、昆虫标本、恐龙化石与照片等均可以看做模型。它们都是从某一方面反映了真实现象的特征或属性，即根据我们的目的，从真实现象中选一部分我们所关心的特征进行描述，其他方面的特征可以不涉及。如地球仪只反映地球的大致形状，地表上水、陆地的比例，各个国家所处的地理位置等，对地球的构造及起源就不涉及。一般的地图，只是大地的一种模型，它保持了各地区之间的距离和位置不变。一个较好的模型，应该在所关心的方面体现出真实对象的主要特征，否则就没有多少意义。

每一个人的头脑中也储存了不少模型。如我们认识许多人，就是将这些人的长相、行为、品质、才能等主要特征经过头脑进行加工，作为一个个模型储存，下一次遇见以后，就是用这些模型比较，若与某一模型相符，就是认识这个人，否则就是陌生人，就需要在头脑中重新建立他的模型。

判断一件事情的好坏，不同的人给出的结果可能不一样，就是因为每个人的标准不一样，也即每个人头脑之中的框架不一样。一个人的世界观也是一种模型，它是人们对待现实生活的态度，是对各种事物的认识方法，由于这个模型的不同，才使得世界上有了各种各样的人生。

必须注意，模型仅是对真实对象的一种描述方法，模型可以帮助我们认识事物，但它并非现实，如地图并非所代表的国土。

数学模型是为一定目的对有关的部分现实世界所做的抽象、简化的数学结构，它用数学符号、公式、图表等刻画客观事物的本质属性与内在规律，是对所研究对象的数学模拟，是一种理想化和抽象化的方法，是科学研究中重要的方法之一[1]。数学模型是抽象模型的一种。

数学模型主要有解释、判断、预见三大功能[2]。其中预见功能是数学模型最重要的功能，因为能否成功地利用数学模型所推导的规律与事实去预测未来，这是衡量该模型价值与数学方法效力的最重要的标准。

数学模型的分类很难有统一的标准，可以根据不同的原则分成不同的类型[2]。根据数学方法可分为初等模型、微分方程模型、优化模型、数值化模型、控制模型等；根据研究的实际问题对象可分为人口模型、生态模型、交通模型、经济模型、材料加工模型等；根据变量的性质可分为确定性模型、随机性模型、离散性模型等；根据对变量的了解程度可分为白箱模型、灰箱模型、黑箱模型等；根据系统的性质可

分为微观模型、宏观模型、集中参数模型、分布参数模型、时变模型等；根据建立模型的方法可分为理论模型、实验模型等。

2.2.2　材料加工过程理论建模方法

一个理想的材料加工过程，其数学模型必须能反映材料加工过程的全部重要特性，同时在数学上又易于处理，即它满足模型的可靠性和适用性。可靠性指的是在允许的误差范围内，它能反映出该系统有关特性的内在联系；适用性指的是它必须易于数学处理和计算。

建立数学模型即是确定函数形式并求取具体公式的过程。

一个实际问题往往是很复杂的，影响它的因素总是很多的。如果想把它的全部影响因素都反映到数学模型中来，这样的数学模型是很难建立的，甚至是不可能建立的，即使能建立也是不可取的，因为这样的模型非常复杂，很难进行数学推演和计算。反过来，若仅考虑易于数学处理这一要求，当然数学模型越简单越好，这样做又难于反映过程的主要相关特性。实际上，所建立的数学模型往往是对这两种相互矛盾要求的折中处理。

在材料加工工程学科的发展与进步过程中，理论分析建模方法逐步得到发展与完善。如塑性成形中的主应力法、滑移线法等，其共同特征是根据具体的材料加工过程本身的性质，分析因果关系，在适当的假设条件下用数学工具去描述其数量特征[3]。

材料加工过程理论建模的主要步骤如下：

(1) 了解问题，明确目的。在建模前要对实际问题进行全面、深入细致的观察，深刻了解其背景，明确所要解决问题的目的和要求，并按要求收集必要的基础数据。

(2) 对问题进行简化和假设。一般地，一个材料加工过程是复杂的，涉及的方面较多，建模不可能考虑到所有因素。因此，在明确目的、掌握资料的基础上抓住主要矛盾，必须舍去一些次要因素，对问题进行适当的简化，提出合理的假设。不同的简化和假设，有可能得出不同的模型和结果。究竟简化、假设到什么程度，要根据经验和具体问题去处理。

(3) 建立模型。基于上述简化和假设，选择适当的数学工具来刻画、描述各种量之间的关系，用表格、图形、公式等来确定数学结构。我们要用数学模型解决实际问题，可用各种各样的数学方法，必要时还要创造新的数学方法以适应实际问题。在保证精度的前提下应尽量用简单的数学方法，以便推广应用。

(4) 对模型进行分析、检验和修改。建立数学模型旨在解释自然现象、寻找规律，以便指导人们认识世界和改造世界，建立数学模型本身并不是目的。所以，建立数学模型后要对模型进行分析，即用解方程、推理、图解、计算机模拟、定理证明、稳定性讨论等数学的运算和证明得到数量结果，将此结果与实际问题进行比较，以验证模型的合理性。必要时进行修改，调整参数，或者改换数学方法。一般地，一个模型要经过反复修改才能成功。

(5) 模型的应用。用已建立的模型分析、解释已有的现象，并预测未来的发展趋势，以便给人们的决策提供参考。理论建模的主要步骤归纳起来，可用图 2.6 来说明。

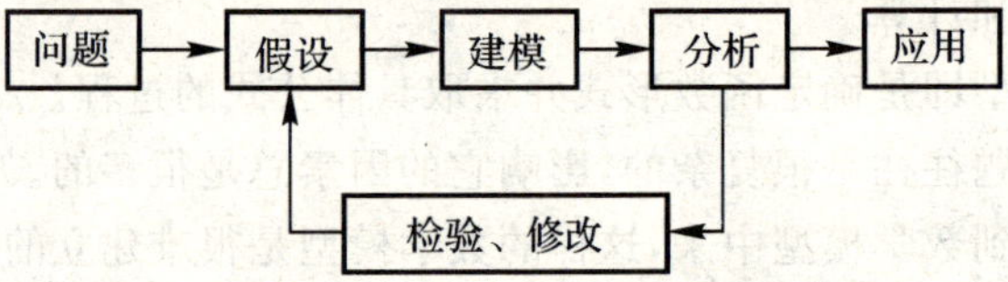

图 2.6　材料加工过程理论建模的主要步骤

2.3　材料加工过程的实验建模方法

2.3.1　材料加工过程实验建模步骤

我们知道，材料加工工程学科是一门建立在基础理论和大量实验基础上的应用技术学科。一方面，在很多情况下，事物之间的关系难以用数学解析方法直接描述，针对这种情况，有一种可供采用的方法，就是通过一定量的实验，构造一类函数逼近这些实验数据，并通过实验进行验证。这类模型大多为黑箱模型，并以宏观模型为主。

另一方面，也有很多实际问题，可直接通过少量实验，根据实验结果的比较，进行分析优化，即直接最优化方法。

无论何种材料加工过程，根据材料加工过程理论建模的步骤，材料加工过程实验建模的主要步骤都可用图 2.7 来描述。

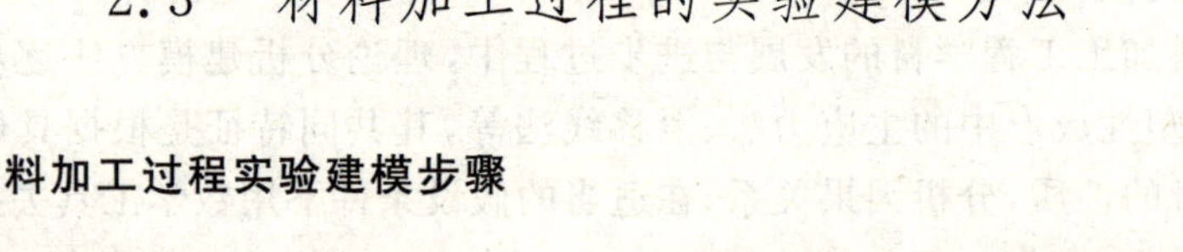

图 2.7　材料加工过程实验建模的主要步骤

在实验建模过程中，面临两个需要解决的关键问题：

(1) 如何以尽可能少的实验获取尽可能多的反映事物本质的信息，这就涉及实验的优化设计，包括正交试验设计、均匀试验设计、相似理论以及模型实验等内容。

(2) 如何选取函数并求取，这涉及回归分析与人工神经网络的应用等内容。

另外，人们要求以较少的实验建立精度较高的回归方程的问题，摆脱古典回归分析的被动局面，主动地把实验的设计、数据的处理和回归方程的精度统一起来加以考虑，根据实验目的和数据分析来选择实验点，不仅使得在每个实验点上获得的数据含有最大的信息，从而减少实验的次数，而且，使数据的统计分析具有好的性质。“回归设计与分析”便是这个分支所研究的问题。

回归分析在确定变量间的函数关系方面是一种非常重要的方法。但是，由于零部件成形质量和各种影响因素之间往往不是线性关系，并且各种因素之间常常相互影响，因此，对这种复杂的非线性体系利用线性回归方法进行建模经常会产生较大的误差[4]。而非线性回归方法则要求首先给出这种关系的先验形式，因此适用性也受到较大的限制[4]。相比之下，人工神经网络等现代优化算法则由于对问题要求宽松，运算速度快，结果精度高等优点而在材料加工工程领域得以广泛应用[4]。

根据上述建立材料加工过程数学模型所采用的方法，可将材料加工过程实验建模方法归结为如下三类：

(1) 基于回归分析的实验建模方法。

(2) 基于实验设计的直接建模方法。

(3) 基于人工神经网络的实验建模方法。

2.3.2 基于回归分析的实验建模方法

基于回归分析的实验建模的基本流程为：进行实验研究；引入许多假设的条件；根据实验结果提出一系列相关的数学表达式；通过回归分析确定表达式中的常数；然后用于预测不同条件下的结果，并与实验结果比较；对原模型进行修改，使得预测结果与实测更好地吻合。

回归分析是进行实验数据处理、材料设计及其加工过程优化与控制常用的方法之一，但是回归分析必须在变量很少或函数关系较明确的时候才比较适用，而当影响因素太多或者输入、输出变量之间的函数关系不明确时，采用回归分析进行实验数据处理、材料设计及其加工过程优化与控制将十分困难[5]。

2.3.3 基于实验设计的直接建模方法

基于实验设计的直接建模方法是在对系统对象充分论证和了解的基础上，确定出对其样本中少数典型的代表点进行相应的实验，再应用数学分析手段进行计算和统计分析，从而找出其显著因素和较好水平，将它们重新组合并再次实验，最后得到较优方案[6]。

基于实验设计的直接建模方法在材料加工过程中的应用除少量采用均匀试验设计法外，以正交试验设计方法为主。以正交试验设计为代表的实验建模方法思路清晰，优化结果的统计分析计算比较简单，所得结果并非最优解，一般只为较优解[6]。在正交试验设计的具体运用中应注意如下一些问题[7]：

(1) 选取影响因素时不能漏掉任何重要的影响因素，否则正交试验就失去了意义。

(2) 在确定因素的水平之前，可采用单因素法先进行一些有利于缩小边界的探索实验，然后根据实际情况定出适当的水平边界范围。这样得到的正交试验结果才更精确，更能反映实际情况。如果范围太大，那么得出的结论不够精确；范围太小，则可能会使该因素的影响被误差所掩盖而不能得出正确的结论。

(3) 不可忽视实验误差和分析误差对正交试验分析结果带来的影响，必要时应做一些重复实验来减小这些误差的影响。

(4) 如果开始因素的水平范围较大，由一组正交试验不能最后定出最佳条件，可以在第一组正交试验确定的最佳水平附近重新定水平，进行第二组正交试验，以获得更精确的结论。

2.3.4 基于人工神经网络的实验建模方法

人工神经网络是在现代神经科学研究成果上发展起来的新兴边缘学科，是一种模拟脑神经对外部环境进行学习过程建立起来的人工智能模式识别方法[8]。它具有自学习、自组织、自适应和非线性动态处理等功能，并具有分布性、并行性和高度容错性等特性，是新一代信息处理工具，并已成功地用于非线性系统的建模、性能预测、故障诊断和自适应控制等方面。BP (Error Back-Propagation) 神经网络是一种多层前馈神经网络(见图 2.8)，其网络权值的调整规则采用向后传播误差的学习算法，即BP算法。该方法是Rumelhart在1986年提出的，自此以后，BP神经网络获得广泛的应用。目前，有 80% ～ 90% 的神经网络模型都是采用 BP 神经网络或其变化形式，它是前馈网络的核心部分，体现了神经网络中最精华的内容。

利用神经网络可以实现输入-输出的直接映射：直接从实验数据学习“输入-输出”之间的关系而无须引入任何假设，也不需要中间的数学推导；网络实现对输入-输出关系的模拟就是在训练过程中不断改变自身中各神经元之间的连接强度，训练完成后，网络就会将输入-输出关系“记忆”在网络的连接强度上，而不像传统方法那样要修改数学模型 —— 这往往是一项非常困难的工作。

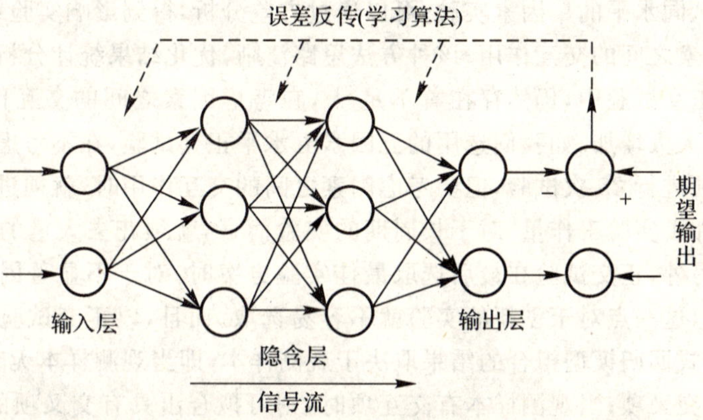

图 2.8　典型的 BP 神经网络模型

人工神经网络技术优化方法和结果是在样本实验的基础上，应用计算机最新成熟的分析手段和结果，对样本空间进行数字模拟，再输出其相应图形，经过分析、计算近似得出其最优解（多目标的均优解），再通过实验加以验证和修正，最后得出其优化结论。它能在不增加实验次数的基础上，得到更优化的解[6]。

人工神经网络不需要任何先验函数的假设，也不需要预先给定公式的形式，可以直接从已有的实验数据出发，经过有限次迭代计算而得到一个能反映实验数据内在规律的数学模型，因此在材料加工过程优化与控制方面会有广阔的前景。

2.4　材料加工实验建模方法的发展趋势

2.4.1　材料加工实验建模方法的优缺点

回归分析是获得材料加工过程数学模型常用的方法之一，它可以由数学公式直接描述因素与指标之间的关系。但是，回归分析必须在变量很少或函数关系较明确的时候才比较适用，而当影响因素太多或者输入、输出变量之间的函数关系不明确或存在定性因素时，采用回归分析进行实验数据处理和材料设计并优化和控制其加工过程将十分困难，而且由于定性参数的出现，所得到的回归模型也没有广泛的应用性[9]。再者，回归分析还存在处理离散数据点能力差、模型的应用受数据点的范围限制的缺点[10]。

正交试验设计作为一种基于试验和数理统计的传统的实验优化设计方法，在材料加工实验建模研究中应用非常广泛。它比常用的单因素实验有着很多的优越性[11]，如实验中各因素和水平的变化可安排在同一个实验方案中，实验次数明显少于同因素、同水平的单因素实验；可以通过方差分析，得到影响实验结果的主、次因素以及因素之间的交互作用；该种方法思路清晰，优化结果统计分析计算比较简单。但是在正交试验中，仍然存在着不足[11]，在考虑因素之间的交互作用时，正交试验次数会大大增加。如我们选用的五因素五水平正交试验，在不考虑因素间的交互作用时，须进行 25 次试验，但要考虑因素之间的交互作用时，就须进行 125 次试验，大大增加了实验工作量。对于长周期的实验而言，就须花去大量的时间以及人力和物力。另外，正交试验在最后选取最佳实验方案时，对于不显著因素的选取一般是凭经验，这一点对于创新的实验就不容易选取。而且，以正交试验设计为前提的正交多项式回归模型拟合的结果取决于观测样本，即当观测样本无交互项时，拟合方程也无交叉项；当观测样本有交互项时，则可拟合出具有交叉项的方程，正交多项式回归无法从无交互项的样本中拟合出具有交叉项的方程，这也就是正交多项式回归分析法的不足之处。再则，采用正交试验设计所得结果并非最优解，一般只为满意解（较优解）。基于上述正交试验设计的优点与不足，正交试验设计适合于工艺因素不多、因素水平不多的情况下的优化分析，但因其优化结果比较简单，因此常作定性分析之用。

人工神经网络不需要任何先验函数的假设，也不需要预先给定公式的形式，直接从已有的实验数据出发，经过有限次迭代计算而得到一个能反映实验数据内在规律的数学模型[12]。由于神经网络不涉及模型选择等问题，因此可以有效地避免主观因素和偶然因素对预测结果的影响，尤其是当输入参数的维数较多且存在定性参数，输出又不是一个参数的情况时，神经网络不因为这些条件的变化而增加复杂性，需要做的仅仅是变化某些参数的数值而已[9]。

人工神经网络的结构模拟的是人类大脑神经系统，其计算运用的是和结构相关的数学的手段，因此除了输入和输出的设定外，其内部运行不涉及更多的专业领域知识[9]。因此，人工神经网络具有很强的非线性"映射"关系，能够处理离散数据点，具有良好的预测能力，可以很好地反映指标随因素的变化规律，能够预测数据点，可以作为减少实验量的一种方法，降低实验成本[10]。人工神经网络还具有如下优点[12]：对噪声和不完整信息具有低敏感性，抗噪声能力好；在运行过程中，依据动态数据库对周围环境具有自适应能力而自我调整、完善、发展，从而使误差达到最小，以提高运行精度；能很好地完成多变量模式识别；能对过程实现在线响应，在系统中可以在线使用。

但是，人工神经网络方法实质上是一种"黑箱"操作方法，人工神经网络作为唯象的"隐式"表达形式，不能用数学公式直观表达因素与指标之间的关系，在揭示材料加工过程的机理及解决确定性知识方面存在困难[10,12]。另外，目前广泛应用于材料加工过程研究的标准 BP 神经网络上存在如下缺点[9,12,13]：

(1) 网络结构的建立并没有完善的理论指导，例如网络中隐层层数和隐层中神经元数目等网络结构参数的选取完全凭经验判断。

(2) 样本的选择和数目在目前的研究中多由实际问题决定，亦无理论指导。

(3) 神经网络的学习训练精度过分依赖于样本的数量与质量。

(4) 神经网络目标函数的收敛速度过慢及其迭代过程容易陷入局部最优解和“过适配”问题。

2.4.2　材料加工实验建模方法的发展趋势

以实验为基础的材料加工实验建模过程需花费大量的人力、物力和时间；在一些大型问题的研究中，由于系统的状态复杂，根本无法进行实验或不能进行实验。有些问题虽可采用比较简单的直接实验方法，但有时是行不通的。如某设备正式投产后，为了分析和改进生产中出现的问题，往往在进行实验时不允许破坏正常生产过程，特别是在实验中若施加任意输入或改变生产条件时，搞不好会发生故障甚至出现危险…… 所以在很多情况下，人们一般先进行一些数学处理，然后在计算机上进行模拟计算来代替实验。将计算机仿真等同于物理实验，利用不同的实验设计策略在设计空间进行采样，然后构造统计回归模型来近似复杂的材料加工过程，这已成为材料加工实验建模方法研究发展的趋势之一[14]。但鉴于计算机仿真结果的确定性，需要采用具有“空间充填”性质的实验设计策略。在各种具有空间充填性质的实验设计策略中，拉丁超立方设计(Latin Hypercube Sampling, LHS) 和均匀设计(Uniform Design, UD) 最适用于计算机仿真采样[14]。

在各种材料加工工艺与技术的研究中，由于材料加工过程的复杂性，人们越来越重视非线性回归模型的应用。随着计算机软件业的迅猛发展，回归方法也向着纵深发展，响应曲面回归模型的出现就是将统计、数学和计算机科学紧密联系的结果。采用响应曲面回归分析法可以灵活地选用观测样本，并且根据实际选择响应曲面方程，利用最小二乘法估计相应的系数，剔除最不显著因素，建立最终的数学模型。由于它考虑的因素很多，可拟合得到具有多个交叉项的高精度超空间曲面方程，所建立的复杂的多维空间曲面更接近实际情况。该方法具有实验次数少、灵活、方便、全面考察各因素之间的交互作用等优点，在实际应用中大大节约了实验时间及费用[11]。目前，响应曲面回归方法已在材料加工过程实验建模中逐渐开始应用，并将成为基于回归分析的材料加工实验建模方法的发展方向。

用单纯的正交试验法进行实验设计只能获得各因素水平之间的定性关系，如果要建立尽可能逼近客观实际的多元定量关系，可将正交试验设计与回归分析结合起来，使在每个实验点上获得的数据具有最大的信息，减少实验次数，而且数据的统计分析性好[15]。因此，将正交试验设计与回归分析结合起来用于材料加工过程数学模型的建立也是材料加工过程实验建模方法的发展方向。

近年来，神经网络的良好非线性映射能力使其在材料加工过程建模中得到了广泛应用，但由于其容易出现过度拟合，泛化能力不强，应用效果不是很理想。回归分析方法对拟合数据有较好的跟踪性和稳定性，可以用回归分析方法对神经网络进行微调，进一步提高其泛化能力，这也是对材料加工过程实验建模方法进一步研究的方向[15]。

由于正交试验"均匀分散、整齐可比"的特点，其优化效率较高。利用正交试验法来安排神经网络的训练数据，只需再适当补充少量的样本，便可得到较为满意的实验或仿真结果，大大缩短了神经网络训练样本的准备时间。另外，由于BP神经网络预测的结果在很大程度上依赖于网络的结构，如输入、输出的节点数、隐层数以及隐层节点数，一般要通过反复试算来确定。利用正交试验法，可利用较少的实验次数，获得较优网络结构参数的组合方案。因此，人工神经网络与正交试验相结合，能大大节省时间和费用，也成为了材料加工过程实验建模方法进一步研究发展的方向[16,17]。

另外，将人工神经网络、专家系统、材料加工数据库、模糊控制及面向对象技术结合起来，形成综合的新型神经网络系统，克服了单一技术的缺陷，是当今材料加工过程建模智能化发展的趋势[12,18,19]。可以预测，新型人工神经网络在材料加工中的应用将涵盖材料加工的各个领域，如工艺选择、过程控制、组织预测、质量检测等，并最终实现各部分的集约化和材料加工全过程的智能化。

2.5 实验建模的逻辑思维方法

建立数学模型是创造性的思维活动，没有统一的模式和固定的方法。建立数学模型需要较好的抽象概括能力、数学语言的翻译能力、善于抓住事物本质的洞察能力、联想及综合分析能力、掌握和使用当代科技成果的能力。从逻辑思维的角度看，抽象、归纳、演绎、类比、模拟等方法被大量采用，在建模中起到重要的作用。

抽象：即忽略每个事物的特殊性，寻找事物发展变化的共性和一般规律。

归纳：在观察、经验或实验的基础上，依据若干已知的不完全的想象推断尚属未知的现象，即从特殊的、具体的认识推进到一般认识的一种思维方式。

演绎：由一般性的命题推出具体的命题的推理方法。演绎法可以把特殊情况明晰化，把蕴涵的性质揭示出来，有助于科学的理论化和体系化。

类比：在两类不同的事物间进行对比，找出若干相同或相似点后，推测在其他方面也可能存在相同或相似处的一种思维方式。类比是从人们已经掌握了的事物属性推测正在被研究中的事物属性，类比的结果只是猜测性的，不一定可靠，但它有发现的功能,是创造性思维的重要方法。

模拟:人们仿照事物发展变化的机理和过程去描述和研究其变化情况的一种方法,一般是用一个简化、迅速、经济、安全的系统对原系统的结构和行为进行动态演示,以评价或预测一个系统的行为效果。这是解决复杂实际问题的一条有效途径。

在建模中,要勤于思考、勇于实践,根据实际问题的情况灵活运用各种(数学)方法去描述,不断地修改完善模型,不断地积累经验,以提高分析问题和解决问题的能力。

参考文献

[1] 方建印,蔡兴. 浅议数学模型方法. 南都学坛:自然科学版,2001,21(3):27-28.

[2] 陈永胜. 论数学模型方法. 吉林师范大学学报:自然科学版,2003,3:112-113.

[3] 俞汉清,陈金德. 金属塑性成形原理. 北京:机械工业出版社,2002.

[4] 张纯禹. 现代优化计算方法在材料最优化设计中的应用. 材料科学与工程学报,2003,21(1):44-47.

[5] 杨留栓,张安年,孙海涛. 人工神经网络用于 Zn—27Al 合金中 Mg 含量设计. 洛阳工学院学报,1999,20(4):17-20.

[6] 谢克非,周天瑞. 多种优化方法在材料工程中的应用与分析. 南昌工艺学院学报,2005,24(4):6-19.

[7] 温俊杰. 正交试验设计与方差分析在冶金试验中的应用及值得注意的一些问题. 甘肃冶金,2001,4:31-34.

[8] 焦李成. 神经网络系统理论. 西安:西安电子科技大学出版社,1996.

[9] 杨海峰,周新宇,张洪波,等. 滑动轴承材料摩擦因数预测的 2 种方法. 中国表面工程,2002,3:27-32.

[10] 沈昌武. TA15,TC11 钛合金热变形材料本构模型研究[D]. 西安:西北工业大学,2007.

[11] 徐颖,李明利,赵选民,等. 响应曲面回归分析法:一种新的回归分析法在材料研究中的应用. 稀有金属材料与工程,2001,30(6):428-432.

[12] 徐强,张辛红,韩杰才,等. 人工神经网络在材料科学中的应用与展望. 材料科学与工艺,2005,13(4):352-356.

[13] 刘艳侠,高新琛. BP 神经网络在材料领域中的应用(综述). 辽宁大学学报,2007,34(2):116-119.

[14] 潘军,马登哲,范秀敏,等. 基于仿真的虚拟设计中的统计回归与优化研究. 计算机集成制造系统,2004,10(4):404-409.

[15] 赖欣武,胡树根,宋小文. 基于正交试验的冲压件回弹预测研究. 轻工机械,2007,25(2):63-65.

[16] 黄鹍，陈森发，亓霞，等. 基于正交试验法的神经网络优化设计. 系统工程理论方法应用，2004,13(3):272-275.

[17] 韩利芬，李光耀，钟志华，等. 神经网络与正交试验设计在板料成形毛坯形状预测中的综合应用. 中国机械工程，2004,15(14):1266-1271.

[18] 徐文峰，廖晓玲，刘希东. 人工神经网络在材料性能研究中的应用. 材料导报，2006,20:238-240,257.

[19] 郭宏，王金喜. 人工神经网络在焊接中的应用. 油气田地面工程，2006，25(8)：46.

第三章　基本回归分析及其应用

材料加工过程往往是多场、多工步的复杂成形过程，它们总是受许多因素的影响，这些因素或变量是互相联系而又互相制约的，在一定条件下又可以相互转化。换言之，它们之间客观上存在一定的关系，有其固有的规律性。为了了解和掌握事物本质，往往需要找出这些变量间的定量表达式。回归分析便是处理变量间的相关关系的一种数理统计方法。

本章主要对线性回归和非线性回归的原理、方法进行了介绍，并例举了其在材料加工过程中的应用。其中的线性回归包括一元和多元线性回归，而非线性回归则包括线性化回归和多项式回归两部分。这些基本回归分析方法在材料加工过程中的应用包括数控弯管力能参数的预报与控制、数控弯管回弹角的预报与控制、熔炼参数对钢铁含碳量的影响、合金膨胀系数与成分的关系和不均匀压下板带面内弯曲外缘厚度的预测。

3.1　回归分析简介

通常，人们把诸因素或变量之间的关系分为两大类：确定性关系和相关关系。

确定性关系是指变量间具有确定性函数关系，即可唯一地由一个或多个变量来确定另一个变量[1]。例如匀速运动中物体的位移与时间的关系 $s = vt$ 就是确定性关系。

相关关系是指两个或两个以上的变量间，当一个或几个变量唯一地确定时，另一个变量并不唯一确定，但并不是毫无规律地任意取值，而是按一定的概率分布取各种可能的值[1]。例如人的身高与体重、血压与年龄的关系等。

确定性关系与相关关系之间无严格界限。它们彼此互相区别而又互相联系，在一定条件下还可以相互转化。在实验过程中，往往由于因素的错综复杂，或是存在误差及随机因素的影响，使确定性关系通过相关关系表现出来。而当人们对事物的内部规律有深刻的了解并掌握其固有的规律性时，相关关系又可转化为确定关系。

在两互相制约的变量间，按其确定性或随机性，可以分为如下三类：

(1) 两个量都是确定性变量。

(2) 两个量都是随机性变量。

(3) 一个量是确定性变量，另一个量是随机性变量。

上述第一种情况属于数学分析的研究对象，第二、三种情况分别属于相关分析、回归分析研究的范畴。

相关分析和回归分析既有区别又有联系，一般统称为回归分析。

在实际应用中，人们为了方便往往把易于控制或测量的量当做确定性的自变量，而把不易控制或测量的量当做随机性的因变量。

回归分析主要解决以下几方面问题：

(1) 从一批实验数据出发，研究并确定几个特定变量之间是否存在相关关系，如存在，则找出这些变量间的定量关系式。

(2) 对找出的关系式的可信程度进行统计性检验。

(3) 从影响变量的众多自变量中，判断哪些影响是显著的，哪些影响是不显著的。

(4) 利用所求得的关系式，对科学实验、未来发展进行预测，对生产过程、产品质量进行控制及对试验寻找最佳条件进行新的设计。

(5) 寻找具有较好统计性质、方法简便并具有使用价值的回归设计方法。

3.2 一元线性回归分析

一元线性回归分析是回归分析中最简单的一种。它研究的对象是两个变量之间的相关关系[1]。其中的因变量为 y，自变量为 x。

3.2.1 一元线性回归方程的数学模型

如果 X 与 Y 是相关的随机变量，那么在确定 x 值的条件下，对应的 y 值并不确定，而是形成一个分布。

当 X 取确定的 x 值时，Y 的数学期望值也就确定了。但 X 取不同值时，Y 的数学期望值 $E(Y|_{X=x})$ 也将取不同的值。

由此可见，$E(Y|_{X=x})$ 是 x 的函数，并可写成下列关系式：

$$E(Y|_{X=x}) = f(x) \tag{3.1}$$

由式(3.1)所定义的方程称为 Y 对 X 的回归方程。如果回归方程是线性的，那么

$$E(Y|_{X=x}) = \alpha + \beta x \tag{3.2}$$

式(3.2)称为一元线性回归方程，其中，α 和 β 称为回归系数。所谓线性是指它们之间的相关关系可以用线性关系来表达。

从样本中只能得到关于特征数的估计，并不能精确地求出特征数。因此，只能求出 $f(x)$ 的估计式

$$\hat{y} = b_0 + b_1 x \tag{3.3}$$

其中，b_0，b_1 分别为 α，β 的估计量。

3.2.2　一元线性回归系数的确定方法

确定一元线性回归方程的系数的一般步骤如下：

(1) 在 Oxy 直角坐标系内描出散点图。假设有 n 对实验数据 (x_i, y_i)，$i = 1, 2, \cdots, n$。将这批实验数据在 Oxy 直角坐标系内描出散点图。

(2) 假定 x，y 之间存在线性关系。从散点图中可以看出两变量间的大致关系，假定 x，y 之间存在如下线性关系：

$$y_i = b_0 + b_1 x_i + \varepsilon_i \tag{3.4}$$

式中，ε_i 是 n 个相互独立且服从正态分布 $N(0, \sigma)$ 的随机变量。

(3) 确定回归系数 b_0，b_1。根据样本量为 n 的实验数据，一般采用“最小二乘法”即可求出回归系数的估计值 b_0，b_1。

最小二乘法是使实测值与回归值的剩余偏差残差平方和 $Q(b_0, b_1)$（也用 S_e 表示）达到最小值而确定回归系数的方法。

假设已经求得回归方程系数的估计值 b_0，b_1，根据最小二乘估计，那么一元线性回归方程可写成如下形式：

$$\hat{y} = b_0 + b_1 x \tag{3.5}$$

对每一个 x_i，按式(3.5)可以求得一个 $\hat{y}_i$。因此，实测值与回归值的残差（实测值与回归值之差，描述了 y_i 偏离回归直线的程度）为

$$e_i = y_i - \hat{y}_i = y_i - (b_0 + b_1 x_i) \tag{3.6}$$

自然，人们希望对所有的 x_i 而言，e_i 越小越好。为便于分析和计算，采用偏差 e_i 的平方和来描述 y_i 与 $\hat{y}_i$ 的偏离程度。即实测值与回归值的残差平方和：

$$Q(b_0, b_1) = \sum_{i=1}^{n} e_i^2 = \sum_{i=1}^{n} (y_i - \hat{y}_i)^2 = \sum_{i=1}^{n} (y_i - b_0 - b_1 x_i)^2 \tag{3.7}$$

因为 $Q(b_0, b_1) \geqslant 0$，由极值原理，有

$$\left.\begin{aligned} \frac{\partial Q}{\partial b_0} &= -2\sum_{i=1}^{n}(y_i - b_0 - b_1 x_i) = 0 \\ \frac{\partial Q}{\partial b_1} &= -2\sum_{i=1}^{n}(y_i - b_0 - b_1 x_i)x_i = 0 \end{aligned}\right\} \tag{3.8}$$

式(3.8)称为正规方程组。解之，得

$$\left.\begin{aligned} b_0 &= \bar{y} - b_1 \bar{x} \\ b_1 &= \frac{\sum x_i y_i - \bar{x}\sum y_i}{\sum x_i^2 - \bar{x}\sum x_i} = \frac{L_{xy}}{L_{xx}} \end{aligned}\right\} \tag{3.9}$$

其中，$\bar{x}=\frac{1}{n}\sum_{i=1}^{n}x_i$，$\bar{y}=\frac{1}{n}\sum_{i=1}^{n}y_i$，$L_{xy}=\sum x_iy_i-\bar{x}\sum y_i$ 是 xy 的协方差之和，$L_{xx}=\sum x_i^2-\bar{x}\sum x_i$ 是 x 的平方差之和。

改写式(3.3)可得

$$\hat{y}=(\bar{y}-b_1\bar{x})+b_1x$$

即有

$$\hat{y}-\bar{y}=b_1(x-\bar{x})$$

由此可见，一元线性回归方程通过点$(\bar{x},\bar{y})$，即通过由实验观测值的平均值组成的点。从力学观点看，$(\bar{x},\bar{y})$ 即是各散点的重心位置。明确这一点，对一元线性回归直线的作图会有帮助。

3.2.3 一元线性回归方程的显著性检验

从上述分析中可以看出，为了求得回归方程，我们是先假设 y 与 x 之间存在线性关系的。因此在求得回归方程后，必须对原始的假定进行检验，以确定 y 与 x 之间是否存在线性关系。

1. 相关系数检验法

引起实测值 y_i 变化的因素有两方面：

(1) 当 x_i 取不同的值时，将引起 y_i 的变化。

(2) 误差及其他因素的影响。

由于这两方面因素的综合作用，造成了总的差异(离差平方和)$S_T=L_{yy}=\sum_{i=1}^{n}(y_i-\bar{y})^2$。其中，人们总是希望第一个因素是主要影响因素，第二个因素是次要的。对总离差平方和 $L_{xx}(S_T)$ 进行分析，可以看出这两方面因素所起的作用。

由于

$$S_T=L_{yy}=\sum_{i=1}^{n}(y_i-\bar{y})^2=\sum_{i=1}^{n}[(y_i-\hat{y}_i)+(\hat{y}_i-\bar{y})]^2$$

又因为

$$\begin{aligned}\sum_{i=1}^{n}(y_i-\hat{y}_i)(\hat{y}_i-\bar{y})&=\sum_{i=1}^{n}(y_i-b_0-b_1x_i)(b_0+b_1x_i-b_0-b_1\bar{x})=\\&b_1\sum_{i=1}^{n}(y_i-\bar{y}+\bar{y}-b_0-b_1x_i)(x_i-\bar{x})=\\&b_1\sum_{i=1}^{n}(y_i-\bar{y})(x_i-\bar{x})-b_1^2\sum_{i=1}^{n}(x_i-\bar{x})^2=\\&b_1^2\sum_{i=1}^{n}(x_i-\bar{x})^2-b_1^2\sum_{i=1}^{n}(x_i-\bar{x})^2=0\end{aligned}$$

所以

$$S_T = L_{yy} = \sum_{i=1}^{n}(y_i - \hat{y}_i)^2 + \sum_{i=1}^{n}(\hat{y}_i - \bar{y})^2 = Q + U \tag{3.10}$$

在式(3.10)中，U为回归平方和(也用S_v表示)，是由于x的变化引起的，是指y的总离差平方和$L_{yy}(S_T)$中由于x与y线性关系所引起y的变化部分，反映因素水平的变化所引起的波动。Q为剩余平方和，是总离差平方和$L_{yy}(S_T)$中除了回归平方和U的剩余部分，反映由于存在实验误差所引起的波动。

因此，通常规定用回归平方和U在总离差平方和L_{yy}中所占的比例来表示x与y两个变量间线性关系的相关程度，即

$$R^2 = \frac{U}{L_{yy}} \tag{3.11}$$

由于回归平方和

$$U = \sum_{i=1}^{n}(\hat{y} - \bar{y})^2 = b_1 L_{xy}$$

所以

$$R^2 = \frac{U}{L_{yy}} = \frac{b_1 L_{xy}}{L_{yy}} = \frac{L_{xy}^2}{L_{xx}L_{yy}} \tag{3.12}$$

故

$$R = \frac{L_{xy}}{\sqrt{L_{xx}L_{yy}}} \tag{3.13}$$

通常把R叫做线性回归方程的相关系数。

相关系数的正负号由L_{xy}决定，即R与b_1同号。相关系数R是一个无量纲统计量，其取值范围为$0 \leqslant |R| \leqslant 1$。正相关是指$y$随$x$的增加而增加，负相关是指$y$随$x$的增加而减少，如图3.1(a)和3.1(b)所示。其中，当$|R|$接近1时，表明x与y之间线性关系密切；当$|R|=1$时，表示两变量x与y之间有确定的线性关系，如图3.1(c)和3.1(d)所示；当$|R|=0$时，表示两变量x与y之间无线性关系。这有两种可能情况，一是二者之间可能没有关系，如图3.1(e)所示；二是二者之间可能存在非线性关系，如图3.1(f)所示。

可以利用附录2中的相关系数检验表，进行相关性检验。该表中的R值为相关系数的起码值，只有当求出的相关系数大于表上的相应数值时，才能考虑用直线来描述x与y之间的相关关系。

但是，相关系数检验法存在如下缺点：$|R|$接近于1的程度与样本量n有关，n越小，$|R|$越接近于1，n越大，$|R|$容易偏小。因此，还有必要采用其他方法来检验回归方程的显著性。

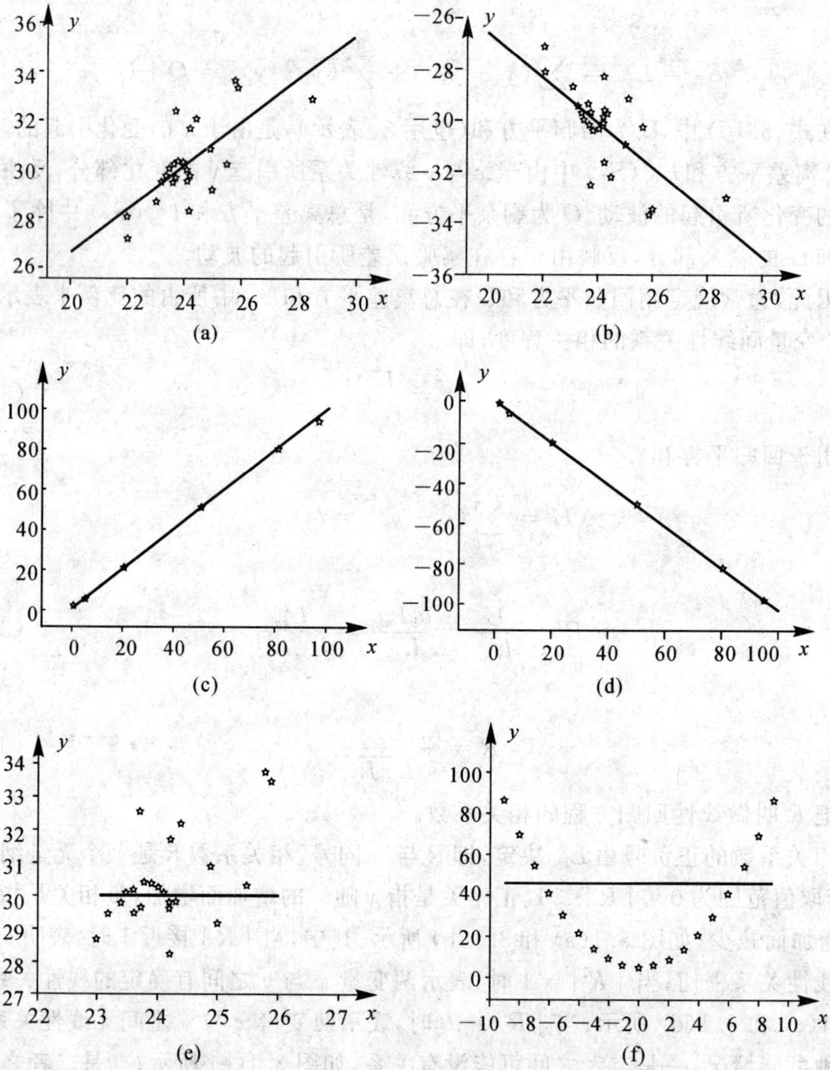

图 3.1　相关系数的定义

(a)$0<R<1$；(b)$-1<R<0$；(c)$R=1$；(d)$R=-1$；

(e)$R=0$ 且 x 与 y 之间无关系；(f)$R=0$ 且 x 与 y 之间有非线性关系

2. *方差分析法*

令
$$F=\frac{U/f_U}{Q/f_Q}=\frac{U/m}{Q/(n-m-1)}=\frac{U/1}{Q/(n-2)} \tag{3.14}$$

只有 m 为自变量个数，针对一元线性回归，$m=1$。因为剩余平方和

$$Q = \sum (y - \hat{y})^2 = L_{yy} - U = L_{yy} - b_1 L_{xy}$$

所以，有

$$F = \frac{b_1 L_{xy}}{L_{yy} - b_1 L_{xy}}(n-2) \tag{3.15}$$

且 F 服从 F 分布，其自由度为 1 和 $n-2$。若给定显著水平 α，查附录 5 中的 F 分布表，即可得 $F_\alpha(1, n-2)$ 之值。

若 $F > F_\alpha(1, n-2)$，则说明该线性回归方程是显著的，原假设可靠。

若 $F < F_\alpha(1, n-2)$，则说明该线性回归方程是不显著的，原假设不成立。

3.2.4　一元线性回归方程的精度及应用

对于同一 x 值，实测的 y 值按一定的分布在波动（波动的规律一般按正态分布），如果能计算出波动的标准离差，那么一元线性回归方程（回归线）的精度即可估计出来。

通常规定，剩余平方和 Q 除以其自由度 f_Q 所得的商称为剩余方差（或剩余均方），即

$$S^2 = \frac{Q}{f_Q} = \frac{Q}{n-m-1} = \frac{Q}{n-2} \tag{3.16}$$

剩余方差可以看做在排除了 x 对 y 的线性影响后（或者说当 x 固定时），衡量 y 随机波动大小的一个估计量。

剩余方差的平方根称为剩余标准离差，即有

$$S = \sqrt{\frac{Q}{f_Q}} = \sqrt{\frac{Q}{n-m-1}} = \sqrt{\frac{Q}{n-2}} = \sqrt{\frac{1}{n-2}\sum (y_i - \hat{y})^2} = \sqrt{\frac{L_{yy} - b_1 L_{xy}}{n-2}} \tag{3.17}$$

因为，$R^2 = \dfrac{L_{xy}^2}{L_{xx}L_{yy}}$，$b_1 = \dfrac{L_{xy}}{L_{xx}}$，所以

$$S = \sqrt{\frac{1 - L_{xy}^2/(L_{xx}L_{yy})}{(n-2)/L_{yy}}} = \sqrt{\frac{(1-R^2)L_{yy}}{n-2}} \tag{3.18}$$

剩余标准离差 S 的意义，在于用它来衡量所有随机因素对 y 的一次观测值的平均变差的大小，其单位与 y 的单位相同。S 值愈小，则从回归方程预报 y 值就愈精确，因此，可以把 S 作为预报回归方程精度的标志。

在确定了一元线性回归方程的系数及回归精度之后，便可将其应用于相关问题的预测和控制。所谓预测，即对任一给定的观测点 x_0，推断观测值 y_0 大致以多大的几率落在什么范围内。

根据正态分布的性质，若 $x = x_0$，则 y 的取值是以 $\hat{y}_0$ 为中心而对称分布的，越靠近 $\hat{y}_0$ 的地方出现的几率愈大；相反，离 $\hat{y}_0$ 愈远的地方出现的几率愈小，其与剩余标准离差 S 之间有如下关系：

实验点 y_0 落在 $\hat{y}_0 \pm 0.5S$ 的区间内的概率为 0.38。

实验点 y_0 落在 $\hat{y}_0 \pm S$ 的区间内的概率为 0.682 7。

实验点 y_0 落在 $\hat{y} \pm 2S$ 的区间内的概率为 0.954 5。

实验点 y_0 落在 $\hat{y} \pm 3S$ 的区间内的概率为 0.997 3。

所谓控制，即要求观测值 y_0 在一定范围 $y_1 < y < y_2$ 内取值，应将自变量 x 控制在什么范围内。这只需通过解不等式或不等式组即可实现。

3.3 多元线性回归分析[1]

多元回归分析是一种重要的分析方法。它处理的是多元制约量之间的相关性、回归方程及回归系数的显著性检验的问题。

多元线性回归是多元回归分析中一种简单的情况。多元线性回归与一元线性回归的相同之处在于寻求回归方程的原则和方法是一致的，即使剩余平方和 Q 达到最小值。但是，由于多元线性回归分析中的变量间存在着相关性，致使多元线性回归分析问题变得错综复杂。大致有以下三种情况：

(1) 在多元变量之间，确实存在着线性关系。

(2) 在多元变量之间，虽不呈严格的线性关系，但在一定范围内，可以把它们近似地看成线性关系。因此，它仍有实用价值。

(3) 在多元变量之间，虽不呈线性关系，但是经过变量变换后，所获得的新变量间存在线性关系。此时，可以先配成多元线性回归方程，再通过还原进而得到原变量间的回归方程。

因此，研究多元线性回归问题，有着重要的实用价值。

3.3.1 多元线性回归方程的数学模型

假设随机变量 y 与 m 个自变量 $x_1, x_2, \cdots, x_m$ 之间存在着线性相关关系，实验样本量为 n，它的第 i 次实验数据为 $y_i; x_{i1}, x_{i2}, \cdots, x_{im}$ $(i = 1, 2, \cdots, n)$，其 n 次实验数据，也可以写成如下形式：

$$\left.\begin{aligned} y_1 &= \beta_0 + \beta_1 x_{11} + \beta_2 x_{12} + \cdots + \beta_m x_{1m} + \varepsilon_1 \\ y_2 &= \beta_0 + \beta_1 x_{21} + \beta_2 x_{22} + \cdots + \beta_m x_{2m} + \varepsilon_2 \\ &\cdots\cdots \\ y_n &= \beta_0 + \beta_1 x_{n1} + \beta_2 x_{n2} + \cdots + \beta_m x_{nm} + \varepsilon_n \end{aligned}\right\} \tag{3.19}$$

其中，$\beta_0,\beta_1,\cdots,\beta_m$ 是 $m+1$ 个待估计量；ε_i 是互相独立且服从同一正态分布 $N(0,\sigma)$ 的随机变量；$x_1,x_2,\cdots,x_m$ 是 m 个自变量的观测值。

将上述方程组写成矩阵形式，有

$$\boldsymbol{Y}=\boldsymbol{X\beta}+\boldsymbol{\varepsilon} \tag{3.20}$$

式中

$$\boldsymbol{Y}=\begin{bmatrix} y_1 \\ y_2 \\ \vdots \\ y_n \end{bmatrix},\quad \boldsymbol{\beta}=\begin{bmatrix} \beta_0 \\ \beta_1 \\ \vdots \\ \beta_m \end{bmatrix},\quad \boldsymbol{\varepsilon}=\begin{bmatrix} \varepsilon_0 \\ \varepsilon_1 \\ \vdots \\ \varepsilon_n \end{bmatrix},\quad \boldsymbol{X}=\begin{bmatrix} 1 & x_{11} & x_{12} & \cdots & x_{1m} \\ 1 & x_{21} & x_{22} & \cdots & x_{2m} \\ \vdots & \vdots & \vdots & & \vdots \\ 1 & x_{n1} & x_{n2} & \cdots & x_{nm} \end{bmatrix}$$

另外，还有一种多元线性回归数学模型的表示方法，即

$$y_i=\mu+\beta_1(x_{i1}-\bar{x}_1)+\beta_2(x_{i2}-\bar{x}_2)+\cdots+\beta_j(x_{ij}-\bar{x}_j)+\cdots+\beta_m(x_{im}-\bar{x}_m)+\varepsilon_i \tag{3.21}$$

式中

$$\bar{x}_j=\frac{1}{n}\sum_{i=1}^{n}x_{ij}\quad (j=1,2,\cdots,m)$$

$$\mu=\beta_0+\beta_1\bar{x}_1+\beta_2\bar{x}_2+\cdots+\beta_m\bar{x}_m=\bar{y}$$

这种模型的优点在于不仅使得回归系数 b_0 与 $b_1,b_2,\cdots,b_m$ 的计算分开，而且使矩阵运算降低了一阶。

3.3.2　多元线性回归系数的确定方法

设有 $m+1$ 个相关的变量 $y,x_1,x_2,\cdots,x_m$，并有回归方程：

$$E(Y\mid x_1,x_2,\cdots,x_m)=\beta_0+\beta_1x_1+\beta_2x_2+\cdots+\beta_mx_m+\varepsilon_i \tag{3.22}$$

可由实验样本数据，做出 $\beta_0,\beta_1,\beta_2,\cdots,\beta_j,\cdots,\beta_m$ 的估计值，并得到回归方程的估计式为

$$\hat{y}=b_0+b_1x_1+b_2x_2+\cdots+b_mx_m \tag{3.23}$$

根据最小二乘原理，寻求回归方程系数 $b_0,b_1,b_2,\cdots,b_m$，应使全部观测值 y_i 与回归值 $\hat{y}$ 的偏差平方和达到最小，即

$$Q(b_0,b_1,b_2,\cdots,b_m)=\sum_{i=1}^{n}e_i^2=\sum_{i=1}^{n}(y_i-\hat{y}_i)^2=$$

$$\sum_{i=1}^{n}[y_i-(b_0+b_1x_{i1}+b_2x_{i2}+\cdots+b_mx_{im})]^2=$$

最小值

已知样本数据，Q 是 $b_0,b_1,b_2,\cdots,b_m$ 的非负二次式，所以它的最小值一定存在。根据极值原理，$b_0,b_1,b_2,\cdots,b_m$ 应是以下正规方程组的解：

$$\left.\begin{aligned}\frac{\partial Q}{\partial b_0} &= -2\sum_{i=1}^{n}(y_i - \hat{y}_i) = 0 \\ \frac{\partial Q}{\partial b_j} &= -2\sum_{i=1}^{n}(y_i - \hat{y}_i)x_{ij} = 0 \quad (j = 1,2,\cdots,m)\end{aligned}\right\} \tag{3.24}$$

或者

$$\left.\begin{aligned}&\sum_{i=1}^{n}[y_i - (b_0 + b_1 x_{i1} + b_2 x_{i2} + \cdots + b_m x_{im})] = 0 \\ &\sum_{i=1}^{n}[y_i - (b_0 + b_1 x_{i1} + b_2 x_{i2} + \cdots + b_m x_{im})]x_{ij} = 0 \quad (j = 1,2,\cdots,m)\end{aligned}\right\} \tag{3.25}$$

多元线性回归分析的正规方程组有如下两种形式和解法。

1. 第一种

将正规方程组化为

$$\left.\begin{aligned}&nb_0 + (\sum_{i=1}^{n}x_{i1})b_1 + (\sum_{i=1}^{n}x_{i2})b_2 + \cdots + (\sum_{i=1}^{n}x_{im})b_m = \sum_{i=1}^{n}y_i \\ &(\sum_{i=1}^{n}x_{i1})b_0 + (\sum_{i=1}^{n}x_{i1}x_{i1})b_1 + (\sum_{i=1}^{n}x_{i1}x_{i2})b_2 + \cdots + (\sum_{i=1}^{n}x_{i1}x_{im})b_m = \sum_{i=1}^{n}x_{i1}y_i \\ &(\sum_{i=1}^{n}x_{i2})b_0 + (\sum_{i=1}^{n}x_{i2}x_{i1})b_1 + (\sum_{i=1}^{n}x_{i2}x_{i2})b_2 + \cdots + (\sum_{i=1}^{n}x_{i2}x_{im})b_m = \sum_{i=1}^{n}x_{i2}y_i \\ &\cdots\cdots \\ &(\sum_{i=1}^{n}x_{im})b_0 + (\sum_{i=1}^{n}x_{im}x_{i1})b_1 + (\sum_{i=1}^{n}x_{im}x_{i2})b_2 + \cdots + (\sum_{i=1}^{n}x_{im}x_{im})b_m = \sum_{i=1}^{n}x_{im}y_i\end{aligned}\right\} \tag{3.26}$$

可以看出，其中系数矩阵对称，且可表示为

$$\boldsymbol{A} = \begin{bmatrix} n & \sum_{i=1}^{n}x_{i1} & \sum_{i=1}^{n}x_{i2} & \cdots & \sum_{i=1}^{n}x_{im} \\ \sum_{i=1}^{n}x_{i1} & \sum_{i=1}^{n}x_{i1}x_{i1} & \sum_{i=1}^{n}x_{i1}x_{i2} & \cdots & \sum_{i=1}^{n}x_{i1}x_{im} \\ \sum_{i=1}^{n}x_{i2} & \sum_{i=1}^{n}x_{i2}x_{i1} & \sum_{i=1}^{n}x_{i2}x_{i2} & \cdots & \sum_{i=1}^{n}x_{i2}x_{im} \\ \vdots & \vdots & \vdots & & \vdots \\ \sum_{i=1}^{n}x_{im} & \sum_{i=1}^{n}x_{im}x_{i1} & \sum_{i=1}^{n}x_{im}x_{i2} & \cdots & \sum_{i=1}^{n}x_{im}x_{im} \end{bmatrix} =$$

$$\begin{bmatrix} 1 & 1 & 1 & \cdots & 1 \\ x_{11} & x_{21} & x_{31} & \cdots & x_{n1} \\ x_{12} & x_{22} & x_{32} & \cdots & x_{n2} \\ \vdots & \vdots & \vdots & & \vdots \\ x_{1m} & x_{2m} & x_{3m} & \cdots & x_{nm} \end{bmatrix} \times \begin{bmatrix} 1 & x_{11} & x_{12} & \cdots & x_{1m} \\ 1 & x_{21} & x_{22} & \cdots & x_{2m} \\ 1 & x_{31} & x_{32} & \cdots & x_{3m} \\ \vdots & \vdots & \vdots & & \vdots \\ 1 & x_{n1} & x_{n2} & \cdots & x_{nm} \end{bmatrix} = \boldsymbol{X}^{\mathrm{T}}\boldsymbol{X}$$

式中,$\boldsymbol{X}$ 是多元线性回归模型中数据 y_i 的结构矩阵,它构成了 n 次实验;$\boldsymbol{X}^{\mathrm{T}}$ 是结构矩阵 $\boldsymbol{X}$ 的转置矩阵。

而式(3.26)右端常数项亦可表示为

$$\boldsymbol{D} = \begin{bmatrix} \sum_{i=1}^{n} y_i \\ \sum_{i=1}^{n} x_{i1} y_i \\ \sum_{i=1}^{n} x_{i2} y_i \\ \vdots \\ \sum_{i=1}^{n} x_{im} y_i \end{bmatrix} = \begin{bmatrix} 1 & 1 & 1 & \cdots & 1 \\ x_{11} & x_{21} & x_{31} & \cdots & x_{n1} \\ x_{12} & x_{22} & x_{32} & \cdots & x_{n2} \\ \vdots & \vdots & \vdots & & \vdots \\ x_{1m} & x_{2m} & x_{3m} & \cdots & x_{nm} \end{bmatrix} \begin{bmatrix} y_1 \\ y_2 \\ y_3 \\ \vdots \\ y_n \end{bmatrix} = \boldsymbol{X}^{\mathrm{T}}\boldsymbol{Y}$$

故正规方程组可化为

$$\boldsymbol{Ab} = \boldsymbol{D}$$

$$(\boldsymbol{X}^{\mathrm{T}}\boldsymbol{X})\boldsymbol{b} = \boldsymbol{X}^{\mathrm{T}}\boldsymbol{Y}$$

当系数矩阵 $\boldsymbol{A}$ 满秩,即 $\det\boldsymbol{A} \neq 0$ 时,$\boldsymbol{A}$ 的逆矩阵 $\boldsymbol{A}^{-1}$ 存在,因而

$$\boldsymbol{b} = \boldsymbol{A}^{-1}\boldsymbol{D} = (\boldsymbol{X}^{\mathrm{T}}\boldsymbol{X})^{-1}\boldsymbol{X}^{\mathrm{T}}\boldsymbol{Y} \tag{3.27}$$

式中,$\boldsymbol{b}$ 即参数 $\boldsymbol{\beta}$ 的最小二乘估计,也就是多元回归方程的回归系数。

2. 第二种

为便于计算和分析,通常将正规方程组化为如下形式:

$$\begin{cases} L_{11}b_1 + L_{12}b_2 + \cdots + L_{1m}b_m = L_{10} \\ L_{21}b_1 + L_{22}b_2 + \cdots + L_{2m}b_m = L_{20} \\ \cdots\cdots \\ L_{m1}b_1 + L_{m2}b_2 + \cdots + L_{mm}b_m = L_{m0} \end{cases} \tag{3.28}$$

$$b_0 = \bar{y} - (b_1\bar{x}_1 + b_2\bar{x}_2 + \cdots + b_m\bar{x}_m)$$

式中

$$\begin{cases} L_{jk} = \sum_{i=1}^{n}(x_{ji} - \bar{x}_j)(x_{ki} - \bar{x}_k) \\ L_{j0} = \sum_{i=1}^{n}(x_{ji} - \bar{x}_j)(y_i - \bar{y}) \end{cases} \quad (j,k = 1,2,\cdots,m)$$

且有

$$L_{yy}=L_{00}=\sum_{i=1}^{n}(y_i-\bar{y})^2$$

若令

$$\boldsymbol{L}=\begin{bmatrix}L_{11} & L_{12} & \cdots & L_{1m}\\ L_{21} & L_{22} & \cdots & L_{2m}\\ \vdots & \vdots & & \vdots\\ L_{m1} & L_{m2} & \cdots & L_{mm}\end{bmatrix},\quad \boldsymbol{b}=\begin{bmatrix}b_1\\ b_2\\ \vdots\\ b_m\end{bmatrix},\quad \boldsymbol{L}_0=\begin{bmatrix}L_{10}\\ L_{20}\\ \vdots\\ L_{m0}\end{bmatrix}$$

则有

$$\boldsymbol{b}=\boldsymbol{L}^{-1}\boldsymbol{L}_0 \tag{3.29}$$

对上式 $\boldsymbol{b}$ 求解，需要先求出 $\frac{(m+1)m}{2}$ 个不同的 L_{jk} 和 m 个 L_{j0}，最后求逆矩阵 $\boldsymbol{L}^{-1}$。

显然，回归超平面通过实验观测点的平均值 $(\bar{y},\bar{x}_1,\bar{x}_2,\cdots,\bar{x}_m)$。

3.3.3 多元线性回归方程的显著性检验

对于已知实验的观测数据 $x_{i1},x_{i2},\cdots,x_{im},y_i(i=1,2,\cdots,n)$ 均可按“最小二乘法”原理，找出回归方程式 $\hat{y}=b_0+b_1x_1+b_2x_2+\cdots+b_mx_m$。此回归方程是否有实际意义，还需要经过实践检验。若要确定回归方程能在多大程度上反映出 y 与 x_1，$x_2,\cdots,x_m$ 的真实关系，就需要找到一个能反映变量之间线性相关密切程度的合适的统计量。为此，下面介绍回归方程显著性的检验方法。

1. 相关系数检验法

总的离差平方和 L_{yy}（或称总的偏差平方和 S_T）及其自由度如下：

$$\left.\begin{aligned}S_T&=L_{yy}=Q+U\\ f_T&=n-1\end{aligned}\right\} \tag{3.30}$$

且有

$$L_{yy}=\sum_{i=1}^{n}(y_i-\bar{y})^2=\sum y_i^2-\bar{y}\sum y_i \tag{3.31}$$

L_{yy} 的大小反映了数据 y_i 总的波动情况。

回归平方和及其自由度为

$$\left.\begin{aligned}U&=\sum_{i=1}^{n}(\hat{y}_i-\bar{y})^2=\sum_{i=1}^{m}b_iL_{i0}\\ f_U&=m\end{aligned}\right\} \tag{3.32}$$

U 反映了 $x_1,x_2,\cdots,x_m$ 对变量 y 线性关系的密切程度。

剩余平方和 Q 及其自由度如下：

$$\left.\begin{aligned} Q &= \sum_{i=1}^{n}(y_i - \hat{y}_i)^2 \\ f_Q &= n - m - 1 \end{aligned}\right\} \tag{3.33}$$

剩余平方和 Q 是除 $x_1, x_2, \cdots, x_m$ 外的其他因素对变量 y 所引起的波动。

如果 Q 值很小，而 U 值大，就说明回归效果好。也就是说，当 U 在总的波动中所占的比值 $\frac{U}{L_{yy}}$ 越大，回归效果越好。

在此，定义多元线性回归的复相关系数如下：

$$R = \sqrt{\frac{U}{L_{yy}}} = \sqrt{\frac{L_{yy} - Q}{L_{yy}}} = \sqrt{1 - \frac{Q}{L_{yy}}} \tag{3.34}$$

当 $R \to 1$ 时，表明 y 与 $x_1, x_2, \cdots, x_m$ 之间线性关系密切；当 $R \to 0$ 时，表明 y 与 $x_1, x_2, \cdots, x_m$ 之间线性关系不密切，甚至不存在。

必须指出：不能单纯从 R 的大小评价回归效果的好坏，还必须看到 R 与回归方程中自变量个数 m 及观测组数 n 有关，因而仍需进一步做相关检验。

因为

$$R^2 = \frac{U}{L_{yy}}$$

所以

$$U = R^2 L_{yy}$$

又

$$Q = L_{yy} - U = (1 - R^2) L_{yy}$$

故有

$$F = \frac{U/m}{Q/(n-m-1)} = \frac{R^2/m}{(1-R^2)/(n-m-1)}$$

即有

$$R = \sqrt{\frac{mF}{(n-m-1) + mF}} \tag{3.35}$$

从上面的关系可以测算出，R 值应取多大才算有显著的回归效果，即对于给定的置信度 α，先查 F 分布表得出相应的临界值 F_α，再算出 R 的临界值 R_α，即

$$R_\alpha = \sqrt{\frac{mF_\alpha}{(n-m-1) + mF_\alpha}} \tag{3.36}$$

只有当 $R > R_\alpha$ 时，才认为回归显著。

2. *方差分析法*

可以证明：在满足矩阵 $\boldsymbol{X}$ 满秩与假设 H_0 成立的条件下，回归平方和与剩余平

方和相互独立，从而定义方差为

$$F = \frac{U/f_U}{Q/f_Q} = \frac{U/m}{Q/(n-m-1)} \tag{3.37}$$

对于给定的置信度 α 及相应的自由度 f_U 与 f_Q，先查 F 分布表得出相应的临界值。

若 $F > F_\alpha(m,n-m-1)$，则说明该多元线性回归方程是显著的，此时回归超平面具有实际价值。

若 $F < F_\alpha(m,n-m-1)$，则说明该多元线性回归方程不显著，此时回归超平面无实际意义。

3.3.4 多元线性回归系数的显著性检验

在处理多元线性回归的实际问题中，我们常常不满足于判断回归方程是否显著。因为回归方程显著并不意味着每个自变量 $x_1,x_2,\cdots,x_m$ 对因变量 y 的影响都是显著的。人们总是想从回归方程中剔除那些次要的、可有可无的变量，重新建立更简单的线性回归方程，以利于对 y 进行预报和控制。

常用于多元线性回归系数显著性检验的方法有如下几种：

1. 比较“标准回归系数 b'_i”

$$b'_i = b_i\sqrt{\frac{L_{ii}}{L_{yy}}} \quad (i=1,2,\cdots,m) \tag{3.38}$$

式中，b'_i 为标准回归系数，且 $|b'_i|$ 越大越显著。

用比较标准回归系数 b'_i 来判断多元回归中因素的主次关系，是比较简便、直观的。但这种方法只有当各自变量间的相关性很小时才正确。否则，会导致错误的结论。

2. F 检验

对已给定的实验数据，总离差平方和 $L_{yy} = \sum_{i=1}^{n}(y_i-\bar{y})^2$ 是一定的，且 $L_{yy} = U+Q$。若 L_{yy} 一定，回归平方和 U 越大，则剩余平方和 Q 越小。剔除一个自变量，新的回归方程的 U 值只会减少，不会增加。若该变量在回归中所起的作用越大，则 U 减少的数值越大。

因此，定义 y 对某个自变量 x_i 的偏回归平方和 P_i 为在回归方程中剔除该自变量后而使回归平方和 U 减小的数值。

设 U 是 m 个变量 $x_1,x_2,\cdots,x_m$ 所引起的回归平方和，U' 是 $m-1$ 个变量 $x_1,x_2,\cdots,x_{i-1},x_{i+1},\cdots,x_m$ 所引起的回归平方和(即剔除 x_i 的影响)，则有

$$P_i = U - U' = \sum_{j=1}^{m} b_j L_{j0} - \sum_{\substack{j=1 \\ j\neq i}}^{m} b_j^* L_{j0} \tag{3.39}$$

为了在建立新的回归方程的过程中避免繁杂计算，人们发现在新、老回归系数间存在如下关系：

$$b_j^* = b_j - \frac{c_{ij}}{c_{ii}} b_i \quad (j \neq i) \tag{3.40}$$

式中，c_{ij}，c_{ii} 是原 m 元回归中相关系数矩阵 $\boldsymbol{C} = (c_{ij})$ 的元素。

式(3.40)表明：在 y 对 $x_1, x_2, \cdots, x_m$ 的多元回归中，若取消一个变量 x_i 后，剩下的 $(m-1)$ 个变量的回归系数 $b_j^* (j \neq i)$ 与原回归系数间的关系。故有

$$P_i = \sum_{j=1}^{m} b_j L_{j0} - \sum_{\substack{j=1 \\ j \neq i}}^{m} (b_j - \frac{c_{ij}}{c_{ii}} b_i) L_{j0} = b_i L_{i0} + \frac{b_i}{c_{ii}} \sum_{\substack{j=1 \\ j \neq i}}^{m} c_{ij} L_{j0} =$$

$$\frac{b_i}{c_{ii}} \sum_{j=1}^{m} c_{ij} L_{j0} = \frac{b_i^2}{c_{ii}} \tag{3.41}$$

式中，b_i 为 x_i 所对应的偏回归系数；c_{ii} 为正规方程组系数矩阵的逆矩阵主对角线上的第 i 个元素。

凡是偏回归平方和 P_i 大的变量，一定对 y 有显著影响。P_i 要大到什么程度才算显著呢？为此，要用下式表示的统计量进行检验：

$$F_i = \frac{P_i}{Q/(n-m-1)} \tag{3.42}$$

式中，F_i 是服从自由度 1 与 $(n-m-1)$ 的 F 分布。对于给定的置信度 α，经 F 检验时显著的变量，则表明该变量对 y 有重要影响，因此该变量应该保留在回归方程中。

凡是偏回归平方和 P_i 小的变量，却并不一定不显著，但是，可以肯定 P_i 最小的那个变量，一定是所有变量中对 y 作用最小的一个，假如此变量检验的结果又不显著，那就可以将该变量剔除。但切记剔除变量后要重新计算回归系数 b_j^* 与 P_j^*。

3. t 检验

可以证明，随机变量 b_j 与剩余平方和 Q 相互独立。于是，可以建立如下关系式：

$$t_i = \frac{\sqrt{P_i}}{S} = \frac{b_i}{S\sqrt{c_{ii}}} = \frac{b_i}{\sqrt{c_{ii} Q/(n-m-1)}} \tag{3.43}$$

式中，c_{ii} 为正规方程组系数矩阵 $\boldsymbol{A}$ 的逆矩阵主对角线上第 i 个元素；P_i 是偏回归平方和；S 是剩余标准离差。

若 $|t_i| > t_\alpha(n-m-1)$ $(i=1,2,\cdots,m)$，则认为在置信度 α 下，$x_1, x_2, \cdots, x_m$ 诸变量都是重要的，所求得的多元线性回归方程实用，可以用于相关问题的预报和控制。

若 $|t_i| < t_\alpha(n-m-1)(i=1,2,\cdots,m)$，则认为相应变量 x_i 应从回归方程中

剔除,重新建立更简单的回归方程。

应该指出,剔除 x_i 并不意味着把 $b_i x_i$ 从原方程中剔除,而是应该从 $m-1$ 个变量 $x_1, x_2, \cdots, x_{i-1}, x_{i+1}, \cdots, x_m$ 着手建立新的回归方程,即

$$\hat{y}' = b_0^* + b_1^* x_1 + \cdots + b_{i-1}^* x_{i-1} + b_{i+1}^* x_{i+1} + \cdots + b_m^* x_m \tag{3.44}$$

式中,$b_j^* \ (j \neq i)$ 是新的回归系数。

一般而言,$b_j^* \neq b_i$,这是因为回归系数间存在着相关性。变量间的相关性,由于剔除变量会引起值的改变;所以,进行 t 值检验时,必须十分谨慎。

一般对回归系数进行一次检验后,只能剔除一个因子(此因子的 t 值应最小),重新建立回归方程,直到余下的因子对回归系数影响都显著为止。这一过程可能伴随着相当繁多的计算。

3.3.5 多元线性回归方程的精度及应用

多元线性回归超平面的精度仍然由剩余标准离差来衡量,且有

$$S = \sqrt{\frac{Q}{f_Q}} = \sqrt{\frac{Q}{n-m-1}} = \sqrt{\frac{\sum_i^n (y_i - \hat{y}_i)^2}{n-m-1}} \tag{3.45}$$

当各变量 $x_1, x_2, \cdots, x_m$ 取固定值 $x_{01}, x_{02}, \cdots, x_{0m}$ 时,可用下式进行预报,以确定 y 以多大的几率落在什么范围内:

$$\left.\begin{aligned} &P\{\hat{y}_0 - 0.5S < y_0 < \hat{y}_0 + 0.5S\} = 38.0\% \\ &P\{\hat{y}_0 - S < y_0 < \hat{y}_0 + S\} = 68.27\% \\ &P\{\hat{y}_0 - 2S < y_0 < \hat{y}_0 + 2S\} = 95.45\% \\ &P\{\hat{y}_0 - 3S < y_0 < \hat{y}_0 + 3S\} = 99.73\% \end{aligned}\right\} \tag{3.46}$$

当然,若要求 y 在一定范围内取值,也可以根据上式确定将各变量 $x_{01}, x_{02}, \cdots, x_{0m}$ 控制在什么范围内。但由于多元线性回归的自变量较多,因此往往还要考虑其他附加条件才可能得到各自变量的明确的取值范围。

3.4 线性化回归[1]

在实践中,变量间的关系并不局限于线性相关,更广泛地存在着非线性的相关关系。解决非线性相关的问题的方法之一是通过变量变换的方法,把非线性关系化成线性关系。为此,首先要确定曲线的函数类型,而曲线函数类型的确定,则可以根据理论、专业经验或实验数据的"散点图"决定。然后,将非线性关系化为线性回归问题求解。

3.4.1　非线性关系与相应图形

为了便于材料加工过程实验建模的需要，在采用线性化回归时，首先须根据实验数据的“散点图”的形式与特征，确定曲线的函数类型。下面给出了几种常用的曲线图形及变量变换的关系式。

1. 双曲线

双曲线函数表示为$\frac{1}{y}=a+b\frac{1}{x}$，如图 3.2 所示。若令 $y_1=\frac{1}{y}$，$x_1=\frac{1}{x}$，则有 $y_1=a+bx_1$。

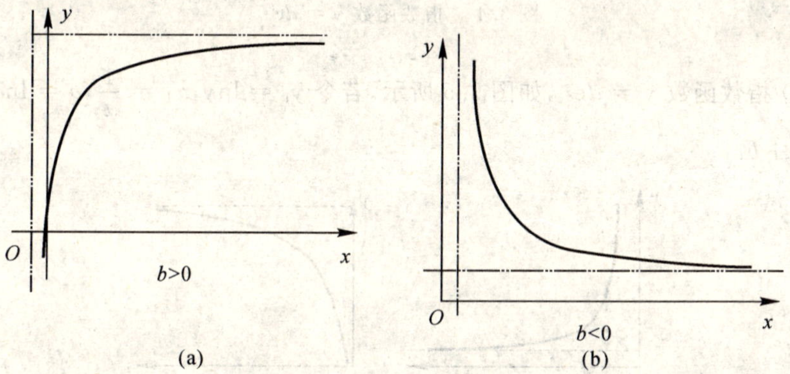

图 3.2　双曲线函数$\frac{1}{y}=a+b\frac{1}{x}$

2. 幂函数

幂函数表示为 $y=dx^b$，如图 3.3 所示。若令 $y_1=\lg y$，$x_1=\lg x$，$a=\lg d$，则有 $y_1=a+bx_1$。

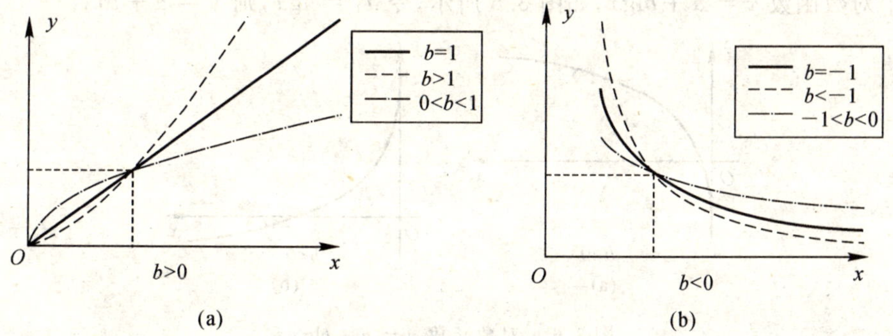

图 3.3　幂函数 $y=dx^b$

3. 指数函数

(1) 指数函数 $y=de^{bx}$，如图 3.4 所示。若令 $y_1=\ln y$，$a=\ln d$，则有 $y_1=a+bx$。

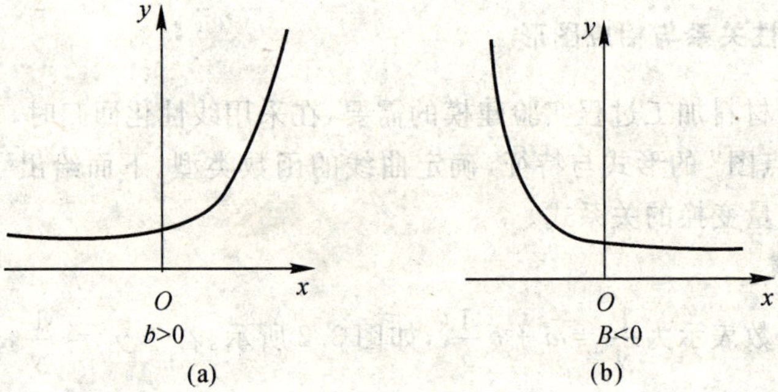

图 3.4　指数函数 $y = d\mathrm{e}^{bx}$

(2) 指数函数 $y = d\mathrm{e}^{\frac{b}{x}}$,如图 3.5 所示。若令 $y_1 = \ln y, x_1 = \dfrac{1}{x}, a = \ln d$,则有 $y_1 = a + bx_1$。

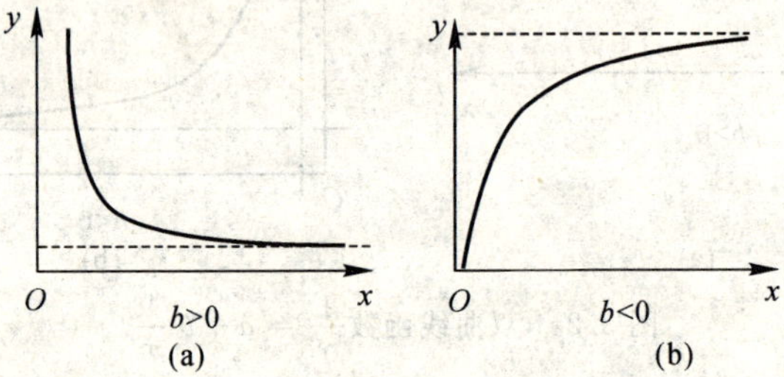

图 3.5　指数函数 $y = d\mathrm{e}^{\frac{b}{x}}$

4. 对数函数

对数函数 $y = a + b\lg x$,如图 3.6 所示。令 $x_1 = \lg x$,则 $y = a + bx_1$。

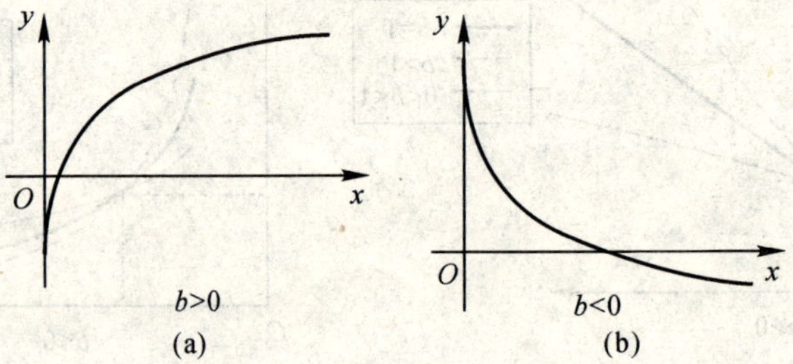

图 3.6　对数函数 $y = a + b\lg x$

5. S 型曲线

S 型曲线 $y = \dfrac{1}{a + b\mathrm{e}^{-x}}$,如图 3.7 所示。令 $y_1 = \dfrac{1}{y}, x_1 = \mathrm{e}^{-x}$,则 $y_1 = a + bx_1$。

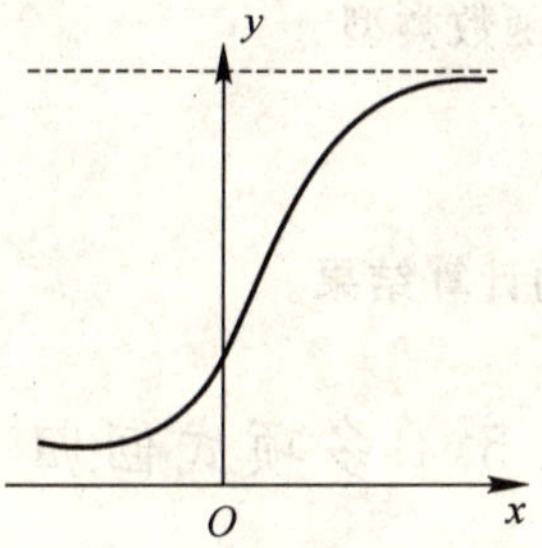

图 3.7　S 型曲线 $y=\dfrac{1}{a+b\mathrm{e}^{-x}}$

3.4.2　不同数学模型结果的比较

进行回归的目的是使 y 的剩余平方和 $Q=\sum(y_i-\hat{y}_i)^2$ 达到最小值。但是，在化曲线为直线的线性化回归分析中，若 x,y 做了变换，实际上所求的回归线，如取双曲线类型，则按最小二乘法的规定是使 $\sum\left(\dfrac{1}{y_i}-\dfrac{1}{\hat{y}_i}\right)^2$ 达到最小值。所以不能说所配的双曲线是最佳的拟合曲线，最好用不同的函数类型计算后进行比较，择其最优。

比较时，可以比较剩余平方和 Q，剩余标准离差 S，相关系数 R 这三个量中的任一个，Q,S 最小者为优，R 则是最接近 1 的最优。值得注意的是，此处的 R,Q,S 与经过变量变换后的 x_1,y_1 的（线性）相关系数、剩余平方和和标准离差并不是一回事。

(1) 相关系数 R：

$$R=\sqrt{\frac{U}{L_{yy}}}=\sqrt{\frac{\sum(\hat{y}-\bar{y})^2}{\sum(y-\bar{y})^2}}=\sqrt{1-\frac{\sum(y-\hat{y})^2}{\sum(y-\bar{y})^2}} \tag{3.47}$$

(2) 剩余标准离差 S：

$$S=\sqrt{\frac{\sum(y-\hat{y})^2}{(n-m-1)}} \tag{3.48}$$

(3) 剩余平方和 Q：

$$Q=\sum(y_i-\hat{y}_i)^2 \tag{3.49}$$

3.4.3　线性化回归的计算步骤

线性化回归的计算步骤如下：

(1) 描散点图，确定曲线函数类型。

(2) 进行变量代换。

(3) 建立回归方程。

(4) 比较不同数学模型的计算结果。

3.5 多项式回归[1]

非线性关系的线性化回归问题，都是要事先确定回归方程的函数类型，且一般为一个自变量，即是在一元的前提下。但是，在实际问题中并不能经常做到这一点。因此，就需要采用多项式进行逼近，这是因为任意曲线都可以近似地用多项式表示，而且多项式回归不但可处理一元问题，还可处理多元问题。多项式回归是解决非线性相关问题的另一类重要的方法。

3.5.1 一元多项式回归

如果变量 y 与 x 的关系可以假定为 m 次多项式，而且在 x_i 处对 y 观察值的随机误差 ε_i 服从正态分布 $N(0,\sigma)$，那么多项式回归的模型为

$$\hat{y} = b_0 + b_1 x + b_2 x^2 + \cdots + b_m x^m \tag{3.50}$$

如果对式(3.50)的非线性项采用不同的线性项代替，那么就可以用多元线性回归分析的方法加以解决。即令 $x_1 = x, x_2 = x^2, \cdots, x_m = x^m$，则

$$\hat{y} = b_0 + b_1 x_1 + b_2 x_2 + \cdots + b_m x_m \tag{3.51}$$

在多项式回归分析中检验 b_j 是否显著，实质上是判断 x 的 j 次项 x^j 对 y 是否有显著影响。

在多项式回归模型中，其结构矩阵 $\boldsymbol{X}$、系数矩阵 $\boldsymbol{A}$ 和常数矩阵 $\boldsymbol{B}$ 如下所示：

$$\boldsymbol{X} = \begin{bmatrix} 1 & x_{11} & x_{12} & \cdots & x_{1m} \\ 1 & x_{21} & x_{22} & \cdots & x_{2m} \\ \vdots & \vdots & \vdots & & \vdots \\ 1 & x_{n1} & x_{n2} & \cdots & x_{nm} \end{bmatrix} = \begin{bmatrix} 1 & x_1 & x_1^2 & \cdots & x_1^m \\ 1 & x_2 & x_2^2 & \cdots & x_2^m \\ \vdots & \vdots & \vdots & & \vdots \\ 1 & x_n & x_n^2 & \cdots & x_n^m \end{bmatrix}$$

$$\boldsymbol{A} = \boldsymbol{X}^{\mathrm{T}}\boldsymbol{X} = \begin{bmatrix} n & \sum x_i & \sum x_i^2 & \cdots & \sum x_i^m \\ & \sum x_i^2 & \sum x_i^3 & \cdots & \sum x_i^{m+1} \\ & & \sum x_i^4 & \cdots & \sum x_i^{m+2} \\ & & & \ddots & \vdots \\ & & & & \sum x_i^{2m} \end{bmatrix}$$

$$B = X^{\mathrm{T}}Y = \begin{bmatrix} \sum y_i \\ \sum x_i y_i \\ \sum x_i^2 y_i \\ \vdots \\ \sum x_i^m y_i \end{bmatrix}$$

因此,回归方程系数的最小二乘估计为

$$b = A^{-1}B = (X^{\mathrm{T}}X)^{-1}X^{\mathrm{T}}Y \tag{3.52}$$

3.5.2 多元多项式回归

同理,多元多项式回归问题也可以化为多元线性回归问题来解决。

下面以二元多项式回归为例,说明多元多项式回归的处理过程。假设二元多项式回归中的因变量为 y,自变量为 z_1, z_2,则二元多项式回归的数学模型为

$$\hat{y} = b_0 + b_1 z_1 + b_2 z_2 + b_3 z_1^2 + b_4 z_1 z_2 + b_5 z_2^2 + \cdots \tag{3.53}$$

若令 $x_1 = z_1, x_2 = z_2, x_3 = z_1^2, x_4 = z_1 z_2, x_5 = z_2^2, \cdots$,则

$$\hat{y} = b_0 + b_1 x_1 + b_2 x_2 + b_3 x_3 + b_4 x_4 + b_5 x_5 + \cdots \tag{3.54}$$

因此,多元多项式回归的实质也为多元线性回归。

3.6 基本回归分析在材料加工过程中的应用

3.6.1 数控弯管力能参数的预报与控制[2,3]

数控弯管属于绕弯过程,在变形过程中的任一时刻,变形区的任一截面上均作用有轴力和弯矩。获取数控弯管过程中的轴力和弯矩并跟踪其变化,有助于对成形机理的了解和后续的回弹分析,以及为设备选型和模具设计提供重要依据。

管材数控弯曲成形是一个几何、物理和边界条件三重非线性问题。管材弯曲时的力能参数(包括轴力和弯矩),不仅取决于管材的材料性能、断面形状与尺寸和弯曲半径等基本参数,同时也与弯曲方法、模具结构等有很大的关系。可见,影响管材数控弯曲力能参数的因素多而复杂,了解和掌握的难度大。目前还不可能把这么多因素都准确地用计算公式表示出来,在生产中只能估算。

对于数控弯曲,由于其模具结构复杂,包括弯曲模、夹块、压块、防皱块、芯棒以及它们与管坯的接触作用,因而导致采用直接力学分析求解力能参数存在困难。采用理论解析方法求解轴力和弯矩,其前提是要求得管弯曲方向的切向应力,由于管

弯曲的复杂性，不得不进行大量的简化，从而对结果的精度造成影响。目前尚未见到有关针对管材数控弯曲力能参数研究的报道。归结起来，对于管材数控弯曲力能参数的获得，关键在于高效实用的求解应力的方法。近年来发展迅猛的有限元法，由于可以考虑多因素的影响，获得大量任一时刻的变形场量信息，并且该方法具有普遍性、快捷性和准确性，因此正好为此提供了良好的契机。

因此，本书提出了基于管材弯曲过程的有限元模拟结果，获得了相关的应力场分布，进而求得弯曲切向应力分布，再积分求得相应截面的轴力和弯矩的方法。并选取代表弯曲变形区刚性端的初始弯曲平面和代表塑性变形区的弯曲平面，研究了作用在其上的轴力和弯矩的变化特征。

表 3.1 所示为某规格管材数控弯管过程中作用在初始弯曲平面上的轴力和作用在弯曲平面上的弯矩与弯曲角的统计数据。根据这些数据作出的图形如图 3.8 所示。从图中可以看出，随着弯曲过程的进行，塑性变形区的弯矩近似呈指数关系变化，而弯曲变形区刚性端的轴力几乎呈线性递增。因此，接下来，分别对弯曲角与初始弯曲平面上轴力的关系和弯曲角与弯曲平面上弯矩的关系进行线性和非线性回归分析，以便对轴力和弯矩进行预测和控制。

表 3.1　数控弯管过程中的轴力和弯矩随弯曲角变化的数据

序号	弯曲角 /rad	轴力 /kN	弯矩 /(kN·m)	序号	弯曲角 /rad	轴力 /kN	弯矩 /(kN·m)
1	0.000 06	0.399 88	0.023 32	15	0.732 48	5.811 94	0.314 29
2	0.052 26	1.446 97	0.127 16	16	0.784 62	6.448 26	0.316 77
3	0.104 27	1.497 14	0.172 82	17	0.838 47	6.971 90	0.321 10
4	0.156 27	1.856 51	0.202 19	18	0.890 47	7.352 67	0.324 32
5	0.210 04	2.397 18	0.221 95	19	0.942 55	7.749 35	0.326 90
6	0.262 07	2.454 39	0.237 35	20	0.994 69	8.131 00	0.332 30
7	0.314 17	2.695 07	0.245 66	21	1.046 75	8.896 97	0.331 51
8	0.366 14	3.098 14	0.256 11	22	1.100 48	9.001 04	0.335 64
9	0.418 24	3.669 65	0.269 39	23	1.152 47	9.429 39	0.335 50
10	0.472 15	4.709 27	0.279 97	24	1.204 61	9.370 97	0.338 51
11	0.524 08	5.057 69	0.285 13	25	1.256 76	9.648 37	0.341 96
12	0.576 18	5.389 35	0.291 79	26	1.308 89	10.374 73	0.340 44
13	0.628 33	5.129 74	0.299 64	27	1.360 88	10.156 33	0.343 28
14	0.680 44	5.461 83	0.306 69	28	1.414 56	10.840 76	0.342 12

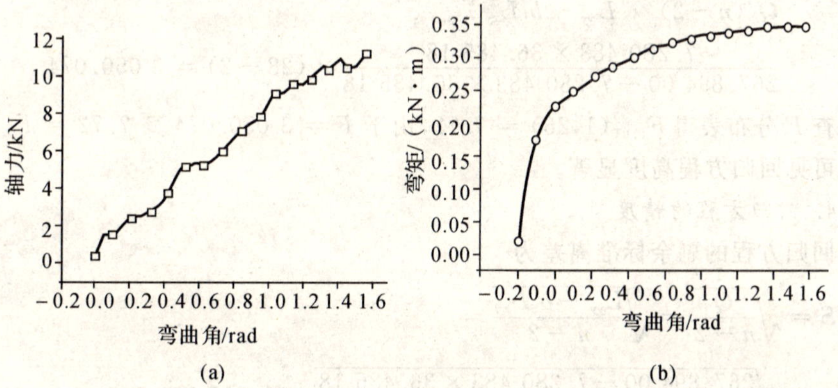

图 3.8　轴力、弯矩与弯曲角的关系曲线

一、确定作用在初始弯矩平面上的轴力与弯曲角的关系

1. 描散点图

由图 3.8 中的曲线可知，作用在初始弯曲平面上的轴力与弯曲角近似呈线性关系。下面将采用一元线性回归分析方法获得两者之间的关系。

2. 建立回归方程

经计算得

$$\bar{x} = 0.7669064, \quad \bar{y} = 5.908803$$

$$L_{xx} = 5.011367, \quad L_{yy} = 267.89400, \quad L_{xy} = 36.48518$$

由此得

$$b_1 = \frac{L_{xy}}{L_{xx}} = \frac{36.48518}{5.011367} = 7.28048$$

$$b_0 = \bar{y} - b_1\bar{x} = 0.76218$$

故回归方程为

$$\hat{y} = 0.76218 + 7.28048x$$

3. 方程显著性检验

(1) 相关系数检验。其相关系数为

$$R = \frac{L_{xy}}{\sqrt{L_{xx}L_{yy}}} = \frac{36.48518}{\sqrt{5.011367 \times 267.89400}} = 0.9957649$$

查相关系数表，得 $R_{0.01} = 0.478$。由于 $R = 0.9957649 > 0.478 = R_{0.01}$，可见该回归方程高度显著。

(2) 统计假设检验。由方差分析，得

$$F=\frac{U/1}{Q/(n-2)}=\frac{b_1L_{xy}}{L_{yy}-b_1L_{xy}}(n-2)=$$

$$\frac{7.280\ 483\times 36.485\ 18}{267.894\ 00-7.280\ 483\times 36.485\ 18}\times(28-2)=3\ 050.074$$

查 F 分布表得 $F_{0.01}(1,26)=7.72$，由于 $F=3\ 050.074>7.72=F_{0.01}(1,26)$，可见回归方程高度显著。

4. 回归方程的精度

回归方程的剩余标准离差为

$$S=\sqrt{\frac{Q}{n-2}}=\sqrt{\frac{L_{yy}-b_1L_{xy}}{n-2}}=$$

$$\sqrt{\frac{267.894\ 00-7.280\ 483\times 36.485\ 18}{28-2}}=0.295\ 109\ 5$$

若在回归直线 $\hat{y}=b_0+b_1x$ 两侧，作两条平行直线：

$$y_1=b_0+b_1x-2S=0.171\ 96+7.280\ 48x$$

$$y_2=b_0+b_1x+2S=1.352\ 40+7.280\ 48x$$

则可以预料，在全部可能出现的 y 值中，大约 95.4% 的点落在这两条直线所夹的范围内。

将 y_1 和 y_2 两条线画于散点图 3.9 上，则可以看出，所有的 28 点均落于这两条直线之间。

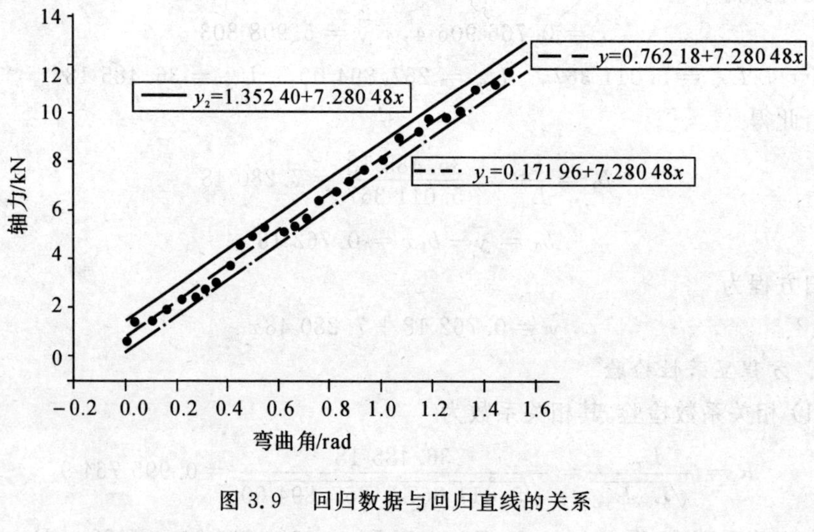

图 3.9　回归数据与回归直线的关系

5. 回归方程的应用

当弯曲角 $x_0=90°=1.570\ 8$ rad 时，则预测出的轴力 $y_0=0.762\ 18+7.280\ 48\times$

1.570 8 = 12.198 36，当置信概率为0.954时，预测区间的下限为12.198 365 596 4 − 2 × 0.295 109 5 = 11.608 15，上限为12.198 365 596 4 + 2 × 0.295 109 5 = 12.788 58，即其预测区间为[11.608 15，12.788 58]。

若设备吨位为16，即要求 $y \leqslant 16$，又从上面分析可知 $0.171\,96 + 7.280\,48x < y < 1.352\,40 + 7.280\,48x$，故要求

$$1.352\,40 + 7.280\,48x \leqslant 16$$

解之，得

$$x \leqslant 2.011\,899 \text{ rad} = 115.273\,33°$$

即弯曲角最大不超过115.273 33°。

二、确定作用在弯曲平面上的弯矩与弯曲角之间的函数关系

1. 描"散点图"，确定函数类型

从图3.8中可以看出，作用在弯曲平面上的弯矩与弯曲角的增加开始上升的速度快，然后逐渐减慢，近似呈幂指数函数和双曲线函数关系。因此初步选用双曲线 $\frac{1}{y} = a + b\frac{1}{x}$，幂函数 $y = dx^b$ 和指数函数 $y = ae^{\frac{b}{x}}$ 作为回归的数学模型。

2. 进行变量代换

按如表3.2所示进行变量代换。

表3.2　双曲线、幂函数和指数函数的变量代换

双曲线	幂函数	指数曲线
$\frac{1}{y} = a + b\frac{1}{x}$	$y = dx^b$	$y = ae^{\frac{b}{x}}$
$y_1 = \frac{1}{y}, x_1 = \frac{1}{x}$	$\ln y = \ln d + b\ln x$ $y_2 = \ln y, x_2 = \ln x, a = \ln d$	$\ln y = \ln a + b\frac{1}{x}$ $y_3 = \ln y, x_3 = \frac{1}{x}$

3. 建立回归方程，并进行不同数学模型计算结果的比较

计算结果如表3.3所示。

从表3.3中的结果可以看出，幂函数曲线的相关系数 R 值最接近于1，且其剩余标准离差和剩余平方和均最小。因此，幂函数曲线吻合得更好，精度更高。所以，用幂函数类型进行回归更为适宜。

表 3.3 回归系数的确定及不同模型的比较

数学模型 / 计算结果	双曲线 $\frac{1}{y}=a+b\frac{1}{x}$	幂函数 $y=dx^b$	指数曲线 $y=ae^{\frac{b}{x}}$
回归系数 a	3.635 473	−1.106 987	−1.260 148
回归系数 b	$2.355\ 156\times10^{-3}$	0.274 062	$-1.499\ 792\times10^{-4}$
相关系数 R	0.644 120	0.991 635	0.664 559
剩余标准离差 S	$5.883\ 26\times10^{-2}$	$9.927\ 65\ 7\times10^{-3}$	$5.747\ 205\times10^{-2}$
剩余平方和 Q	$8.999\ 31\times10^{-2}$	$2.562\ 518\times10^{-3}$	$8.587\ 894\times10^{-2}$

3.6.2 数控弯管回弹角的预报与控制[4]

回弹问题一直是制约管件弯曲成形精度的主要问题，尤其是当管件弯曲具有空间走向（立体弯曲）时，回弹的累加将导致管件形状与设计要求相距甚远，常常无法完成装配。由于管件的回弹受材料参数、工艺参数、弯曲方式等众多参数的综合影响，管件应力应变状态十分复杂，边界条件难以精确确定，因此，目前采用纯理论解析法精确求解回弹大小几乎是不可能的。本书通过实验得出某规格不锈钢1Cr18Ni9Ti和铝合金LF2M管件在W27YPC−63NC弯管机上进行弯曲后的卸载回弹在工程应用范围内的线性变化规律。

本实验研究的条件如下：

(1) 实验设备为 W27YPC − 63NC 的微电脑控制液压弯管机。

(2) 实验管件为不锈钢(1Cr18Ni9Ti) 和铝合金(LF2M) 两种管件，机械性能及规格如表 3.4 所示。

表 3.4 实验管件材料及其主要机械性能

管 件	材料牌号	工程抗拉强度 σ_b/MPa	弹性模量 E/GPa	规格 /(mm × mm)
不锈钢管	1Cr18Ni9Ti	679	204	Φ38 × 1
铝合金管	LF2M	193	75	Φ38 × 1

注：Φ38 mm × 1 mm 是指管件外直径为 38 mm，壁厚为 1 mm。

(3) 弯曲半径 $\rho = 57$ mm，相对弯曲半径 $\rho/D = 1.5$。

(4) 管件在弯曲过程中受到压块的侧推作用，压块和弯曲模之间采用齿条啮合，侧推速度与管件前进移动的线速度相等，都等于弯曲模外缘的切向线速度，此时对侧推速度液压缸压力的设定不会影响到侧推速度的大小。

(5) 除非特别说明，否则实验中采用的芯棒均为带有一个芯头的柱形芯棒，芯头外圆直径和芯棒直径均为 35.60 mm。

铝合金管实验条件：弯曲速度设为 8.6°/s，调整芯棒伸出量 e 的大小为 6 mm，管件与各模块之间保持良好的润滑（润滑剂为拉伸油），管件与压块、防皱块之间的间隙大小约为 0.3 mm，夹块、压块夹紧管件并且不出现夹痕，改变弯曲角 α 的大小进行实验，测量的实验数据如表 3.5 所示。

表 3.5　LF2M 铝合金管件回弹数据

实验编号	弯曲角 /(°)			
	设定值	实际值 α	成形角 α'	回弹角 $\Delta\alpha=\alpha-\alpha'$
531-2	30	30.72	29.83	0.89
531-7	45	45.63	44.50	1.13
531-5	60	60.94	59.67	1.27
531-6	75	75.63	74.33	1.30
527-2	90	90.84	89.33	1.51
531-8	105	105.63	104.00	1.63
527-5	120	120.78	118.83	1.95
527-6	150	150.64	148.00	2.64

在表 3.5 中，弯曲角的"设定值"是指在弯管机参数设置界面中输入的弯曲角度，理论上弯曲模将在控制系统的控制下转动到设定值；"弯曲角 α"是指弯管机弯曲模带动管件实际转动的角度，由于机构的误差等因素作用，弯曲模实际转动的角度 α 并不严格等于设定值，两者之间的误差大小与设备本身的精度有关；"成形角 α'"是指管件发生回弹后弯曲段所对应的圆心角，弯曲角与成形角之间的差值就是回弹角的大小。

将表 3.5 中的弯曲角 α 和回弹角 $\Delta\alpha$ 分别作为坐标系的 X 轴和 Y 轴，绘出回弹角 $\Delta\alpha$ 随弯曲角 α 的变化曲线并对此曲线亦进行线性拟合，得到如图 3.10 所示的回弹角 $\Delta\alpha$ 随弯曲角 α 的变化曲线，该回归方程为 $y=0.013\,3x+0.411\,1$。取置信水平 $\alpha=0.01$，F 法检验得该线性回归方程呈高度的显著性，线性相关系数 R 也相当接近于 1。这说明：当弯曲角度在范围 30°～150° 范围内时，铝合金管件的回弹角和弯曲角之间也存在着显著的线性关系。

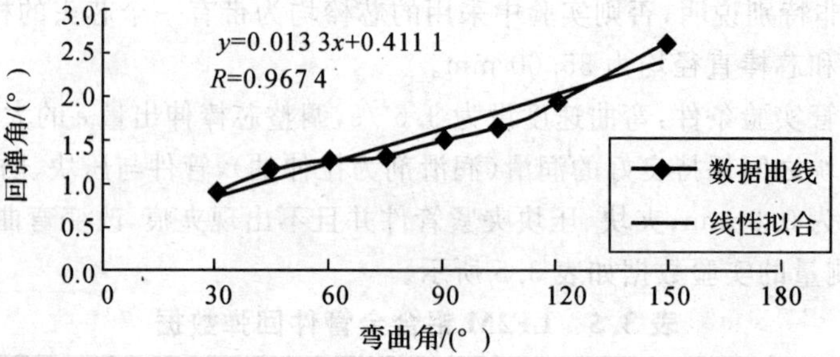

图 3.10　铝合金管回弹角随弯曲角的变化曲线

进一步采用不锈钢管进行实验，弯曲速度设为 10.4°/s，芯棒伸出量大小设为 5.4 mm，压块、防皱块与管件之间的间隙大小约为 0.3 mm，管件被夹持时表面没有出现夹痕。改变弯曲角大小进行实验，得到如表 3.6 所示的不锈钢管件弯曲角实验数据。从表中同样可以看出，随着实际弯曲角度 α 的增大，回弹角也在增大。这种变化趋势与铝合金管件相同。

表 3.6　不锈钢管件弯曲回弹实验数据

实验编号	弯曲角 /(°)		
	设定值 α	成形角 α'	回弹角 $\Delta\alpha=\alpha-\alpha'$
101307	29.73	29.25	0.48
101306	47.01	46.50	0.51
101308	59.55	58.75	0.80
101305	72.68	71.50	1.18
101301	95.85	94.58	1.27
101302	110.94	109.08	1.86
101309	130.95	128.58	2.37
101310	150.93	148.08	2.85

以表 3.6 中的弯曲角设定值 α 和回弹角 $\Delta\alpha$ 分别作为坐标系的 X 轴和 Y 轴，绘出不锈钢管的回弹角 $\Delta\alpha$ 随弯曲角 α 的变化曲线，采用相同的方法对数据曲线进行线性拟合，得到线性拟合方程，结果如图 3.11 所示。从图中可以看出：当弯曲角度在范围 30°～150° 内时，不锈钢管的回弹角 $\Delta\alpha$ 随弯曲角 α 的变化也呈现线性变化的趋势，线性拟合方程呈现较高的显著性。

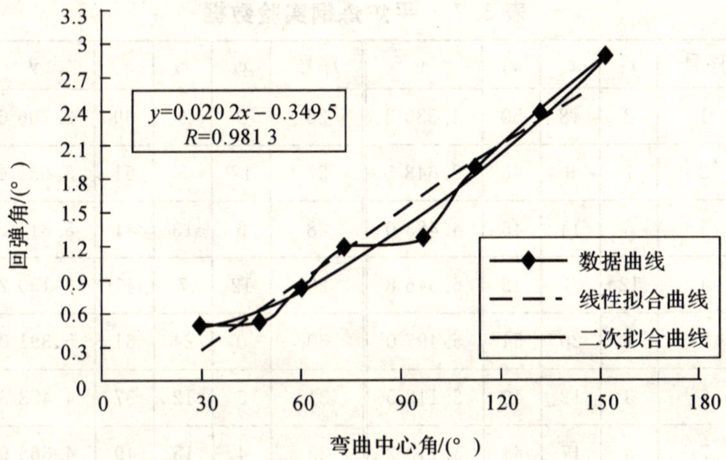

图 3.11　不锈钢管回弹角随弯曲角的变化曲线

本实验研究结果表明，当铝合金管和不锈钢管的弯曲角介于 30° ～ 150° 之间时，弯曲角和回弹角的线性关系都比较显著。因此，在预测管件在不同弯曲角度下的成形角大小时，可以在此弯曲角度范围内选择两个弯曲角度进行相同条件下的试弯，连接两点成一直线，此直线方程即可作为相同条件弯曲角度下的成形角随弯曲角变化的预测公式。根据预测公式，设定相应的实际弯曲角度进行过弯（补偿回弹），即可得到要求的成形角。

在实际生产中，解决回弹的办法往往是试错法，即在所需要的成形角附近改变弯曲角度进行弯曲，然后测量卸载后的最终成形角，直至与设计要求相符。这种方法的缺点是弯曲次数、试弯的管件明显增多，当弯曲角度改变时，又要重新进行大量试弯，在弯曲件数较少时浪费尤为严重。而线性回归法则适用于相同管件（规格及性能）和相同弯曲方式的弯曲，当上述条件相同时，得出的线性回归方程基本上可以适用于工程应用范围内任意弯曲角度的弯曲。这样可以大大减少试模次数，节省费用，提高效率。

3.6.3　熔炼参数对钢铁含碳量的影响[1]

为考察平炉炼钢过程中的三个参数，矿石含量 x_1 和矿石含量 x_2 以及熔化时间 x_3 对含碳量 y 的影响，收集了该过程的相关实验数据如表 3.7 所示。前期研究表明该三个参数的交互作用对钢铁的含碳量影响不大，因此下面根据该表建立含碳量 y 与 A 矿石含量 x_1，B 矿石含量 x_2 以及熔化时间 x_3 之间的多元线性回归方程并进行显著性试验。具体求解步骤如下：

表 3.7 平炉炼钢实验数据

序号	x_1	x_2	x_3	y	序号	x_1	x_2	x_3	y
1	2	18	50	4.330 2	26	9	6	39	2.706 6
2	7	9	40	3.648 5	27	12	5	51	5.631 4
3	5	14	46	4.483 0	28	6	13	41	5.815 2
4	12	3	43	5.546 8	29	12	7	47	5.130 2
5	1	20	64	5.497 0	30	0	24	61	5.391 0
6	3	12	40	3.112 5	31	5	12	37	4.453 3
7	3	17	64	5.118 2	32	4	15	49	4.665 9
8	6	5	39	3.875 9	33	0	20	45	4.521 2
9	7	8	39	4.670 0	34	6	16	42	4.865 0
10	0	23	55	4.953 6	35	4	17	48	5.356 6
11	3	16	60	5.006 0	36	10	4	48	4.609 8
12	0	18	40	5.270 1	37	4	14	36	2.381 5
13	8	4	50	5.377 2	38	5	13	36	3.874 6
14	6	14	51	5.484 9	39	9	8	51	4.591 9
15	0	21	51	4.596 0	40	6	13	54	5.158 8
16	3	14	51	5.664 5	41	5	8	100	5.437 3
17	7	12	56	6.079 5	42	5	11	44	3.996 0
18	16	0	48	3.219 4	43	8	6	63	4.397 0
19	6	16	45	5.807 6	44	2	13	55	4.062 2
20	0	15	52	4.730 6	45	7	8	50	2.290 5
21	9	0	40	4.680 5	46	4	10	45	4.711 5
22	4	6	32	3.127 2	47	10	5	40	4.531 0
23	0	17	47	2.610 4	48	3	17	64	5.363 7
24	9	0	44	3.717 4	49	4	15	72	6.077 1
25	2	16	39	3.894 6					

1. 建立回归方程

经计算得

$$\bar{x}_1 = 5.285\ 71$$
$$\bar{x}_2 = 11.795\ 92$$
$$\bar{x}_3 = 51.102\ 04$$
$$\bar{y} = 4.582\ 06$$
$$L_{yy} = 44.907\ 59$$

$$\boldsymbol{L} = \begin{bmatrix} L_{11} & L_{12} & L_{13} \\ L_{21} & L_{22} & L_{23} \\ L_{31} & L_{32} & L_{33} \end{bmatrix} = \begin{bmatrix} 661.999\ 9 & -918.142\ 7 & -266.428\ 6 \\ -918.142\ 7 & 1\ 753.959\ 0 & 833.020\ 3 \\ -266.428\ 6 & 833.020\ 3 & 17\ 070.490\ 0 \end{bmatrix}$$

$$\boldsymbol{L}^{-1} = \begin{bmatrix} 5.566\ 211E-3 & 2.940\ 630E-03 & -5.662\ 442E-05 \\ 2.940\ 630E-03 & 2.137\ 201E-03 & -5.839\ 691E-05 \\ -5.662\ 442E-05 & -5.839\ 691E-05 & 6.054\ 656E-05 \end{bmatrix}$$

$$\boldsymbol{L}_0 = \begin{bmatrix} L_{10} \\ L_{20} \\ L_{30} \end{bmatrix} = \begin{bmatrix} -6.443\ 13 \\ 69.158\ 27 \\ 297.288\ 1 \end{bmatrix}$$

$$\boldsymbol{b} = \begin{bmatrix} b_1 \\ b_2 \\ b_3 \end{bmatrix} = \boldsymbol{L}^{-1}\boldsymbol{L}_0 = \begin{bmatrix} 0.150\ 67 \\ 0.111\ 50 \\ 0.014\ 326 \end{bmatrix}$$

故求解得到的多元线性回归方程为

$$\hat{y} = 1.738\ 35 + 0.150\ 67x_1 + 0.111\ 50x_2 + 0.014\ 326x_3$$

2. 回归方程显著性检验

(1) 相关系数检验：

经计算得：回归平方和 $U = \sum_{i}^{m} b_i L_{i0} = 10.999\ 13$，全相关系数 $R = \sqrt{\dfrac{U}{L_{yy}}} = 0.494\ 90$。对于给定的置信度 $\alpha = 0.01$，查 F 分布表得相应的临界值 $F_\alpha = 4.26$，则 R 的临界值 $R_\alpha = \sqrt{\dfrac{mF_\alpha}{(n-m-1)+mF_\alpha}} = 0.470\ 30$。

由于 $R > R_\alpha$，可见该回归方程显著。

(2) 统计假设检验：

计算得到剩余方差 $Q = L_{yy} - U = 33.908\ 46$，$F = \dfrac{U/f_U}{Qf_Q} = \dfrac{U/m}{Q/(n-m-1)} = 4.865\ 66$。

由于 $F > F_\alpha$，所以表明此线性回归方程显著。

3. 回归方程的精度

计算得到剩余标准离差 $S = \sqrt{\dfrac{Q}{f_Q}} = \sqrt{\dfrac{Q}{n-m-1}} = 0.868\ 06$。

4. 回归系数显著性检验

(1) 标准回归系数：

$$b'_i = b_i\sqrt{\frac{L_{ii}}{L_{yy}}} = \begin{cases} 0.578\ 50 \\ 0.696\ 81 \\ 0.279\ 31 \end{cases}$$

(2) F 检验：

$$P_i = \frac{b_i^2}{c_{ii}} = \begin{cases} 4.078\ 50 \\ 5.816\ 81 \\ 3.389\ 69 \end{cases}$$

$$F_i = \frac{P_i}{Q/(n-m-1)} = \begin{cases} 5.412\ 60 \\ 7.719\ 50 \\ 4.498\ 47 \end{cases}$$

查附录 5，得 $F_{0.05}(1,46) = 4.05$，$F_{0.05}(1,44) = 4.06$。

(3) t 检验：

$$t_i = \frac{\sqrt{P_i}}{S} = \begin{cases} 2.326\ 50 \\ 2.778\ 40 \\ 2.120\ 96 \end{cases}$$

查附录 4，得 $t_{0.05}(49-3-1) = 2.012$，$t_{0.01}(49-3-1) = 2.704$。

从(1)、(2)、(3) 可以看出，$F_2 > F_1 > F_3 > F_{0.05}(1,44)$，且 $t_2 > t_1 > t_3 > t_{0.05}(45)$，这表明 x_1, x_2, x_3 对 y 有重要影响，均不能剔除。相比较而言，B 矿石含量 x_2 对钢铁含碳量的影响最显著，A 矿石含量 x_1 次之，熔化时间 x_3 稍弱。

3.6.4 合金膨胀系数与成分的关系[1]

某种合金中的主要成分为金属 A 与 B，寻求合金膨胀系数 y 与成分 A，B 含量之和 x 的函数关系，对于该合金膨胀系数的预测和控制具有重要意义和价值。为此，获取相关实验数据见表 3.8。下面根据该表数据建立该合金膨胀系数 y 与其成分 A，B 含量之和 x 的回归方程。具体求解过程如下：

表 3.8　合金膨胀系数实验数据

实验序号	x(成分 A,B 含量之和)	y(膨胀系数)
1	37.0	3.60
2	37.5	3.50
3	38.0	3.40
4	38.5	3.27
5	39.0	2.10
6	39.5	1.83
7	40.0	1.53
8	40.5	1.70
9	41.0	1.80
10	41.5	1.90
11	42.0	2.35
12	42.5	2.54
13	43.0	2.90

1. *描散点图,确定回归方程的形式*

根据表 3.8 中的实验数据,作出散点图如图 3.12 所示,根据其变化特征,确定采用二次多项式进行下述的多项式回归分析。

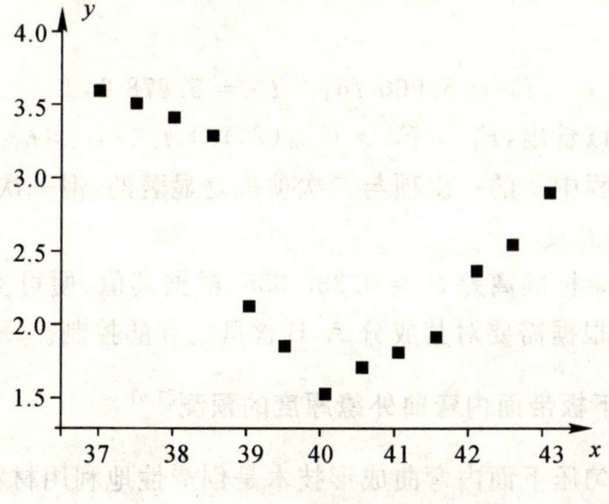

图 3.12　合金膨胀系数散点图

2. 确定数学模型

假设该一元二次多项式回归方程为

$$y = b_0 + b_1 x_1 + b_2 (x_1^2)$$

令 $x_2 = x_1^2$,可以将上式化为二元线性回归问题,即

$$y = b_0 + b_1 x_1 + b_2 x_2$$

3. 确定回归系数

经计算,得到该二元线性回归方程的回归系数为 $b_0 = 287.161$,$b_1 = -14.065\,4$,$b_2 = 0.173\,34$。因为 $x_2 = x^2$,所以该合金膨胀系数 y 与成分 A,B 含量之和 x 的一元二次多项式回归方程为

$$\hat{y} = 287.161 - 14.065\,4x + 0.173\,34x^2$$

4. 回归方程的显著性检验

(1) 相关系数 R 检验:

经计算得到全相关系数 $R = 0.900\,808$,选 $\alpha = 0.01$,查附录 5,得 $F_{0.01}(2,13-2-1) = 7.56$,故

$$R_\alpha = \sqrt{\frac{mF_\alpha}{(n-m-1)+mF_\alpha}} = 0.775\,829$$

(2) F 检验:

计算得 $F = 24.918\,1$。

由于 $R > R_\alpha$,$F > F_\alpha$,所以,该回归方程是显著的。

5. 回归系数检验

F 检验:经计算

$$F_1 = 35.530\,7, \quad F_2 = 34.551\,3$$

t 检验:经计算

$$T_1 = 5.960\,76, \quad T_2 = 5.878\,04$$

由上述计算可以看出,$F_1 > F_2 > F_{0.01}(2,10)$,$t_1 > t_2 > t_{0.01}(10) = 3.169$,因此所建立的回归方程中 x 的一次项与二次项都是显著的,但一次项的影响更大些。

6. 回归方程的精度

经计算得到剩余标准离差 $S = 0.333\,635$。根据其值,便可实现对该合金膨胀系数 y 的预测以及根据需要对其成分 A,B 含量之和的控制。

3.6.5 不均匀压下板带面内弯曲外缘厚度的预测[5,6]

金属板带不均匀压下面内弯曲成形技术是创造性地利用材料不均匀塑性变形而获得产品的成形方法。该方法通过主动地创造与控制材料不均匀压缩塑性变形来产生面内弯曲。其实质是板带受到宽向单调不均匀压缩,在长度方向产生单调不

均匀伸长，不均匀变形的协调发展使板带产生面内弯曲进而向形成圆环的方向发展。由于在该成形过程中，板料宽向受到不均匀压缩而变形，因此导致所形成的圆环件的厚度难以预测和控制。为此，本研究将锥辊初始状态辊缝楔角 β_0、送料位置 z_0 以及板料宽厚比 b_0/t_0 作为自变量，研究其对金属板带不均匀压下面内弯曲外缘厚度的影响。实验获得的数据如表 3.9 所示。

前期实验结果表明，面内弯曲半径 R 的值与各变形参数之间的关系并不是单调变化的，各因素间可能存在交互作用，尤其是辊缝初始楔角 β_0 与送料位置 z_0 以及板料宽厚比 b_0/t_0 的交互作用最显著。为了能够较全面地分析各因素的影响，这里除了考虑辊缝楔角 β_0、送料位置 z_0 以及板料初始厚度 t_0 的影响外，还考虑了辊缝楔角 β_0 与送料位置 z_0 以及板料厚度 t_0 两因素间的一级交互作用。考虑采用多元多项式回归方法，获得板带面内弯曲外缘厚度与各自变量的函数关系。假设

$$t_1 = a_0 + a_1\beta_0 + a_2 z_0 + a_3\beta_0 z_0 + a_4 t_0 + a_5\beta_0 t_0$$

上式为多元非线性回归模型，但可以用多元线性回归系数的方法来确定上式中的各回归系数。令

$$x_1 = \beta_0, \quad x_2 = z_0, \quad x_3 = \beta_0 z_0, \quad x_4 = t_0, \quad x_5 = \beta_0 t_0$$

则有

$$t_1 = a_0 + a_1 x_1 + a_2 x_2 + a_3 x_3 + a_4 x_4 + a_5 x_5$$

这样就把多元非线性回归模型转化成了多元线性回归模型。

根据表 3.9 中的实验数据，利用多元线性回归分析程序，得出板带面内弯曲外缘厚度 t_1 与各变形参数间的回归方程如下：

$$t_1 = 2.296\,249 + 0.301\,208\beta_0 - 0.024\,124 z_0 + 0.001\,125\beta_0 z_0 + 0.132\,633 t_0 + 0.032\,129\beta_0 t_0$$

对回归方程及各回归系数的显著性检验表明：该回归方程是显著的，且每个自变量对 t_1 的影响都是显著的，回归方程的每一项都不可剔除。

表 3.9　板带面内弯曲外缘厚度实验数据

实验序号	辊缝初始楔角 β_0/(°)	送料位置 z_0/mm	板料厚度 t_0/mm	外缘厚度 t_1/mm
1	1.0	65	1.5	1.360 56
2	1.0	70	1.7	1.301 92
3	1.0	80	1.9	1.168 92
4	1.0	85	2.0	1.106 70
5	1.4	65	1.9	1.582 54
6	1.4	70	2.0	1.474 39
7	1.4	80	1.5	1.200 61

续表

实验序号	辊缝初始楔角 $\beta_0/(°)$	送料位置 z_0/mm	板料厚度 t_0/mm	外缘厚度 t_1/mm
8	1.4	85	1.7	1.092 11
9	1.6	65	2.0	1.684 55
10	1.6	70	1.9	1.544 95
11	1.6	80	1.7	1.261 65
12	1.6	85	1.5	1.114 48
13	1.8	65	1.7	1.773 88
14	1.8	70	1.5	1.617 49
15	1.8	80	2.0	1.326 54
16	1.8	85	1.9	1.166 34

参考文献

[1] 白新桂. 数据分析与试验优化设计. 北京：清华大学出版社，1988.

[2] 詹梅,杨合,江志强. 基于有限元模拟的数控弯管过程轴力和弯矩的分析计算. 塑性工程学报,2005,12(6):78 - 83.

[3] 詹梅. 数控弯管过程数值模拟仿真研究[D]. 西安:西北工业大学，2003.

[4] 王光祥. 工艺参数对薄壁管数控弯曲成形质量影响的实验研究[D]. 西安:西北工业大学，2005.

[5] 肖红生. 不均匀压下金属板带面内精密弯曲及数值模拟[D]. 西安:西北工业大学，1997.

[6] 冯桐. 板带不均匀压下面内弯曲成形装置参数的研究[D]. 西安:西北工业大学，2005.

第四章　最优回归分析

在材料加工过程中，为了实现技术预报与控制，往往需要从多因素中挑选变量，以建立某批实验数据的最优回归方程。

所谓“最优”回归方程，就是包含所有对 y 影响显著的变量而不包含对 y 影响不显著的变量的回归方程[1]。

4.1　选择“最优”回归方程的方法

假设因变量为 y，自变量(因子)有 m 个，分别为 $x_1,x_2,\cdots,x_m$，则选择“最优”回归方程的方法有如下几种[1,2]：

(1) 从所有可能的变量组合的回归方程中挑选最优者。这是一种最优子集法，即全局最优。其缺点是计算量大，需求解 2^m 个方程，因此该方法不实用，尤其当自变量个数 m 很多时。

(2) 从一个变量开始，把变量逐个引入回归方程。该方法也叫前进法。其缺点是由于各变量间的相关关系，不能保证所有引入方程的因子都是显著的。

(3) 从包含全部变量的回归方程中逐次剔除不显著因子。该方法也叫后退法。其缺点与前一种方法相同，也不能保证所有剔除的因子都是不显著的。

(4) 逐步回归分析。其原理是按照因子 $x_1,x_2,\cdots,x_m$ 对 y 作用的大小，由大到小逐个将因子引入回归方程，对已引入方程的因子，由于新因子的引入而变得对 y 的作用不显著时，可以随时从方程中剔除，一直到既不能引入又不能剔除因子为止，从而得到最优的回归方程。这种方法综合了前两种方法的优点。

需要指出的是，后三种方法属于局部最优法。

另外，当自变量满足等间隔的要求时，还有一种计算简便的正交回归分析方法可用于最优回归方程的确定。

本章主要对最优回归分析和正交回归分析的原理、方法及应用进行介绍。

4.2　逐步回归分析[1]

4.2.1　逐步回归的数学模型

假如随机变量 y 与 m 个自变量之间存在线性相关，它的第 k 次实验数据为

$$x_{k1}, x_{k2}, \cdots, x_{km}, y_k \quad (k = 1, 2, \cdots, n)$$

对上述实验数据，采用线性模型来拟合。其数学模型可表示为

$$\hat{y} = b_0 + b_1 x_1 + b_2 x_2 + \cdots + b_m x_m \tag{4.1}$$

或者也可表示为

$$\hat{y} = \bar{y} + b_1(x_1 - \bar{x}_1) + b_2(x_2 - \bar{x}_2) + \cdots + b_m(x_m - \bar{x}_m) \tag{4.2}$$

4.2.2 正规方程组及其常规解法

对于式(4.2)，相应的结构矩阵 $\boldsymbol{X}$，常数项矩阵 $\boldsymbol{L}_0$ 和系数矩阵 $\boldsymbol{A}$ 分别为

$$\boldsymbol{X} = \begin{bmatrix} 1 & (x_{11} - \bar{x}_1) & (x_{12} - \bar{x}_2) & \cdots & (x_{1m} - \bar{x}_m) \\ 1 & (x_{21} - \bar{x}_1) & (x_{22} - \bar{x}_2) & \cdots & (x_{2m} - \bar{x}_m) \\ \vdots & \vdots & \vdots & & \vdots \\ 1 & (x_{n1} - \bar{x}_1) & (x_{n2} - \bar{x}_2) & \cdots & (x_{nm} - \bar{x}_m) \end{bmatrix}$$

$$\boldsymbol{L}_0 = \begin{bmatrix} \sum_{i=1}^{n} y_i \\ \sum_{i=1}^{n} (x_{i1} - \bar{x}_1) y_i \\ \vdots \\ \sum_{i=1}^{n} (x_{im} - \bar{x}_m) y_i \end{bmatrix} = \begin{bmatrix} \sum y_k \\ L_{1y} \\ \vdots \\ L_{my} \end{bmatrix}$$

$$\boldsymbol{A} = \boldsymbol{X}^{\mathrm{T}} \boldsymbol{X} = \begin{bmatrix} n & 0 & 0 & \cdots & 0 \\ 0 & L_{11} & L_{12} & \cdots & L_{1m} \\ 0 & L_{21} & L_{22} & \cdots & L_{2m} \\ \vdots & \vdots & \vdots & & \vdots \\ 0 & L_{m1} & L_{m2} & \cdots & L_{mm} \end{bmatrix} = \begin{bmatrix} n & 0 & \cdots & 0 \\ 0 & & & \\ \vdots & & (\boldsymbol{L}) & \\ 0 & & & \end{bmatrix}$$

式中，$\boldsymbol{L} = \begin{bmatrix} L_{11} & L_{12} & \cdots & L_{1m} \\ L_{21} & L_{22} & \cdots & L_{2m} \\ \vdots & \vdots & & \vdots \\ L_{m1} & L_{m2} & \cdots & L_{mm} \end{bmatrix}$ 是对称矩阵，且有

$$L_{ij} = L_{ji} = \sum_{k=1}^{n} (x_{ki} - \bar{x}_i)(x_{kj} - \bar{x}_j) \quad (i, j = 1, 2, \cdots, m)$$

则 $\boldsymbol{A}$ 的逆矩阵为

$$\boldsymbol{A}^{-1}=\begin{bmatrix}\frac{1}{n} & 0 & \cdots & 0\\ 0 & & & \\ \vdots & & (\boldsymbol{L}^{-1}) & \\ 0 & & & \end{bmatrix}$$

式中,$\boldsymbol{L}^{-1}$ 为 $\boldsymbol{L}$ 的逆矩阵。

因此正规方程组可以变为

$$\boldsymbol{B}=\begin{bmatrix}b_0\\ b_1\\ \vdots\\ b_m\end{bmatrix}=\boldsymbol{A}^{-1}\boldsymbol{L}_0=\begin{bmatrix}\frac{1}{n} & 0 & \cdots & 0\\ 0 & & & \\ \vdots & & & \\ 0 & & & \end{bmatrix}\begin{bmatrix}\sum_{i=1}^{n}y_i\\ L_{1y}\\ \vdots\\ L_{my}\end{bmatrix}$$

即

$$\left.\begin{aligned}&b_0=\bar{y}=\frac{1}{n}\sum y_k\\ &\begin{bmatrix}b_1\\ b_2\\ \vdots\\ b_m\end{bmatrix}=\boldsymbol{L}^{-1}\begin{bmatrix}L_{1y}\\ L_{2y}\\ \vdots\\ L_{my}\end{bmatrix}\end{aligned}\right\}\tag{4.3}$$

其总离差平方和、剩余平方和、全(复)相关系数和剩余标准离差分别如以下各式所示,并可用方差来检验回归方程的显著性。

$$S_T=L_{yy}=\sum_{i=1}^{n}(y_i-\bar{y})^2$$

$$Q=L_{yy}-\sum_{j=1}^{m}b_jL_{jy}$$

$$R=\sqrt{\frac{U}{L_{yy}}}=\sqrt{\frac{L_{yy}-Q}{L_{yy}}}=\sqrt{1-\frac{Q}{L_{yy}}}$$

$$S=\sqrt{\frac{Q}{f_Q}}=\sqrt{\frac{Q}{n-m-1}}$$

$$F=\frac{U/f_U}{Q/f_Q}=\frac{U/m}{Q/(n-m-1)}$$

4.2.3　逐步回归分析的计算方法

逐步回归分析计算方法的实质是用无回代过程的消元法解正规方程组,把选取重要变量的思路巧妙地叠加进去。

1. 对变量进行标准化变换

由于不同的自变量的取值范围与所取单位不同，对计算往往带来不便，用不同的单位，计算精度也会不尽相同，标准化的目的是提高计算的精度和方便计算。为此，在逐步回归分析中常先对变量数据进行标准化变换，然后再进行计算。即对 x_{ij}，y_i 进行如下变换：

$$\left.\begin{aligned} z_{ij} &= \frac{x_{ij} - \bar{x}_j}{\sqrt{L_{jj}}} \\ y'_i &= \frac{y_i - \bar{y}}{\sqrt{L_{yy}}} \end{aligned}\right\} \quad (i = 1,2,\cdots,n; j = 1,2,\cdots,m) \tag{4.4}$$

式中，$\bar{x}_j = \frac{1}{n}\sum_{i=1}^{n} x_{ij}$，$L_{jj} = \sum_{k=1}^{n}(x_{kj} - \bar{x}_j)^2$，$\bar{y} = \frac{1}{n}\sum_{i=1}^{n} y_i$，$L_{yy} = \sum_{i=1}^{n}(y_i - \bar{y})^2$。

2. 正规方程组的标准化

将正规方程组中的 L_{ij} 化为 r_{ij}，即

$$\left.\begin{aligned} r_{ij} = r_{ji} &= \frac{L_{ij}}{\sqrt{L_{ii}}\sqrt{L_{jj}}} \\ r_{iy} &= \frac{L_{iy}}{\sqrt{L_{ii}}\sqrt{L_{yy}}} \end{aligned}\right\} \quad (i,j = 1,2,\cdots,m) \tag{4.5}$$

式中，r_{ij} 是变量之间的相关系数；r_{iy} 是自变量与因变量之间的相关系数。

显然，经标准化变换后，$r_{ii} = r_{yy} = 1$；并且经标准化处理后，原来的正规方程组变为

$$\sum_{j=1}^{m} r_{ij} b_j^* = r_{iy} \quad (i = 1,2,\cdots,m) \tag{4.6}$$

该方程组的解 b_j^* 与原方程组的解 b_j 存在如下关系：

$$b_j^* = \sqrt{\frac{L_{jj}}{L_{yy}}} b_j \tag{4.7}$$

由于

$$\bar{z}_j = \frac{1}{n}\sum_{i=1}^{n} z_{ij} = \frac{1}{n\sqrt{L_{jj}}}\sum_{i=1}^{n}(x_{ij} - \bar{x}_j) = 0 \quad (j = 1,2,\cdots,m)$$

$$\bar{y}' = \frac{1}{n}\sum_{i=1}^{n} y' = \frac{1}{n\sqrt{L_{yy}}}\sum_{i=1}^{n}(y_i - \bar{y}) = 0$$

因此，标准化后的总偏差平方和、回归平方和、残差平方和及 z_j 的偏回归平方和如下式所示：

$$\left.\begin{aligned}S_T^* &= \sum_{i=1}^{n}(y'_i-\bar{y}')^2=\sum_{i=1}^{n}\frac{(y_i-\bar{y})^2}{L_{yy}}=1\\U^* &= \sum_{i=1}^{n}(\hat{y}'_i-\bar{y}')^2=\sum_{i=1}^{n}(\hat{y}'_i)^2=\sum_{i=1}^{m}b_j^* r_{iy}=\frac{1}{L_{yy}}U\\Q^* &= \sum_{i=1}^{n}(y'_i-\hat{y}')^2=\frac{1}{L_{yy}}Q=r_{yy}\\P^* &= \frac{1}{L_{yy}}P\end{aligned}\right\} \tag{4.8}$$

3. 无回代过程的消元法

经标准化后的新正规方程的形式如下：

$$\left.\begin{aligned}&r_{11}b_1^*+r_{12}b_2^*+\cdots+r_{1m}b_m^*=r_{1y}\\&r_{21}b_1^*+r_{22}b_2^*+\cdots+r_{2m}b_m^*=r_{2y}\\&\cdots\cdots\\&r_{m1}b_1^*+r_{m2}b_2^*+\cdots+r_{mm}b_m^*=r_{my}\end{aligned}\right\} \tag{4.9}$$

方程组(4.9)的主元素均在对角线上，保证有唯一解。

用高斯-约当消元，当第$(l+1)$步消去第k个元素时，计算公式为

$$\left.\begin{aligned}r_{kj}^{(l+1)}&=r_{kj}^{(l)}/r_{kk}^{(l)}, &\text{第}\,k\,\text{行}\\r_{ij}^{(l+1)}&=r_{ij}^{(l)}-r_{ik}^{(l)}r_{kj}^{(l)}/r_{kk}^{(l)}, &\text{其他行}\end{aligned}\right\} \tag{4.10}$$

这里$r^{(l+1)}$表示第$(l+1)$次消元后，原r_{ij}位置上的当前值。

显然

$$r_{ij}^{(0)}=r_{ij} \tag{4.11}$$

为了便于说明问题，暂时讨论仅有三个自变量的问题。其正规方程具有如下形式：

$$\left.\begin{aligned}r_{11}b_1^*+r_{12}b_2^*+r_{13}b_3^*&=r_{1y}\\r_{21}b_1^*+r_{22}b_2^*+r_{23}b_3^*&=r_{2y}\\r_{31}b_1^*+r_{32}b_2^*+r_{33}b_3^*&=r_{3y}\end{aligned}\right\} \tag{4.12}$$

消去运算是将系数矩阵第某列消去变成“0，1”形式。对下式进行消去运算：

$$\boldsymbol{R}_{ij}^{(0)}=\begin{bmatrix}r_{11}^{(0)} & r_{12}^{(0)} & r_{13}^{(0)} & r_{1y}^{(0)}\\r_{21}^{(0)} & r_{22}^{(0)} & r_{23}^{(0)} & r_{2y}^{(0)}\\r_{31}^{(0)} & r_{32}^{(0)} & r_{33}^{(0)} & r_{3y}^{(0)}\end{bmatrix} \tag{4.13}$$

第一步：将矩阵第一列消成“0，1”形式：

$$\boldsymbol{R}^{(1)}=\begin{bmatrix}1 & r_{12}^{(1)} & r_{13}^{(1)} & r_{1y}^{(1)}\\0 & r_{22}^{(0)} & r_{23}^{(0)} & r_{2y}^{(0)}\\0 & r_{32}^{(0)} & r_{33}^{(0)} & r_{3y}^{(0)}\end{bmatrix} \tag{4.14}$$

其计算公式为

$$\left.\begin{aligned} r_{1j}^{(1)} &= r_{1j}^{(0)}/r_{11}^{(0)} && (j=1,2,3,y) \\ r_{ij}^{(1)} &= r_{ij}^{(0)} - r_{i1}^{(0)} r_{1j}^{(0)}/r_{11}^{(0)} && (i=2,3;j=1,2,3,y) \end{aligned}\right\} \tag{4.15}$$

第二步:将矩阵第二列消成“0,1”形式:

$$\boldsymbol{R}^{(2)} = \begin{bmatrix} 1 & 0 & r_{13}^{(2)} & r_{1y}^{(2)} \\ 0 & 1 & r_{23}^{(2)} & r_{2y}^{(2)} \\ 0 & 0 & r_{33}^{(2)} & r_{3y}^{(2)} \end{bmatrix} \tag{4.16}$$

其计算公式为

$$\left.\begin{aligned} r_{2j}^{(2)} &= r_{2j}^{(1)}/r_{22}^{(1)} && (j=2,3,y) \\ r_{ij}^{(2)} &= r_{ij}^{(1)} - r_{i2}^{(1)} r_{2j}^{(1)}/r_{22}^{(1)} && (i=1,3;j=2,3,y) \end{aligned}\right\} \tag{4.17}$$

第三步:将矩阵第三列消成“0,1”形式:

$$\boldsymbol{R}^{(3)} = \begin{bmatrix} 1 & 0 & 0 & r_{1y}^{(3)} \\ 0 & 1 & 0 & r_{2y}^{(3)} \\ 0 & 0 & 1 & r_{3y}^{(3)} \end{bmatrix} \tag{4.18}$$

其计算公式为

$$\left.\begin{aligned} r_{3j}^{(3)} &= r_{3j}^{(2)}/r_{33}^{(2)} && (j=3,y) \\ r_{ij}^{(3)} &= r_{ij}^{(2)} - r_{i3}^{(2)} r_{3j}^{(2)}/r_{33}^{(2)} && (i=1,2;j=3,y) \end{aligned}\right\} \tag{4.19}$$

此时相关矩阵变成单位矩阵,依次得解为

$$\left.\begin{aligned} b_1^* &= r_{1y}^{(3)} \\ b_2^* &= r_{2y}^{(3)} \\ b_3^* &= r_{3y}^{(3)} \end{aligned}\right\} \tag{4.20}$$

实际上,在逐步回归分析计算中不是按上述自然顺序消元,而是按变量重要性的顺序逐步消元。

4. *消元法与回归方程引入变量的关系*

如按式(4.10)进行消元运算,在第一次消去第一列后,则相应的右端原 r_{1y} 的位置上便得到解 $b_1^{*(1)}$,这时回归方程为 $\hat{y} = b_0^{*(1)} + b_1^{*(1)} x_1$,此处上标(1)是用来强调 b_1 仅当回归方程中只有 1 个变量时的系数。同样,第二次消去第二列后原 r_{2y} 的位置上又得到解 $b_2^{*(2)}$,即 $\hat{y} = b_0^{*(2)} + b_1^{*(2)} x_1 + b_2^{*(2)} x_2$,此处上标(2)表示回归方程中只有 2 个变量时的系数,$b_1^{*(2)}$ 是原 r_{1y} 位置上的当前值。一般 $b_1^{*(1)} \neq b_1^{*(2)}$,$b_0^{*(1)} \neq b_0^{*(2)}$,……。上述论证表明,消元过程中可以得到一系列过渡性回归方程,而且把某一变量从系数矩阵中消去等价于把该量引入回归方程。因此,我们应按照各变量的重要性来确定消去变量的先后次序。

5. 用高斯-约当法在求解过程同时求逆矩阵

为了在用高斯-约当法求解的同时求逆矩阵，将式(4.9)的右端补加一个单位矩阵，见式(4.21)。下面按公式(4.10)对该式作消去运算。

$$\left(\begin{array}{ccccc|cccc} r_{11} & r_{12} & \cdots & r_{1m} & r_{1y} & 1 & 0 & \cdots & 0 \\ r_{21} & r_{22} & \cdots & r_{2m} & r_{2y} & 0 & 1 & \cdots & 0 \\ \vdots & \vdots & & \vdots & \vdots & \vdots & \vdots & & \vdots \\ r_{m1} & r_{m2} & \cdots & r_{mm} & r_{my} & 0 & 0 & \cdots & 1 \end{array}\right) \tag{4.21}$$

如果第一步消去第一个变量，那么可得

$$\left(\begin{array}{ccccc|cccc} 1 & \dfrac{r_{12}}{r_{11}} & \cdots & \dfrac{r_{1m}}{r_{11}} & \dfrac{r_{1y}}{r_{11}} & \dfrac{1}{r_{11}} & 0 & \cdots & 0 \\ 0 & r_{22}-\dfrac{r_{21}r_{12}}{r_{11}} & \cdots & r_{2m}-\dfrac{r_{21}r_{1m}}{r_{11}} & r_{2y}-\dfrac{r_{21}r_{1y}}{r_{11}} & -\dfrac{r_{21}}{r_{11}} & 1 & \cdots & 0 \\ \vdots & \vdots & & \vdots & \vdots & \vdots & \vdots & & \vdots \\ 0 & r_{m2}-\dfrac{r_{m1}r_{12}}{r_{11}} & \cdots & r_{mm}-\dfrac{r_{m1}r_{1m}}{r_{11}} & r_{my}-\dfrac{r_{m1}r_{1y}}{r_{11}} & -\dfrac{r_{m1}}{r_{11}} & 0 & \cdots & 1 \end{array}\right) \tag{4.22}$$

第一步不一定消去第一个变量，应根据变量的重要性确定消去次序。但是，不论消去哪个变量，都有如下规律：

(1) 当左矩阵中某些列未被消成“0,1”形式时，则右矩阵中相应的列“0,1”形式不变。即左、右两矩阵中“0,1”形式的列数恒等于 m。

(2) 只有当左矩阵的第 k 列被消成“0,1”形式时，右矩阵的第 k 列才出现非“0,1”形式的数。其中除第 k 列第 k 个元素为 $\dfrac{1}{r_{kk}}$ 外，其他元素仅与左矩阵的第 k 行相差一个负号。

由于左矩阵的某列一旦被消成“0,1”的形式后，就不再起实际作用。为了节省计算机内存，右端原来“0,1”形式的数先不存放，而把消去过程中右侧刚出现的非“0,1”形式的那列数放到左矩阵刚变成“0,1”形式的那列位置上，并且这列元素与左矩阵的其他元素一样参加其后的各步运算。

总之，当第 $l+1$ 步消去第 k 列时，则求解同时求逆的计算公式为

$$r_{ij}^{(l+1)} = \begin{cases} r_{kj}^{(l)}/r_{kk}^{(l)} & (i=k,\ j\neq k) \\ r_{ij}^{(l)} - r_{jk}^{(l)}r_{kj}^{(l)}/r_{kk}^{(l)} & (i\neq k,\ j\neq k) \\ 1/r_{kk}^{(l)} & (i=k,\ j=k) \\ -r_{ik}^{(l)}/r_{kk}^{(l)} & (i\neq k,\ j=k) \end{cases} \tag{4.23}$$

对任何一个矩阵设 $\mathbf{A}_{n\times n}=(a_{ij})$，如果 $a_{ij}\neq 0$，那么按这个规则对矩阵 $\mathbf{A}$ 进行

变换记为 $\boldsymbol{T}_{ij}(\boldsymbol{A})$，表示对矩阵 $\boldsymbol{A}$ 实施了 (i,j) 消去变换，或简称对矩阵 $\boldsymbol{A}$ 进行了 $\boldsymbol{T}_{ij}$ 变换。$\boldsymbol{T}_{ij}$ 变换的重要性质之一是对矩阵 $\boldsymbol{A}$ 连续施行两次 (i,j) 消去变换，其结果是矩阵 $\boldsymbol{A}$ 不变。

为了便于说明与计算，往往不单独给出 $r_{iy}^{(l+1)}$ 的表达式，这时把 $r_{iy}^{(l+1)}$ 看做是在 $r_{ij}^{(l+1)}$ 之内，即令 $j=1,2,\cdots,m,y$。

在消去过程中，当第一步消去第 p 个变量(列)时，则有 $r_{py}^{(1)}=b_p^{*(1)}$；$r_{pp}^{(1)}=c_{pp}^{(1)}$（一阶逆矩阵元素）。当第二步消去第 q 个变量时，则有 $r_{qy}^{(2)}=b_q^{*(2)}$；$r_{py}^{(2)}=b_p^{*(2)}$；$r_{pp}^{(2)}=c_{pp}^{*(2)}$；$r_{qq}^{(2)}=c_{qq}^{*(2)}$；$r_{pq}^{(2)}=c_{pq}^{*(2)}$；$r_{qp}^{(2)}=c_{qp}^{*(2)}$（二阶逆矩阵元素）。依此类推，……因此，在消去过程中可以得到一系列过渡性的回归方程和逆矩阵。

之所以把消去过程与求逆过程同时进行，是因为先进入回归方程的某些变量有可能随着其后另一些变量的引入而失去原来的重要性，此时还应该把先引入的那个变量从回归方程中剔除。如果消去与求逆同时进行，那么剔除某变量所需的计算与引入时消去运算是一致的。例如要剔除变量 x_k，则仅需对第 k 列再做一次式(4.23)的消去运算。也就是说，用式(4.23)对同一个 k 进行两次计算时，前一次可理解为把 x_k 引入回归方程所需的计算，后一次则是从回归方程中剔除 x_k 所需的计算。两次计算的结果是使矩阵元素还原，就好像 x_k 从未被引入过回归方程一样。

在逐步回归分析中解正规方程组所采用的矩阵变换方法是与逐个引入或剔除自变量的步骤相适应的。每一步在针对当时引入或剔除的变量进行相应的计算之后，不仅能给出偏回归系数、复相关系数、回归方程的均方差等所需的计算结果，而且还能给出在当时那些变量进入回归方程的情况下每个自变量的 F 值，从而确定下一步自变量的选取或剔除，保证计算的连续性。

为了计算方便，可将系数矩阵 $\boldsymbol{R}_x$ 与常数项矩阵 $\boldsymbol{R}_y$ 放在一起组成增广矩阵，同时为检验方便，在这个矩阵的最下面添上一行组成如下所示的一个方阵 $\boldsymbol{R}^{(0)}$：

$$\boldsymbol{R}^{(0)}=\begin{bmatrix} r_{11} & r_{12} & \cdots & r_{1m} & r_{1y} \\ r_{21} & r_{22} & \cdots & r_{21m} & r_{2y} \\ \vdots & \vdots & & \vdots & \vdots \\ r_{m1} & r_{m2} & \cdots & r_{mm} & r_{my} \\ r_{y1} & r_{y2} & \cdots & r_{ym} & r_{yy} \end{bmatrix}=\begin{bmatrix} \boldsymbol{R}_x^{(0)} & \boldsymbol{R}_y^{(0)} \\ \boldsymbol{R}'^{(0)}_y & \boldsymbol{R}_{yy}^{(0)} \end{bmatrix}$$

在对该矩阵进行消去变换的过程中，可以证明

$$Q^{*(l)}=r_{yy}^{(l)} \tag{4.24}$$

即在求逆矩阵的过程中便得到 Q^* 值。

6. 消去顺序的确定方法

如前所述，应根据变量的重要性决定消去的顺序。然而，各自变量的重要性是由它对降低剩余平方和 Q 的贡献来衡量的，即引进一个变量，Q 就变得比原来

的更小。

假定前$(l-1)$个变量已进入回归方程，此时剩余平方和为

$$Q^{*(l-1)} = 1 - \sum_{i=1}^{(l-1)} [r_{iy}^{(i-1)}]^2 \Big/ r_{ii}^{(i-1)} \tag{4.25}$$

再引入一个变量时，剩余平方和为

$$Q^{*(l)} = 1 - \sum_{i=1}^{l} [r_{iy}^{(i-1)}]^2 \Big/ r_{ii}^{(i-1)} \tag{4.26}$$

如果把某个变量x_i引入时，记为V_i；那么引入一个自变量时，应使剩余平方和Q下降V_i，则有

$$V_i = Q^{*(l-1)} - Q^{*(l)} = [r_{iy}^{(l-1)}]^2 / r_{ii}^{(l-1)} \tag{4.27}$$

式(4.27)是回归方程中有l个变量的结果，它与方程中只有$(l-1)$，$(l-2)$，…，1个变量时x_i的方差贡献不相等，为此要加上一个上标，指出方程中变量的个数，如：

$$V_i^{(l)} = [r_{iy}^{(l-1)}]^2 / r_{ii}^{(l-1)} \tag{4.28}$$

这就提供了选取第l个变量的原则。显然我们应该在未被选取的变量x_i中逐一计算$[r_{iy}^{(l-1)}]^2/r_{ii}^{(l-1)}$，将最大的一个$\max\{V_i^{(l)}\}$作为第$l$个可能被选中的量。换言之，若第$i$个变量所对应的$V_i^{(l)}$为最大的，那么第$i$列可能在第$l$次消去运算中被消去(即将$x_i$引入回归方程)。

另外式(4.28)同样也可以分析变量剔除的情况。当剔除第l个变量时，剩余平方和增加的部分为

$$V_i = Q^{*(l)} - Q^{*(l-1)} = -[r_{iy}^{(l-1)}]^2 / r_{ii}^{(l-1)} \tag{4.29}$$

这也提供了从l个变量的回归方程中剔除某一变量的原则。显然，我们应该在已进入回归方程中的变量x_k逐一计算$[r_{ky}^{(k-1)}]^2/r_{kk}^{(k-1)}$，选其中最小的一个，即$\min\{V_k\}$，这第$k$列可能在第$l$次消去运算中被消去。如果$x_k$已引入回归方程，那么用式(4.23)再次消去运算，结果矩阵还原，好像x_k从未被引入回归方程一样。

7. 变量引进或剔除的标准

可供选择的变量中要到何种程度才被选入呢?反之，已进入回归方程的变量其作用降低到什么程度才应被剔除呢?

这可通过采用F检验的方法来解决问题。

定义$F = \dfrac{Q^{*(l-1)} - Q^{*(l)}}{Q^{*(l)}/(n-l-1)}$，其服从分布$F(l, n-l-1)$。根据给出的置信度$\alpha$，从$F$分布表中查出两个临界值$F_1$与$F_2$。若计算的$F_i > F_1$，则应把$x_i$引入方程；否则不引人。若计算的$F_i < F_2$，则应把$x_i$从回归方程中剔除；否则不剔除。

具体的计算过程如下：

(1) 选入标准。对于未引入回归方程的变量 x_i，逐一计算 $V_i^{(l)}$：

$$V_i^{(l)} = \frac{[r_{iy}^{(l-1)}]^2}{r_{ii}^{(l-1)}} \tag{4.30}$$

再找出其中最大的一个即 $V_{i\max}^{(l)}$，计算

$$F_i^{(l)} = \frac{(n-l-1)V_{i\max}^{(l)}}{1-\sum_{i=1}^{l}[r_{iy}^{(i-1)}]^2/r_{ii}^{(i-1)}} \tag{4.31}$$

如果 $F_i^{(l)} > F_1$，则 x_i 引入回归方程；否则，不引入。

(2) 剔除标准。对已进入回归方程的变量 x_k 逐一计算 $V_k^{(l)}$：

$$V_k^{(l)} = \frac{[r_{ky}^{(l-1)}]^2}{r_{kk}^{(l-1)}} \tag{4.32}$$

再找出其中最小的一个即 $V_{k\min}^{(l)}$，计算

$$F_k^{(l)} = \frac{(n-l-1)V_{k\min}^{(l)}}{r_{yy}^{(l)}} \tag{4.33}$$

当变量引入回归方程时，已有计算出的逆矩阵，此时可用矩阵逆变过程中的结果。$Q^{*(l)}$ 用的就是中间结果。

若 $F_k^{(l)} < F_2$，则对应变量 x_k 应剔除，即对于第 k 列按照式(4.10)进行一次消去运算。若 $F_k^{(l)} > F_2$，则不剔除。

4.3 逐步回归方法的应用[2]

在某项实验中，有 x_1, x_2, x_3, x_4 四个自变量，指标值为 y，得16组观察值，用逐步回归方法来选择变量。实验数据如表 4.1 所示。

表 4.1 实验数据

序 号	x_1	x_2	x_3	x_4	x_5
1	3.722 0	0.193 1	1.277 3	0.129 0	1.0
2	3.793 7	0.193 1	0.947 9	0.299 6	1.0
3	3.444 5	0.369 3	0.301 0	0.075 3	1.0
4	3.358 4	0.427 6	0.833 2	0.938 9	0.8
5	3.436 4	0.242 2	0.590 0	0.629 9	0.8
6	4.238 5	0.830 5	1.568 0	0.650 5	0.8
7	4.270 5	1.198 8	1.122 0	1.117 0	0.6
8	4.172 8	0.998 9	1.179 8	0.494 7	0.6
9	3.843 2	0.780 2	1.215 0	0.280 2	0.6

续 表

序　号	x_1	x_2	x_3	x_4	x_5
10	4.039 5	1.000 0	1.621 5	0.602 0	0.6
11	4.241 5	1.042 5	0.921 0	0.336 8	0.4
12	4.053 9	0.887 1	1.217 8	0.338 4	0.4
13	4.129 1	0.950 9	1.046 4	0.325 9	0.4
14	4.188 3	1.000 5	0.483 8	0.396 7	0.2
15	4.529 8	1.183 3	0.697 7	0.209 2	0.2
16	4.333 3	1.217 7	1.330 3	0.392 0	0.2

计算得

$$\bar{x}_1 = \frac{1}{16} \times (3.722\,0 + 3.793\,7 + \cdots + 4.333\,3) = 3.987\,2$$

$$\bar{x}_2 = \frac{1}{16} \times (0.193\,1 + 0.193\,1 + \cdots + 1.217\,7) = 0.782\,231$$

$$\bar{x}_3 = \frac{1}{16} \times (1.277\,3 + .947\,9 + \cdots + 1.330\,3) = 1.022\,04$$

$$\bar{x}_4 = \frac{}{16} \times (0.129\,0 + 0.299\,6 + \cdots + 0.392\,0) = 0.451\,0$$

$$\bar{y} = \frac{1}{16} \times (1 + 1 + \cdots + 0.2) = 0.6$$

$$\sigma_1 = \sqrt{L_{11}} = \sqrt{\sum_{i=1}^{16} (x_{i1} - \bar{x}_1)^2} = 1.358\,783$$

$$\sigma_2 = \sqrt{L_{22}} = \sqrt{\sum_{i=1}^{16} (x_{i2} - \bar{x}_2)^2} = 1.434\,437$$

$$\sigma_3 = \sqrt{L_{33}} = \sqrt{\sum_{i=1}^{16} (x_{i3} - \bar{x}_3)^2} = 1.442\,726$$

$$\sigma_4 = \sqrt{L_{44}} = \sqrt{\sum_{i=1}^{16} (x_{i4} - \bar{x}_4)^2} = 1.086\,883$$

$$\sigma_y = \sqrt{L_{yy}} = \sqrt{\sum_{i=1}^{16} (y_i - \bar{y})^2} = 1.095\,445$$

(1) 对变量及正规方程组进行标准化变换。令

$$z_{ij} = \frac{x_{ij} - \bar{x}_j}{\sigma_j} \quad (i = 1,2,\cdots,16;\ j = 1,2,3,4)$$

$$y'_i = \frac{y_i - \bar{y}}{\sigma_y} \quad (i = 1,2,\cdots,16)$$

计算得 x_1, x_2, x_3, x_4 的相关阵为

$$\boldsymbol{R}_x = \begin{bmatrix} 1.0000 & 0.865938 & 0.369236 & -0.023387 \\ & 1.00000 & 0.29411 & 0.188928 \\ & & 1.00000 & 0.213007 \\ & & & 1.00000 \end{bmatrix}$$

回归方程的常数项矩阵为

$$\boldsymbol{R}_y = (r_{1y}, r_{2y}, r_{3y}, r_{4y})' = (-0.740329 \quad 0.849233 \quad -0.0209059 \quad 0.0384363)$$

所以有

$$\boldsymbol{R}^{(0)} = \begin{bmatrix} 1.00000 & 0.865938 & 0.369236 & -0.023387 & -0.740329 \\ & 1.0000 & 0.29411 & 0.188928 & -0.849233 \\ & & 1.00000 & 0.213007 & -0.0209059 \\ & & & 1.00000 & 0.0384363 \\ & & & & 1.000000 \end{bmatrix}$$

取 $F_{进} = 3.18, F_{出} = 3.14$ 作为 F 检验的临界值。

(2) 选择第一个变量。对所有四个变量，按下式计算将该变量引入回归方程后的回归平方和(也即该变量的偏回归平方和)。

$$V_i^{(1)} = P_i^{(1)} = (r_{iy}^{(0)})^2 / r_{ii}^{(0)} \quad (i = 1,2,3,4)$$

如将 x_1 引入回归方程，则由此而产生的剩余平方和的减小量为

$$V_1^{(1)} = P_1^{(1)} = (r_{1y}^{(0)}) / r_{11}^{(0)} = (-0.740329)^2 / 1.0000 = 0.548088$$

如将 x_2, x_3, x_4 分别引入回归方程，相应的回归平方和分别是

$$V_2^{(1)} = P_2^{(1)} = (r_{2y}^{(0)})^2 / r_{22}^{(0)} = (-0.849233)^2 / 1.0000 = 0.721197$$

$$V_3^{(1)} = P_3^{(1)} = (r_{3y}^{(0)})^2 / r_{33}^{(0)} = (-0.0209059)^2 / 1.0000 = 0.000437055$$

$$V_4^{(1)} = P_4^{(1)} = (r_{4y}^{(0)})^2 / r_{44}^{(0)} = (0.0384363)^2 / 1.0000 = 0.00147735$$

可见，在这些偏回归平方和中 $V_2^{(1)}$ 最大。从统计量 F 的计算公式可知，相应的 $F_4^{(1)}$ 也最大，所以首先考虑选入 x_2。

下面进行 F 检验：

$$F_2^{(1)} = (n-2)\frac{V^{(1)}}{1 - V_4^{(1)}} = 14 \times \frac{0.721197}{0.278803} = 36.2147$$

$$F_2^{(1)} > F_{进}$$

所以可以选入 x_2。

对 $\boldsymbol{R}^{(0)}$ 进行消去变换 T_1，得

$$R^{(1)} = \begin{bmatrix} 0.250\,151 & -0.865\,938 & 0.114\,555 & -0.185\,939 & -0.004\,945\,99 \\ 0.865\,938 & 1 & 0.294\,11 & 0.188\,928 & -0.849\,233 \\ 0.114\,555 & -0.294\,11 & 0.913\,499 & 0.157\,442 & 0.228\,862 \\ -0.185\,939 & -0.188\,928 & 0.157\,442 & 0.964\,306 & 0.198\,88 \\ -0.004\,960 & 0.849\,233 & 0.228\,862 & 0.198\,88 & 0.278\,803 \end{bmatrix}$$

记 $\boldsymbol{R}^{(1)}$ 的元素为 $r_{ij}^{(1)}$。y 对 x_2 的标准回归系数(y 对 z_2 的回归系数)为

$$b_2^{*(1)} = r_{2y}^{(1)} = -0.849\,233$$

这时残差平方和为

$$Q^{*(1)} = r_{yy}^{(1)} = 0.278\,803$$

(3) 选择第二个变量。经步骤(2)引进了第一个变量 x_2,此时不存在剔除变量的问题。这一步要选择第二个变量。

对不在回归方程中的每个变量计算偏回归平方和 $P_i^{(2)}$ 或 $V_i^{(2)}$ 如下:

$$V_i^{(2)} = P_i^{(2)} = (r_{iy}^{(1)})^2 / r_{ii}^{(1)} \quad (i = 1,3,4)$$

计算结果为

$$P_1^{(2)} = \frac{[r_{1y}^{(1)}]^2}{r_{11}^{(1)}} = \frac{(-0.004\,946)^2}{0.250\,151} = 9.779\,23 \times 10^{-5}$$

$$P_3^{(2)} = \frac{[r_{3y}^{(1)}]^2}{r_{33}^{(1)}} = \frac{(0.228\,862)^2}{0.913\,499} = 5.733\,78 \times 10^{-2}$$

$$P_4^{(2)} = \frac{[r_{4y}^{(1)}]^2}{r_{44}^{(1)}} = \frac{(0.198\,88)^2}{0.964\,306} = 4.101\,74 \times 10^{-2}$$

其中 $P_3^{(2)}$ 最大,因此考虑选入 x_3。

下面进行 F 检验:

$$F_3^{(2)} = \frac{(n-2-1)P_3^{(2)}}{(1-P_2^{(1)}) - P_3^{(2)}} = \frac{13 \times 0.057\,337\,8}{0.278\,803 - 0.057\,337\,8} = 3.365\,7$$

$$F_3^{(2)} > F_{进}$$

所以可以选入 x_3。

对 $\boldsymbol{R}^{(1)}$ 进行消去变换 T_2,得

$$R^{(2)} = \begin{bmatrix} 0.235\,786 & -0.829\,056 & -0.125\,402 & -0.205\,682 & -0.036\,459 \\ 0.829\,056 & 1.094\,69 & -0.321\,96 & 0.138\,238 & -0.922\,918 \\ 0.125\,402 & -0.321\,96 & 1.094\,69 & 0.172\,35 & 0.250\,534 \\ -0.205\,682 & -0.138\,238 & -0.172\,35 & 0.937\,171 & 0.159\,436 \\ -0.036\,459 & 0.922\,918 & -0.250\,534 & 0.159\,436 & 0.221\,465 \end{bmatrix}$$

y 关于 x_2,x_3 回归方程的标准回归系数、残差平方和,由 $\boldsymbol{R}^{(2)}$ 可得

$$b_2^{*(2)} = r_{2y}^{(2)} = -0.922\,918$$

$$b_3^{*(2)} = r_{3y}^{(2)} = 0.250\,534$$

$$Q^{*(2)} = r_{yy}^{(2)} = 0.221\ 465$$

(4) 选入 x_3 后,检验 x_2 是否要剔除。

检验统计量为

$$F_2^{(2)} = (16-2-1)\frac{(r_{2y}^{(2)})^2}{r_{yy}^{(2)} r_{22}^{(2)}} = 13 \times \frac{(-0.922\ 918)^2}{0.221\ 465 \times 1.094\ 69} = 45.674\ 45$$

因为

$$F_2^{(2)} > F_{出}$$

所以 x_2 不能剔除。

(5) 选择第三个变量。对不在回归方程中的每个变量计算偏回归平方和 $P_i^{(3)}$ 或 $V_i^{(3)}$,公式如下:

$$V_i^{(3)} = P_i^{(3)} = (r_{iy}^{(2)})^2 / r_{ii}^{(2)} \quad (i = 1,4)$$

计算结果为

$$P_1^{(3)} = \frac{[r_{1y}^{(2)}]^2}{r_{11}^{(2)}} = \frac{(-0.036\ 459)^2}{0.235\ 786} = 0.005\ 637\ 56$$

$$P_4^{(3)} = \frac{[r_{4y}^{(2)}]^2}{r_{44}^{(2)}} = \frac{(0.159\ 436)^2}{0.937\ 171} = 0.027\ 282\ 9$$

其中 $P_4^{(3)}$ 最大,因此考虑选入 x_4。

下面进行 F 检验:

$$F_4^{(3)} = \frac{(n-3-1)P_4^{(3)}}{[(1-P_2^{(1)})-P_3^{(2)}]-P_4^{(3)}} = \frac{13 \times 0.027\ 282\ 9}{0.221\ 465 - 0.027\ 282\ 9} = 1.686\ 02$$

$$F_4^{(3)} < F_{进}$$

所以 x_3 不能选入回归方程。

(6) 整理结果。从以上步骤可知,已没有可以选入的变量,也没有需要剔除的变量,所以逐步回归过程停止,转入最后整理结果,写出预报方程。

最后建立的回归方程中只包含 x_2,x_3 两个自变量。

将相应的标准回归系数转换成回归系数为

$$b_2 = b_2^{*(2)} \sqrt{\frac{L_{yy}}{L_{22}}} = -0.704\ 811$$

$$b_3 = b_3^{*(2)} \sqrt{\frac{L_{yy}}{L_{33}}} = 0.190\ 288$$

常数项为

$$b_0 = \bar{y} - b_2\bar{x}_2 - b_3\bar{x}_3 = 0.6 - (-0.704\ 811) \times 0.782\ 231 - 0.190\ 28 \times 1.022\ 04 = 0.956\ 904$$

因此,回归方程为

$$\hat{y} = 0.956\ 904 - 0.704\ 811 x_2 + 0.190\ 288 x_3$$

$$L_{yy} = \sigma_y^2 = (1.095\ 445)^2 = 1.2$$

$$Q = L_{yy} Q^{*(2)} = 1.2 \times 0.221\ 465 = 0.265\ 758$$

$$U = L_y(1 - Q^{*(2)}) = 1.2 \times (1.0 - 0.221\ 465) = 0.934\ 242\ 1$$

对回归方程进行显著性检验，计算得

$$F = \frac{U/f_U}{Q/f_Q} = \frac{0.934\ 242\ 1/2}{0.265\ 758/13} = 22.85$$

因为查表得 $F_{0.01}(2,13) = 6.7$，显然此方程高度显著。

为了给出预测区间，计算剩余标准离差为

$$S = \sqrt{\frac{Q}{n-m-1}} = \sqrt{\frac{0.265\ 758}{13}} = 0.142\ 98$$

4.4　正交多项式回归[1]

正交多项式回归，要求多项式中自变量 x 的取值是等间距的，利用正交性原理，可有效地克服多元线性回归以及多项式回归分析计算中的如下两个缺点：

(1) 计算复杂，且复杂程度随自变量个数的增加而迅速增加（系数矩阵 **A** 及其逆矩阵 **C** 计算复杂）。

(2) 回归系数间存在相关性，以致于剔除一个变量后，还必须重新计算。

正交多项式回归的计算方法简单，可以通过查表，便于确定多项式的次数，而且回归系数间不存在相关性，进行检验也很方便。

一元正交多项式回归是正交多项式回归中最简单的一种。正交多项式回归也可以处理多元多项式回归问题，此时要求各自变量均取等间隔的值。下面以一元正交多项式回归为例，说明正交多项式回归的计算方法。

4.4.1　一元正交多项式回归的数学模型

一元正交多项式回归的数学模型可用下式表示：

$$\hat{y} = b_0 + b_1 X_1(x) + b_2 X_2(x) + \cdots + b_m X_m(x) \tag{4.34}$$

式中，$X_1(x), X_2(x), \cdots, X_m(x)$ 分别表示 x 的一次，二次，…，m 次的多项式，并且满足如下两个条件：

(1) $\sum_{i=1}^{n} X_k(x_i) = 0 \quad (k = 1,2,\cdots,m)$；

(2) $\sum_{i=1}^{n} X_k(x_i) X_l(x_i) = 0 \quad (k \neq l)$。

即 $X_1(x), X_2(x), \cdots, X_m(x)$ 是在 $x_1, x_2, \cdots, x_m$ 上的一组正交多项式。这样，正交

多项式回归中的系数矩阵为对角阵。

4.4.2 一元正交多项式回归系数的确定方法

一元正交多项式回归模型可表示为

$$\left.\begin{aligned} y_1 &= b_0 + b_1 X_1(x_1) + b_2 X_2(x_1) + \cdots + b_m X_m(x_1) \\ y_2 &= b_0 + b_1 X_1(x_2) + b_2 X_2(x_2) + \cdots + b_m X_m(x_2) \\ &\cdots\cdots \\ y_n &= b_0 + b_1 X_1(x_n) + b_2 X_2(x_n) + \cdots + b_m X_m(x_n) \end{aligned}\right\} \tag{4.35}$$

在正交多项式回归模型中，其结构矩阵 $\boldsymbol{X}$、系数矩阵 $\boldsymbol{A}$ 和常数矩阵 $\boldsymbol{B}$ 如下所示：

$$\boldsymbol{X} = \begin{bmatrix} 1 & X_1(x_1) & X_2(x_1) & \cdots & X_m(x_1) \\ 1 & X_1(x_2) & X_2(x_2) & \cdots & X_m(x_2) \\ \vdots & \vdots & \vdots & & \vdots \\ 1 & X_1(x_n) & X_2(x_n) & \cdots & X_m(x_n) \end{bmatrix}$$

$$\boldsymbol{A} = \boldsymbol{X}^{\mathrm{T}}\boldsymbol{X} = \begin{bmatrix} n & 0 & 0 & \cdots & 0 \\ & \sum_{i=1}^{n} X_1^2(x_i) & 0 & \cdots & 0 \\ & & \sum_{i=1}^{n} X_2^2(x_i) & \cdots & 0 \\ & & & \ddots & \vdots \\ & & & & \sum_{i=1}^{n} X_m^2(x_i) \end{bmatrix}$$

$$\boldsymbol{B} = \boldsymbol{X}^{\mathrm{T}}\boldsymbol{Y} = \begin{bmatrix} \sum_{i=1}^{n} y_i \\ \sum_{i=1}^{n} X_1(x_i) y_i \\ \sum_{i=1}^{n} X_2(x_i) y_i \\ \vdots \\ \sum_{i=1}^{n} X_m(x_i) y_i \end{bmatrix}$$

所以，回归系数为

$$\begin{cases} b_0 = \dfrac{1}{n}\sum_{i=1}^{n} y_i = \bar{y} \\ b_k = \sum_{i=1}^{n} X_k(x_i)y_i \Big/ \sum_{i=1}^{n}(X_k(x_i))^2 \quad (k=1,2,\cdots,m) \end{cases} \tag{4.36}$$

4.4.3　一元正交多项式回归方程的显著性检验

采用 F 检验来判断回归方程的显著性，且有

$$F = \frac{U/f_U}{Q/f_Q} = \frac{U/m}{Q/(n-m-1)} \sim F(m, n-m-1) \tag{4.37}$$

4.4.4　一元正交多项式回归系数的显著性检验

采用 F 检验来判断回归系数的显著性，且有

$$F_k = \frac{P_k^2}{Q/(n-m-1)} \tag{4.38}$$

式中，P_k 是 k 次正交多项式的偏回归平方和，有

$$P_k = \frac{b_k^2}{c_{kk}} = \frac{\left(\sum_{i=1}^{n}(X_k(x_i))y_i\right)^2}{\sum_{i=1}^{n} X_k(x_i)}$$

由于正交多项式的回归系数之间已不存在相关性，因此某一项如不显著，只要将其剔除即可，而不必对整个回归方程进行重新计算。

4.4.5　一元正交多项式回归的精度

正交多项式回归的精度仍然采用剩余标准离差来表示，即

$$S = \sqrt{\frac{Q}{f_Q}} = \sqrt{\frac{Q}{n-m-1}} \tag{4.39}$$

4.4.6　正交多项式的确定

在正交多项式回归过程中，回归系数的确定、回归方程和系数的检验都较简单，困难在于确定各次正交多项式 $X_j(x_i)$。在正交多项式回归中，要求 x 的取值是等间隔的。一般存在两类等距点。假设间距 $h = x_i - x_{i-1}(i=1,2,\cdots,n)$，若 $h=1$ 且 $x_1=1$，则称其为标准等距点；若 $h \neq 1$ 或 $x_1 \neq 1$，则称之为一般等距点。并且一般等距点可通过如下的变换而成为标准等距点。

令 $x' = \dfrac{x+h-x_1}{h}$，则有

$$\hat{y} = b_0 + b_1 X_1(x') + b_2 X_2(x') + \cdots + b_m X_m(x')$$

$$\hat{y} = b_0 + b_1 X_1\left(\frac{x+h-x_1}{h}\right) + b_2 X_2\left(\frac{x+h-x_1}{h}\right) + \cdots + b_m X_m\left(\frac{x+h-x_1}{h}\right) \tag{4.40}$$

因此，只需考虑标准等距点的情况。在这种情况下，自变量 x 的取值是前 n 个自然数，即 $x_i = i\ (i = 1,2,\cdots,n)$，这时有

$$\bar{x} = \frac{1}{n}\sum_i i = \frac{n+1}{2}$$

$$\sum_i (x_i - \bar{x})^2 = \sum_i i^2 - n\bar{x}^2 = \frac{n(n+1)(2n+1)}{6} - n\left(\frac{n+1}{2}\right)^2 = \frac{n(n^2-1)}{12}$$

可以验证，下面一组多项式是正交的，即

$$\begin{cases}\varphi_0(x) = 1 \\ \varphi_1(x) = x - \bar{x} \\ \varphi_2(x) = (x-\bar{x})^2 - \dfrac{n^2-1}{12} \\ \varphi_3(x) = (x-\bar{x})^3 - \dfrac{3n^2-7}{20}(x-\bar{x}) \\ \varphi_4(x) = (x-\bar{x})^4 - \dfrac{3n^2-13}{14}(x-\bar{x})^2 + \dfrac{3(n^2-1)(n^2-9)}{560} \\ \varphi_5(x) = (x-\bar{x})^2 - \dfrac{5(n^2-7)}{8}(x-\bar{x})^3 + \dfrac{15n^2-230n+407}{1008}(x-\bar{x}) \\ \cdots\cdots \\ \varphi_{k+1}(x) = \varphi_1(x)\varphi_k(x) - \dfrac{k^3(n^2-k^2)}{4(4k^2-1)}\varphi_{k-1}(x)\end{cases} \tag{4.41}$$

从式(4.41)可知，当 x 取正整数时，正交多项式 $\varphi(x)$ 的值不一定都是整数，这会给计算带来困难。为了克服这个困难，可选择适当的参数 λ_j，使得

$$X_j(x) = \lambda_j \varphi_j(x) \quad (j = 1,2,\cdots,n) \tag{4.42}$$

在 n 个等间隔点上的值为绝对值尽可能小的整数。

可以证明，用正交多项式 $X_j(x)$ 所求得的回归方程，与用正交多项式 $\varphi_j(x)$ 所求得的回归方程完全一样，但前者的计算方便得多。

对于 $X_j(x)$，有

$$\sum_{i=1}^{n} X_k(x_i) X_l(x_i) = \begin{cases}0, & k \neq l \\ S_i, & k = l\end{cases} \tag{4.43}$$

对于给定的 n，相应的 λ_j，$X_j(x) = \lambda_j \varphi_j(x)$，在 $x_i(i = 1,2,\cdots,n)$ 上的数值及

$S_j = \sum_i X_j^2(x_i)$ 的数值都已制成正交多项式表。可以利用此表进行计算。

4.4.7　正交多项式回归分析的计算步骤

正交多项式回归分析的计算步骤如下：

(1) 根据实验数据确定选配几次多项式。

(2) 根据实验次数查相应的正交多项式表。

(3) 计算回归系数 b_i 与偏回归平方和 P_j。

(4) 回归系数的显著性检验。

(5) 回归精度的确定。

(6) 确定回归方程。

4.5　正交多项式回归的应用

4.5.1　合金膨胀系数与成分的一元正交多项式回归分析[1]

某种合金中的主要成分为金属 A 与 B，试找出合金膨胀系数 y 与成分 A，B 含量之和 x 的回归方程。实验数据见表 4.2。

表 4.2　实验数据

序　号	x	y
1	37.0	3.40
2	37.5	3.00
3	38.0	3.00
4	38.5	3.27
5	39.0	2.10
6	39.5	1.83
7	40.0	1.53
8	40.5	1.70
9	41.0	1.80
10	41.5	1.90
11	42.0	2.35
12	42.5	2.54
13	43.0	2.90

(1) 根据实验数据确定选配几次多项式,这里选用三次多项式。

(2) 根据实验次数 $n = 13$,查相应的正交多项式表。

(3) 计算回归系数 b_i 与偏回归平方和 P_j。

表 4.3 中 $\varphi_1, \varphi_2, \frac{1}{6}\varphi_3$ 各列数和 S_j 行是从附录 8 正交多项式表中抄录的。

表 4.3　正交多项式表回归计算表

i	φ_1	φ_2	$\frac{1}{6}\varphi_3$	y_i	y_i^2
1	−6	22	−11	3.40	11.560 0
2	−5	11	0	3.00	9.000 0
3	−4	2	6	3.00	9.000 0
4	−3	−5	8	3.27	10.692 9
5	−2	−10	7	2.10	4.410 0
6	−1	−13	4	1.83	3.348 9
7	0	−14	0	1.53	2.340 9
8	1	−13	−4	1.70	2.890 0
9	2	−10	−7	1.80	3.240 0
10	3	−5	−8	1.90	3.610 0
11	4	2	−6	2.35	5.522 5
12	5	11	0	2.54	6.451 6
13	6	22	11	2.90	8.410 0
S_j	182	2002	572	$\sum_i y_i = 31.32$　$\sum_i y_i^2 = 80.476\,8$	
B_j	−12.74	78.08	11.98	$L_{yy} = \sum_i y_i^2 - \frac{1}{n}(\sum_i y_i)^2 = 5.019\,7$	
$b_j = \frac{B_j}{S_j}$	−0.070 0	0.039 0	0.020 9	$b_0 = \frac{1}{n}\sum_i y_i = 2.409\,2$	
$P_j = \frac{B_j^2}{S_j}$	0.891 8	3.405 1	0.250 9	$Q = L_{yy} - (P_1 + P_2 + P_3) = 0.831\,9$	

B_j 行是将 $\varphi_1,\varphi_2,\frac{1}{6}\varphi_3$ 等列中的数和 y_i 一一对应相乘，然后相加而得。例如：

$$B_1=-6\times3.40-5\times3.00-\cdots+6\times2.90=-12.74$$

(4) 回归系数的显著性检验。回归系数的显著性检验见方差分析表 4.4。方差分析表明，一次正交多项式显著，二次正交多项式高度显著，三次正交多项式不显著。因此，实际上只需配到二次就行了。

表 4.4 方差分析表

来 源	偏回归平方和	自由度	均方和	F 比	显著性
一次 $X_1(x)$	$P_1=0.8918$	1	0.891 8	9.65	*
二次 $X_2(x)$	$P_2=3.0451$	1	3.045 1	32.96	* *
三次 $X_3(x)$	$P_3=0.2509$	1	0.250 9	2.72	$F_{0.01}(1,9)=10.6$
剩余	$Q=0.8319$	9	0.092 4		$F_{0.05}(1,9)=5.12$
总计	$L_{yy}=5.0197$	12			

(5) 回归精度的确定。把三次项的偏回归平方和并入剩余项，从而算得 S^2 的估计值如下：

$$S^2=\frac{0.8319+0.2509}{10}=0.1083$$

$$S=0.33$$

(6) 确定回归方程。最后，求得的多项式回归方程为

$$\hat{y}=b_0+b_1X_1(x)+b_2X_2(x)=2.40923-0.07000\times[2(x-40)]+0.0390\times[4(x-40)^2-14]=257.06-12.62x+0.156x^2$$

4.5.2 磷青铜强度与退火制度的多元正交多项式回归分析[3]

为了考察某种磷青铜的拉力强度 $Z(\mathrm{kg/mm^2})$ 是否受到退火时间和退火温度的影响，x 分别取为 30 min，40 min，50 min，60 min；y 分别取为 150℃，200℃，250℃，300℃ 做全面实验，数据如表 4.5 所示。

根据表 4.5 中 16 组数据，试配二元多项式回归方程为

$$Z=b_{00}+b_{10}x+b_{01}y+b_{11}xy+b_{20}x^2+b_{02}y^2+b_{30}x^3+b_{03}y^3 \tag{4.44}$$

表 4.5 磷青铜实验数据

拉力强度 $Z/(\mathrm{kg \cdot mm^{-2}})$ 温度 y/℃ 时间 x/min	150	200	250	300
30	64.9	62.6	61.1	59.2
40	69.1	70.1	66.8	63.6
50	76.1	74.0	71.3	67.2
60	82.9	80.0	76.0	72.3

令 $x' = \dfrac{x}{10} - 2, y' = \dfrac{y}{50} - 2$，则 x' 取值为 1,2,3,4；y' 取值为 1,2,3,4。

利用 $n = 4$ 的正交多项式，式(4.44)可写成

$$Z = b_{00} + b_{10}\phi_{10}(x') + b_{01}\phi_{01}(y') + b_{11}\phi_{10}(x')\phi_{01}(y') + b_{20}\phi_{20}(x') + b_{02}\phi_{02}(y') + b_{30}\phi_{30}(x') + b_{03}\phi_{03}(y') \tag{4.45}$$

其中

$$\begin{cases} \phi_{10}(x') = 2\varphi_1(x') = x' - \bar{x}' \\ \phi_{01}(y') = 2\varphi_1(y') = y' - \bar{y}' \\ \phi_{20}(x') = \varphi_2(x') = (x' - \bar{x}')^2 - \dfrac{n^2 - 1}{12} \\ \phi_{02}(y') = \varphi_2(y') = (y' - \bar{y}')^2 - \dfrac{n^2 - 1}{12} \\ \phi_{10}(x')\phi_{01}(y') = 2\varphi_1(x') 2\varphi_1(y') = 4(x' - \bar{x}')(y' - \bar{y}') \\ \phi_{30}(x') = \dfrac{10}{3}\varphi_3(x') = \dfrac{10}{3}\left[(x' - \bar{x}')^3 - \dfrac{3n^2 - 7}{20}(x - \bar{x}')\right] \\ \phi_{03}(y') = \dfrac{10}{3}\varphi_3(x') = \dfrac{10}{3}\left[(y' - \bar{y}')^3 - \dfrac{3n^2 - 7}{20}(y - \bar{y}')\right] \end{cases}$$

在列表计算时，因为 16 组数据中 x,y 的同一值各重复 4 次，所以将 $n = 4$ 的正交多项式表重复 4 次进行计算。计算表 4.6 与一元正交多项式的计算类似，其中

$$B_{10} = \sum_{m,n=1}^{4} \phi_{10}(x'_m) Z_{mn}$$

$$B_{01} = \sum_{m,n=1}^{4} \phi_{01}(y'_n) Z_{mn}$$

$$B_{11} = \sum_{m,n=1}^{4} \phi_{10}(x'_m)\phi_{01}(y'_n) Z_{mn}$$

表 4.6　利用正交多项式配二元多项式回归的计算表格

x'_m	y'_m	$\phi_{10}(x')$	$\phi_{20}(x')$	$\phi_{30}(x')$	$\phi_{01}(y')$	$\phi_{02}(y')$	$\phi_{03}(y')$	$\phi_{10}(x')\phi_{01}(y')$	z_{mn}	z_{mn}^2
1	1	−3	1	−1	−3	1	−1	9	64.9	4 212.01
2	1	−1	−1	3	−3	1	−1	3	69.1	4 774.81
3	1	1	−1	−3	−3	1	−1	−3	76.1	5 791.21
4	1	3	1	1	−3	1	−1	−9	82.9	6 872.41
1	2	−3	1	−1	−1	−1	3	3	62.6	3 918.76
2	2	−1	−1	3	−1	−1	3	1	70.1	4 914.01
3	2	1	−1	−3	−1	−1	3	−1	74.0	5 476.00
4	2	3	1	1	−1	−1	3	3	80.0	6 400.00
1	3	−3	1	−1	1	−1	−3	−3	61.1	3 733.21
2	3	−1	−1	3	1	−1	−3	−1	66.8	4 462.24
3	3	1	−1	−3	1	−1	−3	1	71.3	5 083.69
4	3	3	1	1	1	−1	−3	3	76.0	5 776.00
1	4	−3	1	−1	3	1	1	−9	59.2	3 504.64
2	4	−1	−1	3	3	1	1	−3	63.6	4 044.96
3	4	1	−1	−3	3	1	1	3	67.2	4 515.84
4	4	3	1	1	3	1	1	9	72.3	5 227.29
$B_{ij}=\sum\phi_{ij}z$		209.2	0.8	6.4	−103.6	−6.6	3.8	−61.2	1 117.2 ($\sum z_{mn}$)	7 8707.08 ($\sum z_{mn}^2$)
$S_{ij}=\sum\phi_{ij}^2$		80	16	80	80	16	80	400	$n=16$	$l_{YY}=$
$b_{ij}=\dfrac{B_{ij}}{S_{ij}}$		2.615	0.05	0.08	−1.295	0.412 5	0.047 5	−0.153	$b_{00}=\bar{n}=\dfrac{1\,117.2}{16}=$	$78\,707.08-\dfrac{1\,117.2^2}{16}=$
$P=\dfrac{B_{ij}^2}{S_{ij}}$		547.058	0.04	0.512	134.162	2.722 5	0.180 5	9.363 6	69.825	698.59

$$B_{20}=\sum_{m,n=1}^{4}\phi_{20}(x'_m)Z_{mn}$$

$$B_{02}=\sum_{m,n=1}^{4}\phi_{02}(y'_n)Z_{mn}$$

$$B_{30}=\sum_{m,n=1}^{4}\phi_{30}(x'_m)Z_{mn}$$

$$B_{03}=\sum_{m,n=1}^{4}\phi_{03}(y'_n)Z_{mn}$$

$$S_{10}=\sum_{m,n=1}^{4}[\phi_{10}(x'_m)]^2=\sum_{m,n=1}^{4}[\phi_{01}(y'_n)]^2=S_{01}$$

$$S_{20}=\sum_{m,n=1}^{4}[\phi_{20}(x'_m)]^2=\sum_{m,n=1}^{4}[\phi_{20}(y'_n)]^2=S_{02}$$

$$S_{30}=\sum_{m,n=1}^{4}[\phi_{30}(x'_m)]^2=\sum_{m,n=1}^{4}[\phi_{30}(y'_n)]^2=S_{03}$$

$$S_{11}=\sum_{m,n=1}^{4}[\phi_{10}(x'_m)\phi_{01}(y'_n)]^2$$

易知，S_{i0} 是表上查出的 S_i 的 4 倍（$i=1,2,3$）。这是因为 x' 和 y' 的各个值都重复了 4 次。

由表 4.6 的计算，得回归平方和为

$$S_U=P_{10}+P_{20}+P_{01}+P_{02}+P_{11}+P_{30}+P_{03}=649.038\,6$$

式中，P_{i0} 是 x 的 i 次项的效应；P_{0j} 是 y 的 j 次项的效应；P_{11} 是 x 与 y 交互效应的一部分，其自由度都为1。残差平方和 $S_Q=S_T-S_U=4.551\,4$，残差自由度 $f_Q=15-7=8$。

对方差分析表 4.7 进行显著性检验。查 F 分布表得临界值 $F_{0.01}(1,8)=11.26$，$F_{0.05}(1,8)=5.32$，$F_{0.10}(1,8)=3.46$。因此，经 F 检验可知，退火时间、退火温度的一次项及其交互作用对磷青铜的拉伸强度是高度显著的，而退火温度的二次项对磷青铜的拉伸强度有轻微显著的影响。因此得到的回归方程为

$$\begin{aligned}\hat{z}&=b_{00}+b_{10}\phi_{10}(x')+b_{01}\phi_{01}(y')+b_{11}\phi_{10}(x')\phi_{01}(y')=\\&69.825+2.615\phi_{10}(x')-1.295\phi_{01}(y')-0.153\phi_{10}(x')\phi_{01}(y')=\\&45.552+0.798\,4x+0.003\,28y-0.001\,224xy\end{aligned}$$

表 4.7　磷青铜多项式回归的方差分析表

方差来源		平方和	自由度	均　方	F	显著性
时间	一次	547.058 0	1	547.058 0	961.61	* *
	二次	0.040 0	1	0.040 0	0.07	
	三次	0.5120	1	0.512 0	0.90	

续表

方差来源		平方和	自由度	均 方	F	显著性
温度	一次	134.162 0	1	134.162 0	235.83	* *
	二次	2.722 5	1	2.722 5	4.79	*
	三次	0.180 5	1	0.180 5	0.32	
时间×温度		9.363 6	1	9.363 6	16.46	* *
残差		4.551 4	8	0.568 9		
总计		698.590 0	15			

4.6 基于回归分析的实验建模方法的其他应用概述

基于回归分析的实验建模方法在材料加工过程中的其他应用涉及材料本构模型、摩擦模型、切削力模型、材料性能评估、材料加工成形质量与成形参数的关联模型等方面。其中代表性的研究工作如下：

朱磊和庞克昌等人[4] 通过 Gleeble1500 热模拟压缩实验分析 TC11 合金的高温变形特性，采用非线性回归方法建立了 Kumar 型的 TC11 合金的材料本构关系，并分析了该本构模型在热加工参数范围的延拓性。侯红亮等[5,6] 应用正交多项式回归得出 TC4 钛合金和 GH44 高温合金的流动应力分别与应变、应变速率和变形温度之间的效应函数关系。张麦仓等人[7] 基于 Arrhenius 方程中双曲正弦函数建立了 FGH95 高温合金的本构模型，将加工硬化和动态回复、动态再结晶引起的动态软化通过阶跃函数 δ 引入方程中，然后利用高斯-牛顿法原理估计方程中的参数值。

易幼平等[8] 通过实验研究了 7050 铝合金在应变速率为 0.01 ～ $10s^{-1}$、变形温度为 250 ～ 450℃ 条件下的流变应力行为，通过双曲正弦函数进行线性化回归分析计算出应变硬化指数 n 以及变形激活能 Q，获得了 7050 铝合金高温条件下的流变应力本构方程。

张红钢、何勇等[9] 根据实测数据通过回归分析方法，得出了双曲正弦函数形式本构方程中的材料参数，然后将材料参数对应变进行二次拟合，建立了 Ni - Ti 形状记忆合金热变形过程的流变应力与变形温度、应变速率和应变的本构关系。

徐彦和赵金城[10] 通过回归分析得到了不同应力-温度路径下 Q235 钢的应力、温度、应变三者之间的本构关系。宋大余等[11] 采用高压毛细管流变仪，测试研究钕铁硼磁性塑料的流变特性，并采用非线性回归分析方法建立了流动本构方程。曾群锋等[12] 在摩擦磨损试验机上研究了 PEEK 复合材料的摩擦学特性，应用回归分析法得到了摩擦学特性参数的回归公式。

卢德宏等[13] 将碳化硅、Gr 混杂增强复合材料的摩擦因数处理成无碳化硅时 Gr_2 铝基复合材料摩擦因数分量、碳化硅对钢的刮擦从而引起的摩擦因数分量两部分之和，利用指数函数的线性化回归分析方法建立了 Gr_2 铝基复合材料的摩擦因数与石墨含量的关系模型。

雷毅等[14] 基于四水平正交实验设计获得的数据，运用多元线性回归方法分别得到了复合材料的摩擦因数和磨损率与载荷、纳米粒子含量和相对滑动线速度三个实验因素间的回归方程。

杨勇等[15] 选取 Zerilli－Armstrong 经验模型，采用非线性回归分析建立了航空铝合金板材在铣削加工中的动态本构模型。李占杰和田美丽[16] 采用多元线性回归方法研究获得了高速铣削不锈钢的切削力模型。敖志强等[17] 应用多元线性回归分析法，采用最优子集法从所有可能的变量组合的回归方程中挑选最优者，建立了航空铝合金 7050 — T7451 的数控铣削力最优回归模型。

于忠奇等[18] 在单向拉伸实验、平面应变拉伸实验和圆筒件拉深实验获得的样本基础上，采用一元线性回归分析方法分析了汽车用铝合金板各种材料性能参数与其拉深性能之间的对应关系，为准确地评估汽车用铝合金板的拉深性能奠定了基础。赖欣武等[19] 以类 U 型件作为研究对象，以有限元数值模拟法和正交试验法为工具进行冲压回弹模拟仿真。以正交试验所获得的数据及显著性因素和优化工艺参数为基础进行多元线性回归分析，构建得到工艺参数和回弹量的实验数学模型，为基于工艺优化的回弹量预测提供了一种有效方法。

陈学锋和瞿金平[20] 基于正交试验所获得的数据源及因素显著性排序，进行多项式回归及多元线性回归分析建立了振动力场作用下的聚合物挤出过程中振动力与振幅和频率间的回归数学模型。夏宇宏等[21] 通过逐渐改变毛坯的尺寸，采用线性化回归，得到了制备圆柱形金属橡胶节流元件的最佳形状因子，进而求得毛坯尺寸和成型后样件的尺寸之间关系的理论计算公式。

孙建强等[22] 测定了能作储能材料用的 11 种共晶铝合金热膨胀系数，并通过多元线性回归分析建立了以温度和合金成分为自变量的膨胀系数回归函数关系式。

胡仕成和杜磊等人[23] 采用热脉冲法(闪光法) 使试件发生塑性变形，通过对实验数据进行幂指数函数非线性回归分析，得到了在接触副材料发生塑性变形条件下的接触热导率模型。

王尧等[24] 应用多元线性回归分析法，采用最优子集法从所有可能的变量组合的回归方程中挑选最优者，建立了软磁材料饱和磁感应强度与冲击偏转之间的最优回归模型。

徐颖等[25] 选用正交多项式回归及响应曲面回归两种分析方法对纳米 TiO_2/UPR 不饱和聚酯树脂复合材料研究结果进行回归分析比较。其中选用响应曲面回归方法，在无交互作用的观测样本中，回归得出了有交叉项的高精度数学模型，在最优配方的选取上获得了满意的结果，显示了响应曲面回归分析方法卓越的先进性。

Chen Ming-Der 等[26-27] 基于对锥形件强力旋压的实验研究结果，采用多元多项式回归方法，研究获得了板料厚度、减薄量、旋轮圆角半径、芯模转速和旋轮进给比对旋压力和内外表面粗糙度的回归关系式。

唐泽、栗振斌、张静静、鲜飞军等人采用一元线性回归、非线性回归、多元线性回归等方法研究获得了 TA15 钛合金高温变形相体积分数回归模型、薄壁管数控弯曲回弹角与弯曲角以及板带面内弯曲成形件关键尺寸与成形参数之间的定量关系式[28-31]。

沈昌武[32] 基于实验研究和人工神经网络预测得到的数据，采用逐步回归分析方法研究得到了 TA15，TC11 钛合金热变形材料本构模型研究。

上述基于回归分析的实验建模方法在材料加工过程中的应用涉及各种各样的回归分析方法，既包括简单的一元线性回归、多元线性回归、各种函数的线性化回归、多项式回归，又包括最优回归分析中逐步回归分析及正交多项式回归，还包括近年来发展起来的先进的响应曲面回归分析方法。

参考文献

[1] 白新桂. 数据分析与试验优化设计. 北京：清华大学出版社，1988.

[2] 方开泰. 实用回归分析. 北京：科学出版社，1988.

[3] 方开泰，马长兴，等. 正交与均匀试验设计. 北京：科学出版社，2001.

[4] 朱磊，张麦仓，董建新，等. TC11 合金本构关系的建立及其在盘件等温锻造工艺设计中的应用. 稀有金属材料与工程，2006，35(2)：253－256.

[5] 侯红亮，姜波，王耀奇，等. 基于正交回归的 TC4 合金本构关系研究. 航空制造技术，2004，11:75－77.

[6] 侯红亮，姜波，王耀奇，等. 基于正交回归的 GH44 合金本构关系研究. 锻压技术，2005，1：61－63.

[7] 张麦仓，罗子健，曾凡昌. 应用多元非线性回归方法建立 FGH95 合金的本构关系. 材料工程，1999，1:20－22.

[8] 易幼平，杨积慧，蔺永诚. 7050 铝合金热压缩变形的流变应力本构方程. 材料工程，2007，

4：20 - 26.

[9] 张红钢，何勇，刘雪峰，等. Ni - Ti 形状记忆合金热压缩变形行为及本构关系. 金属学报，2007,43(9)：931 - 936.

[10] 徐彦，赵金城. Q235 钢在不同应力-温度路径下材料性能的试验研究和本构关系. 上海交通大学学报，2004，38(6)：967 - 971.

[11] 宋大余，刘颖，连利仙，等. 稀土磁性塑料充模流动过程模拟. 模具工业，2005，9：41 - 46.

[12] 李纪云，曾群锋，彭旭东. 均匀设计法在聚醚醚酮复合材料摩擦学特性试验中的应用研究. 润滑与密封，2007，32(7)：13 - 15.

[13] 卢德宏，金燕苹，顾明元，等. 混杂铝基复合材料的摩擦系数模型. 中国有色金属学报. 2000，10(3)：416 - 419.

[14] 雷毅，郭建良，张雁翔. 基于 UHMWPE/nano-ZnO 复合材料摩擦特性的正交试验及回归分析. 中国石油大学学报：自然科学版，2006，30(4)：86 - 89.

[15] 杨勇，柯映林，董辉跃. 金属切削加工中航空铝合金板材的本构模型. 中国有色金属学报，2005，15(6)：854 - 859.

[16] 李占杰，田美丽. 基于 RBF 神经网络的难加工材料高速铣削力预报研究. 试验技术与试验机，2007，1：22 - 24，28.

[17] 敖志强，吴建军，王仲奇，等. 一种航空铝合金铣削力模型的试验研究. 机床与液压，2006，12：5 - 8.

[18] 于忠奇，赵亦希，林忠钦. 汽车用铝合金板拉深性能评估参数. 中国有色金属学报，2004，14(10)：1689 - 1693.

[19] 赖欣武. 基于神经网络组合预测的板料冲压回弹预测研究[D]. 杭州：浙江大学，2006.

[20] 陈学锋，瞿金平. 用回归分析法建立聚合物挤出压力与振动参数关系模型. 塑料，2004，33(2)：80 - 82.

[21] 夏宇宏，姜洪源，张蕊华，等. 毛坯尺寸对金属橡胶微观组织结构特性的影响. 哈尔滨工业大学学报，2006，38(9)：1461 - 1464.

[22] 孙建强，张仁元，卢国辉，等. 共晶铝合金热膨胀系数的测定与回归分析. 广东工业大学学报，2006，23(2)：12 - 17.

[23] 胡仕成，杜磊，黄明辉，等. 塑性变形条件下的接触热导率测试. 中南大学学报：自然科学版，2006，37 (1)：91 - 95.

[24] 王尧，董威，马文. 多元回归法在饱和磁感应强度测量中的应用. 磁性材料及器件，2006，6：53 - 56.

[25] 徐颖，李明利，赵选民，等. 响应曲面回归分析法：一种新的回归分析法在材料研究中的应用. 稀有金属材料与工程，2001，30(6)：428 - 432.

[26] Chen M D, Hsu R Q, Fuh K H. Forecast of shear spinning force and surface roughness of spun cones by employing regression analysis. International Journal of Machine Tools & Manufacture, 2001, 41：1721 - 1734.

[27] Chen Ming-Der , Hsu Ray-Quan, Fuh Kuang-Hua. Effects of over－roll thickness on cone surface roughness in shear spinning. Journal of Materials Processing Technology, 2005, 159: 1-8.

[28] 唐泽. TA15 钛合金高温变形组织演变模型与应用研究[D]. 西安:西北工业大学, 2008.

[29] 栗振斌. 数控弯管回弹的有限元数值预测与补偿研究[D]. 西安:西北工业大学, 2004.

[30] 张静静. 铝合金大口径薄壁管数控弯曲回弹的数值分析[D]. 西安:西北工业大学, 2008.

[31] 鲜飞军. 板带不均匀压下面内弯曲成形规律的研究[D]. 西安:西北工业大学, 1999.

[32] 沈昌武. TA15,TC11 钛合金热变形材料本构模型研究[D]. 西安:西北工业大学, 2007.

第五章　简单试验设计

回归分析是材料加工过程中一种常用的数理统计方法，但长期以来该方法只是被动地处理已有的试验数据，而对如何恰当而正确地安排试验却未进行考虑。这样不仅会盲目地增加试验次数，而且得到的试验数据往往不能提供充分的信息。

因此，在应用测试技术及处理试验数据时应从设计试验开始。试验设计得好，可以大大减少试验次数，得到充分的信息，简化数据处理过程，节省人力、物力和时间。正确合理的试验设计，可显著提高试验的可靠性，从而为参数选择和工艺方案优化提供指导。

试验设计是一门研究如何正确地安排试验和分析数据并以较少的试验获得最佳试验结果的科学[1]。

试验设计一般分为三个阶段，包括方案设计、试验实施、结果分析[2]。

5.1　试验设计的基本概念[1,2]

试验指标是指在试验设计中，根据试验目的而选定的用来衡量试验结果的标准，比如 σ_b，$\sigma_{0.2}$，δ 等。

在实验中首先要明确用什么试验指标来考核试验结果。很多试验指标可以用数值直接表示，这样的指标叫定量指标。有些试验结果的好坏，不能用数量来衡量，而是由人们观察来加以区分，这类指标称为非数量指标，或定性指标。如素质、颜色、手感、粗糙度、图像的清晰度等。在试验设计中，对这类指标，应尽量找一定的指标对其做标准化处理，即进行数量化。比如按评定结果打出分数或定出等级，并用数字加以表示。

试验因素或因素是指影响试验指标或结果的试验条件，例如合金成分。因素一般用大写英文字母表示，如 A，B，C 等。试验设计一般仅适用于可控因素。在确定试验因素时，必须以专业技术为主导，先广泛地列出与研究对象有关的诸因素，然后判断哪些是在试验中要考察或重点考察的因素。

因素有各种分类方法。从因素的作用来看，可将其分为可控因素、标示因素（不可控因素）、区组因素、信号因素、误差因素。简介如下：

(1) 可控因素。可控因素是其水平可以比较并且可以人为选择的因素，例如污水进水流量、污水进水浓度等为控制因素，是试验的主要因素。

(2) 标示因素。标示因素是指外界的环境条件、产品的使用条件等因素。标示因素的水平在技术上随机确定，因此不能人为地选择和控制。属于标示因素的有产品使用条件，如电压、频率、转速等；环境条件，如气温、风向、湿度等。

(3) 区组因素。区组因素是指具有水平，但其水平没有技术意义的因素，是为了减少试验误差而确定的因素。如加工某种零件，不同的操作者、不同的原料批号、不同的班次、不同的机器设备等均为区组因素。

(4) 误差因素。误差因素是指除上述可控因素、标示因素、区组因素外，对产品质量特性值有影响的其他因素的总称。也就是说，影响产品质量的外干扰、内干扰、随机干扰的总和，就是误差因素。

在判别介入的试验因素时，下列三种情况可以不做考察：

(1) 对试验指标的影响规律已经明确，或已知对试验指标无影响的因素。

(2) 试验时，技术条件不具备，或测试技术不完善，测不出数值的因素。

(3) 虽能测出因素的值，但不具备控制手段，不能把因素控制在指定水平的因素。

因素的水平是指因素变化的状态和条件，例如不同的合金含量。水平可以直接用数字表示，也可以用代码表示，如用 1,2,3 分别表示三个水平。在试验设计中，水平的确定非常重要，一般应注意满足以下三点要求：

(1) 水平个数应取三个以上为宜。三水平以上的因素试验结果分析所得的趋势图分布呈二次曲线为多，二次曲线有利于试验结果分析。若取二水平做试验，其趋势分布为线性分布，只能表明试验结果的趋势，很难区分最佳区域，这对整个试验的有效性和试验效率有不利的影响。

(2) 水平的选取应是等间隔的。水平的间隔宽度由专业技术、技术知识范围决定。为了便于效应曲线的计算分析，水平的间隔一般取算术等间隔值，在某些场合可以取对数等间隔值。由于专业技术的多种客观条件限制，在取等间隔值时可能有差值，但必须尽可能将差值减小，一般不超过 20% 间隔值。

(3) 水平应是具体的。因素的水平在试验设计中是一个重要的指标值。所谓水平是具体的，指的是可以直接控制的具体的数值或方式，并且水平的变化能直接影响试验指标的不同程度的变化。

5.2　单因素试验设计[3]

单因素试验设计，一般是指对一个因素的若干水平，进行重复几次的试验方案安排。由于考察的因素只有一个，故属于最简单的一类试验。单因素试验设计的基本类型包括完全随机的试验设计、随机的分块试验设计、拉丁方和正交拉丁方试验设计。

5.2.1 完全随机化试验

实际试验中影响结果的因素可能比较复杂，但有时候也有可能需要先孤立地研究其中某一个因素对试验结果的影响。例如，要研究数控弯管中侧推速度对壁厚变化的影响，可以分别在不同侧推速度条件下进行试验分析来得出结论。该过程的影响因素是侧推速度。为了确定因素变化的影响程度，可以根据具体情况确定因素的不同水平，如确定侧推速度为 0.8，1.0，1.1 rad/s 等。为了进行试验，还需要有一定数量的进行试验用的物质条件，如用于管材数控弯曲的数控弯管机、管材及设备等。

为观察研究在某一因素各水平级条件下可能的试验结果而进行的整体试验的一个组成部分，称为一个配方；可供某个试验配方一次试验用的试验物质条件，称为一个试验单元。

假如，将不同配方的各次试验在所有试验单元中随机分配，做到任一试验单元都具有同等机会得到某一配方，则称这类试验为完全随机的试验设计。

完全随机的试验设计中的“完全”是相对于后面要讲的“分块”随机试验设计而言的。为了研究试验误差及提高试验精度，在一项试验中，某些试验配方的观察值出现不止一次，称该试验配方具有重复的观察值。

完全随机试验设计的主要优点有以下两个方面：

(1) 安排灵活。可以确定任意数量的试验配方和进行任意数量的重复，而且对不同的配方，重复次数可以不等。

(2) 统计分析简便。

这类试验的主要缺点是精度低，特别是当试验的物质条件不均匀时尤其明显，因而这类试验设计主要适用于各试验单元基本均匀一致的场合。

进行完全随机试验设计，需要做到各个配方在所有试验设计单元中的随机分配，为此可以采用多种分配方法，比如抽签、抓阄、掷骰子和查随机数表等。下面介绍两种比较简单的方法。

假设现有 12 个试验单元，进行 A，B，C，D 四种不同配方，每种配方重复三次试验。试验随机化设计的常用方法有如下两种：

方法一：先将 12 个试验单元分别标记 1，2，…，12。在一个坛中放红、黄、蓝、绿 4 种不同颜色的球各 3 个，例如用红球代表 A 种配方，黄球代表 B 种配方，蓝球代表 C 种配方，绿球代表 D 种配方。依次从坛中随机不重复地每次摸取一个球，假如第一次摸到绿球，则将一个 D 配方试验分配给 1 号试验单元，第二次摸到黄球，则将一个 B 配方试验分配给 2 号试验单元，等等。依次类推，一直到 12 个试验单元分配完毕为止。

方法二:利用随机数表。使用随机数表时,可从表中任意一个数字开始,向左、向右、向下或向上连续读一位、两位或更多的位(读到每行每列末尾时转下一行或下一列),就可以得到一位、两位或更多位数的随机数序列。为了确定起始读的数字,例如可以将一本很厚的书任意翻开一页,将起始页码除以50得到的余数作为起始读数的行,用同样的方法确定起始读数的列。假定从随机数表(见附录9)的第22行13列开始,从左至右每次读三位数字,共读取12个随机数的序列,将这12个随机数由小到大排列。假如将1～3个随机数分配给A,4～6个随机数分配给B,7～9个随机数分配给C,10～12个随机数分配给D,根据表的第一列和第三列可以看出,分配结果为:将A配方的试验分配给第4,11,8号单元,B配方的试验分配给第2,5,10号单元,等等,如表5.1所示。

在完全随机的试验设计中,各个配方的重复试验次数可以相等,也可不等。

表5.1 利用随机数表的配方随机化

分配的配方	随机数	随机数按由小到大排列的序号
A	299	4
A	768	11
A	607	8
B	191	2
B	386	5
B	754	10
C	135	1
C	818	12
C	247	3
D	615	9
D	545	6
D	595	7

5.2.2 随机的分块试验设计

在完全随机试验设计中,各配方在所有试验单元中随机地进行分配,那么,由于试验单元之间的差别而造成的观察数字的差异没有被单独考虑,而将其归并在试验误差中。但当各试验单元之间存在较大差别时,就会造成试验精度的明显降低。因此，为提高试验精度所采取的有效措施，就是将试验单元分块，将相同的或差别不明显的试验单元归并在一个块内，从而使一块内试验的观察数据基本上不受试验单元差异造成的影响。对于块同块之间因试验材料的差别造成的观察数字的差异，可以单独分析块的附加试验误差，从而达到提高试验精度的目的。

试验单元的分块主要依据试验目的，考虑到同一块内试验条件上的一致性。例如，在工业试验中，尽可能把由同一工厂生产的同型号设备、相同批次的原材料以及在同一时间内进行的试验分在一个块内。当然，试验单元的很多属性可以作为分块的依据或标志，但不管按什么标志分块，只有做到在同一块内各试验观察数据之间的方差小于全部试验观察数据时，分块才是有效的。

随机分块试验设计的主要优点是：① 分块后可以做到从试验误差中基本上消除由于试验单元之间的不均匀造成的误差，从而提高试验的精度；② 比较灵活，可以进行任意多块和任意多配方的试验，但要求一个配方在各个块内重复的次数相等；③ 统计分析较简便。

随机分块试验设计的主要缺点是：如果在试验执行过程中，产生块之间试验单元的混淆或发生试验过程中丢失数据等情况，将造成分析上的困难。此外，随着分块数的增加，设计的有效性降低，因而在试验单元基本均匀的情况下，可以不必分块，用完全随机的试验设计。

在进行分块试验设计时应当注意以下几个问题：① 随着每块内试验单元数的增加，其试验精度将随之降低，因而块的规模不宜过大；② 在没有明显分块标志的情况下，可以将块划成正方形，根据经验，这较之将块划成其他形状来得快；③ 在分块试验的条件下，同一块内的配方应安排在一个时间内进行，在结束一个块内的试验后，再进行另一块的试验。

5.2.3　拉丁方试验设计

在随机分块试验中，通过把同类的试验单元归并到一个块内，然后将配方在同一块内随机分配，这也可以从试验误差中消除由于试验单元的差别所造成的偏差。但在有些情况下，试验设计中要求消除两类或两类以上因素之间的偏差。例如要弯曲四种同规格不同材质的飞机弯管件甲、乙、丙、丁，可以在不同的弯管机上进行弯曲。不同厂家生产的弯管机即弯管机型号不同是造成偏差的因素之一。弯管生产操作人员不同，也是造成观察数据之间偏差的一个因素。这时希望从试验误差中同时消除上述两类误差，若采用随机的分块设计就无法做到，而需要借助拉丁方的试验设计。

拉丁方是一种行数和列数相等的方阵，如表 5.2 所示。假如在一个设计中含有 p 个配方，则总计需要 p^2 个试验单元。在采用拉丁方试验设计时，先按照试验单元中的一个偏差因素（如弯管机型号）将其分成 p 个组，每个组中含有 p 个单元，通常称为按行分类。再按照试验单元的另一个偏差因素（如弯管生产操作人员）将 p^2 个试验单元分成 p 个组，每个组中也含有 p 个试验单元，称为按列分类。配方在试验单元中这样分配，便做到各个配方在每一行中出现一次，且仅一次，在每一列中出现一次且仅一次。

假设一共有四种配方 A，B，C，D，其拉丁方的基本设计为：第一行按字母顺序 A，B，C，D 书写，从第二行起，每次将字母往后错动一个，即依次第二行书写顺序为 B，C，D，A，第三行为 C，D，A，B，第四行为 D，A，B，C，如表 5.2 所示。按照该基本拉丁方，未随机化的不同材质管材弯曲试验分配方案如表 5.3 所示。该表具体指明了 16 次试验中每种材质的管材分配在哪一台弯管机上由哪一名工人进行弯管生产操作。

表 5.2　基本拉丁方

行＼列	1	2	3	4
1	A	B	C	D
2	B	C	D	A
3	C	D	A	B
4	D	A	B	C

表 5.3　不同材质管材弯管的基本拉丁方试验设计方案

行＼列	1	2	3	4
1	甲	乙	丙	丁
2	乙	丙	丁	甲
3	丙	丁	甲	乙
4	丁	甲	乙	丙

在拉丁方试验设计中，当满足各个配方在每一行中出现一次且仅一次，以及在每一列中出现一次且仅一次的条件时，应做到配方在试验单元间的随机分配，为此可以利用随机数表进行。假如要进行一次含四个配方的拉丁方试验，可以先从基本的含四种配方的拉丁方（见表 5.2）开始，然后再对行和列进行随机化。

1. 对行的排列随机化

按前面讲述的读取随机数的方法，得到由三位数字组成的随机数序列（见表 5.4 中第一列），将其按由小到大的顺序编号（见表 5.4 中第二列），最右端列出的是拉丁方中的行的顺序。

表 5.4　采用读取随机数的方法对行进行随机化

随机数	按由小到大的顺序编号	基本拉丁方中的行数
110	2	1
565	3	2
096	1	3
876	4	4

将表 5.4 中的第 2,3 列对照,即将原表 5.2 的第一行排到第二行,原第二行排到第三行,原第三行排到第一行,原第四行不动,这样得到一张新的对行排列随机化的拉丁方,如表 5.5 所示。

表 5.5　行随机化后的拉丁方

行＼列	1	2	3	4
1	C	D	A	B
2	A	B	C	D
3	B	C	D	A
4	D	A	B	C

2. 对列的排列随机化

按上述同样的方法再读取 4 个三位数字的随机数序列(见表 5.6 中第一列),将其按由小到大的顺序编号(见表 5.6 中第二列),将表 5.5 中的列顺序放在表 5.6 中的第三列。将表 5.5 中的第 2,3 列对照,将表 5.6 中的第一列排到表 5.7 的第三列,将表 5.5 的第二列排到表 5.7 的第一列,第三列排到第四列,第四列排到第二列,就得到一张行和列的排列都随机化了的拉丁方,如表 5.7 所示。

表 5.6　采用读取随机数的方法对列进行随机化

随机数	按由小到大的顺序编号	表 5.5 中的列顺序
832	3	1
037	1	2
905	4	3
716	2	4

表 5.7 行和列随机化后的拉丁方

行＼列	1	2	3	4
1	D	B	C	A
2	B	D	A	C
3	C	A	B	D
4	A	C	D	B

按表 5.7 所列的拉丁方，对四种材质的管材进行弯曲试验的拉丁方试验设计方案见表 5.8。

表 5.8 不同材质管材弯曲试验的随机化拉丁方试验设计方案

行＼列	1	2	3	4
1	丁	乙	丙	甲
2	乙	丁	甲	丙
3	丙	甲	乙	丁
4	甲	丙	丁	乙

拉丁方区，只能安排一个因素和两个区组因素。多于两个区组因素，则可以采用正交拉丁方。所谓正交拉丁方是指两个或几个阶数相同的拉丁方之间呈正交关系。如图 5.1 中，1,2 为两个相互正交的拉丁方，而 3 为 1,2 重叠的结果，即为一个正交拉丁方，其中字母只相遇一次。

	A_1	A_2	A_3
B_1	C_1	C_2	C_3
B_2	C_2	C_3	C_1
B_3	C_3	C_1	C_2

(a)

	A_1	A_2	A_3
B_1	D_1	D_3	D_2
B_2	D_2	D_1	D_3
B_3	D_3	D_2	D_1

(b)

	A_1	A_2	A_3
B_1	C_1D_1	C_2D_3	C_3D_2
B_3	C_2D_2	C_3D_1	C_1D_3
B_3	C_3D_3	C_1D_2	C_2D_1

(c)

图 5.1 正交拉丁方

(a) 拉丁方 1； (b) 拉丁方 2； (c) 拉丁方 3

拉丁方试验设计的优点是：可以控制试验中的两类或两类以上偏差。缺点主要有：① 当配方数为 p 时，则至少需要 p^2 个试验单元，因而 p 的数字不能太大，一般应有 $p<10$；② 随着 p 的增大，试验误差将随之增大；③ 对试验中可能出现的丢失数据以及在试验单元中的错误分配，将导致试验的分析工作变得十分复杂。

5.3 多因素试验设计

5.3.1 全面试验法[1]

把全部因素和所有水平都一一搭配起来进行试验，称为全面试验法[1]。

例如对一个三因素二水平的试验进行全面试验则需进行 8 次试验，如图 5.2 所示。

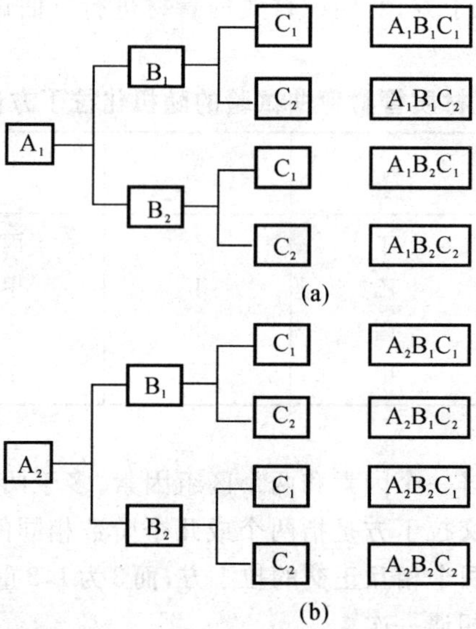

图 5.2 三因素二水平的全面试验方案

一般对于 m 个因素、每个因素 n 个水平的全面试验需进行 n^m 次试验。这种全面试验，虽然最后能够找出最好的搭配方案，但费时费工，有时甚至不可能实现。例如灯泡的寿命，炮弹的爆炸范围等，就不能全部拿来做试验。即使能做试验，如六因素三水平的全面试验，需做 $3^6 = 729$ 次；如 5 因素 7 水平的全面试验，需做 $7^5 =$ 16 807 次。这么多次试验当然是又慢又费工的方法，因此除了一些比较简单的情况外，一般不进行全面试验。

5.3.2 单因素轮换法[2]

将因素中只变化一个，其余固定，然后进行逐步搭配试验比较，获得好的搭配方案，称为单因素轮换法，也叫孤立因素法[2]。如图 5.3 所示，对前面同样的三因素二水平试验的例子，先将因素A,B固定在A_1,B_1，然后变化C，即需进行两次试验，方案为$A_1B_1C_1$,$A_1B_1C_2$。试验结果C_2好，因此在其后面画一个“√”。再将C固定在C_2，变化B，即进行如下两次试验：$A_1B_1C_2$,$A_1B_2C_2$，其中$A_1B_1C_2$已进行过试验，因而不用做。试验结果B_1好，因此在其后面画一个“√”。最后变化A，即进行如下两次试验$A_1B_1C_2$,$A_2B_1C_2$。试验结果A_2好，因此在其后面画一个“√”。试验总结果是$A_2B_1C_2$方案最好。

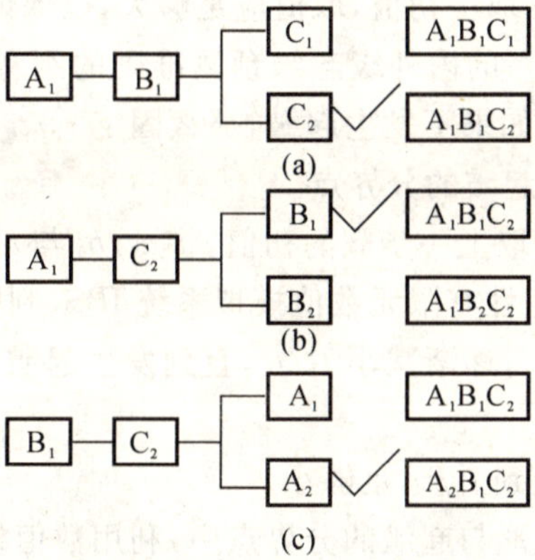

图 5.3　三因素二水平的单因素轮换法试验方案

这种方法的优点是，一般也能取得一定的效果，而且试验次数较全面试验的少。但其缺点在于对待各因素和水平的机会不均等，如A_1参加了3次试验，而A_2只参加了1次试验；并且先固定哪些因素，后变化哪些因素，都会影响试验结果，因此最后的结果是否是最好的，还不能充分肯定，只能说在所做过的试验中是最好的。

5.3.3　采用单因素轮换法确定板带面内弯曲的成形极限[4]

由于板带不均匀压下面内弯曲过程的变形方式不同于传统的塑性弯曲成形，变形区为三向压应力状态，其失稳形式为外缘起皱、空间扭曲、内缘起皱。板带不均匀压下面内弯曲成形极限是指针对不同的相对压下宽度a_z/b_0和相对压下厚度t_1/t_0，不发生失稳(外缘起皱、空间扭曲、内缘起皱)时对应的最小弯曲内径$R_{\text{in min}}$。

根据这一成形极限概念，以及对成形过程中起皱的研究，结合刚塑性有限元数值模拟系统IBS来确定稳定成形参数取值范围。

由相关文献[5-9]可得出这一过程稳定成形时，相对压下宽度a_z/b_0与相对压下厚度t_1/t_0对成形工件弯曲内径R_{in}的影响规律，即随着a_z/b_0或t_1/t_0的减小，所形成圆环的R_{in}减小，且R_{in}与a_z/b_0或t_1/t_0间为非线性关系。由此可知，要获得小半径弯曲件，可同时减小 a_z/b_0 和 t_1/t_0。

对于给定成形条件，成形的可行性分析过程为：将已知成形参数输入有限元模拟系统 IBS 进行计算，随后转入起皱判断模块判断是否发生起皱，若不发生起皱，则系统给出可以稳定成形的结论；反之，则终止计算，给出不能成形的结论。

依据以上原理，确定板带不均匀压下面内弯曲过程成形极限即最小弯曲半径的求解步骤如下：

(1) 对 a_z/b_0 与 t_1/t_0 取一初值，取值应足够大，以保证板带稳定成形；将 a_z/b_0 与 t_1/t_0 代入到结合了统一的内外缘起皱预测准则的刚塑性有限元数值模拟系统 IBS，判断是否发生起皱；如果不发生起皱，那么固定 t_1/t_0，逐渐减小 a_z/b_0，直到发生起皱，记下稳定成形与起皱的分界点。

(2) 减小 t_1/t_0，a_z/b_0 取上一步骤的初值，将 a_z/b_0 与 t_1/t_0 代入结合了统一的内外缘起皱预测准则的刚塑性有限元数值模拟系统 IBS，判断是否发生起皱；如果不发生起皱，那么固定 a_z/b_0，逐渐减小 t_1/t_0，直到发生起皱，记下稳定成形与起皱的分界点。

(3) 执行步骤(2)，直到 t_1/t_0 足够小。

(4) 在所有的稳定成形与起皱的分界点中，利用数值模拟系统 IBS 搜索对应于最小弯曲半径或最小相对弯曲半径的分界点，并记录此刻的 $t_1/t_0 = C_1$，$a_z/b_0 = C_2$ 及 R_{in} 值。

由于采用的试验模拟装置本身的局限性和弹性张角的影响，对于给定的板带很难同时实现 $a_z/b_0 = C_1$ 与 $t_1/t_0 = C_2$。也就是说，目前通过试验获得最小弯曲半径 $R_{in\,min}$ 是一项十分困难的工作。但通过孤立因素优化试验方法可间接获得 C_1 与 C_2。因此，可以通过将刚塑性有限元数值模拟系统 IBS 结合统一的内外缘起皱预测准则求得的 C_1，C_2 与试验获得的 C_1，C_2 对比，以检验所提出的成形极限的确定方法的有效性。

刚塑性有限元数值模拟系统 IBS 结合统一的内外缘起皱预测准则确定成形极限的计算条件如下：

(1) 材料：LF21M，变形抗力模型为 $\bar{\sigma} = 177\bar{\varepsilon}^{-0.21}$。

(2) 边界条件：干摩擦时的摩擦因数 $m = 0.4$。

(3) 几何参数：初始厚度 $t_0 = 1.90$ mm，初始宽度分别取 $b_0 = 30$ mm；几何参数 t_1/t_0 与 a_z/b_0 按照5.2.2节关于成形极限的确定步骤取值，计算过程中对不同的初始宽度各取计算点 25 ～ 30 个。

按照上面提到的孤立因素优化试验方法设计试验方案，试验中分别弯曲了三种不同初始宽度的 LF21M 板带各约 20 个。

图 5.4、表 5.9 给出了在求解板带的成形极限过程中，试验所得部分的稳定成

形与失稳起皱分界点所对应的相对压下厚度 t_1/t_0、相对压下宽度$(a_z/b_0)_e$，给出了根据 t_1/t_0 数值计算所得的分界点$(a_z/b_0)_n$，并进行了对比。可以看出，数值计算结果与试验结果基本吻合，误差不超过 8.9%，且计算结果偏于保守，这证明了成形极限的求解过程可靠。

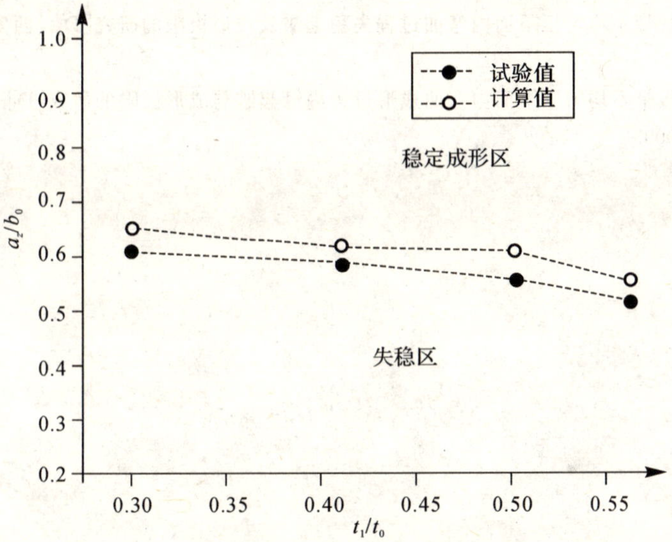

图 5.4　成形极限的数值求解过程的试验验证

表 5.9　成形极限的数值求解过程的试验验证

序　号	t_1/t_0	$(a_z/b_0)_e$	$(a_z/b_0)_n$	Δ/(%)
1	0.56	0.52	0.56	7.7
2	0.50	0.56	0.61	8.9
3	0.41	0.59	0.62	5.1
4	0.30	0.61	0.65	6.6

注：t_1/t_0 与$(a_z/b_0)_e$ 为试验所得分界点处的相对压下厚度与相对压下宽度；$(a_z/b_0)_n$ 为根据 t_1/t_0 计算所得的分界点处的相对压下宽度；Δ 为相对误差，$\Delta = |(a_z/b_0)_n - (a_z/b_0)_e| / (a_z/b_0)_e$。

参考文献

[1] 白新桂. 数据分析与试验优化设计. 北京：清华大学出版社，1988.

[2] 栾军. 现代试验设计优化方法. 上海：上海交通大学出版社，1995.

[3] 辛益军. 方差分析与试验设计. 北京：中国财政经济出版社，2002.

[4] 冯桐. 板带不均匀压下面内弯曲成形装置参数的研究[D]. 西安:西北工业大学，2005.
[5] 肖红生. 不均匀压下金属板带面内精密弯曲及数值模拟[D]. 西安:西北工业大学，1997.
[6] 鲜飞军. 板带不均匀压下面内弯曲成形规律的研究[D]. 西安:西北工业大学,1999.
[7] 孙朝阳. 板带不均匀压下面内弯曲过程失稳起皱与参数优化的研究[D]. 西安:西北工业大学，2004.
[8] 鲜飞军. 板带不均匀压下面内弯曲过程失稳起皱及成形极限的研究[D]. 西安:西北工业大学,2001.
[9] 唐汉玲. 板带不均匀压下面内弯曲成形过程内缘起皱与成形极限的研究[D]. 西安:西北工业大学,2003.

第六章　正交试验设计

6.1 正交试验设计原理

6.1.1 基本原理

正交试验设计是利用数理统计学和正交性原理，从大量的试验点中挑选适量的具有代表性、典型性的点，应用“正交表”合理安排多因素试验的一种科学的试验设计方法[1,2]。

例如三因素二水平的试验，若安排全面试验共需进行如图 6.1 所示的 8 次试验，即 $A_1B_1C_1$，$A_1B_1C_2$，$A_1B_2C_1$，$A_1B_2C_2$，$A_2B_1C_1$，$A_2B_1C_2$，$A_2B_2C_1$，$A_2B_2C_2$。

怎样从中选出次数少又有代表性的试验呢？显然随便选是不行的。譬如选上述前 4 个试验，它们只含有 A_1，没有 A_2，当然不能反映全面情况。

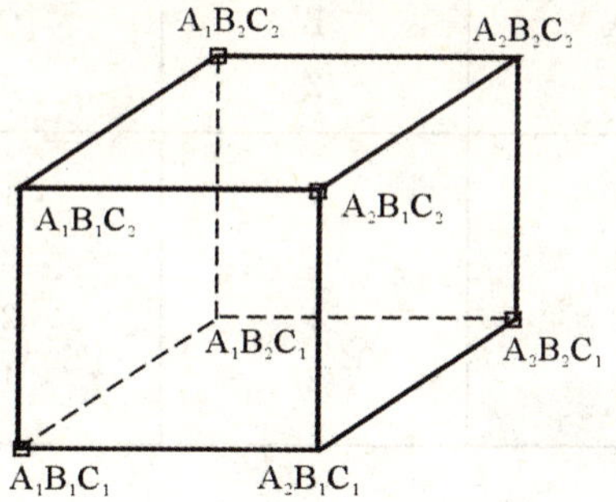

图 6.1　正交试验设计选点示意图

采用正交试验设计方法，可选出下面 4 个试验来代替全面试验：$A_1B_1C_1$，$A_1B_2C_2$，$A_2B_1C_2$，$A_2B_2C_1$。为什么选这 4 个试验呢？因为它们具有下列两个基本性质：

(1) 水平均匀性。即所选试验中各因素及其水平出现的次数相等。

在上例中 A_1，A_2，B_1，B_2，C_1，C_2 均各出现 2 次。

(2) 搭配均匀性。任意两因素的所有可能的水平组合有相同的重复数。

如上例中 A 与 B 的组合有 A_1B_1，A_1B_2，A_2B_1 和 A_2B_2 均各出现一次，同理 B 与

C 的组合有 B_1C_1,B_1C_2,B_2C_1 和 B_2C_2,以及 A 与 C 的组合有 A_1C_1,A_1C_2,A_2C_1 和 A_2C_2,均各出现一次。

又如,对四因素三水平进行全面试验,需做 $3^4=81$ 次试验,而如果采用正交试验设计,就仅需做 9 次试验。

为更清楚地表达正交试验设计方法,一般采用正交表。正交表是用于安排多因素试验的一种规范化的表格。正交表有两类,一类为水平数相同的正交表,其代号为 $L_n(q^m)$;另一类为水平数不同或混合型正交表,其代号为 $L_n(q_1^{m_1}\times q_2^{m_2})$。这两类正交表的含义如下:

L:表示正交表;

n:试验总数;

q:因素的水平数;

m:表的列数,表示最多能容纳的因素的个数;

q_1,q_2:因素的水平数;

m_1,m_2:表示最多能容纳的水平数为 q_1 的因素个数为 m_1,水平数为 q_2 的因素个数为 m_2,因此该表最多容纳的因素个数为 m_1+m_2。

对正交表一般要进行表头设计。如正交表 $L_4(2^3)$ 的表头如表 6.1 所示。

表 6.1 $L_4(2^3)$ 正交表的表头

试验号	A 1	B 2	C 3	试验方案
1	1	1	1	$A_1B_1C_1$
2	1	2	2	$A_1B_2C_2$
3	2	1	2	$A_2B_1C_2$
4	2	2	1	$A_2B_2C_1$

正交表具有下列两个基本性质:

(1) 均匀分散性:① 水平均匀性,任一列中各水平出现的次数相等;② 搭配均匀性,任两列的所有可能的水平组合有相同的重复数。

(2) 整齐可比性:即各因素之间的水平由于搭配均匀而可以直接比较好坏。

常用的正交表有 $L_4(2^3)$,$L_8(2^7)$,$L_9(3^4)$,$L_{16}(2^{15})$,$L_{32}(2^{31})$,$L_{27}(3^{13})$,$L_{16}(4^5)$,$L_{25}(5^6)$ 等。

6.1.2 正交表的选用原则

在安排正交试验时,选用正交表一般要根据因素和水平的多少以及试验工作

量的大小来决定。简单来说,应遵循下列三条原则:

(1) 看水平数,选用正交表括号内底数与因素水平数 q 相同的正交表。

(2) 看因素数,选用正交表括号内指数大于或等于因素数 m 的正交表。

(3) 看试验次数,不同的正交表所要求的试验次数不同,应根据试验要求的精度和工作量的大小,选用适宜的正交表。一般而言,当水平数、因素数满足时,试验次数 n 越小越好。

6.1.3 正交试验设计所要解决的问题

(1) 分析因素与指标的关系。即当因素变化时,指标如何变化。找出这些变化规律,以利于指导生产。

(2) 分析因素影响指标的主次。即分析哪些因素是影响指标的主要因素,哪些是次要因素。找出主要因素常常是生产中的关键问题之一。

(3) 寻找好的生产工艺。即分析每个因素各取什么水平,会得到最好的指标。也就是选出最优方案,这是生产中最需要解决的问题。

6.1.4 正交试验设计的步骤

(1) 明确试验目的,确定考核指标。

(2) 选取因素与水平,制定因素水平表。

(3) 选取合适的正交表,进行表头设计。

(4) 确定试验方案并实施。

(5) 分析结果,选取优化方案。

(6) 验证试验。

6.2 正交试验的直观分析

正交试验的直观分析是指通过计算将各因素、水平对试验结果质量指标影响的大小,用图形表示出来,通过极差分析,综合比较,以确定最优试验方案[2]。

6.2.1 单指标正交试验设计的直观分析

单指标试验设计是最基本、最简单的一种试验设计方法,也是使用最多的试验设计方法之一。

一、单指标正交试验设计直观分析的基本步骤

单指标正交试验设计的直观分析的基本步骤如下:

(1) 直接比较试验指标，从中选出试验指标最好的因素水平组合。

(2) 对试验结果进行计算：

1) 计算 $k_1, k_2, \cdots, k_n$。$k_1, k_2, \cdots, k_n$ 分别表示每个因素水平数相同的各次试验结果的总和。

2) 计算 $\bar{k}_1, \bar{k}_2, \cdots, \bar{k}_n$。$\bar{k}$ 为 k 的平均值。k 或 $\bar{k}$ 表示各因素的水平对试验指标影响的好坏。

3) 计算 T 值。T 为所有试验结果的总和，以 y_i 表示试验考核指标，则

$$T = \sum y_i = k_1 + k_2 + \cdots + k_n$$

4) 计算极差 R。极差 R 分别为 $k_1, k_2, \cdots, k_n$ 或 $\bar{k}_1, \bar{k}_2, \cdots, \bar{k}_n$ 中的最大值与最小值之差。

极差 R 的大小反映了试验中的相应因素对指标作用的显著性的强弱。极差 R 大的因素，其水平对试验结果造成的差别大，为作用显著因素，而极差 R 小的因素则往往是作用不显著的次要因素。

(3) 作因素水平与值的关系图，分析因素与指标的变化规律。

(4) 比较极差 R，挑选影响指标的主次因素。

(5) 比较 k 或 $\bar{k}$ 值，挑选最优方案（最佳的因素水平组合）。

(6) 若直观比较与计算分析得到的因素水平组合不一致，应追加验证试验。

二、单指标正交试验设计直观分析的应用

1. 温度、压力和时间对产品质量指标的影响

欲研究温度、压力和时间三因素对某产品质量指标（越高越好）的影响，安排了如表 6.2 所示的三因素二水平的正交试验。试验方案及结果如表 6.3 所示。该试验结果的直观分析如下：

表 6.2　因素水平表

因素 水平	A 温度 /℃	B 压力 /MPa	C 时间 /h
1	430	10	2
2	470	20	3

表 6.3　试验方案及试验结果计算

试验号 \ 列号	A 1	B 2	C 3	试验方案	质量指标
1	1	1	1	$A_1B_1C_1$	27
2	1	2	2	$A_1B_2C_2$	23
3	2	1	2	$A_2B_1C_2$	28
4	2	2	1	$A_2B_2C_1$	25
k_1	50	55	52		$T=103$
k_2	53	48	51		
$\bar{k}_1$	25	27.5	26		
$\bar{k}_2$	26.5	24	25.5		
R	1.5	3.5	0.5		

(1) 直接比较，显然 $A_2B_1C_2$ 最好。

(2) 计算 k，$\bar{k}$，R 和 T，结果见表 6.3。

(3) 作因素水平与 k 值的关系图，分析因素与指标的变化规律(见图 6.2)。

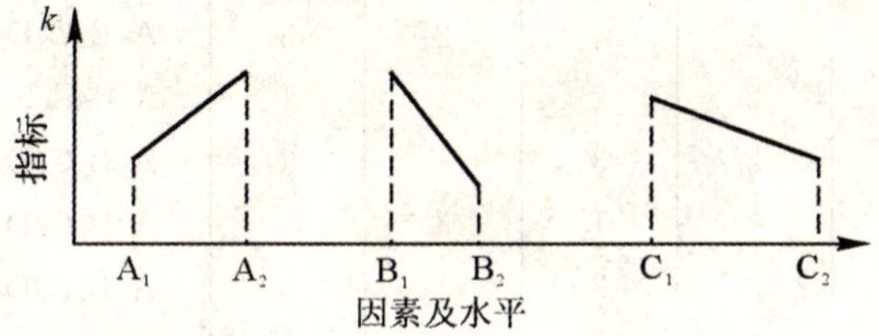

图 6.2　因素水平与指标的关系

从图 6.2 中可以看出，随着温度从 430℃ 上升到 470℃，质量指标是逐步提高的，随着压力从 10 MPa 增加到 20 MPa，质量指标是减小的，当时间从 2 h 增加到 3 h 时，质量指标是逐步降低的。

(4) 分析因素影响指标的主次顺序。根据 R 值越大越显著，由于 $R_B=3.5>1.5=R_A>0.5=R_C$，因此因素影响指标的主次顺序为 B→A→C。

(5) 选定最优方案。从图 6.2 中根据 k 值的变化可以看出各因素中哪个水平的平均指标最高。结果是：温度以 A_2(470℃) 平均指标最高，压力以 B_1(10 MPa) 平均指标最高，时间以 C_1(2 h) 平均指标最高。因此最优的试验方案为 $A_2B_1C_1$。

(6) 因所选定的最优方案 $A_2B_1C_1$ 不在所做的四组试验内，需做验证试验。

2. 工艺参数对产品寿命的影响

为了研究四个工艺参数 A，B，C，D 对某塑性成形产品使用周期(越长越好) 的影响，安排了如表 6.4 所示的四因素三水平的正交试验。试验方案及结果如表 6.5 所示。该试验结果的直观分析如下：

表 6.4　因素水平表

因素 / 水平	A	B	C	D
1	4.0	3	30	0.3
2	5.0	4	40	0.6
3	6.0	5	50	0.9

表 6.5　试验方案及试验结果计算

列号 / 试验号	A 1	B 2	C 3	D 4	试验方案	质量指标
1	1	1	1	1	$A_1B_1C_1D_1$	185
2	1	2	2	2	$A_1B_2C_2D_2$	180
3	1	3	3	3	$A_1B_3C_3D_3$	179
4	2	1	2	3	$A_2B_1C_2D_3$	184
5	2	2	3	1	$A_2B_2C_3$D1	179
6	2	3	1	2	$A_2B_3C_1D_2$	182
7	3	1	3	2	$A_3B_1C_3D_2$	160
8	3	2	1	3	$A_3B_2C_1D_3$	165
9	3	3	2	1	$A_3B_3C_2D_1$	150
k_1	544	529	532	514		
k_2	545	524	514	522		$T = 1\ 563$
k_3	475	511	518	528		
$\bar{k}_1$	181.3	176.3	177.3	171.3		
$\bar{k}_2$	181.7	174.7	171.3	174.0		
$\bar{k}_3$	158.3	170.3	172.7	176.0		
R	23.4	6.0	6.0	4.7		

(1) 直接比较 9 次试验结果，第 1 号使用时间最长，其因素水平组合为 $A_1B_1C_1D_1$。

(2) 计算 $k,\bar{k},R$ 和 T，见表 6.5。

(3) 作因素水平与 k 值的关系图，分析因素与指标的变化规律(见图 6.3)。

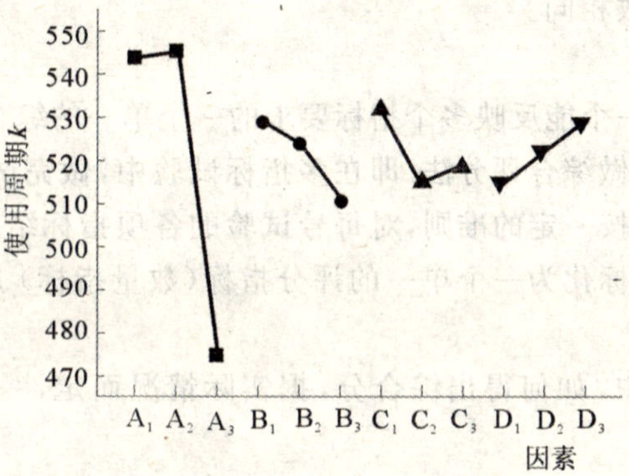

图 6.3　因素水平与指标的关系

从图 6.3 中可以看出，随着因素 A 从 1 水平变到 3 水平，质量指标是先轻微提高后又急剧下降；随着因素 B 从 1 水平变到 3 水平，质量指标是逐步减小的；随着因素 C 从 1 水平变到 3 水平，质量指标是先下降后又提高；随着因素 D 从 1 水平变到 3 水平，质量指标是逐步提高的。

(4) 分析因素影响指标的主次顺序。根据 R 值越大越显著，由于 $R_A=23.4>6.0=R_B=R_C>4.7=R_D$，因此因素影响指标的主次顺序为 A → C/B → D。

(5) 比较 $\bar{k}$ 值，选定最优方案。

对因素 A，$\bar{k}_2>\bar{k}_1>\bar{k}_3$，因此，因素 A 的 2 水平最好；

对因素 B，$\bar{k}_1>\bar{k}_2>\bar{k}_3$，因此，因素 B 的 1 水平最好；

对因素 C，$\bar{k}_1>\bar{k}_3>\bar{k}_2$，因此，因素 C 的 1 水平最好；

对因素 D，$\bar{k}_3>\bar{k}_2>\bar{k}_1$，因此，因素 D 的 3 水平最好。

综上所述，选定最优方案为 $A_2B_1C_1D_3$。

(6) 确定是否需进行验证试验。因 $A_2B_1C_1D_3$ 不在所做的 9 组试验内，需做验证试验。验证的结果是：使用时间 187 h，比 9 次试验结果中最好的 1 号 $A_1B_1C_1D_1$ 的好。

6.2.2　多指标试验设计的直观分析

一、多指标试验设计的直观分析方法

在实际问题中，用来衡量试验结果的指标不止一个，而是多个。这类试验叫做多指标试验。在多指标正交试验中，各个指标不可能完全一致，一项指标好了，另一

项指标却差了，如何兼顾各项指标，找出使得每一项指标都尽可能好的试验条件，通常采用综合评分法和综合平衡法[1,2]。该法安排试验的基本步骤和分析方法，与单指标正交试验大致相同。

1. 综合评分法

将多指标化为一个能反映多个指标要求的一个单一的综合评分指标后再进行直观分析的方法，叫做综合评分法。即在多指标试验中，做完试验获得每号试验的各个指标结果之后，按一定的准则，对每号试验的各项指标结果进行综合评定，给出综合得分，把多指标化为一个单一的评分指标（数量指标）后，然后进行统一的计算分析。

在综合评分法中，如何得出综合分，据实际情况而定，一般有以下几种具体做法：

(1) 对每号试验的各指标结果统一权衡综合评价，直接给出综合分。

(2) 先对每个指标按一定的评分标准得出分值，然后再计算同一号试验各指标分值的总和作为综合分。

(3) 视各指标重要程度不同，考虑加权综合计得分。

2. 综合平衡法

先分别对各个指标按单指标进行计算和分析，再对各指标的分析结果进行综合平衡，以获得最优试验方案的方法，称为综合平衡法。即在多指标正交试验中，首先运用单指标正交试验的分析方法分别对各项指标进行计算和分析，找出各项指标较好的生产或试验条件，再进行综合平衡，找出兼顾各项指标都尽可能好的生产或试验条件的方法，最终获得最优试验方案。

综合平衡法的基本原则如下：

(1) 当各项指标的重要性不一样时，选取水平应保证重要的指标。

(2) 当各项指标的重要性相仿时，选取水平应照顾主要因素或看多数。

二、多指标试验设计直观分析的应用

1. 炼钢炉生产条件的确定[1]

某厂拟在现有的设备条件和原料供应情况下，探索某炼钢炉的较好的生产条件，以达到3个质量指标：铁水温度在1 400℃以上，熔化速度在5 t/h左右，焦炭与铁水的比例约为1∶12。为达到这3个指标，选出4个有影响的因素，每个因素定3个水平，因素水平表如表6.6所示。并选用$L_9(3^4)$正交表进行试验设计。试验方案及结果见表6.7。

表 6.6　因素水平表

因素 水平	A 熔化带直径炉缸直径	B 一排风口尺寸二排风口尺寸	C 风压	D 批焦铁比
1	$\phi760\times\phi620$	$\phi40\times\phi40$	130	13.5
2	$\phi740\times\phi550$	$\phi30\times\phi30$	140	13.0
3	$\phi720\times\phi480$	$\phi20\times\phi20$	150	12.5

表 6.7　试验方案及结果计算

列号 试验号	A 1	B 2	C 3	D 4	试验方案	质量指标			综合评分
						铁水温度	熔化速度	总焦铁比	
1	1	1	1	1	$A_1B_1C_1D_1$	1 408	5.3	11.7	2
2	1	2	2	2	$A_1B_2C_2D_2$	1 397	5.2	13.2	7
3	1	3	3	3	$A_1B_3C_3D_3$	1 409	5.6	12.3	6
4	2	1	2	3	$A_2B_1C_2D_3$	1 409	5.2	11.9	6
5	2	2	3	1	$A_2B_2C_3D_1$	1 405	4.9	12.5	9
6	2	3	1	2	$A_2B_3C_1D_2$	1 412	5.1	13.0	21
7	3	1	3	2	$A_3B_1C_3D_2$	1 415	5.4	13.3	24
8	3	2	1	3	$A_3B_2C_1D_3$	1 413	5.3	12.2	12
9	3	3	2	1	$A_3B_3C_2D_1$	1 419	5.1	13.5	33
k_1	15	32	35	44	总分 $T = 120$				
k_2	36	28	46	52					
k_3	69	60	39	24					
$\bar{k}_1$	5	10.7	11.7	14.7	总平均 $= 120/9 = 13.3$				
$\bar{k}_2$	12	9.3	15.3	17.3					
$\bar{k}_3$	23	20.0	13.0	8.0					
R	18	10.7	3.6	9.3					

根据实际情况规定综合评分方法如下：

铁水温度以 1 400℃ 为标准，每高 1℃ 加一分，每低 1℃ 减一分；熔化速度以 5 t/h 为标准，每大 0.1 t 或小 0.1 t 都减一分；总焦铁比以 1∶12 为标准，每高 0.1 加一分，每低 0.1 减一分。即

$$Q = (Q_A - 1\,400)/1 - |Q_B - 5|/0.1 + (Q_C - 12)/0.1$$

以第 1 号试验为例，其综合评分为

$$Q_1 = (1\,408 - 1\,400)/1 - |5.3 - 5|/0.1 + (11.7 - 12)/0.1 = 8 - 3 - 3 = 2$$

同理，第 5 号试验的综合评分为

$$Q_5 = (1\,405 - 1\,400)/1 - |4.9 - 5|/0.1 + (12.5 - 12)/0.1 = 5 - 1 + 5 = 9$$

接下来的分析方法与前面的单指标直观分析方法完全相同，先列出直观分析表及因素与指标的关系图，再分析因素与指标的变化规律、因素影响的主次顺序并选出最优方法。具体分析方法如下：

(1) 直接比较 9 次试验结果，第 9 号试验的评分为 33，最高，因此直接比较较好的因素水平组合为 $A_3B_3C_2D_1$。

(2) 计算 k,$\bar{k}$,R 和 T，见表 6.7。

(3) 作因素水平与 k 值的关系图，分析因素与指标的变化规律(见图 6.4)。

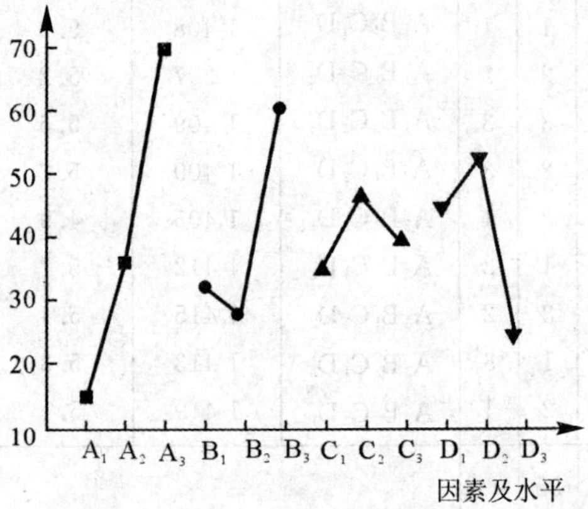

图 6.4　因素水平与指标的关系

从图 6.4 中可以看出，随着因素 A 从 1 水平变到 3 水平，质量指标是逐步提高的；随着因素 B 从 1 水平变到 3 水平，质量指标是先减小后又迅速增大；随着因素 C 从 1 水平变到 3 水平，质量指标是先上升后下降；随着因素 D 从 1 水平变到 3 水平，质量指标也是先上升后快速下降。

(4) 分析因素影响指标的主次顺序：由于 $R_A = 18 > 10.7 = R_B > R_D = 9.3 > 3.6 = R_C$，因此因素影响指标的主次顺序为 A → B → D → C。

(5) 比较 $\bar{k}$ 值，选定最优方案。

对因素 A，$\bar{k}_1 < \bar{k}_2 < \bar{k}_3$，因此，因素 A 的 3 水平最好；

对因素 B，$\bar{k}_2 < \bar{k}_1 < \bar{k}_3$，因此，因素 B 的 3 水平最好；

对因素 C，$\bar{k}_1 < \bar{k}_3 < \bar{k}_2$，因此，因素 C 的 2 水平最好；

对因素 D，$\bar{k}_3 < \bar{k}_1 < \bar{k}_2$，因此，因素 D 的 2 水平最好。

综上所述,选定最优方案为 $A_3B_3C_2D_2$。

(6) 因 $A_3B_3C_2D_2$ 不在所做的 9 组试验内,需做验证试验。

2. 橡胶产品工艺参数优化[4]

某化工厂为提高橡胶制品的质量,运用正交试验来优化配方。试验指标:伸长率(%)越大越好,变形(%)越小越好,屈曲(万次)越大越好。试验因素包括 A,B,C,D,如表 6.8 所示,选用 $L_4(4^5)$ 正交表。试验方案及结果见表 6.9。

表 6.8　因素水平表

水平＼因素	A	B	C	D
1	2.9	1	25	34.7
2	3.1	3	30	39.7
3	3.3	5	35	44.7
4	3.5	7	40	49.7

表 6.9　试验方案及结果计算

试验号＼列号	A 1	B 2	C 3	D 4	试验方案	伸长率	变　形	屈　曲
1	1	1	1	1	$A_1B_1C_1D_1$	545	40	5.0
2	1	2	2	2	$A_1B_2C_2D_2$	490	46	3.9
3	1	3	3	3	$A_1B_3C_3D_3$	515	45	4.4
4	1	4	4	4	$A_1B_4C_4D_4$	505	45	4.7
5	2	1	2	3	$A_2B_1C_2D_3$	492	46	3.2
6	2	2	1	4	$A_2B_2C_1D_4$	485	45	2.5
7	2	3	4	1	$A_2B_3C_4D_1$	499	49	1.7
8	2	4	3	2	$A_2B_4C_3D_2$	480	45	2.0
9	3	1	3	4	$A_3B_1C_3D_4$	566	49	3.6
10	3	2	4	3	$A_3B_2C_4D_3$	539	49	2.7
11	3	3	1	2	$A_3B_3C_1D_2$	511	42	2.7
12	3	4	2	1	$A_3B_4C_2D_1$	515	45	2.9
13	4	1	4	2	$A_4B_1C_4D_2$	533	49	2.7
14	4	2	3	1	$A_4B_2C_3D_1$	488	49	2.3
15	4	3	2	4	$A_4B_3C_2D_4$	495	49	2.3
16	4	4	1	3	$A_4B_4C_1D_3$	476	42	2.3

续 表

试验号 \ 列号		A 1	B 2	C 3	D 4	试验方案	伸长率	变 形	屈 曲
伸长率	k_1	2 055	2 136	1 992	2 047				
	k_2	1 956	2 002	2 017	2 014				
	k_3	2 131	2 020	2 049	2 022		$T_{伸}=8\ 134$		
	k_4	1 992	1 976	2 076	2 051				
	R	175	160	84	37				
变形	k_1	176	184	169	183				
	k_2	185	189	186	182				
	k_3	185	185	188	182		$T_{变}=735$		
	k_4	189	177	192	188				
	R	13	12	23	6				
屈曲	k_1	18.0	14.5	13.5	11.9				
	k_2	9.4	11.4	12.3	11.3				
	k_3	11.9	11.1	12.3	13.6		$T_{屈}=49.9$		
	k_4	10.6	12.9	11.8	13.1				
	R	8.6	3.4	1.7	2.3				

对该试验的具体分析过程如下：

(1) 直接比较试验结果。伸长率最高为 566，为 9 号试验，其水平组合为 $A_3B_1C_3D_4$；变形以 1 号试验结果最好，其水平组合为 $A_1B_1C_1D_1$；屈曲也以 1 号试验结果最好，其水平组合为 $A_1B_1C_1D_1$。

(2) 计算 $k,\bar{k},R$ 和 T，见表 6.9。

(3) 作因素水平与 k 值的关系图，分析因素与指标的变化规律(见图 6.5)。

(4) 分析因素影响指标的主次顺序：

伸长率：(主)A → B → C → D(次)；

变形：(主)C → A → B → D(次)；

屈曲：(主)A → B → D → C(次)。

(5) 比较 $\bar{k}$ 值，较好的因素组合如下：

伸长率：$A_3B_1C_4D_4$；

变形：$A_1B_4C_1D_2$，$A_1B_4C_1D_3$；

屈曲：$A_1B_1C_1D_3$。

(6) 综合平衡分析。A 对伸长率、屈曲影响最大，对变形的影响次之，结合表 6.9 中数据，平衡三个指标，A 应取水平 1；B 对伸长率、屈曲影响处第二位，从上面三个好的条件看，两个主要影响水平均取 B_1，而对变形影响不很显著，综合平衡后应取水平 1；C 对变形影响居首位，而在其余指标中均处于次要地位，故可由变形指标决定水平取为 1；D 对屈曲影响相对强些，故可取水平 3。

综上所述，选定最优方案为 $A_1B_1C_1D_3$。

(7) 因 $A_1B_1C_1D_3$ 不在所做的 16 组试验内，应追加验证试验。

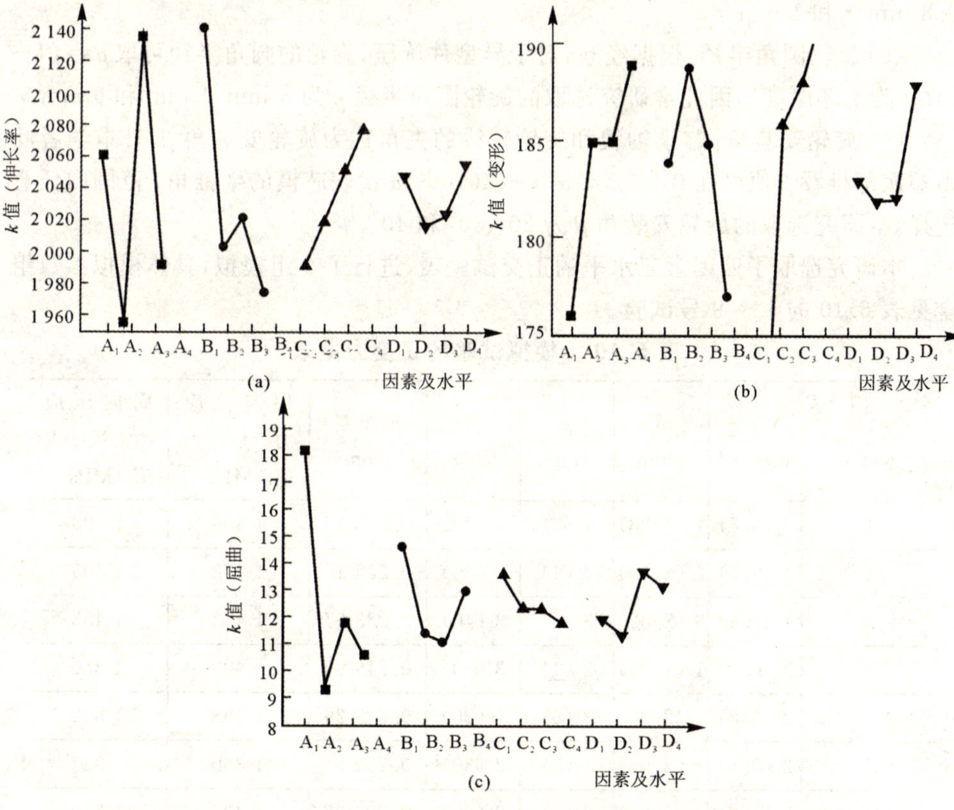

图 6.5　因素水平与指标的变化

(a) 因素水平与伸长率的关系；(b) 因素水平与变形的关系；(c) 因素水平与屈曲的关系

4. 基于正交优化的异型薄壁壳体强力旋压成形有限元分析[5,6]

异型薄壁壳体强力旋压是一种复杂的塑性成形过程，存在很多影响产品成形质量的因素，比如毛坯的形状尺寸、旋压工装的设计和加工工艺参数，等等。其中工艺参数的选择直接决定着材料强力旋压时的变形，从而也就影响着旋压件的质量、旋压力的大小和生产效率。因此，正确确定工艺参数是旋压生产中十分重要的课题。为此采用正交试验和有限元模拟相结合的方法来研究工艺参数对异型薄壁壳体强力旋压成形的影响。考虑的关键工艺参数如下：

(1) 旋轮与芯模之间的间隙。旋轮与芯模之间的间隙 δ 由旋压道次规范和正弦率决定，它直接影响旋压件的壁厚精度及其质量。本研究选取的间隙 δ 分别为 1.98 mm，2 mm 和 2.02 mm，偏离量分别为 −0.02 mm，0 mm 和 +0.02 mm。

(2) 进给比。芯模每转一圈时旋轮沿芯模母线移动的距离称为进给比。常用的进给比是 0.5 ～ 1.5 mm/r，因此，本研究选取的进给比 f 分别为 0.6 mm/r，0.8 mm/r 和 1 mm/r。

(3) 旋轮圆角半径。根据经验，对于异型件旋压，旋轮的圆角半径可取 $\rho=(1-2)t$（t 为毛坯厚度），因此本研究选取的旋轮圆角半径 ρ 为 3 mm，4 mm 和 5 mm。

(4) 旋轮安装角。芯模轴线和旋轮轴线的夹角称为旋轮安装角 β。日本学者叶山益次郎推荐 β 值可在 $0°<\beta<\alpha+\pi/2$（其中，α 代表芯模的半锥角）范围内任意选择。本研究选取的旋轮安装角 β 为 20°，30° 和 40°。

本研究选取了四因素三水平的正交试验表，进行了 9 组模拟，具体模拟参数组合见表 6.10 的 1 ～ 9 号试验。

表 6.10　模拟试验的正交方案表

因素 / 试验号	f /(mm·r^{-1})	δ /mm	ρ /mm	β /(°)	壁厚差 /mm	切向拉应力最大值 /MPa	周向压应力最大值 /MPa
1	1 (0.6)	1 (1.98)	1 (3)	1 (20)	0.208 66	1 406	1 390
2	1 (0.6)	2 (2.00)	2 (4)	2 (30)	0.222 15	1 478	1 405
3	1 (0.6)	3 (2.02)	3 (5)	3 (40)	0.233 97	1 452	1 453
4	2 (0.8)	1 (1.98)	2 (4)	3 (40)	0.219 60	1 403	1 350
5	2 (0.8)	2 (2.00)	3 (5)	1 (20)	0.229 29	1 458	1 332
6	2 (0.8)	3 (2.02)	1 (3)	2 (30)	0.229 86	1 360	1 343
7	3 (1.0)	1 (1.98)	3 (5)	2 (30)	0.226 95	1 436	1 320
8	3 (1.0)	2 (2.00)	1 (3)	3 (40)	0.226 33	1 372	1 332
9	3 (1.0)	3 (2.02)	2 (4)	1 (20)	0.234 46	1 411	1 343
10	3 (1.0)	1 (1.98)	1 (3)	1 (20)	0.216 70	1 378	1 311

壁厚精度是衡量旋压件质量极为重要的指标之一，它一般以壁厚偏差和壁厚差来衡量。壁厚偏差是壁厚的实际尺寸相对于名义尺寸的差值；而壁厚差是壁厚实际尺寸之间的相对差值，差值越小，表明工件壁厚分布越均匀。拉裂和起皱是旋压过程中最容易出现的缺陷，它们分别与切向拉应力和周向压应力最大值密切相关。二者值越大，拉裂和起皱倾向就越大。所以本研究选择工件壁厚差、切向拉应力和周向压应力最大值作为分析和讨论的目标函数。

将模拟得到的结果放到表 6.10 中，最后根据所得数据分别建立表 6.11，6.12，6.13 所示的壁厚差、切向拉应力和周向压应力最大值极差分析表。其中 $k_i(i=1,2,3)$ 分别表示每个因素同一水平值之和，它反映了各列所排因素取不同水平对结果的影响。$\bar{k}_j(j=1,2,3)$ 为对应 k_i 的平均值，其最大值和最小值之差叫做极差，记为 R。极差 R 的大小反映了试验中的相应因素对目标函数作用的显著性，因素的极差 R 越大，说明该因素对目标函数的影响越显著。反之，极差 R 越小，因素的影响就越不显著。

表 6.11　壁厚差极差分析表

壁厚差 /mm	影响因素			
	f	δ	ρ	β
k_1	0.664 98	0.655 21	0.664 85	0.672 41
k_2	0.678 75	0.677 77	0.676 21	0.678 96
k_3	0.687 74	0.698 29	0.690 21	0.679 90
$\bar{k}_1$	0.221 66	0.218 40	0.221 62	0.224 14
$\bar{k}_2$	0.226 25	0.225 92	0.225 40	0.226 32
$\bar{k}_3$	0.229 25	0.232 76	0.230 07	0.226 63
R	0.007 59	0.014 36	0.008 45	0.002 49

从表 6.11 可以看出 $R_\delta > R_\rho > R_f > R_\beta$，4 个因素中旋轮与坯料之间的间隙对壁厚差的影响最显著，其次是旋轮圆角半径和旋轮进给比，而旋轮安装角对壁厚差的影响最不显著。

表 6.12 的极差分析结果显示 $R_\rho > R_f > R_\delta > R_\beta$，所以旋轮圆角半径对切向拉应力最大值影响最显著，其次是旋轮进给比和旋轮与芯模之间的间隙，对切向拉应力最大值影响最不显著的也是旋轮安装角。

表 6.12　切向拉应力最大值极差分析表

切向拉应力最大值 /MPa	影响因素			
	f	δ	ρ	β
k_1	4 336.0	4 245.0	4 138.0	4 275.0
k_2	4 221.0	4 308.0	4 292.0	4 274.0
k_3	4 219.0	4 223.0	4 346.0	4 227.0
$\bar{k}_1$	1 445.3	1 415.0	1 379.3	1 425.0
$\bar{k}_2$	1 407.0	1 436.0	1 430.7	1 424.7
$\bar{k}_3$	1 406.3	1 407.7	1 448.7	1 409.0
R	39.0	28.3	69.4	16.0

表 6.13　周向压应力最大值极差分析表

周向压应力最大值 /MPa	影响因素			
	f	δ	ρ	β
k_1	4 248.0	4 060.0	4 065.0	4 065.0
k_2	4 025.0	4 069.0	4 098.0	4 068.0
k_3	3 995.0	4 139.0	4 105.0	4 135.0
$\bar{k}_1$	1 416.0	1 353.3	1 355.0	1 355.0
$\bar{k}_2$	1 341.7	1 356.3	1 366.0	1 356.0
$\bar{k}_3$	1 331.7	1 379.7	1 368.3	1 378.3
R	84.3	26.4	13.3	23.3

从表 6.13 可以看出 $R_f > R_\delta > R_\beta > R_\rho$，4 个因素对周向压应力最大值的影响次序由主到次为：旋轮进给比、旋轮与芯模之间的间隙、旋轮安装角、旋轮圆角半径。

如图 6.6 所示为研究所得的工艺参数对壁厚差的影响曲线图。从图中可以看出，随着进给比、旋轮与坯料之间的间隙、旋轮圆角半径和旋轮安装角取值的增大，壁厚差都呈逐渐增大的趋势。不同的是当旋轮安装角由 30° 增大到 40° 时，壁厚差增大的趋势减缓。

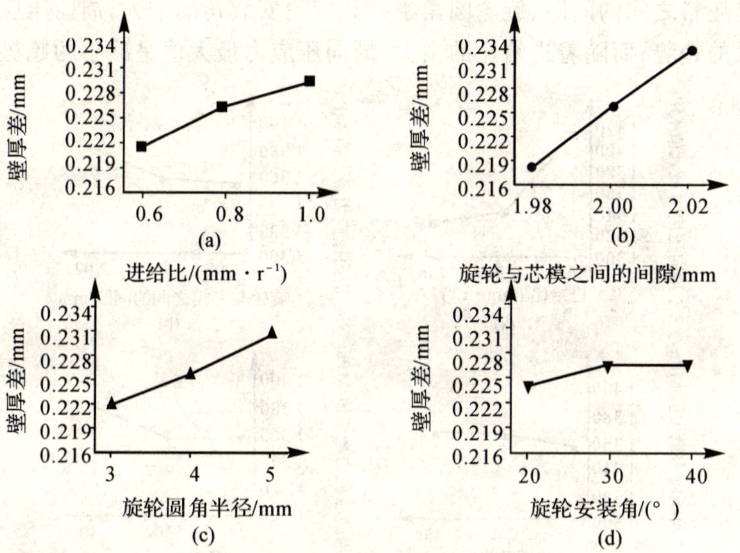

图 6.6　工艺参数对壁厚差的影响

工艺参数对切向拉应力最大值的影响如图 6.7 所示。随着进给比和旋轮安装角的增大，切向拉应力最大值均呈减小的趋势；而随着旋轮圆角半径的增大，切向拉应力最大值呈增大的趋势；当旋轮与坯料之间的间隙逐渐增大时，切向拉应力最大值先增大后减小。

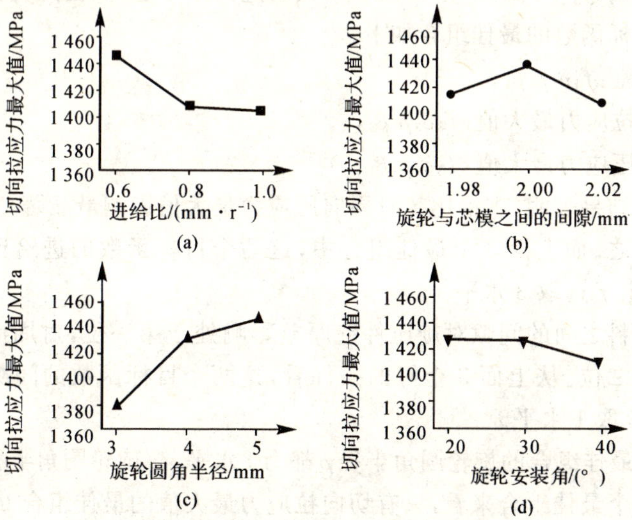

图 6.7　工艺参数对切向拉应力最大值的影响

从如图 6.8 所示的工艺参数对周向压应力最大值的影响曲线图可以看出：随

着旋轮与坯料之间的间隙、旋轮圆角半径和旋轮安装角的增大，周向压应力最大值均呈增大的趋势；而随着进给比的增大，周向压应力最大值呈减小的趋势。

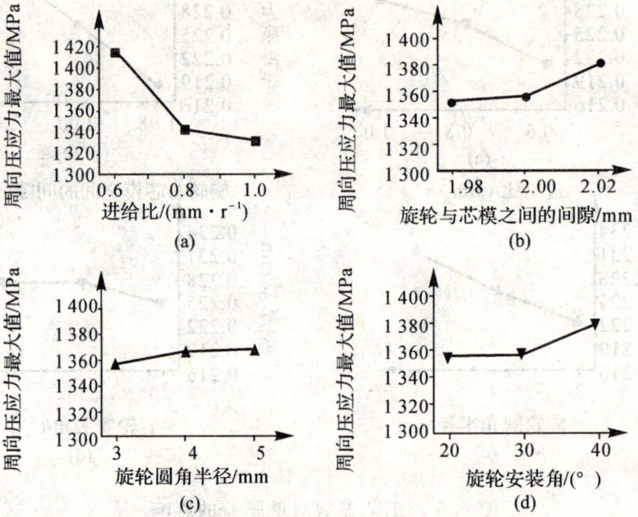

图 6.8　工艺参数对周向压应力最大值的影响

由于分析和讨论的目标函数有 3 个，所以对工艺参数的优化采用综合平衡法，即先找出每个因素分别对单个目标函数的最佳组合，再进行综合平衡，找出每个因素对每一个目标函数都尽可能好的组合，从而获得最优试验方案。

首先比较 $k_j(j=1,2,3)$ 值，k_j 越小，其对应的水平越好，由此得出的每个因素分别对单个目标函数的最佳组合如下：

(1) 壁厚差：$f_1\delta_1\rho_1\beta_1$；

(2) 切向拉应力最大值：$f_3\delta_3\rho_1\beta_3$；

(3) 周向压应力最大值：$f_3\delta_1\rho_1\beta_1$。

极差分析结果表明，进给比 f 对周向压应力最大值影响最显著，对切向拉应力最大值影响次之。而上面 3 个最佳组合中，这两个目标函数的进给比都取其 3 水平，所以进给比 f 选取 3 水平。

旋轮与坯料之间的间隙对旋压件壁厚差影响处于第一位，对周向压应力最大值影响处于第二位。从上面 3 个好的条件看，这两个目标函数的间隙都取其 1 水平，所以间隙 δ 取 1 水平。

上面 3 个最佳组合的旋轮圆角半径 ρ 都为 1 水平，故旋轮圆角半径 ρ 取 1 水平。

从上面 3 个最佳组合来看，只有切向拉应力最大值的最佳组合 β 取 3 水平，而旋轮安装角对切向拉应力最大值的影响又处于末位，故分析后，可知旋轮安装角 β 取 1 水平。

综合以上分析结果，得出1Cr18Ni9Ti曲母线形件强力旋压成形的优化工艺参数为 $f_3\delta_1\rho_1\beta_1$，即进给比 f 取 1.0 mm/r；旋轮与芯模的间隙 δ 取 1.98 mm；旋轮圆角半径 ρ 取 3 mm；旋轮安装角 β 为 20°。因其不在所做的 9 组试验中，故应追加验证试验。

验证试验结果见表 6.10 的 10 号试验。从数据来看，10 号试验的壁厚差为 0.216 70 mm，仅比最小的 1 号试验结果大了 0.007 84 mm；而切向拉应力和周向压应力最大值按照由小到大的顺序分别排在第 3 位、第 1 位。由此可见，优化的工艺参数组合是可靠的，它不仅保证了旋压件的壁厚均匀性，而且大大降低了旋压过程中的起皱和拉裂倾向。

6.2.3　水平不同的正交试验设计的直观分析

一、水平不同的正交试验设计直观分析方法

在实际生产中，有些试验受到原料、设备、工艺条件的限制，某些因素水平的选择受到限制，或者某些试验，要重点考察某些因素而多选几个水平，这就将遇到水平数不同的正交试验设计。如在下面的试验中，A 取 4 个水平，而 B,C,D,E 取 2 个水平，即有

A：A_1，A_2，A_3，A_4；

B：B_1，B_2；

C：C_1，C_2；

D：D_1，D_2；

E：E_1，E_2。

对于这类问题，有的可以直接选用混合型正交表，如在现成的混合正交表中找不到一张合适的正交表，或者即使能找到但需要做较多的试验，这时可将水平数较少的因素虚拟一些水平，使之安排在水平数较多的正交表中，这种方法叫做拟水平设计。

对上例，可直接选用混合型正交表 $L_8(4^1\times2^4)$，也可采用拟水平正交表 $L_{16}(4^5)$ 安排试验。

水平数不等的正交试验的基本步骤、分析方法与水平数相同的正交试验大致相同，但计算 $\bar{k}$ 值的方法不同。由于水平不同，计算每个因素同一水平的试验指标 $k_1,k_2,\cdots,k_n$ 时，每列相加的数目不同，因此，k 的平均值 $\bar{k}=n/r$，其中 r 为该列中每水平的重复次数。

另外，在采用混合型正交表时，由于水平不等，故不能直接用极差 R 比较因素作用的显著性。因为当两个因素对指标有同等影响时，水平多的因素的极差理应大

一些。因此应根据水平数的不同对极差 R 进行折算，并用折算后的 R' 来比较[2,4]。折算公式为

$$R' = d \times \sqrt{r} \times R \tag{6.1}$$

式中，R 为因素极差；r 为因素水平重复数（在该列中，某一因素的水平重复出现的次数）；d 为折算系数，其取值如表 6.14 所示。

经过上述处理后，可按水平相等的正交试验的分析方法，对水平数不等的正交试验进行直观分析。

表 6.14 折算系数表

水平数	2	3	4	5	6	7	8	9	10
折算系数 d	0.71	0.52	0.45	0.40	0.37	0.35	0.34	0.32	0.31

二、水平不同的正交试验设计直观分析的应用

1. 板带面内弯曲成形装置参数优化[7]

板带不均匀压下面内弯曲成形技术利用金属板带通过一对对称共面布置的锥辊形成楔形辊缝，实现材料不均匀塑性变形协调成形圆环，锥辊是成形装置的主要工作部件。成形装置参数直接影响到加工过程的精度，严重影响着成形工件的形状、质量、精度和成形极限。因此，确定最佳的成形装置参数就显得极为重要了。板带不均匀压下面内弯曲过程涉及的因素比较多，为了选择锥辊最佳的锥顶角和转速，可以进行正交分析得出最佳的组合。

由于衡量结果优劣的指标有多个 —— 总轧制力、轧制力矩和最小弯曲半径，因此属于多指标问题。在轧件能稳定成形的前提下，弯曲半径越小越好，总轧制力和轧制力矩也越小越好。

由于主要考察的是锥顶角和转速，因此在确保稳定成形的情况下采用 $L_6(4^2 \times 2^2)$ 正交表（见表 6.15）进行虚拟正交试验。

要使极差分析的结果具有代表性，各参数的取值范围应满足弯曲件能稳定成形以及面内弯曲半径较小两个条件。计算条件如下：

(1) 材料：变形抗力模型为 $\bar{\sigma} = A\bar{\varepsilon}$。

(2) 边界条件：干摩擦时的摩擦因数 $m = 0.4$。

(3) 设备参数：锥顶角 α 在 $50° \sim 65°$ 之间取不同值，锥辊转速 ω 在 $30 \sim 45$ r/min 之间取不同值。

表 6.15　$L_{16}(4^2 \times 2^2)$ 正交表

试验号＼因素	A	B	C	D
1	1	1	1	1
2	1	2	1	1
3	1	3	2	2
4	1	4	2	2
5	2	1	1	2
6	2	2	1	2
7	2	3	2	1
8	2	4	2	1
9	3	1	2	1
10	3	2	2	1
11	3	3	1	2
12	3	4	1	2
13	4	1	2	2
14	4	2	2	2
15	4	3	1	1
16	4	4	1	1

(4) 几何参数：板带初始厚度 $t_0 = 2.0$ mm，初始宽度 $b_0 = 35.0$ mm；相对压下厚度 t_1/t_0 分别取 0.45 和 0.5，实际加载楔角分别取 1.9° 和 2.0°。如表 6.16 所示。

表 6.16　正交试验因素水平表

试验号	锥顶角 A/(°)	转速 B/(r·min^{-1})	相对压下厚度 C	实际加载楔角 D/(°)
1	50	30	0.45	1.9
2	55	35	0.5	2.0
3	60	40		
4	65	45		

表 6.17 列出了虚拟正交试验结果，并对其进行了极差分析。

表 6.17　虚拟正交试验及极差分析结果

试验号	A	B	C	D	结果 R_{in}/mm	结果 总轧制力 /N	结果 轧制力矩 /(N·mm)
1	1	1	1	1	57.155	79 875.81	0.132 98E＋06
2	1	2	1	1	57.155	66 852.92	0.124 42E＋06
3	1	3	2	2	49.991	54 239.81	0.104 66E＋06
4	1	4	2	2	49.992	44 444.46	0924 96E＋05
5	2	1	1	2	52.538	109 610.97	0.158 17E＋06
6	2	2	1	2	52.554	88 003.28	0.153 99E＋06
7	2	3	2	1	54.466	53 984.31	0.109 45E＋06
8	2	4	2	1	54.467	53 225.04	0.106 43E＋06
9	3	1	2	1	54.465	1 618.68	0.218 71E＋05
10	3	2	2	1	54.467	31 877.84	0.720 67E＋05
11	3	3	1	2	52.128	142 296.12	0.178 52E＋06
12	3	4	1	2	52.530	91 545.71	0.148 61E＋06
13	4	1	2	2	49.992	51 171.23	0.111 86E＋06
14	4	2	2	2	49.993	57 185.90	0.122 54E＋06
15	4	3	1	1	57.155	40 340.24	0.904 89E＋05
16	4	4	1	1	57.155	36 677.02	0.889 48E＋05
R_{in} k_1	214.293	214.15	438.37	446.485			
R_{in} k_2	214.025	214.169	417.833	409.718			
R_{in} k_3	213.59	213.74					
R_{in} k_4	214.295	214.144					
R_{in}	0.705	0.419	20.537	36.767			
R'_{in}	0.635	0.377	36.966	66.180			

从表 6.17 的极差分析结果可以得出，面内弯曲半径的最主要影响因素是实际加载楔角，其次是相对压下厚度，然后是锥顶角和转速。

根据对面内弯曲半径影响最显著的因素来确定各参数的最优水平。实际加载楔角选 D_2，相对压下厚度选 C_2，锥顶角选 A_3，转速选 B_3。而 $A_3B_3C_2D_2$ 组合不包含于正交表中，补算得出 r_{in} = 49.992 mm，总轧制力 = 2 2415.004 N，轧制力矩 = 0.643 37E＋05 N·mm。此时，弯曲半径、总轧制力和轧制力矩都比较小，因而锥顶角 60°，转速 40 r/min，相对压下厚度 1.0 mm，实际加载楔角 2.0° 是最佳组合。

2. *成形参数对薄壁管数控弯曲失稳起皱影响的显著性分析*[3]

在管材弯曲成形过程中，决定成形极限的失稳起皱缺陷受到许多因素（包括材料参数、几何参数和边界条件参数等）的交互影响。本例采用正交试验设计方法，在利用孤立因素法研究获得了各成形参数对失稳起皱的影响规律的基础上，对主要成形参数对失稳起皱影响的显著性大小进行研究。

对薄壁管数控弯曲起皱有影响的参数很多。在众多的影响参数中，本正交设计选取了如下影响参数作为因素，分别是：相对管径、相对弯曲半径、硬化指数、管坯与防皱块间的摩擦因数、管坯与芯棒间的摩擦因数、管坯与弯曲模间的摩擦因数、压块侧推速度和弯曲模转速。

设置上述因素的水平为：根据经验和各因素的影响不同，把弯曲半径、相对管径和硬化指数定成四水平，其他参数则定成两水平。具体情况如表 6.18 所示。

表 6.18　因素水平列表

因素＼水平	1	2	3	4
相对管径	40	50	60	70
管坯与防皱块间的摩擦因数	0.1	0.2	0.3	0.4
管坯与芯棒间的摩擦因数	0.1	0.2	0.3	0.4
相对弯曲半径	4/3	7/3		
硬化指数	0.05	0.5		
管坯与弯曲模间的摩擦因数	0.2	0.4		
管坯与防皱块间隙 /mm	0.2	0.4		
弯曲模转速 /(rad · s^{-1})	0.7	1.0		
侧推速度 /(mm · s^{-1})	1.3R	1.6R		

根据所选因素的个数和水平数，选择 $L_{16}(4^5 \times 2^6)$ 混合正交表。共需做 16 组模拟试验，试验所需的其他模拟条件为：① 材料：弹性模量 $E = 71\,000$ MPa；② 边界条件：芯棒伸出量 $e_{out} = 0$。以起皱因素作为指标，采用所设计的系统进行虚拟试验，将计算得出的起皱因子填入表 6.19 中。

表 6.19 中代表因素 A 的为第一列，将这一列与水平"1"对应的第 1,2,3,4 号四个试验结果相加，记作 k_{11}，求得 $k_{11} = 10.78$。同样，将第一列中与水平"2"对应的 5,6,7,8 号 4 个试验结果相加，记作 k_{21}，求得 $k_{21} = 57.05$。将第一列中与水平"3"对应的 9,10,11,12 号 4 个试验结果相加，记作 k_{31}，求得 $k_{31} = 43.54$。将第一列中与水平"4"相对应的 13,14,15,16 号 4 个试验结果相加，记作 k_{41}，求得 $k_{41} = 24.71$。

一般地，定义 k_{ij} 为表 6.19 的第 j 列中与水平 i 对应的各次试验结果之和。把计算出的各 k_{ij} 的结果列在表 6.19 下面。如果不计试验误差，可以认为 k_{11} 值大致反映

了 A_1 的 4 次影响，而基本上不取决于因素 B 的哪个水平，因为因素 B 的 4 个水平均衡地各取了一次。同样理由，也可以认为 k_{11} 也基本上不取决于因素 C，D 的哪个水平。这也是由正交表的均衡性所决定的。总体可认为 k_{11} 大致反映了 A_1 的影响。同理，k_{12}，k_{22}，k_{32}，k_{42}，分别反映了 B_1，B_2，B_3，B_4 的影响。

第 j 列的 4 个 M_{ij} 值中的最大值和最小值之差记作 R_j，称为极差。由于 R_j 是第 j 列中 3 个 M_{ij} 值的最大值和最小值之差，无论最大值还是最小值均反映了第 j 列上安排的因素的不同水平对指标的影响，而其他因素的水平的影响是均衡的，因此可以认为 R_j 反映了第 j 列上的因素对指标影响的大小。R_j 越大反映第 j 列上因素影响越大。

根据表 6.19 中 R_j 的大小排出因素的主次顺序如下：

主————————————————次

C；F，D，B，A；H，E；I，G

由以上分析得到，成形参数按影响显著性由强到弱依次为：相对管径、相对弯曲半径、硬化指数、管坯与防皱块间隙、管坯与防皱块间摩擦因数、管材与芯棒间摩擦因数、管坯与弯曲模间摩擦因数、压块侧推速度和弯曲模转速。

表 6.19　试验数据正交分析表

因素 / 试验号	管坯与防皱块间摩擦因数 A	管坯与防皱块间隙 B	相对管径 C	硬化指数 D	管坯与弯曲模间摩擦因数 E	相对弯曲半径 F	弯曲模转速 G	管坯与芯棒间摩擦因数 H	压块侧推速度 I	起皱因子
1	1	1	1	1	1	1	1	1	1	5.07
2	1	2	2	1	1	2	2	2	2	3.05
3	1	3	3	2	2	1	1	2	2	1.04
4	1	4	4	2	2	2	2	1	1	1.62
5	2	1	2	2	2	1	2	1	2	1.14
6	2	2	1	2	2	2	1	2	1	53.8
7	2	3	4	1	1	1	2	2	1	0.33
8	2	4	3	1	1	2	1	1	2	2.00
9	3	1	3	1	2	2	2	2	1	1.59
10	3	2	4	1	2	1	1	1	2	1.02
11	3	3	1	2	1	2	2	1	2	38.4
12	3	4	2	2	1	1	1	2	1	2.53
13	4	1	4	2	1	2	1	2	2	1.25
14	4	2	3	2	1	1	2	1	1	2.89

续表

因素 / 试验号	管坯与防皱块间摩擦因数 A	管坯与防皱块间隙 B	相对管径 C	硬化指数 D	管坯与弯曲模间摩擦因数 E	相对弯曲半径 F	弯曲模转速 G	管坯与芯棒间摩擦因数 H	压块侧推速度 I	起皱因子
15	4	3	2	1	2	2	1	1	1	2.17
16	4	4	1	1	2	1	2	2	2	18.4
k_{1j}	10.78	9.05	115.72	33.63	55.52	32.42	68.93	54.31	70.05	
k_{2j}	57.05	60.81	8.98	102.72	80.83	103.93	67.42	82.04	66.3	
k_{3j}	43.54	41.94	7.52							
k_{4j}	24.71	24.55	4.22							
$\bar{k}_{1j}$	2.695	2.263	28.930	4.204	6.940	4.053	8.616	6.789	8.756	
$\bar{k}_{2j}$	14.263	15.203	2.245	12.840	10.104	12.991	8.428	10.255	8.288	
$\bar{k}_{3j}$	10.885	10.485	1.880							
$\bar{k}_{4j}$	6.178	6.138	1.055							
R_j	46.27	51.76	111.5	69.09	25.31	71.51	1.51	27.73	3.75	
R'_j	10.411	11.646	25.088	17.272	6.328	17.876	0.376	6.932	0.936	

3. 零件热处理工艺研究

某厂对零件进行热处理试验。选取的因素水平如表 6.20 所示。由于该厂热处理炉只有两挡温度，故因素 C 只能取两个水平。试验可选混合型正交表 $L_{18}(2^1\times 3^7)$，但试验次数太多。为此，采用拟水平设计。因素 A，B 为三因素，因素 C 为两水平，只有把因素 C 凑足三水平才能使用 $L_9(3^4)$ 正交表安排试验。由于因素 C 的第二水平是平时认为较好的水平，应予以重点考察，故虚拟第三水平为因素C的第二水平，即将 $L_9(3^4)$ 表改造为 $L_9(2\times 3^3)$ 表，这可通过表头设计完成。试验方案及结果见表 6.21。

根据 R 大小可知，影响指标的主要因素是 A 和 B；计算分析得到的最好因素水平组合是 $A_3B_1C_2$。

表 6.20　因素水平表

水平 \ 因素	A 装炉量 /kg	B 保温时间 /min	C 加热温度 /℃
1	12.00	16	835
2	12.75	17	845
3	13.50	18	

表 6.21　试验方案及计算结果

试验号 \ 列号	A 1	B 2	3	C 3′	试验方案	质量指标
1	1	1	1	1	$A_1B_1C_1$	5
2	1	2	2	2	$A_1B_2C_2$	4
3	1	3	3	2	$A_1B_3C_2$	5
4	2	1	2	2	$A_2B_1C_2$	5
5	2	2	3	2	$A_2B_2C_2$	5
6	2	3	1	1	$A_2B_3C_1$	4
7	3	1	3	2	$A_3B_1C_2$	5
8	3	2	1	1	$A_3B_2C_1$	5
9	3	3	2	2	$A_3B_3C_2$	5
k_1	14	15		14		
k_2	14	14		29		
k_3	15	14			总分 $T=43$	
$\bar{k}_1$	4.7	5.0		4.7		
$\bar{k}_2$	4.7	4.7		4.8		
$\bar{k}_3$	5.0	4.7				
R	0.3	0.3		0.1		

6.2.4　有交互作用的正交试验设计的直观分析

一、交互作用的概念[2]

在有些试验中，不仅各个因素单独起作用，而且因素之间还会联合起来影响试验结果的变化，这种因素间的联合搭配作用称为因素间的交互作用。两个因素的交互作用好像是在这两个因素的单独作用之外的一个“假想的因素”的作用，但这个因素没有什么“水平”的选择，其作用的大小完全依赖于前两个因素及其水平的搭配。两个以上因素 A 与 B 的交互作用记为 A×B。同样，因素 A，B，C 的交互作用记为 A×B×C。

为了便于对交互作用概念的理解，通过下面的例子给予直观的解释。

假设考察某化学反应的温度(A) 与时间(B) 对产品收率的影响。A，B 各取两个水平，在 A_iB_j 条件下的平均收率可能有如图 6.9 所示三种情况。

	A_1	A_2
B_1	75	85
B_2	80	90

(a)

	A_1	A_2
B_1	75	85
B_2	80	90

(b)

	A_1	A_2
B_1	75	85
B_2	80	90

(c)

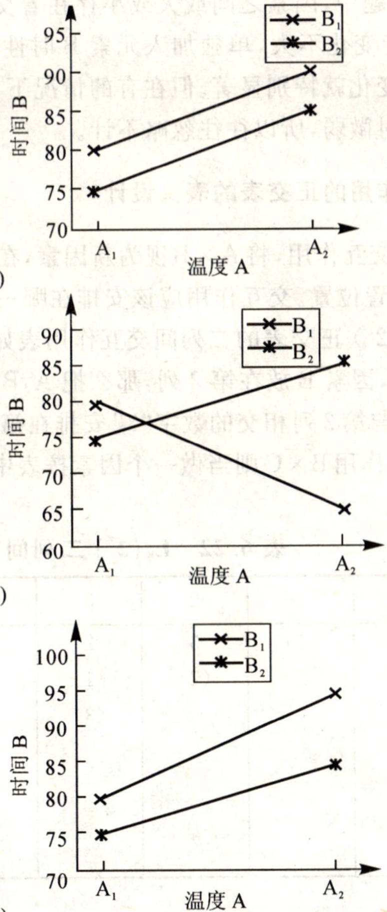

图 6.9　温度(A) 与时间(B) 对收率的影响

(a) 第一种情况；(b) 第二种情况；(c) 第三种情况

第一种情况，说明无论因素 B 取哪一个水平，A_2 的收率总比 A_1 的收率高 10；同样，无论因素 A 取哪一个水平，B_2 的收率总比 B_1 的收率高 5。这种一个因素水平高低对指标影响不受另一个因素水平的影响，称为因素 A 与因素 B 之间无交互作用。

第二种情况，说明因素B在1水平下，A_2 比 A_1 的收率高；但在 B_2 水平下，A_2 比 A_1 的收率低。这种一个因素水平高低对指标影响受到另一个因素水平制约的情况，称为因素 A 与因素 B 之间存在交互作用。

第三种情况，说明无论因素 B 取哪一个水平，A_2 的收率总比 A_1 的收率高，但高的程度不一，说明因素 A 与因素 B 之间存在交互作用。

在实际问题中，因素之间或大或小存在着交互作用，例如某些合金，单独加入元素 A 时性能变化不大，单独加入元素 B 时性能变化也不大，但将二者同时加入时，合金性能变化就特别显著。但在有的情况下，因素间的交互作用与各因素的单个作用比，相对微弱，所以往往忽略不计。

二、具有交互作用的正交表的表头设计

A与B有交互作用，将A×B视为新因素，在正交表设计中予以考虑，表头设计时应注意其放置位置。交互作用应该安排在哪一列上，可查二列间交互作用表。

例如，$L_8(2^7)$ 正交表的二列间交互作用表如表 6.22 所示。如将因素 A 放在正交表的第 1 列，因素 B 放在第 2 列，那么把 A，B 的交互作用 A×B 当做一个因素，按表中第 1 行与第 2 列相交的数字“3”安排在第 3 列。又如将因素 C 放在第 4 列，那么 B，C 的交互作用 B×C 则当做一个因素按表中第 2 行与第 4 列相交的数字“6”应安排在第 6 列。

表 6.22　$L_8(2^7)$ 二列间交互作用表

列号	1	2	3	4	5	6	7
1	(1)	3	2	5	4	7	6
2		(2)	1	6	7	4	5
3			(3)	7	6	5	4
4				(4)	1	2	3
5					(5)	3	2
5						(6)	1
6							(7)

所以，在对有交互作用的各因素进行正交试验设计时，首先要安排好表头，这种安排称为“表头设计”。比如五因素 A，B，C，D，E，每因素二水平的试验，其中 A 与 B，B 与 C 间存在交互作用，选用 $L_8(2^7)$ 正交表，按上表的表头设计的结果如表 6.23 所示。

表 6.23　表头设计

A	B	A×B	C	D	B×C	E
1	2	3	4	5	6	7

当计算分析试验数据时，可把 A×B 看做一个单独的因素，同样考虑它的极差，极差的大小反映 A 与 B 的交互作用大小。

须要指出的是，有的因素的交互作用可能占两列或两列以上。

三、因素交互作用效果的度量

在正交试验设计中，将两个因素联合作用效果的一半作为交互作用效果的度量。现以 $L_8(2^7)$ 正交表安排 A，B，C 三个因素，并考虑存在 A 与 B，B 与 C 及 A 与 C 的交互作用为例来说明，如表 6.24 所示。

表 6.24　$L_8(2^7)$ 正交表

列号 / 试验号	A 1	B 2	A×B 3	C 4	A×C 5	B×C 6	7	性能指标 y_i
1	1	1	1	1	1	1	1	y_1
2	1	1	1	2	2	2	2	y_2
3	1	2	2	1	1	2	2	y_3
4	1	2	2	2	2	1	1	y_4
5	2	1	2	1	2	1	2	y_5
6	2	1	2	2	1	2	1	y_6
7	2	2	1	1	2	2	1	y_7
8	2	2	1	2	1	1	2	y_8

根据表 6.24 计算出因素 A 与因素 B 的交互作用，如表 6.25 所示。同理，可得因素 A 与因素 C 的交互作用，以及因素 B 与因素 C 的交互作用，分别如表 6.26 和表 6.27 所示。

表 6.25　A×B 的交互作用

B \ A	A_1	A_2
B_1	$\frac{y_1+y_2}{2}$	$\frac{y_5+y_6}{2}$
B_2	$\frac{y_3+y_4}{2}$	$\frac{y_7+y_8}{2}$

表 6.26 A×C 的交互作用

C \ A	A_1	A_2
C_1	$\frac{y_1+y_3}{2}$	$\frac{y_5+y_7}{2}$
C_2	$\frac{y_2+y_4}{2}$	$\frac{y_6+y_8}{2}$

表 6.27 B×C 的交互作用

C \ B	B_1	B_2
C_1	$\frac{y_1+y_5}{2}$	$\frac{y_3+y_7}{2}$
C_2	$\frac{y_2+y_6}{2}$	$\frac{y_4+y_8}{2}$

四、考虑交互作用的正交试验设计的应用

1. 精铸性能工艺优化研究[1]

为提高精铸件性能指标，寻找好的工艺条件，安排了如表 6.28 所示的五因素二水平的试验。据经验，A 与 B，B 与 C 间存在交互作用，其他因素间无交互作用。因此，考虑用 $L_8(2^7)$ 正交表及其交互作用表进行表头设计，试验结果如表 6.29 所示。

表 6.28 因素水平表

水平 \ 因素	A	B	C	D	E
1	1.48	2	13	15	NH_4Cl
2	1.22	4	15	40	HCl

表 6.29 试验方案及计算结果

试验号 \ 列号	A 1	B 2	A×B 3	C 4	D 5	B×C 6	E 7	性能指标
1	1	1	1	1	1	1	1	8
2	1	1	1	2	2	2	2	10
3	1	2	2	1	1	2	2	6
4	1	2	2	2	2	1	1	0

续表

试验号＼列号	A 1	B 2	A×B 3	C 4	D 5	B×C 6	E 7	性能指标
5	2	1	2	1	2	1	2	0
6	2	1	2	2	1	2	1	0
7	2	2	1	1	2	2	1	0
8	2	2	1	2	1	1	2	4
k_1	24	18	22	14	18	12	8	$T=28$
k_2	4	10	6	14	10	16	20	
$\bar{k}_1$	6	4.5	5.5	3.5	4.8	3	2	
$\bar{k}_2$	1	2.5	1.5	3.5	2.5	4	5	
R	5	2	4	0	2	1	3	

对上述试验具体结果的分析如下：

(1) 直接比较。由于2号方案性能指标最高，因此在所做的8组试验中，最好的因素水平组合为 $A_1B_1C_2D_2E_2$。

(2) 计算 k，$\bar{k}$，R 和 T。具体计算结果见表 6.29。

(3) 分析因素对指标影响的主次关系。根据 R 值，因素对指标影响的从主到次关系为 A→A×C→E→B/D→B×C→C。

(4) 比较 $\bar{k}$ 值，选定最优方案。A 因素中以 A_1 为好。从主次关系看，A×B 比 B 影响大，所以先考虑 A×B 因素。A×B 因素中也是一水平好。对应 A×B 的一水平，A×B 的搭配是 A_1B_1 或 A_2B_2，既然 A 选择了 A_1，B 就应该选择 B_1 为好。这和直接从 B 处选 B_1 是一致的。从 B×C 因素看二水平好。对应 B×C 的二水平，B，C 的搭配是 B_1C_2 或 B_2C_1。既然 B 选择了 B_1，C 就选择 C_2 为好。对 D，E 二因素，从表 6.29 中可以看出，D 选 D_1，E 选 E_2。综上所述，选定最优方案为 $A_1B_1C_2D_1E_2$。

(5) 确定是否进行验证试验。由于 $A_1B_1C_2D_1E_2$ 不在所做的 8 组试验内，应通过追加试验再与表中性能指标最高的 2 号方案 $A_1B_1C_2D_2E_2$ 比较，选定最终方案。

2. 冲压件性能工艺优化研究

为提高某冲压件的性能(越高越好)，根据专业知识和实践经验，选取 A，B，C，D 四个因素，每因素各取两个水平的试验。根据经验，A 与 B 间存在交互作用，其他因素间无交互作用。因此，考虑用 $L_8(2^7)$ 正交表及其交互作用表进行表头设计，通过试验，结果如表 6.30 所示。

表 6.30　试验方案及计算结果

试验号＼列号	A 1	B 2	A×B 3	C 4	D 5	性　能
1	1	1	1	1	1	78
2	1	1	1	2	2	76
3	1	2	2	1	1	81
4	1	2	2	2	2	82
5	2	1	2	1	2	83
6	2	1	2	1	1	82
7	2	2	1	1	2	79
8	2	2	1	2	1	80
k_1	317	319	313	321	323	$T=641$
k_2	324	322	328	320	318	
$\bar{k}_1$	79.25	79.75	78.25	80.25	80.75	
$\bar{k}_2$	81	80.5	82	80	79.5	
R	1.75	0.75	3.75	0.25	1.25	

对上述试验具体结果的分析如下：

(1) 直接比较。由于 5 号方案所得冲压件的性能最好，因此在所做的 8 组试验中，较优的因素水平组合为 $A_2B_1C_1D_2$。

(2) 计算 $k,\bar{k},R$ 和 T。

(3) 分析因素对指标影响的主次关系。根据 R 值，因素对指标影响的从主到次关系为 $A\times B\rightarrow A\rightarrow D\rightarrow B\rightarrow C$。

(4) 比较 $\bar{k}$ 值，选定最优方案。由于 A×B 对冲压件性能影响最大，因此需找出其不同水平的最佳搭配，即二元表，分别求出因素 A 及因素 B 在各个水平不同搭配下的性能指标，再从中选取有利的搭配。表 6.31 为 A，B 两因素的搭配表(二元表)。由表可知，A_2 与 B_1 搭配下的性能最高，因此选取 A_2B_1。对因素 A，选取 A_2，对因素 D，选取 D_1，对因素 B 选取 B_2，但这与 A 搭配中要求取 B_1 发生矛盾，鉴于因素 A 比因素 B 的极差大得多，即 A 是主要因素，B 是次要因素，因此 B 取 B_1。对因素 C，选 C_1。综上所述，选定最优方案为 $A_2B_1C_1D_1$。

表 6.31　A，B 搭配表(二元表)

B＼A	A_1	A_2
B_1	77	82.5
B_2	81.5	79.5

(5) 确定是否需要进行验证试验。$A_2B_1C_1D_1$ 不在所做的 8 组试验内，须通过追

加试验再与表中性能指标最高的5号方案 $A_2B_1C_1D_2$ 比较，最终选定合理的工艺参数组合方案。

3. 考虑交互作用的水平数不同的正交试验设计

欲考察两因素A，B对某锻件质量指标的影响，指标要求越大越好。其中，因素A取三水平，因素B取二水平，并且因素A，B之间存在交互作用。如前所述，考虑交互作用的水平数不同的正交试验可采用混合型的正交表，也可采用拟水平法进行。

本研究采用拟水平设计。因素A为三因素，因素B为二水平，只有把因素B凑足三水平才能使用 $L_9(3^4)$ 正交表安排试验。由于因素B的第二水平是平时认为较好的水平，应予以重点考察，故虚拟第三水平为因素B的第二水平，表头设计如表6.32所示。

对上述试验的结果分析如下：

(1) 直接比较。9号方案所得锻件的质量指标最高，因此，在所做的9组试验中，较优的因素水平组合为 A_3B_2。

(2) 计算 k，$\bar{k}$，R 和 T。

表 6.32　试验方案及计算结果

列号 / 试验号	A 1	2	B 2′	$(A\times B)_1$ 3	$(A\times B)_2$ 4	试验方案	质量指标
1	1	1	1	1	1	A_1B_1	5
2	1	2	2	2	2	A_1B_2	4
3	1	3	2	3	3	A_1B_2	8
4	2	1	1	2	3	A_2B_1	6
5	2	2	2	3	1	A_2B_2	7
6	2	3	2	1	2	A_2B_2	2
7	3	1	1	3	2	A_3B_1	5
8	3	2	2	1	3	A_3B_2	8
9	3	3	2	2	1	A_3B_2	9
k_1	22		16	15	21		
k_2	15		38	19	11	总分 $T=54$	
k_3	17			20	22		
$\bar{k}_1$	7.3		5.3	5.0	7.0		
$\bar{k}_2$	5.0		6.3	6.3	3.7	总平均 $=54/9=6.0$	
$\bar{k}_3$	5.7			6.7	7.3		
R	1.6		1.0	1.7	3.6		

(3) 分析因素对指标影响的主次关系。根据 R 值，分析因素对指标影响的主次

关系为 A×B→A→B。

(4) 比较 $\bar{k}$ 值，选定最优方案。由于 A×B 对指标影响最大，因此需找出其不同水平的最佳搭配，即二元表，分别求出因素 A 及因素 B 在各个水平不同搭配下的性能指标，再从中选取有利的搭配。表 6.33 为 A，B 两因素的搭配表（二元表）。由表可知，A_2 与 B_1 搭配下的指标最高，因此选取 A_2B_1。对因素 A，选取 A_1，对因素 B 选取 B_2，但这与 A 搭配中要求取 B_1 发生矛盾，鉴于因素 A 比因素 B 的极差大得多，即 A 是主要因素，B 是次要因素，因此 B 取 B_1。综上所述，选定最优方案为 A_2B_1。

表 6.33 A，B 搭配表（二元表）

B \ A	A_1	A_2	A_3
B_1	5	6	5
B_2	6	4.5	8.5

(6) 确定是否进行验证试验。由于 A_2B_1 不在所做的 8 组试验内，须通过追加试验再与表中性能指标最高的 9 号方案 A_3B_2 比较，最终选定合理的参数组合方案。

6.3 正交试验设计的方差分析

正交试验设计的直观分析方法简单、直观，计算简便，应用方便。但这种方法不能估计试验过程中以及试验结果测定中必然存在的误差的大小，因而不能真正区分某因素各水平所对应的试验结果间的差异是否是由于水平改变引起的，故其分析结论比较粗糙，并且不能进行显著性检验。同时，对于多水平的试验，在要考虑交互作用时，由于交互作用要在正交表中占有几列，比如三水平因素的交互作用要占用两列，这样，直观分析就不能准确地考察交互作用的大小，而方差分析可弥补直观分析的上述不足，因此有必要进一步采用方差分析方法进行分析。

试验结果存在波动，其原因有二，一是由于因素的水平不同所引起，即不同组之间数据差异造成的；二是由于误差所引起，即同一组内数据的差异造成的。因为波动的存在，就需要用方差分析法对因素显著性进行检验。

6.3.1 正交表上的偏差平方和分解

方差分析的关键在于偏差平方和的分解[4]，下面以最简单的正交表 $L_4(2^3)$ 为例，说明偏差平方和的分解。试验结果为 y_1, y_2, y_3, y_4，如表 6.34 所示。

表 6.34　$L_4(2^3)$ 的试验结果分析

列号 / 试验号	A 1	B 2	C 3	试验方案	质量指标
1	1	1	1	$A_1B_1C_1$	y_1
2	1	2	2	$A_1B_2C_2$	y_2
3	2	1	2	$A_2B_1C_2$	y_3
4	2	2	1	$A_2B_2C_1$	y_4
k_{i1}	y_1+y_2	y_1+y_3	y_1+y_4		$T=y_1+y_2+y_3+y_4$
k_{i2}	y_3+y_4	y_2+y_4	y_2+y_4		$Q=y_1^2+y_2^2+y_3^2+y_4^2$
$\bar{k}_{i1}$	$\dfrac{y_1+y_2}{2}$	$\dfrac{y_1+y_3}{2}$	$\dfrac{y_1+y_4}{2}$		$\bar{y}=T/4$
$\bar{k}_{i2}$	$\dfrac{y_3+y_4}{2}$	$\dfrac{y_2+y_4}{2}$	$\dfrac{y_2+y_4}{2}$		

偏差平方和(Sum of squares)是各试验指标与其平均值之差的平方和，用S表示。总偏差平方和为

$$S_T=\sum_{i=1}^{4}\left(y_i-\frac{y_1+y_2+y_3+y_4}{4}\right)^2=\frac{3}{4}(y_1^2+y_2^2+y_3^2+y_4^2)-$$
$$\frac{1}{2}(y_1y_2+y_1y_3+y_1y_4+y_2y_3+y_2y_4+y_3y_4)=$$
$$(y_1^2+y_2^2+y_3^2+y_4^2)-\frac{1}{4}(y_1+y_2+y_3+y_4)^2=$$
$$Q-\frac{T^2}{n}$$

第一列的偏差平方和为

$$S_1=2\left[\left(\frac{y_1+y_2}{2}-\bar{y}\right)^2+\left(\frac{y_3+y_4}{2}-\bar{y}\right)^2\right]=$$
$$\frac{1}{4}(y_1^2+y_2^2+y_3^2+y_4^2)-\frac{1}{2}(y_1y_3+y_1y_4+y_2y_3+y_2y_4-y_1y_2-y_3y_4)=$$
$$\frac{1}{2}[(y_1+y_2)^2+(y_3+y_4)^2]-\frac{1}{4}(y_1+y_2+y_3+y_4)^2=$$
$$\frac{k_{11}^2+k_{12}^2}{n/q}-\frac{T^2}{n}$$

第二列的偏差平方和为

$$S_2=2\left[\left(\frac{y_1+y_3}{2}-\bar{y}\right)^2+\left(\frac{y_2+y_4}{2}-\bar{y}\right)^2\right]=$$

$$\frac{1}{4}(y_1^2+y_3^2+y_3^2+y_4^2)-\frac{1}{2}(y_1y_2+y_1y_4+y_2y_3+y_3y_4-y_1y_3-y_2y_4)=$$

$$\frac{1}{2}[(y_1+y_2)^2+(y_2+y_4)^2]-\frac{1}{4}(y_1+y_2+y_3+y_4)^2=$$

$$\frac{k_{21}^2+k_{22}^2}{n/q}-\frac{T^2}{n}$$

第三列的偏差平方和为

$$S_3=2\left[\left(\frac{y_1+y_4}{2}-\bar{y}\right)^2+\left(\frac{y_2+y_3}{2}-\bar{y}\right)^2\right]=$$

$$\frac{1}{4}(y_1^2+y_2^2+y_3^2+y_4^2)-\frac{1}{2}(y_1y_2+y_1y_3+y_2y_4+y_3y_4-y_1y_4-y_2y_3)=$$

$$\frac{1}{2}[(y_1+y_4)^2+(y_2+y_3)^2]-\frac{1}{4}(y_1+y_2+y_3+y_4)^2=$$

$$\frac{k_{31}^2+k_{32}^2}{n/q}-\frac{T^2}{n}$$

显然，有 $S_T=S_1+S_2+S_3$ 成立。

以上的计算表明，$L_4(2^3)$ 的各次试验结果的总偏差平方和等于正交表各列的偏差平方和之和。若在 $L_4(2^3)$ 正交表的第一列和第二列分别安排二水平因素 A，B，在不考虑 A，B 间的交互作用的情况下，则第三列为误差列，反映试验误差对指标的影响。记误差平方和为 S_e，则有

$$S_T=S_A+S_B+S_e$$

同样，对于具有 m 个因素（A，B，C，…，M）的正交表 $L_n(q^m)$，试验方案及结果如表 6.35 所示。

表 6.35 $L_n(q^m)$ 试验方案及结果分析

列号 / 试验号	1	2	3	…	j	…	m	y	y^2
1	1							y_1	
2	1							y_2	y_1^2
3	1							y_3	y_2^2
⋮	⋮							⋮	
	q								y_3^2
n	q							y_n	⋮
	q								y_n^2

续表

试验号＼列号	1	2	3	…	j	…	m	y	y^2
k_{j1}	k_{11}	k_{21}	k_{31}	…	k_{j1}	…	k_{m1}		
k_{j2}	k_{11}	k_{22}	k_{32}	…	k_{j2}	…	k_{m2}		
⋮	⋮	⋮	⋮		⋮		⋮		
k_{jn}	k_{1n}	k_{2n}	k_{3n}	…	k_{jn}	…	k_{mn}		
k_{j1}^2	k_{11}^2	k_{21}^2	k_{31}^2	…	k_{j1}^2	…	k_{m1}^2	T	Q
k_{j2}^2	k_{12}^2	k_{22}^2	k_{32}^2	…	k_{j2}^2	…	k_{m2}^2		
⋮	⋮	⋮	⋮		⋮		⋮		
k_{jn}^2	k_{1n}^2	k_{2n}^2	k_{3n}^2	…	k_{jn}^2	…	k_{mn}^2		
S_j	S_1	S_2	S_3	…	S_j	…	S_m		

那么总偏差平方和与各因素的偏差平方和分别为

$$S_T = S_A + S_B + \cdots + S_M = Q - C_T$$

$$S_j = \frac{k_{j1}^2 + k_{j2}^2 + \cdots + k_{jn}^2}{n/q} - C_T$$

式中

$$T = y_1 + y_2 + \cdots + y_n$$

$$Q = y_1^2 + y_2^2 + y_3^2 + \cdots + y_n^2$$

$$C_T = \frac{T^2}{n}$$

6.3.2　正交试验方差分析的基本任务和方法

正交试验方差分析的基本任务[4] 如下：

(1) 分析试验误差对指标的影响。

(2) 分析各因素水平的变化对指标的影响。

(3) 二者进行比较，判断因素对指标的影响是否显著。

正交试验方差分析的基本方法是将总偏差平方和 S_T 分解成因素偏差平方和 $S_{因}$ 和误差平方和 S_e，并计算它们的平均偏差平方和 $V_{因}$ 和 V_e，计算统计量 $F = \frac{V_{因}}{V_e}$ 的值。在给定的显著水平 α 下，从 F 分布表查出临界值 F_α，将 F 与 F_α 进行比较，做出显著性判断，最后选取最佳因素水平组合，即确定最优的方案。

正交试验方差分析的基本步骤[4] 如下：

(1) 计算总偏差平方和及总自由度。总偏差平方和为

$$S_T = \sum_{i=1}^{n}(y_i - \bar{y})^2 = \sum_{i=1}^{n} y_i^2 - \frac{1}{n}(\sum_{i=1}^{n} y_i)^2 = \sum_{i=1}^{n} y_i^2 \frac{T^2}{n} \quad (6.2)$$

总自由度为

$$f_{\mathrm{T}} = \sum f_{因} + f_{\mathrm{e}} = 试验次数 - 1 = n - 1 \quad (6.3)$$

(2) 计算各因素的偏差平方和及误差平方和:

$$S_{因} = S_{列} = \sum_{i=1}^{q}\sum_{j=1}^{r}(\bar{k}_i - \bar{y})^2 = r\sum_{i=1}^{q}(\bar{k}_i - \bar{y})^2$$

式中,q,r 分别表示水平数和水平重复数,且将 $\sum_{i=1}^{n} k_i = T, qr = n, \bar{k}_i = k_i/r$ 代入上式展开,则有

$$S_{因} = S_{列} = \frac{\sum_{i=1}^{q} k_i^2}{r} - \frac{T^2}{n} \quad (6.4)$$

$$S_{\mathrm{e}} = S_{\mathrm{T}} - \sum S_{因} \quad (6.5)$$

(3) 计算各因素的自由度及误差自由度。各因素的自由度等于安排该因素的列的自由度,即

$$f_{因} = f_{列} = 水平数 - 1 = q - 1 \quad (6.6)$$

误差自由度为

$$f_{\mathrm{e}} = f_{\mathrm{T}} - \sum f_{因} \quad (6.7)$$

在没有重复试验和重复取样的情况下,总偏差平方和与列偏差平方和、总自由度与列自由度之间有下列关系:

$$S_{\mathrm{T}} = 各\ S_{列}\ 之和 = \sum S_{列}$$

$$f_{\mathrm{T}} = 各\ f_{列}\ 之和 = \sum f_{列}$$

$$S_{\mathrm{e}} = 各空列平方和之和 = \sum S_{空}$$

$$f_{\mathrm{e}} = 各空列自由度之和 = \sum f_{空}$$

(4) 计算各因素的平均偏差平方和、平均误差平方和及方差 F 值:

$$V_{因} = S_{因} / f_{因}$$

$$V_{\mathrm{e}} = S_{\mathrm{e}} / f_{\mathrm{e}}$$

$$F = V_{因} / V_{\mathrm{e}} = \frac{S_{因} / f_{因}}{S_{\mathrm{e}} / f_{\mathrm{e}}} \quad (6.8)$$

(5) 列出方差分析表,对各因素的不同水平对指标的影响做出显著性判断。

对于常用的大多数正交表来说，总平方和可以分解为各列平方和之和。对一切正交表来说，由于表的正交性，各列平方和经过适当的换算将构成相互独立的 X^2 变量，因此，一般来说，若试验因素 A,B,…，均取 q 个水平，用 S 和 f 分别记因素和误差的平方和及其自由度，则可以列出如表 6.36 所示的方差分析表。

表 6.36　方差分析表

方差来源	偏差平方和	自由度	均方差	F 值	显著性
因素 A	S_A	$f_S = q-1$	$V_A = S_A/f_A$	$F_A = V_A/V_e$	
因素 B	S_B	$f_B = q-1$	$V_B = S_B/f_B$	$F_B = V_B/V_e$	
⋮	⋮	⋮	⋮	⋮	
误差 e	S_e	$f_e = f_T - \sum f_{因}$	$V_e = S_e/f_e$		
总和	S_T	$f_T = n-1$			
$F_\alpha(f_{因}, f_e)$					

对于给定的显著水平 α，从 F 分布表查出临界值 $F_\alpha(f_{因}, f_e)$，将 F 与 $F_\alpha(f_{因}, f_e)$ 进行对比，进行显著性判断。

若对 $\alpha = 0.10$ 判定因素显著，即 $F > F_{0.1}(f_{因}, f_e)$，则在方差分析表中“显著性”列上标注“＊”。

若对 $\alpha = 0.05$ 判定因素显著，即 $F > F_{0.05}(f_{因}, f_e)$，则在方差分析表中“显著性”列上标注“＊＊”。

若对 $\alpha = 0.01$ 判定因素显著，即 $F > F_{0.01}(f_{因}, f_e)$，则在方差分析表中“显著性”列上标注“＊＊＊”。

(6) 选定最优方案。选取最佳因素水平组合，即确定最优的方案。

上述正交试验设计方差分析的基本步骤是针对不考虑交互作用和重复试验的最基本、最简单的正交试验进行的。

对于有交互作用的正交试验设计的方差分析方法、步骤与无交互作用的正交试验方差分析基本相同，区别在于：

(1) 交互作用的偏差平方和用它所在列的偏差平方和来计算。

(2) 交互作用的自由度等于两个因素自由度的乘积。

重复试验就是对正交表中同一号试验重复进行多次，其目的是为了提高试验精度和统计分析的可靠性，减少试验误差的干扰。重复试验的方差分析与无重复试验的方差分析基本相同，但其具有如下特殊性：

(1) 重复试验计算 k_1, k_2, k_3 时，是以各号试验下的数据和进行计算。

(2) 当重复试验时，偏差平方和的计算公式中的水平重复数是无重复试验的水平数 q 乘以重复试验次数 b，即 $r' = r \times b$。

(3) 当重复试验时，总的试验误差 S_e 包括空列试验误差 S_{e1} 和重复试验误差 S_{e2}，即

$$S_e = S_{e1} + S_{e2} \tag{6.9}$$

$$f_e = f_{e1} + f_{e2} \tag{6.10}$$

且有

$$S_{e2} = \sum_{i=1}^{n}\sum_{j=1}^{b} y_{ij}^2 - \frac{1}{b}\sum_{i=1}^{n}(\sum_{j=1}^{b} y_{ij})^2 \tag{6.11}$$

重复试验误差自由度为

$$f_{e2} = n(b-1) \tag{6.12}$$

6.3.3 正交试验设计方差分析的应用

1. *水平数相等的正交试验设计方差分析*

取各有两水平的因素 A,B,C,D 进行试验，试验指标越大越好，不考虑因素间的交互作用，采用 $L_8(2^7)$ 正交表进行试验，表头设计及试验方案和结果如表 6.37 所示。

为简化计算，首先对数据进行如下变换：

$$y' = (y-10) \times 10$$

表 6.37 试验方案及计算结果

列号 / 试验号	A 1	B 2	3	C 4	5	6	D 7	试验方案	指标 y	y'
1	1	1	1	1	1	1	1	$A_1B_1C_1D_1$	11.9	19
2	1	1	1	2	2	2	2	$A_1B_1C_2D_2$	10.4	4
3	1	2	2	1	1	2	2	$A_1B_2C_1D_2$	8.9	−11
4	1	2	2	2	2	1	1	$A_1B_2C_2D_1$	10.8	8
5	2	1	2	1	2	1	2	$A_2B_1C_1D_2$	9.5	−5
6	2	1	2	2	1	2	1	$A_2B_1C_2D_1$	9.6	−4
7	2	2	1	1	2	2	1	$A_2B_2C_1D_1$	8.8	−12
8	2	2	1	2	1	1	2	$A_2B_2C_2D_2$	8.4	−16
k_1	20	14		−9			11			
k_2	−37	−31		−8			−28			
$\bar{k}_1$	5.0	3.5		−2.25			2.75			
$\bar{k}_2$	−9.25	−7.75		−2.0			−7.0	$T=-17$		
R	14.25	11.25		0.25			9.75			
优水平	A_1	B_1		C_2			D_1			

则

$$T = \sum_{i=1}^{8} y_i = 19 + 4 - 11 + 8 - 5 - 4 - 12 - 16 = -17$$

$$T^2 = (-17)^2 = 289$$

$$S_T = \sum_{i=1}^{8} y_i^2 - \frac{T^2}{8} = 1\,003 - 36.125 = 966.875$$

$$S_A = \frac{\sum_{i=1}^{4} k_i^2}{4} - \frac{T^2}{8} = \frac{20^2 + 37^2}{4} - 36.125 = 442.25 - 36.125 = 406.125$$

同理

$$S_B = 253.125$$

$$S_C = 0.125$$

$$S_D = 190.125$$

$$S_e = S_T - S_A - S_B - S_C - S_D =$$

$$966.875 - 406.125 - 253.125 - 0.125 - 190.125 = 117.378$$

用 10^2 除上述各值，即可还原为原单位的各对应平方和的值，方差分析结果如表 6.38 所示。

表 6.38　方差分析表

方差来源	偏差平方和	自由度	均方差	F 值	显著性
因素 A	4.061 25	1	4.061 25	10.38	* *
因素 B	2.531 25	1	2.531 25	6.47	* *
因素 C	0.001 25	1	0.001 25	0.003 2	
因素 D	1.901 25	1	1.901 25	4.86	*
误　差	1.173 75	3	0.391 25		
总　和	9.668 75	7			
$F_{0.01}(1,7) = 12.2$　$F_{0.05}(1,7) = 5.59$　$F_{0.1}(1,7) = 3.59$					

由方差分析可知，因素 A 对指标的影响最显著，因素 B 次之，各因素的显著次序为：(主)A → B → D → C(次)，最佳方案为 $A_1B_1C_2D_1$。

2. *水平数不等的正交试验设计方差分析*

某化工厂在矿石焙烧过程中，运用正交试验设计找出具有较高收率的焙烧条件，试验方案及结果见表 6.39[4]。

采用 $L_{16}(4 \times 2^{12})$ 混合型正交表进行试验，A 因素选 4 个水平，重复数为 4，B，C，D，E 因素选 2 个水平，重复数为 8。

表 6.39 试验方案及计算结果

试验号 \ 列号	A 1	B 2	C 3	D 4	E 5	试验方案	收率
1	1	1	1	1	1	$A_1B_1C_1D_1E_1$	694
2	1	1	2	2	2	$A_1B_1C_2D_2E_2$	664
3	1	2	1	2	2	$A_1B_2C_1D_2E_2$	714
4	1	2	2	1	1	$A_1B_2C_2D_1E_1$	650
5	2	1	1	1	2	$A_2B_1C_1D_1E_2$	650
6	2	1	2	2	1	$A_2B_1C_2D_2E_1$	646
7	2	2	1	2	1	$A_2B_2C_1D_2E_1$	670
8	2	2	2	1	2	$A_2B_2C_2D_1E_2$	652
9	3	1	1	2	1	$A_3B_1C_1D_2E_1$	646
10	3	1	2	1	2	$A_3B_1C_2D_1E_2$	600
11	3	2	1	1	2	$A_3B_2C_1D_1E_2$	630
12	3	2	2	2	1	$A_3B_2C_2D_2E_1$	670
13	4	1	1	2	2	$A_4B_1C_1D_2E_2$	660
14	4	1	2	1	1	$A_4B_1C_2D_1E_1$	670
15	4	2	1	1	1	$A_4B_2C_1D_1E_1$	670
16	4	2	2	2	2	$A_4B_2C_2D_2E_2$	650
k_1	2 722	5 230	5 334	5 216	5 316		
k_2	2 618	5 306	5 202	5 320	5 220		
k_3	2 546						
k_4	2 650						
$\bar{k}_1$	680.5	653.75	666.75	652	664.5	$T = 10\ 536$	
$\bar{k}_2$	654.5	663.25	650.25	665	652.5		
$\bar{k}_3$	636.5						
$\bar{k}_4$	662.5						
R	44	9.5	16.5	13	12		
优水平	A_1	B_2	C_1	D_2	E_1		

方差分析如下(见表 6.40)：

$$T = \sum_{i=1}^{16} y_i = 10\ 536$$

$$S_T = \sum_{i=1}^{16} y_i^2 - \frac{T^2}{16} = 694^2 + 664^2 + \cdots + 650^2 - \frac{10\ 536^2}{16} = 9\ 708$$

$$S_A = \frac{\sum_{i=1}^{4} k_i^2}{4} - \frac{T^2}{16} = \frac{2\ 722^2 + 2\ 168^2 + 2\ 546^2 + 2\ 650^2}{4} - \frac{10\ 536^2}{16} = 4\ 000$$

$$S_B = \frac{k_1^2 + k_2^2}{8} - \frac{T^2}{16} = \frac{5\ 230^2 + 5\ 306^2}{8} - \frac{10\ 536^2}{16} = 361$$

$$S_C = \frac{k_1^2 + k_2^2}{8} - \frac{T^2}{16} = \frac{5\ 374^2 + 5\ 202^2}{8} - \frac{10\ 536^2}{16} = 1\ 089$$

$$S_D = \frac{k_1^2 + k_2^2}{8} - \frac{T^2}{16} = \frac{5\ 216^2 + 5\ 320^2}{8} - \frac{10\ 536^2}{16} = 721$$

$$S_E = \frac{k_1^2 + k_2^2}{8} - \frac{T^2}{16} = \frac{5\ 316^2 + 5\ 220^2}{8} - \frac{10\ 536^2}{16} = 576$$

$$S_e = S_T - S_A - S_B - S_C - S_D - S_E =$$

$$9\ 708 - 4\ 000 - 361 - 1\ 089 - 721 - 576 = 2\ 961$$

$$f_T = n - 1 = 16 - 1 = 15$$

$$f_A = q - 1 = 4 - 1 = 3$$

$$f_B = f_C = f_D = f_E = q - 1 = 2 - 1 = 1$$

$$f_e = f_T - (f_A + f_B + f_C + f_D + f_E) = 15 - 7 = 8$$

表 6.40　方差分析表

方差来源	偏差平方和	自由度	均方差	F 值	显著性
因素 A	4 000	3	1 333.3	3.6	*
因素 B	361	1	361	0.98	
因素 C	1 089	1	1 089	2.94	
因素 D	721	1	721	1.94	
因素 E	576	1	576	1.56	
误　差	2 961	8	370.125		
总　和	9.668 75	15			

$F_{0.01}(3,8) = 7.59$　$F_{0.05}(3,8) = 4.07$　$F_{0.1}(3,8) = 2.92$

$F_{0.01}(1,8) = 11.26$　$F_{0.05}(1,8) = 5.32$　$F_{0.1}(1,8) = 3.46$

由方差分析可知，因素 A 对指标的影响最显著，各因素的显著次序由大到小为：A → C → D → E → B，最佳方案为 $A_1B_2C_1D_2E_1$。

3. *有交互作用的正交试验设计方差分析*

研究三因素（反应温度、反应压力和溶液浓度）对某产品产量的影响，各因素取三水平，因素水平表见表 6.41[4]。试在这项研究中查清各因素的主效应和因素之间的主效应。

采用 $L_{27}(3^{13})$ 正交表进行试验，试验方案及结果如表 6.42 所示。

表 6.41　因素水平表

因素 / 水平	A 温度 /℃	B 压力 /MPa	C 浓度 /(%)
1	60	2.0	0.5
2	65	2.5	1.0
3	70	3.0	2.0

表 6.42　试验方案及计算结果

列号 / 试验号	A 1	B 2	$(A\times B)_1$ 3	$(A\times B)_2$ 4	C 5	$(A\times C)_1$ 6	$(A\times C)_2$ 7	$(B\times C)_1$ 8	$(B\times C)_2$ 11	产量
1	1	1	1	1	1	1	1	1	1	13.0
2	1	1	1	1	2	2	2	2	2	46.3
3	1	1	1	1	3	3	3	3	3	72.3
4	1	2	2	2	1	1	1	2	3	5.0
5	1	2	2	2	2	2	2	3	1	36.7
6	1	2	2	2	3	3	3	1	2	62.3
7	1	3	3	3	1	1	1	3	2	13.7
8	1	3	3	3	2	2	2	1	3	47.3
9	1	3	3	3	3	3	3	2	1	70.7
10	2	1	2	3	1	2	3	1	1	4.7
11	2	1	2	3	2	3	1	2	2	34.7
12	2	1	2	3	3	1	2	3	3	61.3
13	2	2	3	1	1	2	3	2	3	3.3
14	2	2	3	1	2	3	1	3	1	34.0
15	2	2	3	1	3	1	2	1	2	58.0
16	2	3	1	2	1	2	3	3	2	6.3
17	2	3	1	2	2	3	1	1	3	39.7
18	2	3	1	2	3	1	2	2	1	65.0
19	3	1	3	2	1	3	2	1	1	0.3
20	3	1	3	2	2	1	3	2	2	34.0
21	3	1	3	2	3	2	1	3	3	68.0
22	3	2	1	3	1	3	2	2	3	5.7
23	3	2	1	3	2	1	3	3	1	39.7
24	3	2	1	3	3	2	1	1	2	68.3
25	3	3	2	1	1	3	2	3	2	10.7
26	3	3	2	1	2	1	3	1	3	39.7
27	3	3	2	1	3	2	1	2	1	65.7
k_1	367.3	334.6	356.3	343.0	62.7	329.4	342.1	333.3	329.8	$T=$
k_2	307.0	313.0	320.8	317.3	352.1	46.6	331.3	330.4	334.3	1 006.4
k_3	332.1	358.8	329.3	346.1	591.6	330.4	333.0	342.7	342.3	

计算得

$$T = \sum_{i=1}^{27} y_i = 1\ 006.4$$

$$Q = \sum_{i=1}^{27} y_i^2 = 53\ 632.8$$

$$C_T = \frac{T^2}{n} = \frac{1\ 006.4^2}{27} = 37\ 512.63$$

$$S_T = \sum_{i=1}^{27} y_i^2 - C_T = 16\ 120.17$$

$$S_A = S_1 = \frac{\sum_{i=1}^{q} k_i^2}{n/q} - C_T = \frac{\sum_{i=1}^{3} k_i^2}{27/3} - C_T =$$

$$\frac{367.3^2 + 307^2 + 332.1^2}{9} - 37\ 512.63 = 203.92$$

$$S_B = S_2 = \frac{\sum_{i=1}^{q} k_i^2}{n/q} - C_T = \frac{\sum_{i=1}^{3} k_i^2}{27/3} - C_T =$$

$$\frac{334.6^2 + 313^2 + 358.8^2}{9} - 37\ 512.63 = 116.66$$

$$S_C = S_5 = \frac{\sum_{i=1}^{q} k_i^2}{n/q} - C_T = \frac{\sum_{i=1}^{3} k_i^2}{27/3} - C_T =$$

$$\frac{62.7^2 + 352.1^2 + 591.6^2}{9} - 37\ 512.63 = 15\ 586.95$$

$$S_{(A\times B)} = S_3 + S_4 = \frac{356.3^2 + 320.8^2 + 329.3^2 + 343.0^2 + 317.3^2 + 346.1^2}{9} -$$

$$2 \times 37\ 512.63 = 131.89$$

同理,可求得

$$S_{A\times C} = 28.2$$

$$S_{B\times C} = 18.1$$

$$S_e = S_T - S_A - S_B - S_C - S_{A\times B} - S_{A\times C} - S_{B\times C} = 34.48$$

$$f_T = n - 1 = 27 - 1 = 26$$

$$f_A = f_B = f_C = q - 1 = 3 - 1 = 2$$

$$f_{A\times B} = f_A \times f_B = 2 \times 2 = 4$$

$$f_{A\times C} = f_A \times f_C = 2 \times 2 = 4$$

$$f_{B\times C} = f_B \times f_C = 2 \times 2 = 4$$

$$f_e = f_T - (f_A + f_B + f_C + f_D + f_E) = 15 - 7 = 8$$

将计算结果列于方差分析表6.43中，接下来进行显著性检验。

表6.43 方差分析表

方差来源	偏差平方和	自由度	均方差	F值	显著性
因素A	203.92	2	101.96	20.19	* * *
因素B	116.66	2	58.33	11.55	* * *
因素C	15 586.95	2	7 793.48	1 543.26	* * *
A×B	131.89	4	32.97	6.53	* *
A×C	28.20	4	5.05	1.17	
B×C	18.1	4	4.53	1.05	
误　差	34.48	8	4.31		
总　和	9.668 75	26			

$F_{0.01}(2,8) = 8.65$　$F_{0.05}(2,8) = 4.46$　$F_{0.1}(2,8) = 3.11$

$F_{0.01}(4,8) = 7.01$　$F_{0.05}(4,8) = 3.84$　$F_{0.1}(4,8) = 2.81$

由方差分析表6.43可知，因素A,B,C和交互作用A×B对指标的影响是显著的。各因素及其交互作用的显著次序为：(主)C→A→B→A×B→A×C→B×C(次)。A×B交互作用的最佳搭配由表6.44知为A_1B_3，这与单独考察A,B对指标的影响是一致的。故总的最优工艺条件为$A_1B_3C_3$。

表6.44 因素A,B的交互作用

B \ A	A_1	A_2	A_3
B_1	131.6	100.7	102.3
B_2	104.0	95.3	113.7
B_3	131.7	111.0	116.1

4. 重复试验的正交试验设计方差分析

本研究进行银镁镍簧片热处理工艺试验[4]。考察的因素水平如表6.45所示，还要考察A×B交互作用。考察的主要指标是屈曲次数，每号试验重复10次。

表6.45 因素水平表

水平 \ 因素	A 温度/℃	B 时间/h
1	750	2
2	800	3

采用 $L_4(2^3)$ 正交表进行试验，表头设计、试验方案及结果如表 6.46 所示。

表 6.46　试验方案及计算结果

试验号＼列号	A 1	B 2	A×B 3	试验方案	试验结果 屈曲次数	合计
1	1	1	1	A_1B_1	25 27 22 31 25 31 19 22 33 28	273
2	1	2	2	A_1B_2	23 28 32 32 27 29 21 25 25 27	269
3	2	1	2	A_2B_1	27 25 27 29 33 36 39 32 37 36	320
4	2	2	1	A_2B_2	35 34 36 35 32 34 38 32 33 32	341
k_1	542	593	614			
k_2	661	610	589			
S	354	7.2	15.6			
R	119	17				
优水平	A_2	B_2				

方差分析如下：

$$S_A = \frac{(k_{11}-k_{12})^2}{nb} = \frac{(542-661)^2}{4\times 10} = 354$$

$$S_B = \frac{(k_{21}-k_{22})^2}{nb} = \frac{(593-610)^2}{4\times 10} = 7.2$$

$$S_{A\times B} = \frac{(k_{31}-k_{32})^2}{nb} = \frac{(614-589)^2}{4\times 10} = 15.6$$

$$S_{e2} = \sum_{i=1}^{4}\sum_{j=1}^{10} y_{ij}^2 - \frac{1}{10}\left(\sum_{j=1}^{10} y_{ij}\right)^2 = (25^2+27^2+\cdots+33^2+32^2) - \frac{1}{10}\times(273^2+269^2+320^2+341^2) = 488$$

自由度

$$f_{e2} = n(b-1) = 4\times(10-1) = 36$$

现在，用 f_{e2} 检验偏差平方和最小的 S_B。

$$F = \frac{7.2/1}{488/36} = 0.58$$

取 $\alpha = 0.1$，查 F 表，得 $F_{0.1}(1,36) > F_{0.1}(1,40) = 2.84$，因 $F_{0.1}(1,36) > F_{0.1}(1,40) > F$，可见二者无显著差异。将 S_{e2} 和 S_B 合并作为实际误差 S_e，则有

$$S_e = S_{e2} + S_B = 488 + 7.2$$

$$f_e = f_{e2} + f_B = 36 + 1 = 37$$

然后用 S_e 检验各因素的显著性，检验结果如表 6.47 所示。

表 6.47 方差分析表

方差来源	偏差平方和	自由度	均方差	F 值	显著性
因素 A	354	1	354	26.45	* * *
因素 A×B	15.6	1	15.5	1.17	
误差	495.2	37	13.38		
总和	864.8	39			
$F_{0.1}(1,40)=2.84$， $F_{0.01}(1,36)=7.4$					

由方差分析可知，因素 A 对指标的影响最显著，A，B 的交互作用不明显，A 取 A_2 好，B 因素的水平可任选，但从节约时间考虑，可以取 B_1。

参考文献

[1] 白新桂. 数据分析与试验优化设计. 北京：清华大学出版社，1988.

[2] 栾军. 现代实验设计优化方法. 上海：上海交通大学出版社，1995.

[3] 李恒. 薄壁管数控弯曲起皱的数值模拟研究[D]. 西安：西北工业大学，2003.

[4] 辛益军. 方差分析与实验设计. 北京：中国财政经济出版社，2002.

[5] 陈岗，詹梅，杨合，等. 基于正交优化的异型薄壁壳体强力旋压成形有限元分析. 塑性工程学报，2008，15(4)：67－71.

[6] 陈岗. 异型薄壁壳体强力旋压成形规律及参数显著性分析[D]. 西安：西北工业大学，2008.

[7] 冯楠. 板带不均匀压下面内弯曲成形装置参数的研究[D]. 西安：西北工业大学，2005.

第七章　回归正交试验设计

正交试验设计是应用于材料加工过程研究中的一类重要的科学设计实验的方法。但它不能在一定试验范围内根据数据样本确定变量间的相关关系及其相应的回归方程。

线性回归虽然在材料加工过程研究中有着广泛的应用，但其又存在如下一些缺点：

(1) 计算过程较复杂，工作量较大，且复杂程度随自变量个数的增加而迅速增加(系数矩阵 $\boldsymbol{A}$ 及其逆矩阵 $\boldsymbol{C}$ 计算复杂)。因此，当自变量较多时，计算需要耗费大量的时间。

(2) 回归系数间存在相关性，以致于剔除一个变量后，还必须重新计算回归系数，增加了计算工作量。

(3) 进行线性回归分析时，对试验安排不提出任何要求，只是被动地处理数据，对所获得的回归方程的精度研究很少，容易盲目地增加试验次数，试验结果往往不能提供更充分的信息。

因此，线性回归分析对一些实际问题的处理，不能得到令人满意的结果。于是，人们期望找到一种计算简单、试验次数少、周期短、获得的回归方程的精度高、能消除回归系数间的相关性的更好的回归分析方法，这就是回归设计问题。所谓回归设计，通常是指在给定回归模型后，研究如何在因素的试验区域内进行试验点的合理布置问题。回归设计方法很多，如回归正交试验设计、回归旋转设计、回归混料试验设计等。本章主要讨论的是回归正交试验设计。

回归正交试验设计实际上是线性回归分析与正交试验设计两者有机结合而发展起来的一种试验设计方法，它利用正交试验设计法的“正交性”特点，有计划、有目的、科学合理地在正交表上安排试验，寻找最佳因素水平组合，再利用所取得的试验数据，在给出的整个区域上找出因素与指标之间的一个明确的函数表达式，即回归方程，建立材料加工过程的数学模型，从而达到减少试验次数、计算简单、得到的回归方程精度高的目的。简言之，回归正交试验设计是利用正交试验设计科学地安排试验，运用回归分析进行数据处理，从而达到既减少试验次数，又能迅速地建立经验公式目的的一种试验设计优化方法。

7.1　一次回归正交试验设计

一次回归正交试验设计的步骤如下：确定因素的变化范围，进行因素水平编码；选择正交表；计算回归系数；检验回归方程和回归系数的显著性；回代求原回归方程[1]。下面将逐一进行具体阐述。

7.1.1　因素水平编码

如前所述，回归正交试验设计的特点是利用正交试验设计科学地安排试验，运用回归分析进行数据处理，从而减少试验次数，迅速得到回归方程。而连接这两种方法的“桥梁”是对因素的水平进行编码。试验前，每个因素各水平的取值，必须满足编码的要求，数据处理时才能大大简化计算。因此，编码是回归正交试验设计的关键环节，也是回归正交试验设计与一般正交试验设计的主要区别。所谓因素的编码就是对因素水平的取值作适当的线性变换，构造因素水平与“编码”的一一对应关系。编码后使因素水平值变换成最简单的整数字码，如 -1，$+1$，-1，0，$+1$，等等。通过编码可使计算大大简化。

欲研究 m 个因素 $z_1, z_2, \cdots, z_m$ 对某项指标 y 的数量关系，首先要确定每个因素 z_j 的变换范围。若用 z_{1j} 和 z_{2j} 分别表示其变化的上界值和下界值，则因素 z_j 的变化区间为 $[z_{1j}, z_{2j}]$。若试验在 z_{1j} 和 z_{2j} 上进行，则分别称 z_{1j} 和 z_{2j} 为因素 z_j 的下水平（用 -1 表示）和上水平（用 $+1$ 表示），并称它们的算术平均值 $z_{0j}=\frac{1}{2}(z_{2j}+z_{1j})$ 为因素 z_j 的基准水平或零水平（用0表示），而称它们差值的一半 $\Delta_j=\frac{1}{2}(z_{2j}-z_{1j})$ 为因素 z_j 的变化区间，或变化间距。

为使试验具有正交性，须对因素 z_j 进行如下的线性变换：

$$x_j=\frac{z_j-z_{0j}}{\Delta_j}=\frac{2z_j-(z_{2j}+z_{1j})}{z_{2j}-z_{1j}}=\frac{2(z_j-z_{2j})}{z_{2j}-z_{1j}}+1 \tag{7.1}$$

因此，就建立了因素的水平值 z_j 与编码 x_j 之间的一一对应关系，如图7.1所示。当 $z_j=z_{1j}$ 时，$x_{1j}=-1$；当 $z_j=z_{0j}$ 时，$x_{1j}=0$；当 $z_j=z_{2j}$ 时，$x_{1j}=+1$。通常，因素的编码多在表格上进行，如表7.1所示。

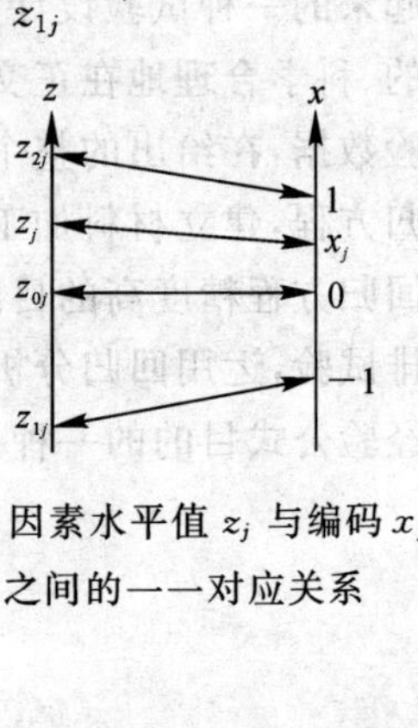

图7.1　因素水平值 z_j 与编码 x_j 之间的一一对应关系

对因素水平进行编码后，y 对变量 $z_1, z_2, \cdots, z_m$ 的回归问题就转化为 y 对变量 $x_1, x_2, \cdots, x_m$ 的回归问题。因此，可以在以 $x_1, x_2, \cdots, x_m$ 为坐

标轴的编码空间选择试验点，进行试验设计与回归分析。这时，回归系数的计算变得十分简单。

表 7.1　因素水平编码表

因　素	z_1	z_2	…	z_m
编码记号	x_1	x_2	…	x_m
下水平(−1)	z_{11}	z_{12}	…	z_{1m}
零水平(0)	z_{01}	z_{02}	…	z_{0m}
上水平(+1)	z_{21}	z_{22}	…	z_{2m}
变化间距	Δ_1	Δ_2	…	Δ_m

7.1.2　选择正交表

一次回归正交试验设计的重要内容之一是选择合适的正交表。一般选 $L_n(q^m)$ 型正交表。视因素多少及交互作用的多少而定，如 $L_4(2^3)$，$L_8(2^7)$，$L_{16}(2^{15})$，$L_9(3^4)$，$L_{27}(3^{13})$ 等。

为符合对因素进行编码的需要，针对 2^m 型正交表，将表中的 1，2 分别用 −1，+1 代换；针对 3^m 型正交表，将表中的 1，2，3 分别用 −1，0，+1 代换即可。一次正交试验设计的水平数一般不大于 3。

经过上述的线性变换后，正交表中的 −1，0，+1 等既能表示因素水平的不同状态，又能表示因素水平数量的多少。而且，正交表上的交互作用列可直接由表中相应几列所对应的水平相乘得到，故正交表的交互作用列表失去作用。

正交表确定后，把各变量放入正交表的相应列上，就组成了一张试验计划。例如，对两因素、每因素两水平并考虑因素间的交互作用的试验，采用回归正交试验设计时，可选用 $L_4(2^3)$ 正交表，将表中的 1，2 分别用 −1，+1 代换，即得到如表7.2 所示的试验计划。

表 7.2　水平数变换表

列号 / 试验号	x_1		x_2		x_1x_2	
	代换前	代换后	代换前	代换后	代换前	代换后
1	1	1	1	1	1	1
2	1	1	2	−1	2	−1
3	2	−1	1	1	2	−1
4	2	−1	2	−1	1	1

用 x 表示变换后的编码，由上表可以看出：

(1) 任一列的和为零，即 $\sum_i x_{ij} = 0$。

(2) 任两列的内积为零，即 $\sum_i x_{ij} x_{ik} = 0(j \neq k)$。

其中，j, k 为列号，且 $j, k = 1,2,3$。显然，水平经过变换后，正交表的正交性更加清楚。

7.1.3 回归系数的计算

若根据正交试验设计进行 n 次试验，试验结果为 $y_1, y_2, \cdots, y_n$，那么一次回归的数学模型为

$$y_i = \beta_0 + \beta_1 x_{i1} + \beta_2 x_{i2} + \cdots + \beta_m x_{im} + \varepsilon_i \quad (i = 1,2,\cdots,n) \tag{7.2}$$

其结构矩阵为

$$\boldsymbol{X} = \begin{bmatrix} 1 & x_{11} & x_{12} & \cdots & x_{1m} \\ 1 & x_{21} & x_{22} & \cdots & x_{2m} \\ \vdots & \vdots & \vdots & & \vdots \\ 1 & x_{n1} & x_{n2} & \cdots & x_{nm} \end{bmatrix}$$

系数矩阵为

$$\boldsymbol{A} = \boldsymbol{X}^{\mathrm{T}} \boldsymbol{X} = \begin{bmatrix} n & & & & \\ & \sum_i x_{i2}^2 & & 0 & \\ & & \sum_i x_{i2}^2 & & \\ & 0 & & \ddots & \\ & & & & \sum_i x_{im}^2 \end{bmatrix} = \begin{bmatrix} n & & & \\ & n & 0 & \\ & & n & \\ & 0 & & \ddots & \\ & & & & n \end{bmatrix}$$

相关矩阵为

$$\boldsymbol{C} = \boldsymbol{A}^{-1} = \begin{bmatrix} 1/n & & & & \\ & 1/n & & 0 & \\ & & 1/n & & \\ & 0 & & \ddots & \\ & & & & 1/n \end{bmatrix}$$

常数项矩阵为

$$\boldsymbol{B}=\boldsymbol{X}^{\mathrm{T}}\boldsymbol{Y}=\begin{bmatrix}\sum_i y_i \\ \sum_i x_{i1}y_i \\ \vdots \\ \sum_i x_{im}y_i\end{bmatrix}=\begin{bmatrix}B_0\\B_1\\\vdots\\B_m\end{bmatrix}$$

于是参数 β 的最小二乘估计 $\boldsymbol{b}=\boldsymbol{A}^{-1}\boldsymbol{B}$，即

$$\left.\begin{aligned} b_0&=\frac{B_0}{n}=\frac{1}{n}\sum_i y_i \\ b_j&=\frac{B_j}{n}=\frac{1}{n}\sum_i x_{ij}y_i \qquad (j=1,2,\cdots,m)\end{aligned}\right\} \tag{7.3}$$

因此得到回归方程如下：

$$\hat{y}=b_0+b_1x_1+b_2x_2+\cdots+b_mx_m \tag{7.4}$$

回归系数 $b_1,b_2,\cdots,b_m$ 可列表计算，如表 7.3 所示。

在表 7.3 中，P_j 为变量 x_j 的偏回归平方和。在一次回归正交试验设计中，由于满足正交条件的要求，故

$$P_j=b_jB_j=\frac{B_j^2}{n}=nb_j^2 \tag{7.5}$$

表 7.3　一次回归正交试验设计计算表

试验号	变量					y	y^2
	x_0	x_1	x_2	…	x_m		
1	1	x_{11}	x_{12}	…	x_{1m}	y_1	y_1^2
2	1	x_{21}	x_{22}	…	x_{2m}	y_2	y_2^2
	⋮					⋮	⋮
n	1	x_{n1}	x_{n2}	…	x_{nm}	y_n	y_n^2
B_j	$\sum_i y_i$	$\sum_i x_{i1}y_i$	$\sum_i x_{i2}y_i$	…	$\sum_i x_{im}y_i$	$\sum_{i=1}^n y_i$	$\sum_{i=1}^n y_i^2$
$b_j=\frac{B_j}{n}$	$\frac{B_0}{n}$	$\frac{B_1}{n}$	$\frac{B_2}{n}$	…	$\frac{B_m}{n}$	$S_{\mathrm{T}}=\sum_{i=1}^n y_i^2-\frac{B_0^2}{n}$	
$P_j=b_jB_j$	$\frac{B_0^2}{n}$	$\frac{B_1^2}{n}$	$\frac{B_2^2}{n}$	…	$\frac{B_m^2}{n}$	$S_{\mathrm{U}}=\sum_{j=1}^m P_j$ $S_{\mathrm{e}}=S_{\mathrm{T}}-S_{\mathrm{U}}$	

7.1.4 回归方程和回归系数的显著性检验

求得回归方程后，应对其进行统计检验，检验回归方程和系数的显著性。

1. 回归方程的显著性检验

总偏差平方和为

$$S_T = \sum_{i=1}^{n}(y_i - \bar{y})^2 = \sum_{i=1}^{n} y_i^2 - n\bar{y}^2 = \sum_{i=1}^{n} y_i^2 - \frac{B_0^2}{n}$$

其自由度为

$$f_T = n - 1$$

回归平方和及其自由度分别为

$$S_U = \sum_{j=1}^{m} U_j$$

$$f_U = m$$

剩余平方和及其自由度分别为

$$S_e = S_T - S_U$$

$$f_e = n - m - 1$$

对回归方程的显著性检验，采用 F 检验，即用统计量：

$$F = \frac{S_U/f_U}{S_e/f_e} = \frac{S_U/m}{S_e/(n-m-1)} \tag{7.6}$$

若给定显著水平 α，查 F 分布表，可得 $F_\alpha(m, n-m-1)$ 之值。

若 $F > F_\alpha(m, n-m-1)$，则说明在显著水平 α 下回归方程显著。

2. 回归系数的显著性检验

检验回归系数是否显著，仍利用统计量：

$$F_j = \frac{P_j}{S_e/(n-m-1)} \tag{7.7}$$

检验原理和方法与回归检验原理相似。

对回归方程和回归系数的检验，可在表 7.4 中进行。

表 7.4 一次回归正交试验设计方差分析表

方差来源	偏回归平方和	自由度	平均偏回归平方和	F 值	显著性
x_1	P_1	1	V_1	$F_1 = \frac{V_1}{S_e/(n-m-1)}$	
x_2	P_2	1	V_2	$F_2 = \frac{V_2}{S_e/(n-m-1)}$	
⋮	⋮	⋮	⋮	……	

续表

方差来源	偏回归平方和	自由度	平均偏回归平方和	F 值	显著性
x_m	P_m	1	V_m	$F_m = \dfrac{V_m}{S_e/(n-m-1)}$	
回　归	S_U	m	S_U/m	$F = \dfrac{S_U/m}{S_e/(n-m-1)}$	
剩　余	$S_e = S_T - S_U$	$n-m-1$	$S_e/(n-m-1)$		
总　计	S_T	$n-1$			

$F_\alpha(1,n-m-1)$，　$F_\alpha(m,n-m-1)$

由 $P_j = b_j B_j = \dfrac{B_j^2}{n} = nb_j^2$ 知，回归系数 $|b_j|$ 越大，偏回归平方和 P_j 越大，即回归系数绝对值的大小反映变量 x 的大小，其符号反映这种作用的性质。若回归方程精度要求不高，则可省略方差分析，直接把回归系数很小的因素从回归方程中剔除，并把它们对数据的影响并入试验误差，这时不必重新计算其他回归系数。这是由于相关系数矩阵 $\boldsymbol{C}$ 是对角阵，从回归方程中剔除某一变量后，其余回归系数不变的缘故。

7.1.5　回代求原回归方程

将 $x_j = \dfrac{z_j - z_{0j}}{\Delta_j}$ 代入先前求得的回归方程，即得原变量 $z_1, z_2, \cdots, z_m$ 的回归方程为

$$\hat{y} = b_0 + b_1\left(\frac{z_1 - z_{01}}{\Delta_1}\right) + b_2\left(\frac{z_2 - z_{02}}{\Delta_2}\right) + \cdots + b_m\left(\frac{z_m - z_{0m}}{\Delta m}\right) = b'_0 + b'_1 z_1 + b'_2 z_2 + \cdots + b'_m z_m \tag{7.8}$$

式中

$$\begin{cases} b'_0 = b_0 - \left(\dfrac{b_1}{\Delta_1} z_1 + \dfrac{b_2}{\Delta_2} z_2 + \cdots + \dfrac{b_m}{\Delta_m} z_m\right) \\ b'_j = \dfrac{b_j}{\Delta_j} \quad (j = 1, 2, \cdots, m) \end{cases}$$

7.2 二次回归正交试验

7.2.1 安排试验计划的组合设计法

研究如下所示的二次回归方程：

$$y = b_0 + \sum_{i=1}^{k} b_i x_i + \sum_{i<j}^{k} b_{ij} x_i x_j + \sum_{i=1}^{k} b_{ii} x_i^2 \tag{7.9}$$

其中的自变量个数为 k。该方程中共有 $P = 1 + C_k^1 + C_k^2 + C_k^1 = C_{k+2}^2$ 个回归系数，为了得到这个方程，试验次数 n 不能小于 P。

这里所遇到的 $C_k^1, C_k^2, \cdots$ 为组合数，其通式为 C_n^k，它代表从总数 n 中任取 k 个的组合数，且有 $C_n^k = \dfrac{n!}{k!(n-k)!}$。

所谓组合设计，就是在因素空间选择几类具有不同特点的试验点，将它们适当地组合起来，形成试验计划[1]。

7.2.2 二变量试验组合设计

如图 7.2 所示，在两个变量 x_1 和 x_2 的情况下，如果取这个正方形的 4 个顶点做试验是不能确定出多项式 $y = b_0 + b_1 x_1 + b_2 x_2 + b_{12} x_1 x_2 + b_{11} x_1^2 + b_{22} x_2^2$ 中的 6 个系数的。为此，需增加试验点（或条件）。根据正交试验所要求的“均衡搭配”与“整齐可比”的特点，在两个坐标轴上另外再选 4 个带星号“*”的点，每个星号位置距离坐标中心的位置都为 r（r 值将在后面确定），这样，共得到了 9 个试验点（包括中心点）。将此 9 个试验点组合起来，就组成了一个具有 9 次试验的计划，见表 7.5。

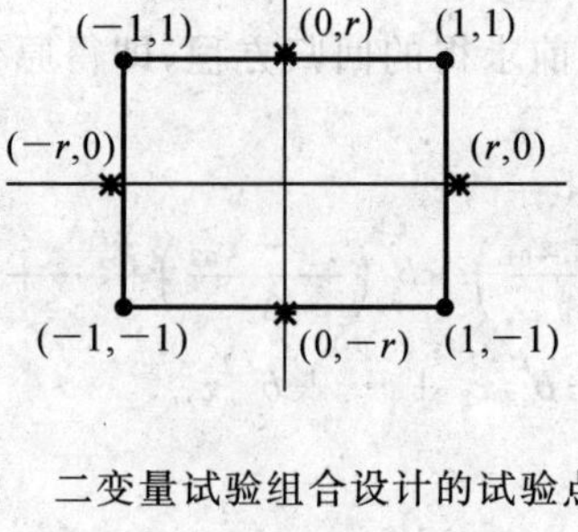

图 7.2 二变量试验组合设计的试验点分布

表 7.5　二变量试验组合设计的试验点分布

试验点(号)	x_1	x_2	试验点(号)	x_1	x_2
1	1	1	5	r	0
2	1	−1	6	$-r$	0
3	−1	1	7	0	r
4	−1	−1	8	0	$-r$
			9	0	0

7.2.3　三变量试验组合设计

因为三个变量共有 $C_5^2=10$ 个待定系数，为考虑到正交性的要求，可选择 15 个试验点去组成试验计划，如图 7.3 所示。在表 7.6 中，前 8 个试验点是三变量两水平的全面试验组合条件，试验次数为 2^3；第 9 ～ 14 点分布在坐标轴(或变量)x_1，x_2，x_3 的星号"＊"位置上；第 15 个点是变量都取零水平时组成的中心试验点。

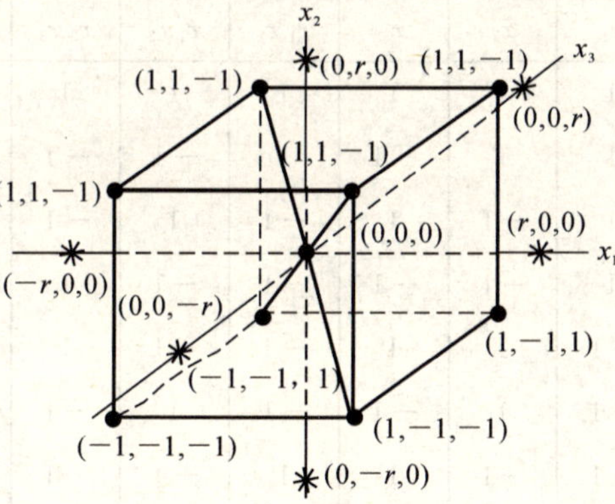

图 7.3　三变量试验组合设计的试验点分布

表 7.6　三变量试验组合设计的试验点分布

试验号(点)	x_1	x_2	x_3	试验号(点)	x_1	x_2	x_3
1	1	1	1	9	r	0	0
2	1	1	−1	10	$-r$	0	0
3	1	−1	1	11	0	r	0
4	1	−1	−1	12	0	$-r$	0
5	−1	1	1	13	0	0	r
6	−1	1	−1	14	0	0	$-r$
7	−1	−1	1	15	0	0	0
8	−1	−1	−1				

当有 k 个变量时,试验点(号) 的个数应为

$$n = m_c + 2k + m_0 \tag{7.10}$$

式中,m_c 表示 k 个变量两水平全面试验次数 2^k;$2k$ 表示在 k 个坐标轴上的星号点数目,且每星号点与中心点的距离都是 r;m_0 表示中心点处拟重复的试验次数。如中心点只安排一次试验时,则 $m_0 = 1$。

组合设计法的优点是,试验点的个数比全因素试验少得多;试验方便简单,若一次回归正交试验设计不显著,那么只要在一次回归正交试验的基础上,再在星号和中心点补做一些试验,便可求得二次回归方程。

1. r 值的确定

现以三个变量 x_1, x_2, x_3 为例,说明确定 r 值的原则。此时,其二次回归的完整试验计划如表 7.7 所示。

表 7.7 二次回归方程的完整计划表

试验号	x_0	x_1	x_2	x_3	x_1x_2	x_1x_3	x_2x_3	x_1^2	x_2^2	x_3^2
1	1	1	1	1	1	1	1	1	1	1
2	1	1	1	−1	1	−1	−1	1	1	1
3	1	1	−1	1	−1	1	−1	1	1	1
4	1	1	−1	−1	−1	−1	1	1	1	1
5	1	−1	1	1	−1	−1	1	1	1	1
6	1	−1	1	−1	−1	1	−1	1	1	1
7	1	−1	−1	1	1	−1	−1	1	1	1
8	1	−1	−1	−1	1	1	1	1	1	1
9	1	r	0	0	0	0	0	r^2	0	0
10	1	$-r$	0	0	0	0	0	r^2	0	0
11	1	0	r	0	0	0	0	0	r^2	0
12	1	0	$-r$	0	0	0	0	0	r^2	0
13	1	0	0	r	0	0	0	0	0	r^2
14	1	0	0	$-r$	0	0	0	0	0	r^2
15	1	0	0	0	0	0	0	0	0	0

表 7.7 实际上是在一次回归正交试验计划中加入星号点和中心点而构成的。

由于二次回归方程是由常数项、一次项、交叉项和二次项所组成的，故该表的列数比表 7.6 要多 7 项。虽然一次变量列和交互作用列仍然具有正交性，但第一列 x_0 和最后三列 x_1^2, x_2^2, x_3^2 的正交性却被破坏了。事实上，最后三列中任一列之和、第一列 x_0 与最后三列中任一列对应元素（水平）乘积之和以及最后三列中任意两列对应元素乘积之和均不为 0，即

$$\left.\begin{aligned}&\sum_{k=1}^{15} x_{jk}^2 = 8 + 2r^2 \neq 0 \quad (j = 1,2,3)\\&\sum_{k=1}^{15} x_{0t}x_{jk}^2 = 8 + 2r^2 \neq 0\\&\sum_{k=1}^{15} x_{ik}^2 x_{jk}^2 = 8 \neq 0 \quad (i,j = 1,2,3;\ i \neq j)\end{aligned}\right\} \tag{7.11}$$

根据前面所述，试验计划表的正交性才使求回归系数的矩阵 $\boldsymbol{A} = \boldsymbol{X}^{\mathrm{T}}\boldsymbol{X}$ 成为对角阵。为此，这里求 r 值，应从保证 $\boldsymbol{X}^{\mathrm{T}}\boldsymbol{X}$ 矩阵为对角阵出发，其中 $\boldsymbol{X}$ 是由表 7.7 中元素所组成的矩阵。

不难证明，在有 k 个变量时，r 应满足：

$$r^4 + m_c r^2 - \frac{m_c}{2}\left(k + \frac{m_0}{2}\right) = 0 \tag{7.12}$$

式中，m_c 为二水平全面试验次数，$m_c = 2^k$，当从全面试验方案中挑选 1/2 水平组合做试验时，称为 1/2 实施，$m_c = 2^{k-1}$。

常用的 r^2 值如表 7.8 所示。

表 7.8　常用的 r^2 值

m_0	k			
	2	3	4	5(1/2 实施)
1	1.000	1.476	2.000	2.390
2	1.160	1.650	2.198	2.580
3	1.317	1.831	2.390	2.770
4	1.475	2.000	2.580	2.950
5	1.606	2.164	2.770	3.140
6	1.742	2.325	2.950	3.310
7	1.873	2.431	3.140	3.490
8	2.000	2.633	3.310	3.660
9	2.123	2.782	3.490	3.830
10	2.243	2.928	3.660	4.000

2. 对平方项进行“偏中心”转换

在 r 按式(7.12)确定后，因平方项之和 $\sum_{k=1}^{n} x_{jk}^2$ 还不能等于 0，所以使 $\boldsymbol{X}^{\mathrm{T}}\boldsymbol{X}$ 成为对角阵仍难实现。为此应对其按下式转换：

$$x'_{jk} = y_{jk}^2 - \frac{1}{n}\sum_{k=1}^{n} x_{jk}^2 \quad (k = 1,2,\cdots,n) \tag{7.13}$$

然后在试验计划表中以 x'_{jk} 代替 x_{jk}^2。

例如，根据式(7.12)和式(7.13)，当 $k = 3, m_c = 2^3 = 8, m_0 = 1$ 时，计算得 $r^2 = 1.476, r = 1.215$，则 $x'_{jk} = x_{jk}^2 - \frac{1}{15}\times(8 + 2\times 1.476) = x_{jk}^2 - 0.73$；当 $k = 4, m_c = 2^4 = 16, m_0 = 1$ 时，计算得 $r^2 = 2.000, r = 1.414$，则 $x'_{jk} = x_{jk}^2 - \frac{1}{25}\times(16 + 2\times 2.00) = x_{jk}^2 - 0.8$。

最后，将计算所得之 r 值与平方项的转换值 x'_{jk} 代入试验计划表中，便得到表 7.9 及表 7.10 所示的三变量及四变量二次回归正交试验计划表。

表 7.9　三变量二次回归正交试验计划表($m_0 = 1$)

试验号	x_0	x_1	x_2	x_3	x_1x_2	x_1x_3	x_2x_3	x'_1	x'_2	x'_3
1	1	1	1	1	1	1	1	0.27	0.27	0.27
2	1	1	1	−1	1	−1	−1	0.27	0.27	0.27
3	1	1	−1	1	−1	1	−1	0.27	0.27	0.27
4	1	1	−1	−1	−1	−1	1	0.27	0.27	0.27
5	1	−1	1	1	−1	−1	1	0.27	0.27	0.27
6	1	−1	1	−1	−1	1	−1	0.27	0.27	0.27
7	1	−1	−1	1	1	−1	−1	0.27	0.27	0.27
8	1	−1	−1	−1	1	1	1	0.27	0.27	0.27
9	1	1.215	0	0	0	0	0	0.746	−0.73	−0.73
10	1	−1.215	0	0	0	0	0	0.746	−0.73	−0.73
11	1	0	1.215	0	0	0	0	−0.73	0.746	−0.73
12	1	0	−1.215	0	0	0	0	−0.73	0.746	−0.73
13	1	0	0	1.215	0	0	0	−0.73	−0.73	0.746
14	1	0	0	−1.215	0	0	0	−0.73	−0.73	0.746
15	1	0	0	0	0	0	0	−0.73	−0.73	−0.73

表 7.10 四变量二次回归正交试验计划表($m_0=1$)

试验号	x_0	x_1	x_2	x_3	x_4	x_1x_2	x_1x_3	x_1x_4	x_2x_3	x_2x_4	x_3x_4	$x'_1=x_1^2-0.8$	$x'_2=x_2^2-0.8$	$x'_3=x_3^2-0.8$	$x'_4=x_4^2-0.8$
1	1	1	1	1	1	1	1	1	1	1	1	0.2	0.2	0.2	0.2
2	1	1	1	1	−1	1	1	−1	1	−1	−1	0.2	0.2	0.2	0.2
3	1	1	1	−1	1	1	−1	1	−1	1	−1	0.2	0.2	0.2	0.2
4	1	1	1	−1	−1	1	−1	−1	−1	−1	1	0.2	0.2	0.2	0.2
5	1	1	−1	1	1	−1	1	1	−1	−1	1	0.2	0.2	0.2	0.2
6	1	1	−1	1	−1	−1	1	−1	−1	1	−1	0.2	0.2	0.2	0.2
7	1	1	−1	−1	1	−1	−1	1	1	−1	−1	0.2	0.2	0.2	0.2
8	1	1	−1	−1	−1	−1	−1	−1	1	1	1	0.2	0.2	0.2	0.2
9	1	−1	1	1	1	−1	−1	−1	1	1	1	0.2	0.2	0.2	0.2
10	1	−1	1	1	−1	−1	−1	1	1	−1	−1	0.2	0.2	0.2	0.2
11	1	−1	1	−1	1	−1	1	−1	−1	1	−1	0.2	0.2	0.2	0.2
12	1	−1	1	−1	−1	−1	1	1	−1	−1	1	0.2	0.2	0.2	0.2
13	1	−1	−1	1	1	1	−1	−1	−1	−1	1	0.2	0.2	0.2	0.2
14	1	−1	−1	1	−1	1	−1	1	−1	1	−1	0.2	0.2	0.2	0.2
15	1	−1	−1	−1	1	1	1	−1	1	−1	−1	0.2	0.2	0.2	0.2
16	1	−1	−1	−1	−1	1	1	1	1	1	1	0.2	0.2	0.2	0.2
17	1	1.414	0	0	0	0	0	0	0	0	0	1.2	−0.8	−0.8	−0.8
18	1	−1.414	0	0	0	0	0	0	0	0	0	1.2	−0.8	−0.8	−0.8
19	1	0	1.414	0	0	0	0	0	0	0	0	−0.8	1.2	−0.8	−0.8
20	1	0	−1.414	0	0	0	0	0	0	0	0	−0.8	1.2	−0.8	−0.8
21	1	0	0	1.414	0	0	0	0	0	0	0	−0.8	−0.8	1.2	−0.8
22	1	0	0	−1.414	0	0	0	0	0	0	0	−0.8	−0.8	1.2	−0.8
23	1	0	0	0	1.414	0	0	0	0	0	0	−0.8	−0.8	−0.8	1.2
24	1	0	0	0	−1.414	0	0	0	0	0	0	−0.8	−0.8	−0.8	1.2
25	1	0	0	0	0	0	0	0	0	0	0	−0.8	−0.8	−0.8	−0.8

7.2.4 二次回归正交试验的计算步骤与检验

综上所述，二次回归正交试验的水平已不再是一次回归正交试验的“+1”和“−1”两个水平了，它增加了“0”水平和“$+r$”与“$-r$”水平。但其计算步骤与显著性检验方法同一次回归正交是完全一致的。现介绍如下：

1. 确定变量的变化范围和找 r 的对应量

同样记第 i 个变量 z_i 的上、下限分别为 z_{1i} 和 z_{2i}($i=1,2,\cdots,k$)，其零水平 z_{0i} 仍为

$$z_{0i}=\frac{z_{1i}+z_{2i}}{2} \tag{7.14}$$

但是，因 $r>1$，故其对应量 $+r$ 为 z_{ri}；$-r$ 为 z_{-ri} 却是超出变量区间$[z_{1i},z_{2i}]$的，其值可按式(7.1)反求，即

$$\left.\begin{aligned} z_{ri}&=z_{0i}+r\Delta_i \\ z_{-ri}&=z_{0i}-r\Delta_i \end{aligned}\right\} \tag{7.15}$$

2. 将每个变量标准化

对变量作如下线性变换：

$$x_i=\frac{z_i-z_{0i}}{\Delta_i} \tag{7.16}$$

式中，x_i 为标准变量(编码)，然后列出变量标准化表，如表 7.11 所示。

表 7.11 变量标准化表

标准变量 $x_i=\dfrac{Z_i-Z_{0i}}{\Delta_i}$	原变量			
	z_1	z_2	……	z_k
r	z_{r1}	z_{r2}	……	z_{zk}
1	$z_{01}+\Delta_1$	$z_{02}+\Delta_2$	……	$z_{0k}+\Delta_k$
0	z_{01}	z_{02}	……	z_{0k}
-1	$z_{01}-\Delta_1$	$z_{02}-\Delta_2$	……	$z_{0k}-\Delta_k$
$-r$	z_{-r1}	z_{-r2}	……	z_{-rk}

3. 选择相应的二次回归正交试验计划表

当 $k=3,m_c=2^3,m_0=1$ 时，宜选表 7.9，该表虽然共有 10 列，但只是主变量列，即 x_1,x_2,x_3 列才是具体做试验的因素水平组合。其余列是供计算回归系数用

的。当 $k=4, m_c=2^4, m_0=1$ 时，选取表 7.10。同样该表中 x_1, x_2, x_3, x_4 所占的列才是做试验用的计划安排。

4. 回归系数的计算及显著性检验

计算回归系数的方法与一次回归方程完全一致，也是解类似于式(7.2)的正规方程，只不过这里的矩阵 **X** 是由二次回归正交试验计划表的元素组成而已。这里不再重复。

现将求各回归系数的计算公式列出，即

$$\left.\begin{aligned} b'_0 &= \frac{B_0}{n} = \frac{1}{n}\sum_{t=1}^{n} y_t \\ b_i &= \frac{B_i}{k_i} = \frac{\sum\limits_{t=1}^{n} x_{it} y_i}{\sum\limits_{t=1}^{n} x_{it}^2} \\ b_{ij} &= \frac{B_{ij}}{k_{ij}} = \frac{\sum\limits_{k=1}^{n} x_{ik} y_{jk} y_k}{\sum\limits_{k=1}^{n} (x_{ik} x_{jk})^2} \\ b_{ii} &= \frac{B_{ii}}{k_{ii}} \frac{\sum\limits_{k=1}^{n} x'_{ik} y_k}{\sum\limits_{k=1}^{n} (x'_{ik})^2} \end{aligned}\right\} \tag{7.17}$$

根据所求回归系数写出回归方程：

$$\hat{y} = b'_0 + \sum_{i=1}^{m} b_i x_i + \sum_{i<j=2}^{m} b_{ij} x_i x_j + \sum_{i=1}^{m} b_{ii} x'_i \tag{7.18}$$

如将 b', x'_i 变换回去，则有

$$\hat{y} = b_0 + \sum_{i=1}^{m} b_i x_i + \sum_{i<j=2}^{m} b_{ij} x_i x_j + \sum_{i=1}^{m} b_{ii} x_i^2 \tag{7.19}$$

式中

$$b_0 = \frac{1}{n}\sum_{k=1}^{n} y_t - \frac{1}{n}\sum_{k=1}^{n} x_{ik}^2 \sum_{i=1}^{m} b_{ii}$$

回归系数的显著性检验与一次回归完全类似。这里只列出方差分析表，如表 7.12 所示。

表 7.12　二次回归正交试验的方差分析表

方差来源		偏回归平方和	自由度	均　方	$F_{比}$
一次作用	x_1	$U_1 = B_1^2/k_1$	1	$V_1 = U_1/1$	V_1/V_e
	$\vdots$	$\vdots$	$\vdots$	$\vdots$	$\vdots$
	x_m	$U_m = B_m^2/k_m$	1	$V_m = U_m/1$	V_m/V_e
交互作用	x_1x_2	$U_{12} = B_{12}^2/k_{12}$	1	$V_{12} = U_{12}/1$	V_{12}/V_e
	$\vdots$	$\vdots$	$\vdots$	$\vdots$	$\vdots$
	$x_{m-1}x_m$	$U_{m-1\cdot m} = B_{(m-1)\cdot m}^2/k_{(m-1)\cdot m}$	1	$V_{(m-1)\cdot m}^2 = U_{(m-1)\cdot m}/1$	$V_{(m-1)\cdot m}/V_e$
二次作用	x_1^2	$U_{11} = B_{11}^2/k_{11}$	1	$V_{11} = U_{11}/1$	V_{11}/V_e
	$\vdots$	$\vdots$	$\vdots$	$\vdots$	$\vdots$
	x_m^2	$U_{mm} = B_{mm}^2/k_{mm}$	1	$V_{mm} = U_{mm}/1$	V_{mm}/V_e
回归		$S_U = \sum U = U_1 + \cdots + U_{mm}$	$f_U = C_{m+2}^2 - 1$	$V_U = S_U/f_U$	V_U/V_e
剩余		$S_e = S_T - S_U$	$f_e = n - C_{m+2}^2$	$V_e = S_e/f_e$	
总　计		$S_T = \sum_{k=1}^{n} y_k^2 - \frac{1}{n}(\sum_{k=1}^{n} y_k)$	$f_T = n - 1$		

7.3　回归正交试验设计的应用

7.3.1　硬质合金磨刀片切削力公式的建立[1]

由经验公式知，影响切削力 f 的三个因素有切削深度 t、进给量 s 和切削速度 v。f 与 t,s,v 之间的关系为 $f = C_f t^{x_f} s^{y_f} v^{z_f}$。

1. 确定因素的变化范围，进行因素水平编码

对上式两边取对数，得

$$\lg f = \lg C_f + x_f \lg t + y_f \lg s + z_f \lg v$$

若令 $y = \lg f, b_0 = \lg C_f, b_1 = x_f, b_2 = y_f, b_3 = z_f$，则方程变为

$$y = b_0 + b_1 \lg t + b_2 \lg s + b_3 \lg v$$

回归设计的目的是求出上式中的系数 C_f, x_f, y_f, z_f。为此，要求对三个变量进行因素水平编码，如表 7.13 所示。编码公式为

$$x_1=\frac{2(\lg t-\lg 3.5)}{\lg 3.5-\lg 0.5}+1$$

$$x_2=\frac{2(\lg s-\lg 0.5)}{\lg 0.5-\lg 0.2}+1$$

$$x_3=\frac{2(\lg v-\lg 110)}{\lg 110-\lg 70}+1$$

编码后，回归问题转化为

$$y=b_0+b_1x_1+b_2x_2+b_3x_3$$

表 7.13　因素水平编码表

因　素	t/mm	s/(mm · r^{-1})	v/(m · min^{-1})
编码记号	x_1	x_2	x_3
下水平(−1)	0.5	0.2	70
零水平(0)	2.0	0.35	90
上水平(+1)	3.5	0.5	110
变化间距	1.5	0.15	20

2. 确定试验方案

该试验方案为一个三因素二水平的试验，故选取 $L_8(2^7)$ 正交表，x_1，x_2，x_3 分别为 $\lg t$，$\lg s$，$\lg v$，表中还有剩余项，用来考察它们的交互作用，如表 7.14 所示。

表 7.14　试验设计方案

列号 / 试验号	x_1	x_2	x_3	x_1x_2	x_1x_3	x_2x_3	$x_1x_2x_3$
1	1	1	1	1	1	1	1
2	1	1	−1	1	−1	−1	−1
3	1	−1	1	−1	1	−1	−1
4	1	−1	−1	−1	−1	1	1
5	−1	1	1	−1	−1	1	−1
6	−1	1	−1	−1	1	−1	1
7	−1	−1	1	1	−1	−1	1
8	−1	−1	−1	1	1	1	−1

3. 计算回归系数，建立回归方程

方案确定后，进行试验，将每次试验的结果填入表 7.15 中，然后进行计算。计算结果也填入该表中。

表 7.15 一次回归正交试验设计计算表

试验号	变量								f	$y=\lg f$	y^2
	x_0	x_1	x_2	x_3	x_1x_2	x_1x_3	x_2x_3	$x_1x_2x_3$			
1	1	1	1	1	1	1	1	1	291	2.464	6.071
2	1	1	1	−1	1	−1	−1	−1	303	2.481	6.155
3	1	1	−1	1	−1	1	−1	−1	153	2.185	4.774
4	1	1	−1	−1	−1	−1	1	1	177	2.248	5.054
5	1	−1	1	1	−1	−1	1	−1	45	1.653	2.732
6	1	−1	1	−1	−1	1	−1	1	48	1.681	2.826
7	1	−1	−1	1	1	−1	−1	1	21	1.322	1.748
8	1	−1	−1	−1	1	1	1	−1	30	1.477	2.182
$B_j=\sum_{i=1}^{8} x_{ij}y_i$	15.511	3.254	1.047	−0.263	−0.023	0.103	0.173	−0.081	$\sum_{i=1}^{n} y_i = 15.511$		
									$\sum_{i=1}^{n} y_i^2 = 31.542$		
$b_j=\frac{B_j}{n}$	1.939	0.406	0.131	−0.033	−0.003	0.013	0.022	−0.010	$S_T = 1.468$		
									$S_U = 1.463$		
$P_j=b_jB_j$		1.317	0.137	0.09					$S_e = 0.005$		

于是得到回归方程

$$\hat{y} = 1.939 + 0.406x_1 + 0.131x_2 - 0.033x_2$$

4. 回归方程和回归系数的显著性检验

方差分析表如表 7.16 所示。

(1) 回归方程的显著性检验。因为 $F > F_{0.01}(3,4)$，说明在显著水平 0.01 下回归方程显著。

(2) 回归系数的显著性检验。从表 7.16 中可以看出，x_1, x_2, x_3 的交互作用均很小，将它们归于剩余项，用剩余平方和检验 x_1, x_2, x_3 各项，F_j 如表 7.16 所示。检验结果为 x_1, x_2 高度显著，x_3 在 $\alpha = 0.10$ 水平上显著。

5. 回代求原回归方程

将编码公式代入上面求得的回归方程 $\hat{y} = 1.939 + 0.406x_1 + 0.131x_2 - 0.033x_3$ 中，得

$$y = 2.809 + 0.961\lg t + 0.658\lg s - 0.337\lg y$$

最后，切削力计算公式为

$$f = 644.1 t^{0.96} s^{0.66} v^{-0.34}$$

表 7.16　一次回归正交试验设计方差分析表

方差来源	偏回归平方和	自由度	平均偏回归平方和	F值	显著性
x_1	$P_1 = 1.317$	1	1.317	$F_1 = 1053.6$	* * *
x_2	$P_2 = 0.137$	1	0.137	$F_2 = 109.6$	* * *
x_3	$P_3 = 0.09$	1	0.09	$F_3 = 7.2$	*
回归	$S_U = 1.463$	3	0.488	390.4	* * *
剩余	$S_e = 1.468$	4	0.00125		
总计	$S_T = 1.468$	7			
$F_{0.01}(3,4) = 16.69$，$F_{0.01}(1,4) = 21.2$，$F_{0.05}(1,4) = 7.71$，$F_{0.1}(1,4) = 4.54$					

应当指出，回归方程显著，只表明一次回归方程在试验中与试验结果拟合得好，但并不表明其在被研究区域内部拟合情况是好的。欲研究在区域内部的拟合情况，需要在基准水平处(z_{0j})再安排一些重复试验。若在基准水平处实际试验结果的算术平均值 $\bar{y}_0$ 与 y 对 x 的回归方程的回归系数差不多，则说明用一次回归方程与所描述的过程基本相符；否则，则说明用一次回归方程描述该过程不合适，需要建立二次或更高次回归方程，即需进行二次回归正交试验设计。但二次回归正交试验设计比一次回归试验设计复杂得多。

7.3.2　线管环焊工艺与 CTOD 之间回归方程的建立[2]

高压、长距离油气管道是能源输送的大动脉，其设计和建设的发展趋势是厚壁、大口径、高钢级、高输送压力、耐腐蚀等[3]。管线钢的环焊过程是一个快速加热和冷却的过程，环焊缝和热影响区金属要经受加热、熔化、冷却、结晶、物理化学反应、固态相变及应力应变等一系列复杂过程。这些过程都是在焊接接头很小的区域范围内，在温度分布和化学成分都处于极不平衡的特定条件下进行的，使环焊接头成为焊接缺陷、应力集中、显微组织和力学性能改变以及焊接残余应力共存的部位，其组织性能劣化及缺陷处易产生裂纹起裂、扩展甚至失稳断裂。

焊接接头的性能包括硬度、强度、韧性、耐蚀性等。考虑到油气管道的使用条件和环境，韧性是管道环焊接头性能中的核心内容。目前在许多研究中，断裂韧性是环焊接头性能中最受关注的性能。其中，裂纹尖端张开位移(Crack-Tip Opening Displacement，简称 CTOD)试验加载速度缓慢，与材料起裂时的低应变速率对应，表示抵抗裂纹起裂的能力。而且 CTOD 试验是环焊接头缺陷评定，即对存在不同缺陷的管道焊接接头的安全性评定、寿命评估和失效概率计算的必要参数。基于以上分析，有必要对管道环焊过程中焊接工艺对环焊接头 CTOD 值的影响规律进行研究。

在此选用一次回归正交试验设计方法，对环焊工艺进行设计。研究线能量、预热温度和板厚 3 个因素对 CTOD 性能的影响，同时还考虑了因素之间交互作用的影响，所选择的正交表为 $L_8(2^7)$。为保证回归方程在区域的试验点、区域边界及区域内部的一次模型都能够作为实际情况的适当近似，即回归方程在因素的各区域都能拟合得很好，在中心点(零点)位置添加了重复试验 4 次，试验设计编码水平如表 7.17 所示。试验设计计算表和方差分析表分别如表 7.18 和表 7.19 所示。

表 7.17　试验因素及水平编码

因　素	线能量 $Z_1/(\mathrm{kJ\cdot cm^{-1}})$	预热温度 Z_2/℃	板厚 Z_3/mm
编码记号	x_1	x_2	x_3
下水平(−1)	12.0	140	21.0
零水平(0)	9.0	100	17.5
上水平(+1)	6.0	60	14.0
变化间距	3.0	40	3.5

表 7.18　一次回归正交试验设计计算表

试验号	变　量							CTOD 值
	x_0	x_1	x_2	x_3	x_1x_2	x_1x_3	x_2x_3	
1	1	1	1	1	1	1	1	0.223
2	1	1	1	−1	1	−1	−1	0.251
3	1	1	−1	1	−1	1	−1	0.271
4	1	1	−1	−1	−1	−1	1	0.165
5	1	−1	1	1	−1	−1	1	0.512
6	1	−1	1	−1	−1	1	−1	0.596
7	1	−1	−1	1	1	−1	−1	0.485
8	1	−1	−1	−1	1	1	1	0.253
9	1	0	0	0	0	0	0	0.377
10	1	0	0	0	0	0	0	0.395
11	1	0	0	0	0	0	0	0.344
12	1	0	0	0	0	0	0	0.357
B_i	3.345	−0.452	−0.076	−0.09	−0.248	0.246	0.034	
b_i	0.279	−0.057	−0.010	−0.011	−0.031	0.031	0.004	
P_i		0.025 5	0.000 7	0.001 0	0.007 7	0.007 6	0.000 1	

表 7.19　CTOD 回归分析方差分析表

来　源	平方和	自由度	均方和	F 值	显著性
x_1	0.025 538	1	0.025 538	9.629	**
x_2	0.000 722	1	0.000 722	3.895	*
x_3	0.001 012 5	1	0.001 012 5	4.211	*
x_1x_2	0.007 688	1	0.007 688	4.899	*
x_1x_3	0.007 564 5	1	0.007 564 5	3.852	*
回归	0.044	5	0.007	5.509	**
剩余	0.015	6	0.003		

$F_{0.05}(5,6)=4.39$，$F_{0.1}(1,6)=3.78$，$F_{0.05}(3,7)=4.35$

由表 7.18 可得到 CTOD 的回归方程为

$$\hat{y}=0.279-0.0577x_1-0.01x_2-0.011x_3-0.031x_1x_2+0.031x_1x_3$$

式中，$x_1=(E-9)/E$；$x_2=(T_0-100)/40$；$x_3=(h-17.5)/3.5$；E 为线能量(kJ/cm)；T_0 为预热温度(℃)；h 为壁厚(mm)。

回归方程、回归方程中的变量及回归方程拟合的好坏情况如表 7.19 所示。由表7.19可知，回归方程是显著的，回归方程中的 x_1，x_2，x_3，x_1x_2，x_1x_3 显著，其他变量不显著。

经以上回归分析得出，线能量对韧性的影响最为显著，其次是线能量和预热温度的交互作用、板厚预热温度以及线能量和板厚的交互作用。根据该回归方程，可得出如下结论：当其他条件相同时，随着线能量 E 的增加，CTOD 韧性显著下降，且在大线能量下试件 CTOD 韧度具有明显的分散度；当预热温度在 100℃ 左右时，韧性较好，温度过低和过高，韧性均下降，且小线能量应匹配较高的预热温度，而大线能量应匹配较低的预热温度。板厚的影响表现为线能量为 9 kJ/cm 时，板厚小的 CTOD 值较高，当线能量增大为 12 kJ/cm 时，板厚大的 CTOD 值较高。

7.3.3　酚醛树脂增韧工艺优化[4]

酚醛树脂是最早实现工业化的合成树脂，它具有独特的难燃、电气绝缘、力学性能好和尺寸稳定等优良性能，被广泛应用于电气、仪表、机械、国防等领域。但由于酚醛树脂脆性大、损伤容限低，而使其应用受到限制，故对酚醛树脂的增韧研究成为人们感兴趣的课题之一。

本优化试验包括两部分：首先利用回归正交设计安排试验方案，根据试验结果,利用数理统计方法建立回归方程,并检验各方程的可靠性及显著性;然后根据回归方程的预测值,选择出综合性能最好的试验点。

1. 一次回归正交试验

影响PEK－C增韧酚醛树脂性能的因素很多,但最主要的因素是树脂的配比、成形工艺参数(成形温度和固化时间)。因此,采用三因素二水平回归正交设计方法进行优化,以 PEK－C 含量(质量分数)、成形温度和固化时间作为因素,以体系的冲击强度和弯曲强度作为检测的性能指标,建立指标与各因素之间的回归方程。借鉴用高性能热塑性树脂增韧双马来酰亚胺及环氧树脂的最佳用量和差示扫描量热曲线对酚醛树脂的固化工艺条件的探索来确定三因素的取值范围,如表 7.20 所示。按一次回归正交表设计试验,建立如表 7.21 所示的试验方案。

表 7.20 因素水平编码

编　码	PEK－C 含量 x_1/(%)	成形温度 x_2/℃	固化时间 x_3/min
上水平(－1)	20	180	35
下水平(1)	40	200	65
零水平(0)	30	190	50

表 7.21 一次回归正交设计试验方案及结果

编　号	x_1	x_2	x_3	Y_1/(kJ · m^{-2})	Y_2/MPa
1	1	1	1	3.82	79.2
2	1	1	－1	4.25	82.2
3	1	－1	1	3.63	64.9
4	1	－1	－1	3.33	61.4
5	－1	1	1	3.50	64.3
6	－1	1	－1	2.30	62.5
7	－1	－1	1	1.99	54.8
8	－1	－1	－1	2.97	63.6

注:Y_1 为冲击强度;Y_2 为弯曲强度。

通过计算,得出两个性能指标的一次回归方程如下:

$$Y_1 = 3.11 + 0.46x_1 + 0.32x_2 + 0.12x_3$$

$$Y_2 = 66.66 + 5.36x_1 + 5.49x_2 - 0.74x_3$$

对上述回归方程的显著性进行 F 检验,结果如表 7.22 所示。

表 7.22　一次回归正交设计试验的检验

性　能	$F(3,4)$	$F_{0.10}(3,4)$	结　论
冲击强度 /$(kJ \cdot m^{-2})$	1.69	4.19	不显著
弯曲强度 /MPa	4.58		显著

由一次回归方程的 F 检验可知，所得两个性能指标的一次回归方程中，虽然弯曲强度的回归方程显著，但冲击强度的回归方程不显著，因此须进行二次回归正交设计。

2. 二次回归正交试验

二次回归正交设计仍然以PEK－C的含量、成形温度和固化时间作为因素，以体系的冲击强度和弯曲强度作为检测的性能指标，建立指标与各因素之间的二次回归方程。二次回归方程的正交设计试验方案及结果如表 7.23 所示。

表 7.23　二次回归正交设计试验方案及结果

编号	x_1	x_2	x_3	x_1x_2	x_1x_3	x_2x_3	x'_1	x'_2	x'_3	Y_1 / $kJ \cdot m^{-2}$	Y_2 / MPa
1	1	1	1	1	1	1	0.27	0.27	0.27	3.82	79.7
2	1	1	－1	1	－1	－1	0.27	0.27	0.27	4.25	82.2
3	1	－1	1	－1	1	－1	0.27	0.27	0.27	3.63	64.9
4	1	－1	－1	－1	－1	1	0.27	0.27	0.27	3.33	61.4
5	－1	1	1	－1	－1	1	0.27	0.27	0.27	3.50	64.3
6	－1	1	－1	－1	1	－1	0.27	0.27	0.27	2.30	62.5
7	－1	－1	1	1	－1	－1	0.27	0.27	0.27	1.99	54.8
8	－1	－1	－1	1	1	1	0.27	0.27	0.27	2.97	63.6
9	1.215	0	0	0	0	0	0.746	－0.73	－0.73	3.80	69.5
10	－1.215	0	0	0	0	0	0.746	－0.73	－0.73	2.73	57.3
11	0	1.215	0	0	0	0	－0.73	0.746	－0.73	3.37	68.5
12	0	－1.215	0	0	0	0	－0.73	0.746	－0.73	3.19	60.8
13	0	0	1.215	0	0	0	－0.73	－0.73	0.746	2.94	67.4
14	0	0	－1.215	0	0	0	－0.73	－0.73	0.746	2.65	54.9
15	0	0	0	0	0	0	－0.73	－0.73	－0.73	2.85	81.7

注：$x'_i = x_i^2 - 0.73$；Y_1 为冲击强度；Y_2 为弯曲强度。

通过计算，得出两个性能指标的二次回归方程如下：

$$Y_1 = 3.155 + 0.509x_1 + 0.198x_2 + 0.040x_3 + 0.034x_1x_2 + 0.181x_2x_3 -$$

$$0.044x_1x_3+0.201x'_1+0.212x'_2-0.117x'_3$$

$$Y_2=64.233+5.279x_1+4.872x_2+0.839x_3+3.400x_1x_2+ 0.575x_2x_3+1.000x_1x_3+3.915x'_1+4.761x'_2+2.391x'_3$$

对二次回归方程的显著性进行 F 检验，计算结果如表 7.24 所示。

表 7.24　二次回归正交设计试验的检验

性　能	$F(9,5)$	$F_{0.25}(9,5)$	$F_{0.10}(9,5)$
冲击强度 /($kJ \cdot m^{-2}$)	1.929	1.89	3.32
弯曲强度 /MPa	3.234		

由二次回归方程的 F 检验可知，在 $\alpha=0.25$ 水平上，弯曲强度和冲击强度的二次回归方程置信度可达 75%。

3. 最佳参数预测

利用冲击强度的二次回归方程、弯曲强度的一次回归方程的预测值，可确定酚醛树脂与PEK－C最佳配比为60∶40，最佳成形温度为200℃，固化时间为35 min。

在上述配比和成型工艺条件下进行了验证试验，验证试验获得的酚醛树脂的冲击强度和弯曲强度分别为 1.30 $kJ \cdot m^{-2}$ 和 35.9 MPa，比表 7.23 中二次回归正交设计试验的结果均好，从而表明了通过回归正交试验设计优化工艺参数的可行性。

参考文献

[1]　栾军. 现代实验设计优化方法. 上海：上海交通大学出版社，1995.

[2]　王迎娜，梁志芳，李午申，等. X70 管线管焊接工艺与CTOD之间回归方程的建立. 压力容器，2007,24(2):55-57,39.

[3]　李午申. 我国合金结构钢的新发展及其焊接性. 焊接学报，2001,22(5):82-86.

[4]　刘俊先，王汝敏，孙曼灵. 回归正交设计在PEK－C增韧酚醛树脂研究中的应用. 工程塑料应用，2003,31(10):29-31.

第八章　均匀试验设计

8.1　概　　述

8.1.1　均匀性

均匀性原则是试验优化设计的重要原则之一。

在试验的方案设计中，使试验点按一定规律充分均匀地分布在试验区域内，每个试验点都具有一定的代表性，称该方案具有均匀性[1,2]。

如前所述，正交表是正交试验设计优化的基本工具。正交表具有"均衡分散、整齐可比"两大特点。均衡分散性即均匀性，可使试验点均匀地分布在试验区域内，每个试验点都具有一定的代表性。这样，即使正交表的各列均排满，也能得到比较满意的结果。整齐可比性是指由于正交表具有正交性，任一列各水平出现的次数都相当，任两列间所有可能的组合出现的次数都相等。这样，使得每一因素所有的试验条件相同，可以综合比较各因素不同水平对试验指标的影响，从而可以分析各因素及其交互作用对指标的影响大小及变化规律。

在正交试验设计中，对任意两个因素来说，为保证综合可比性，必须是全面试验，而每个因素的水平必须有重复。这样一来，试验点在试验范围内就不可能充分地均匀分散，试验点的数目就不能过少。显然，用正交表安排试验，均匀性受到一定限制，因而使试验点的代表性不够强。若在试验设计中，不考虑综合可比性的要求，完全满足均匀性的要求，让试验点在试验范围内充分地均匀分散，既可大大减少试验点，也能得到试验目标所要求的试验结果。这种完全从均匀性出发的试验设计方法，称为均匀试验设计。

具有均匀性特点的均匀试验的试验点的代表性很强。例如，对 5^4 试验，即四因素五水平的试验来说，在正交试验设计中可选择 $L_{25}(5^6)$ 正交表安排试验，试验次数最少做 25 次，其水平重复数 $r = n/q = 25/5 = 5$ 次。若每个水平只做一次，同样做 25 次试验。在试验范围内，将每个因素分为 25 个水平，则试验点分布得更均匀。

如图 8.1 所示的是当试验因素 $m = 2$ 时，正交试验设计与均匀试验设计的比较。正交试验设计取 5 个水平，每个水平重复 5 次。而均匀试验设计取 25 个水平，每个水平只做 1 次。显然，均匀试验设计的试验点较正交试验设计的试验点分布得更均匀，代表性更强。对于这种 5^4 试验，利用均匀试验设计表 $U_5(5^4)$ 安排试验，在使各因素的水平数不少于 5 的前提下，可以方便地安排试验次数 n 为 $5 \leqslant n \leqslant 25$ 的均匀试验。显然，均匀试验设计的试验点代表性较正交试验设计的试验点强得多。

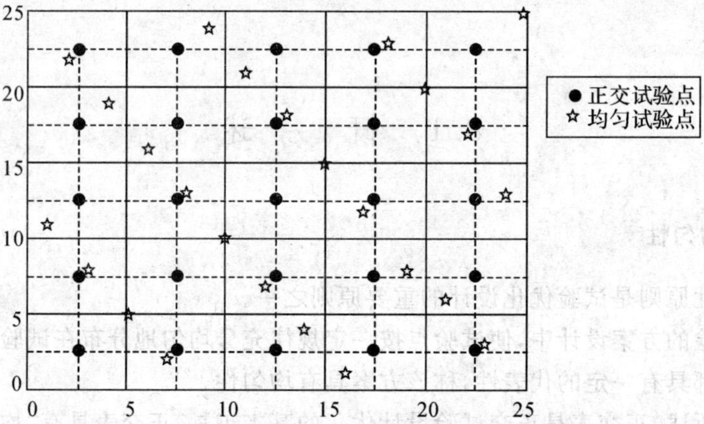

图 8.1　正交试验与均匀试验比较(试验点数相等)

8.1.2　均匀试验设计的优点

均匀试验设计相对于全面试验和正交试验设计的最主要的优点是大幅度地减少试验次数，缩短试验周期，从而大量节约人工和费用[1]。对于四因素五水平的 5^4 试验，如果进行全面试验需做 625 次；利用正交表 $L_{25}(5^6)$ 安排试验，试验次数最少做 25 次；但用均匀试验设计表 $U_5(5^4)$ 安排试验，只需做 5 次试验即可。再如，对于六因素七水平的 7^6 试验，如果进行全面试验需做 117 649 次；利用正交表 $L_{49}(7^8)$ 安排试验，试验次数最少做 49 次；而采用均匀试验设计表 $U_7(7^6)$ 安排试验，只需做 7 次试验，每一水平重复一次，也不过做 14 次试验。因此，对于试验因素较多，特别是对于因素的水平多而又希望试验次数少的试验，对于筛选因素或收缩试验范围进行逐步择优的场合，对于复杂数学试验的择优计算等，均匀试验设计是非常有效的试验设计方法。

8.2　均匀设计表和使用表

8.2.1　均匀设计表与使用表

均匀设计表是一种规范化的表格，是均匀试验设计的基本工具。与正交表类似，每个均匀表也有一个代号 $U_n(q^m)$，其含义如下：

U：表示均匀表；

n：行数，即试验次数；

q：因素的水平数；

m：表的列数，表示最多能容纳的因素的个数。

例如，如表 8.1 所示为一张 $U_7(7^6)$ 均匀设计表，可安排 7 个水平 6 个因素的试验，只做 7 次试验即可。表 8.2 也是一张均匀设计表，其代号为 $U_6(6^6)$，可安排 6 个水平 6 个因素的试验，只需做 6 次试验。比较 $U_7(7^6)$ 和 $U_6(6^6)$ 可以看出，两表有一定的关系，即 $U_6(6^6)$ 是将表 $U_7(7^6)$ 的最后一行划去而得到的。表 $U_7(7^6)$ 称为水平数为奇数的均匀设计表，而表 $U_6(6^6)$ 称为水平数为偶数的均匀设计表。

表 8.1　$U_7(7^6)$—— 水平数为奇数的均匀设计表

试验号 \ 列号	1	2	3	4	5	6
1	1	2	3	4	5	6
2	2	4	6	1	3	5
3	3	6	2	5	1	4
4	4	1	5	2	6	3
5	5	3	1	6	4	2
6	6	5	4	3	2	1
7	7	7	7	7	7	7

表 8.2　$U_6(6^6)$—— 水平数为偶数的均匀设计表

试验号 \ 列号	1	2	3	4	5	6
1	1	2	3	4	5	6
2	2	4	6	1	3	5
3	3	6	2	5	1	4
4	4	1	5	2	6	3
5	5	3	1	6	4	2
6	6	5	4	3	2	1

均匀设计表任两列之间不是平等的。例如，将表 $U_6(6^6)$ 中第 1，3 列和 1，6 列的组合分别画在平面格子上，如图 8.2 所示。由图中可以看出，图 8.2(a) 中点子分布

均匀，而图 8.2(b) 中点子的均匀性就较差。因此，在均匀设计时应选择均匀性比较好的列，应按照均匀设计表的使用表来进行表头设计。使用表可以帮助我们在均匀设计时，选择合适的列来安排试验因素。表 8.3 所示的是 $U_7(7^6)$ 的使用表。由表 8.3 知，在选择 $U_7(7^6)$ 进行均匀试验设计时，若只有 2 个因素，则应安排在第 1 列、第 3 列；若有 3 个因素，则安排在第 1 列、第 2 列、第 3 列；若有 4，5 个因素，则分别安排在第 1，2，3，6 列和第 1，2，3，4，6 列；若有 6 个因素，则 6 列全安排。实际中使用的均匀设计表，都附带一个使用表，在均匀试验设计时，所选的因素只有按照规定的列进行表头设计时，才能取得较好的效果。

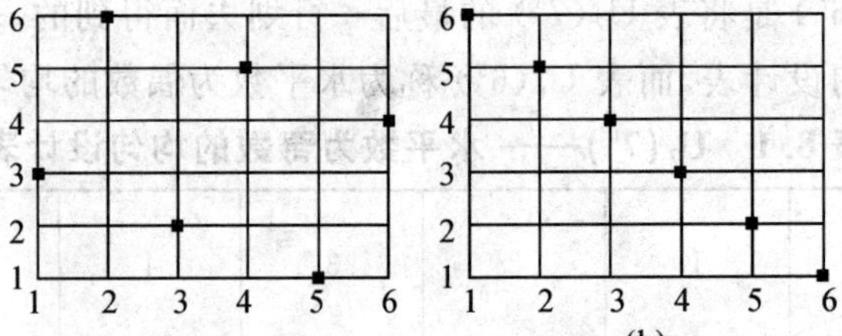

图 8.2　不同组合的均匀性

表 8.3　$U_7(7^6)$ 的使用表

因素数	列	号				
2	1	3				
3	1	2	3			
4	1	2	3	6		
5	1	2	3	4	6	
6	1	2	3	4	5	6

顺便指出，水平数为偶数的均匀设计表，其使用表与相应的水平数为奇数的均匀设计表相同。

8.2.2　均匀设计表的特点

均匀设计表的特点如下：

(1) 表中安排的因素及其水平只做一次试验，亦即每一列无水平重复。

(2) 试验点分布较均匀。

(3) 均匀设计的试验次数与水平数相等，即水平数和试验次数是等量增加的。而在正交试验设计中，二者则是按平方关系增加的。因此，在均匀试验设计中，随着因素水平的增加，试验工作量增加不大，这是均匀设计的最大优点。

(4) 均匀设计表中各列的字码顺序不能随意改动，而只能依原次序进行平滑，如图 8.3 所示。

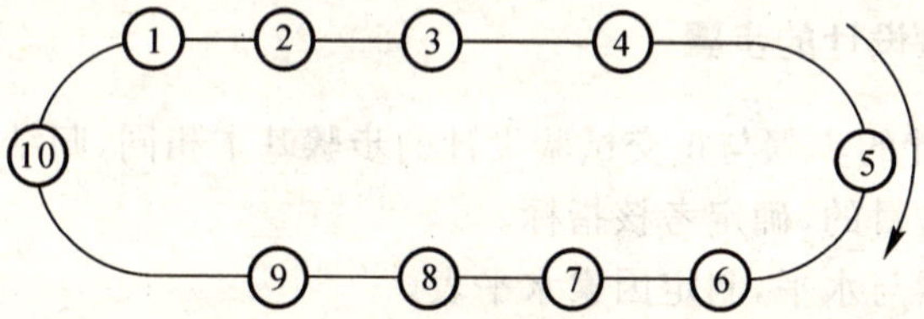

图 8.3　水平的平滑

8.3　均匀试验设计

8.3.1　均匀试验方案设计

当进行均匀试验设计时，主要根据因素水平来选用均匀设计表，并按均匀设计的使用表来安排试验方案。但要注意，方案设计中不考虑因素间的交互作用。均匀试验方案设计的步骤如下[1]：

(1) 因素与水平的选取。

(2) 选取合适的均匀设计表，并按其使用表进行表头设计。

(3) 确定试验方案。

试验方案设计中要注意如下几个问题[1]：

(1) 增加试验次数的问题。如果试验的范围较宽，初步选定的试验方案中的试验次数太少，这必然会影响试验的精度，并最终影响对结果进行分析所得出的结论的可靠性。为了提高试验的精度，可采用拟水平法或对因素的水平进行细分。

1) 采用拟水平法增加试验次数。采用拟水平法，选用试验次数多的均匀试验设计使用表安排试验方案。这就相当于进行重复试验，因而结论会更可靠些。

2) 对因素的水平进行细分，增加试验次数。

(2) 因素水平顺序平滑问题。均匀试验设计中水平数为奇数的表的最末一个试验都是各因素的高水平相遇，这样有时会产生不良后果。为避免这种情况发生，可将因素的水平次序按照如图 8.3 所示的方法做适当调整。

8.3.2　试验结果的计算与分析

对于均匀试验设计的结果，一般采用直观分析而不是方差分析。由于均匀试验设计所涉及的因素水平一般较多，而试验次数又少，加之无正交性，因此对均匀试验设计的试验数据的处理比较复杂，一般采用回归分析方法，常用线性回归或逐步回归的方法。

8.3.3 均匀试验设计的步骤

均匀试验设计的步骤与正交试验设计的步骤基本相同，归结如下：

(1) 明确试验目的，确定考核指标。

(2) 选取因素与水平，制定因素水平表。

(3) 选取合适的均匀设计表，进行表头设计。

(4) 确定试验方案并实施。

(5) 分析结果，选取优化方案。

(6) 验证试验。

8.4 均匀试验设计的应用

某厂在某新产品的生产过程中，欲对工艺参数方案运用均匀试验设计技术进行试验优化研究，目的是取得较好的技术经济效果。步骤如下：

1. *确定试验的目的及考核指标*

新产品的工艺参数在经过多次反复试验和筛选优化后，取得了较好的效果。为进一步降低原材料消耗和提高成品数，采用均匀试验设计方法进行优化。本试验的目的是降低原材料消耗和提高成品数量，试验考核指标是成品数为 y(件)。

2. *因素与水平的选择*

在原来试验的基础上并结合专业知识，选择 6 个因素，确定它们的变化范围为 $x_1 = 10 \sim 3.0$，$x_2 = 0.46 \sim 0.62$，$x_3 = 1.5 \sim 3.5$，$x_4 = 0.006 \sim 0.112$，$x_5 = 0.14 \sim 0.26$，$x_6 = 0.6 \sim 0.8$。每个因素均取 5 个水平，因素水平如表 8.4 所示。

表 8.4 因素水平表

水平 \ 因素	x_1	x_2	x_3	x_4	x_5	x_6
1	1.0	0.5	2.5	0.112	0.23	0.8
2	1.5	0.54	3.0	0.115	0.26	0.6
3	2.0	0.58	3.5	0.118	0.14	0.65
4	2.5	0.62	1.5	0.006	0.17	0.7
5	3.0	0.46	2.0	0.009	0.20	0.75

3. 选择均匀设计表，进行表头设计

本试验是 5^6 型试验，即六因素五水平，可以选取 $U_6(6^6)$，$U_8(8^6)$，$U_{10}(10^{10})$ 等偶数均匀设计表，亦可选择 $U_7(7^6)$，$U_9(9^6)$，$U_{11}(11^{10})$ 等奇数均匀设计表。为提高实验精度和可靠性，选取均匀设计表 $U_{10}(10^{10})$，并运用拟水平法来安排试验。表 8.5 和表 8.6 是 $U_{10}(10^{10})$ 均匀设计表及其使用表。根据 $U_{10}(10^{10})$ 的使用表，6 个因素分别安排在第 1,2,3,5,7,10 列上，如表 8.7 所示。

表 8.5　$U_{10}(10^{10})$ 均匀设计表

试验号 \ 列号	1	2	3	4	5	6	7	8	9	10
1	1	2	3	4	5	6	7	8	9	10
2	2	4	6	8	10	1	3	5	7	9
3	3	6	9	1	4	7	10	2	5	8
4	4	8	1	5	9	2	6	10	3	7
5	5	10	4	9	3	8	2	7	1	6
6	6	1	7	2	8	3	9	4	10	5
7	7	3	10	6	2	9	5	1	8	4
8	8	5	2	10	7	4	1	9	6	3
9	9	7	5	3	1	10	8	6	4	2
10	10	9	8	7	6	5	4	3	2	1

表 8.6　$U_{10}(10^{10})$ 的使用表

因素数	列号									
2	1	7								
3	1	5	7							
4	1	2	5	7						
5	1	2	3	5	7					
6	1	2	3	5	7	10				
7	1	2	3	4	5	7	10			
8	1	2	3	4	5	6	7	10		
9	1	2	3	4	5	6	7	9	10	
10	1	2	3	4	5	6	7	8	9	10

表 8.7 表头设计

因 素	x_1 x_2 x_3	x_4 x_5	x_6
列 号	1 2 3	4 5 6 7	8 9 10

4. 试验方案及其实施

表头设计完成后，将因素的水平运用拟水平方法的原则填到 $U_{10}(10^{10})$ 均匀设计表中，得到试验方案。经过试验得到 10 个试验数据，填在表中，如表 8.8 所示。

表 8.8 试验方案与结果

试验号 \ 列号	x_1	x_2	x_3	x_4	x_5	x_6	试验结果
	1	2	3	5	7	10	y/件
1	1(1.0)	2(0.54)	3(3.5)	(0.009)	7(0.26)	10(0.75)	28 625
2	2(1.5)	4(0.62)	6(2.5)	10(0.009)	3(0.14)	9(0.70)	29 558
3	3(2.0)	6(0.50)	9(1.5)	4(0.006)	10(0.20)	8(0.65)	26 008
4	4(2.5)	8(0.58)	1(2.5)	9(0.006)	6 (0.23)	7(0.60)	31 133
5	5(3.0)	10(0.46)	4(1.5)	3(0.118)	2(0.26)	6(0.80)	29 641
6	6(1.0)	1(0.50)	7(3.0)	8(0.118)	9(0.17)	5(0.75)	27 175
7	7(1.5)	3(0.58)	10(2.0)	2(0.115)	5(0.20)	4(0.70)	27 858
8	8(2.0)	5(0.46)	2(3.0)	7(0.115)	1(0.23)	3(0.65)	28 692
9	9(2.5)	7(0.54)	5(2.0)	1(0.112)	8(0.14)	2(0.60)	31 796
10	10(3.0)	9(0.62)	8(3.5)	6(0.112)	4(0.17)	1(0.80)	26 908
对 照	2.5	0.58	2.5	0.115	0.23	0.75	30 542

5. 试验结果计算分析

由表 8.8 看出，对试验结果的直接分析，第 9 号试验的指标最高(31 796 件)，并且比对照值高。

为提高试验结果分析的精度，并对优化条件进行预测，对试验结果的数据正规化处理后输入计算机，经过多次多项式回归得到如下回归方程：

$$\hat{y} = 169\,210.80 + 14\,340.71x_1 + 16\,426.51x_4 - 387\,741.60x_5 - 304\,332.50x_6 - 213.23x_1^2 + 1\,012.869x_5^2 + 202\,045.70x_6^2$$

再经过计算得 $R = 0.989\,099\,8$，$S = 581.39$，$F = 12.777$，查 F 分布表得 $F_{0.10} = 9.35$。回归方程 F 检验基本通过，对回归系数的检验也基本通过。

最后，对上面的回归方程求极值，结合专业知识和实际经验，预测得到优化配方为 $x_1 = 1.0$，$x_2 = 0.46$，$x_3 = 1.5$，$x_4 = 0.112$，$x_5 = 0.14$，$x_6 = 0.6$。$\hat{y}$ 值的预测

值波动范围为 31 396 ～ 34 882。为了再现所得到的指标值的可靠性，对优化配方进行试验，得到 $\hat{y}=32\ 100$。该指标在预测范围内，并且比以前试验的最好结果（对照）30 542，以及均匀试验设计得到的试验最好的结果（第 9 号试验）31 796 好得多。

本项目运用均匀试验设计技术，基本达到试验的目的。经过测算，优化工艺参数后的平均降低原材料消耗 34%，平均提高成品率 5%，并且取得了很好的经济效益。这也证明均匀试验设计是一项新的、先进的实验设计优化技术，完全可以推广到材料加工过程试验优化设计中，为科学实验探索出一条新路。

8.5　基于试验设计的直接建模方法的其他应用

基于试验设计的实验建模方法在材料加工过程中的应用涉及塑性成形、焊接、铸造、复合材料加工、注塑成形工艺优化、复合材料摩擦模型研究等方面。除了第五至八章中详细介绍的有关基于试验设计的直接建模方法在材料加工过程中的应用外，下面简述一些典型的代表性成果。

林忠钦等[3] 将正交试验设计方法与有限元数值模拟相结合，实现了对 U 形件成形过程中的压边力的优化设计。赖欣武等[4] 以类 U 形件作为研究对象，以有限元数值模拟法和正交试验法为工具进行冲压回弹模拟仿真，通过正交试验分析获得了对回弹影响显著的因素以及优化的工艺参数，从而为通过回归分析构建所选工艺参数和回弹量的数学模型提供了依据。

陈学锋和瞿金平[5] 将正交试验应用于振动力场作用下的聚合物挤出过程研究，获得了振动强度的振幅、频率及其交互作用对振动力影响的显著性，从而为研究建立振动力与振幅和频率间的数学模型提供了依据。

张静静、陈岗、卢彩红等人[6-8] 分别对薄壁圆管数控弯曲、复杂薄壁壳体旋压及薄壁矩形管数控弯曲进行了正交试验研究，获得了工艺参数对成形质量影响的显著性排序以及优化的工艺参数组合。

张伟等[9] 采用正交试验设计法，对高锰钢斗齿铸件的工艺参数进行优化，并经过反复试验，对整个铸造生产工艺加以完善，生产出性能优良的高锰钢斗齿铸件。章德铭等[10] 在制备原位 TiCp/Fe 复合材料时通过正交试验设计金相组织观察和性能测试，研究了不同成分配比和工艺参数对材料组织与性能的影响，优化了该材料的制备工艺。

赵宁和张娅莉[11] 对钢激光表面淬火后的固相焊接工艺参数进行了正交试验优化设计，研究了焊接温度、预压应力、保温时间三因素对接头力学性能的影响，确定了最佳焊接工艺参数，以使此种固相焊接新方法更利于工业应用。庄杏娟和柯春珊[12] 将正交试验设计应用于核电厂反应堆控制棒驱动机构的焊接工艺研究，获得了影响焊缝质量的工艺参数的主次排序及最优的焊接生产条件。

潘柏松和陈兰贞等[13,14]结合正交试验法和注塑模拟分析软件Moldflow，通过模拟分析并用模糊数学对塑件成形后的体积收缩率、表面沉降指数和最大翘曲量三个目标值进行综合评判，分析得出了最优的注塑工艺参数组合方案。

关春龙和刘国勤[15]为了研究不同的烧结温度、压力和高温保压时间对Al基复合材料致密度的影响，设计了三因素四水平的正交试验方案，研究获得了优化的工艺参数组合。徐磊和董立[16]对亚麻非织造复合材料工艺进行了正交优化设计，获得了影响亚麻非织造复合材料强度的显著因素和提高其强度的有效方案。

雷毅等[17]用销盘式摩擦磨损试验机测定了复合材料的摩擦学性能，采用四水平正交表设计试验，获得了因素对磨损率和摩擦因数的影响显著性排序及其影响规律，为回归方程的建立提供了依据。

李纪云等[18]采用均匀设计法设计了CF/SiO_2/PTFE/PEEK复合材料，并在摩擦磨损试验机上研究了PEEK复合材料的摩擦学特性，结果表明，均匀设计法应用于聚醚醚酮复合材料的摩擦学特性研究是可行的，能显著提高试验效率，降低试验费用，缩短试验周期。

上述基于试验设计的实验建模方法在材料加工过程中的应用除少量地采用均匀试验设计法外，以正交试验设计方法为主。以正交试验设计为代表的直接实验建模方法思路清晰，优化结果统计分析计算比较简单，但所得结果并非最优解，一般只为较优解[19]。

参考文献

[1] 栾军. 现代实验设计优化方法. 上海：上海交通大学出版社，1995.

[2] 方开泰，等. 正交与均匀试验设计. 北京：科学出版社，2001.

[3] 林忠钦，刘罡，李淑慧，等. 应用正交试验设计提高U形件的成形精度. 机械工程学报，2002,38(3):84-89.

[4] 赖欣武，胡树根，宋小文. 基于正交试验的冲压件回弹预测研究. 轻工机械，2007,25(2):63-65.

[5] 陈学锋，瞿金平. 用回归分析法建立聚合物挤出压力与振动参数关系模型. 塑料，2004,33(2):80-82.

[6] 张静静. 铝合金大口径薄壁管数控弯曲回弹的数值分析[D]. 西安：西北工业大学，2008.

[7] 陈岗，詹梅，杨合，等. 基于正交优化的异型薄壁壳体强力旋压成形有限元分析. 塑性工程学报，2008,15(4):67-71.

[8] 卢彩红. 薄壁矩形管弯曲成形截面畸变的模拟研究[D]. 西安：西北工业大学，2008.

[9] 张伟，朱军，张立荣. 应用正交设计法生产高锰钢斗齿铸件. 机械工人/热加工. 2005,11:

69－70.

[10] 章德铭，李凤珍，刘兆晶，等. 原位TiCp/Fe复合材料的制备工艺优化. 哈尔滨理工大学学报，2002,7(4):22－25.

[11] 赵宁，张娅莉. 钢激光表面淬火后的固相焊接工艺参数正交试验优化设计. 信阳农业高等专科学校学报，2004，14(3):4－6.

[12] 庄杏娟，柯春珊. 焊缝焊接工艺参数的正交试验设计. 研究与探讨，2005，2:23－27.

[13] 潘柏松，龚惠玲，刘红. 基于正交试验法的注塑工艺多目标优化设计. 浙江工业大学学报，2007，35(3)：308－312.

[14] 陈兰贞，基于数值模拟与正交试验结合的注塑模多工艺参数优化设计. 现代制造工程，2006，12：77－79.

[15] 关春龙，刘国勤. SiCp/Al基复合材料制备工艺的正交优化设计. 粉末冶金工业，2007，17(2)：26－29.

[16] 徐磊，董立. 亚麻非织造复合材料工艺的正交优化设计. 非织造布，2006，14(1)：25－27.

[17] 雷毅，郭建良，张雁翔. 基于UHMWPE/nano－ZnO复合材料摩擦特性的正交试验及回归分析. 中国石油大学学报. 自然科学版，2006，30(4)：86－89.

[18] 李纪云，曾群锋，彭旭东. 均匀设计法在聚醚醚酮复合材料摩擦学特性试验中的应用研究. 润滑与密封，2007，32(7):13－15.

[19] 谢克非，周天瑞. 多种优化方法在材料工程中的应用与分析. 南昌工程学院学报，2005，24(4):6－11，19.

第九章　人工神经网络

人工神经网络(Artificial Neutral Networks,简称 ANN)是一种信息处理系统,由大量简单的、广泛连接排列成层的处理单元组成。这些单元是模仿大脑中的神经细胞(神经元)设计而成的,它通过对连续的或间断的输入作状态响应而进行信息处理[1]。

人工神经网络的实现有两种方式[1]:一种是硬件实现,即采用集成电路芯片组成(电子的)神经计算机;另一种是软件实现,即基于传统计算的模拟。

9.1　人工神经网络模型的基本组成

从人脑的生理结构出发来研究人的智能行为,模拟人脑信息处理的功能,即人工神经网络的研究。它始于20世纪40年代,但其发展却经历了一条曲折的道路,经历了兴起、萧条、复兴和兴盛四个时期。根据文献记载这四个时期可划分为:第一时期自1890年至1969年为初始发展期;第二时期自1969年至1982年为低潮时期;第三时期自1982年至1986年为复兴时期;第四时期自1986年至现今为发展高潮期。

9.1.1　基本组成

人工神经网络从拓扑上可以看成是以处理单元(Processing Element,简称PE)为特点,用加权有向弧连接而成的有向图。其中处理单元是对生理神经元的模拟,而有向弧则是"轴突－树突"对的模拟。有向弧的权值标志着两处理单元间相互影响的强弱。综合全部有向弧形成的互联强度矩阵对应于人脑中信息的长期记忆。处理单元用非线性函数实现单元输入与输出间的非线性映射,其即时活跃值对应于人脑中信息的短期记忆。

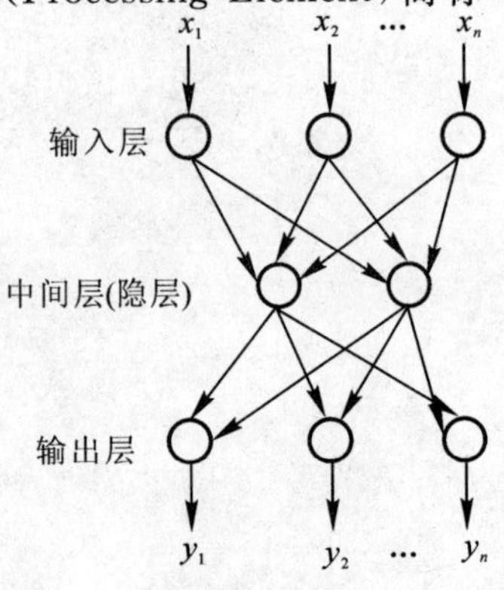

图 9.1　典型的神经网络模型

在人工神经网络中,接收输入信号的单元层称为输入层,输出信号的单元层称为输出层,不直接与输入输出发生联系的单元层称为中间层或隐层[1-5]。如图9.1所示是典型的神经网络的连接形式,在神经网络中，处理单元是极简单的器件。每个处理单元都有三个基本功能，即接收输入，对输入值进行处理，计算输出。人工神经网络的处理功能都是由这些简单的处理单元完成的，各处理单元之间通过权值连接，单元的所有这些连接决定了该神经网络的连接模式，该连接模式可以用一个权值矩阵来表示。这些连接可以传递信号，每个单元都从它的输入连接接受许多信号，这些输入信号来自别的单元或外界，每个单元只有一个信号输出。输出信号通过单元间的连接传递到其他单元，输出的每个单元都传递相同的输入信号。单元的输出连接成为另一些单元的输入或直接将信号输出到外界。它从输入端直接接收输入的激励，并且转换这种输入激励为输出响应，然后将此输出响应借输出连接向后传递。描述将输入激励转换为输出响应的数学表达式称为出路单元的传递函数。它由三步组成。首先处理单元计算它从所有的输入连接处接收的全部加权重的输入，称为激励水平，一般表达式为

$$I_i = \sum_{j=1}^{n} w_{ij} x_j \tag{9.1}$$

式中，I_i 为处理单元从前面几个处理单元的输出连接所得到的总权重输出；x_j 为从第 j 个单元得到的输入信号；ω_{ij} 为从第 j 个单元到第 i 个单元间连接的权重。

信号传输的第二步是由传递函数将权重和转换为单元的输入信号。在大多数网络中，传递函数采用 S 函数(Sigmoid Function)，其函数曲线为 S 形，最常用的形式为

$$f(I) = \frac{1}{1 + \exp(-I)} \tag{9.2}$$

S 函数是单调增函数，且具有下限和上限。传递函数的第三步是将单元的激励水平转换为单元的信号输出。常用的形式为(设输出信号为 y_i)

$$y_i = \begin{cases} f(I_i), & f(I_i) > \theta_i \\ 0, & f(I_i) \leqslant \theta_i \end{cases} \tag{9.3}$$

式中，θ_i 是阈值。

如果向网络输入一组数据，在网络输入层的每个单元都接收输入模式的一小部分。然后输入层将输入通过连接转换传递给中间层。中间层接收整个输入模式，但因输入信号要通过单元间加有权重的连接传递，到中间层的输入模式由于权重的影响已被改变，中间层单元的输出与输入层大不相同。一般情况下，中间层单元将输入信号传递给输出层的全部单元，输出单元从中间层接收输出活动的全部模式，但中间层往输出层的信号传递仍要经权重的加工，所以输出层单元接收的输入模式已与中间层的输出不同。输出层单元有的激发，有的抑制，产生相应的输出信号。输出层单元输出的模式就是网络对输入模式激励的总的响应。神经网络通过学习来解决问题，而不是通过编程。学习和训练几乎对所有的神经网络来说都是最基本的。在处理单元确定后，用网络来建模是通过学习训练数据来调整权重而完成

的。对每个处理单元而言，若假设其传递函数不变（一般情况下，训练过程中处理单元的传递函数是不变的），其输出由两个因素来决定，即输入数据和与此处理单元连接的各输入量的权重。

9.1.2 神经元模型

神经元是人工神经网络的基本处理单元，一般是多输入、单输出的非线性元件。每个处理单元具有三个基本功能，即接收输入、对输入值进行处理、计算输出，其模型如图 9.2 所示。

图 9.2 中，$x_1, x_2, \cdots, x_n$ 表示输入信号，x_j 可以为任意数据类型，如整数、实数、复数型等；$W_1, W_2, \cdots, W_n$ 表示连接强度，权；θ_i 为阈值；I_i 为 i 神经元的输入总和，且 $I_i = \sum_{j=1}^{n} w_{ij} x_j$；$y_i$ 为输出信号，且 $y_i = f(I_i)$；f 为传递函数，是输入和输出之间的非线性函数。

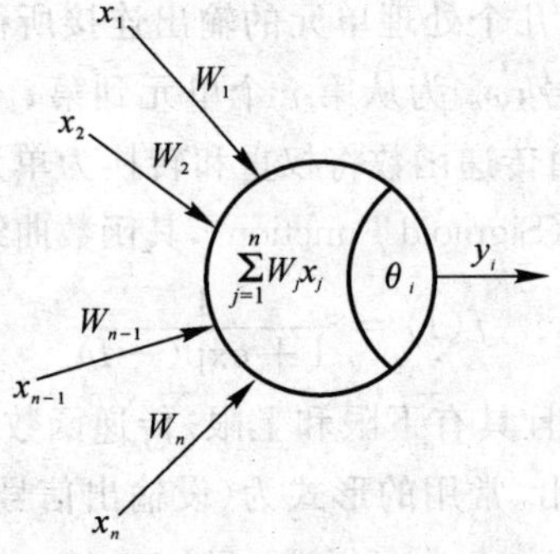

图 9.2　神经元模型

9.1.3 传递函数的类型

$$u_i = g(I_i) \tag{9.4}$$

神经元的关系满足方程式(9.1)、式(9.4)和式(9.3)，神经元的状态 u_i 和输出 y_i 的关系是一个非线性的关系，一般有三种，如图 9.3 所示。

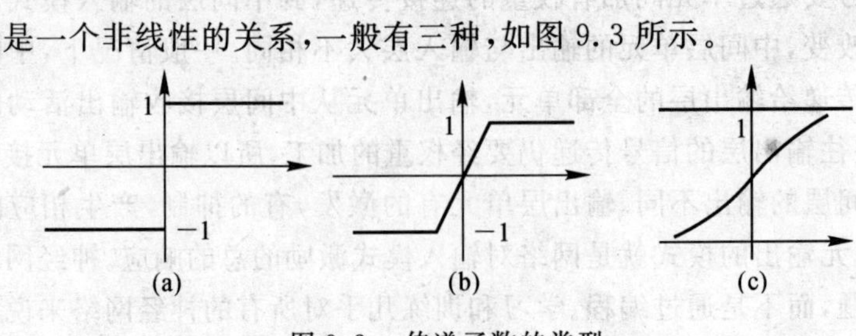

图 9.3　传递函数的类型

图 9.3(a) 表示神经元的兴奋活动输出值 y_i 是一个二值变量，如果在方程式(9.1) 中的 x_j 也是二值变量，那么这种神经网络为离散型的网络，神经元的输出可以是±1，也可以为 0，1 二值，这种关系为硬函数，例如 Perceptron 模型、M-P 模型以及 Hopfield 在 1982 年所提出的模型，都是属于二值变量的硬函数。图 9.3(b) 表示输入输出关系是分段线性关系，在 CNN 网络中运用的就是这种模型，当然其值可以从 0 到 1。图 9.3(c) 是一个单调上升的光滑的非线性函数，常用的有 S 形函数和双曲正切函数，其表示式分别为

$$y_i = f(u_i) = \frac{1}{1 + e^{-u_i}} \tag{9.5}$$

$$y_i = f(u_i) = \frac{1}{2}\left(1 + \text{th}\,\frac{u_i}{2}\right) \tag{9.6}$$

在 Fukushima 模型和 Back-propagation 的模型中都是用这一输入输出变换函数。

9.1.4 神经元的信息处理过程和特点

神经元的信息处理过程分下面两步进行：

(1) 求输入信号与神经元连接强度的内积(权重和)$I_i = \sum w_i x_i$(I_i 也叫激励水平)。

(2) 进行阈值判断并输出相应的值。

神经元的特点如下：

(1) 神经元是一个多输入、单输出的非线性元件。

(2) 神经元具有阈值作用。

(3) 每个输入通过权值来表征它对神经元的连接强度。

9.2 人工神经网络的工作方式、分类及特点[1-5]

9.2.1 人工神经网络的工作方式

人工神经网络的工作过程主要由两个阶段组成，一个阶段是工作期，此时各连接权值固定，计算单元的状态发生变化，以求达到稳定状态；另一阶段是学习期(自适应期或设计期)，此时各计算单元状态不变，各连接权值可修改(通过学习样本或其他方法)。前一阶段较快，各单元的状态亦称短期记忆(STM)；后一阶段慢得多，权及连接方式亦称长期记忆(LTM)。

能量函数是神经网络的一个基本量。按对能量函数的利用可分为三种工作方式:① 能量函数的所有局部极小点都起作用,这一类主要用于各种联想存储器、信息压缩机编码,通常称为 HNN 的属于这一类,也包含一些自组织网络;② 只利用能量函数的全局最小点,这一类主要用于求解组合最优化问题,例如 TSB 问题以及视觉、控制等领域中的一些反演问题;③ 在工作中不考虑能量函数,主要作用是函数映射,它主要包括用于模式分类和特征抽取的多层感知器。

如果说人工神经网络工作是一计算过程,那么计算用的"程序"就是网络的动力学方程组,而改变和建立神经网络联系的"学习"过程则可称为"编制程序"过程。从动力系统演化观点讲,神经网络中的动力学过程有快、慢之说,快过程是短期记忆的基础:从输入态到它所邻近的某平衡态的映射关系是多一对应关系。这种关系可用来实现AM的信息存取。这种信息存取方式有推广的能力,即可以把一组邻近的输出映入到同一平衡态。在神经网络快过程进行的同时,权重也会发生慢慢的变化,即使没有快过程时,权重也会有所变化。这样,整个记忆经历着一个动力学过程。这个过程的目标并不是一个平衡态,而是一个具有结构的自组织系统。它通过神经网络与环境的交互作用,把环境的统计律反映到本身结构之中而保持下来。通过权值联系变化实现的记忆是持久的,称为长期记忆。AM 型记忆的建立是一个学习过程,它是一个慢过程,而它的存取则是一个快过程。

9.2.2 人工神经网络的结构

将神经元按照一定的方式连接起来,就构成了各种形态的人工神经网络。神经网络的分类有不同的方法,如根据学习方式可分为有导师学习和无导师学习的神经网络,按照网络的性能可分为连续性与离散性网络以及确定性与随机性网络。在此,按照网络的拓扑结构,常用的人工神经网络可归结为如下几类:

1. 前馈式网络

前馈式网络中神经元是分层排列的,每个神经元只与前一层的神经元相连,如图 9.4 所示。最上一层为输出层,最下一层为输入层,还有中间层,中间层也称为隐层。隐层的层数也可以是一层或多层。

2. 输入输出有反馈的前馈网络

如图 9.5 所示,在输出层上存在一个反馈回路到输入层,而网络本身还是前馈型的,如 Fukushima 的网络就是用这种反馈的方式达到对复杂图形的顺序选择等功能的。

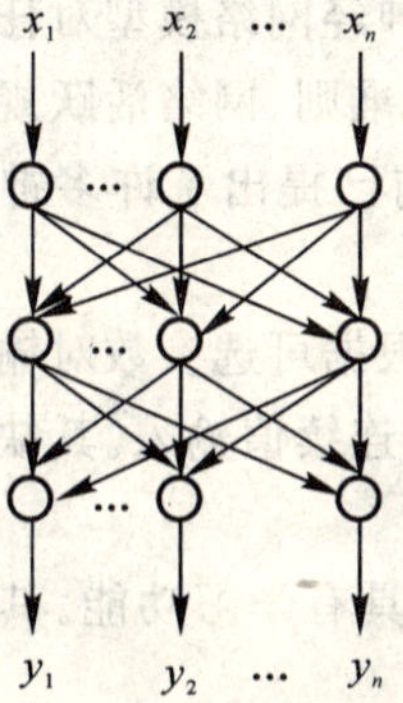

图 9.4 前馈式网络

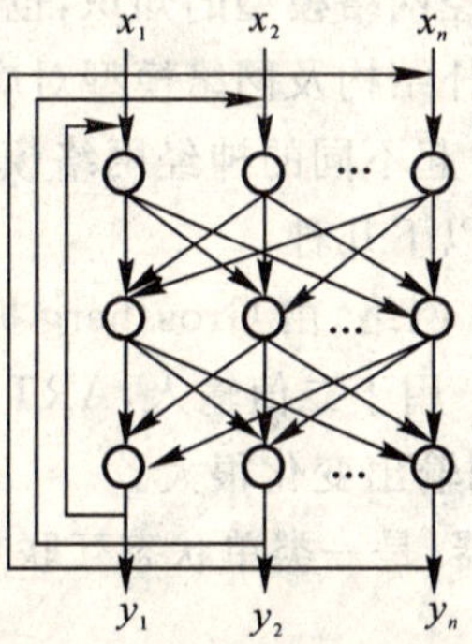

9.5 输入输出有反馈的前馈网络

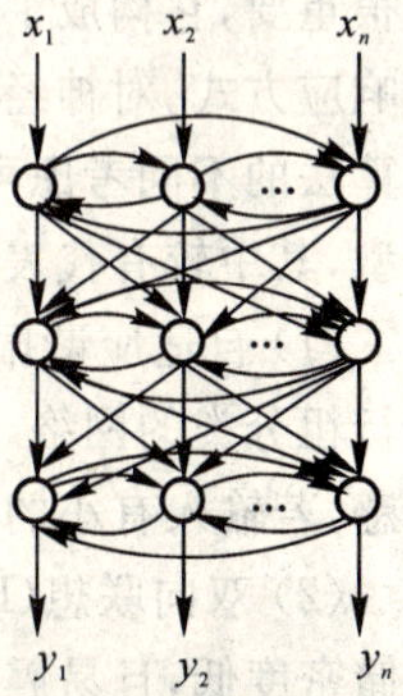

图 9.6 前馈内层互连网络

3. *前馈内层互联网络*

如图 9.6 所示的网络，在同一层内存在互相连接，它们可以形成互相制约，而从外部看还是一个前向网络，很多自组织网络大都存在着这种内层互连的结构。

4. *反馈型全互联网络*

如图 9.7 所示是一种单层全互联网络，每个神经元的输出都与其他神经元相连，如 Hopfield 网络和 Boltzmann 机都属于这一类网络。

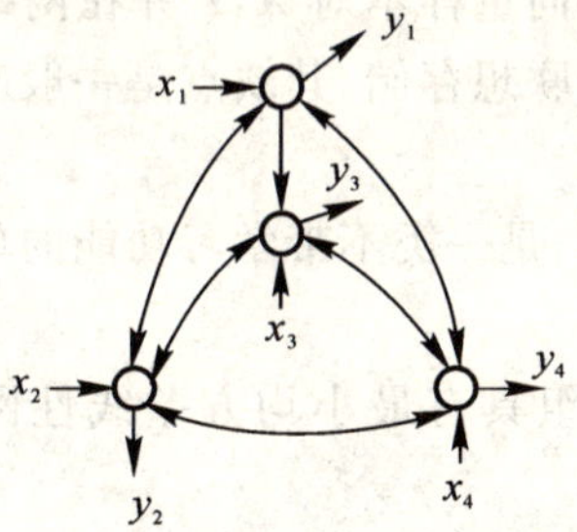

图 9.7 反馈型全互联网络

图 9.8 反馈型局部连接网络

5. *反馈型局部连接网络*

如图 9.8 所示是一种单层网络，它的每个神经元的输出只与其周围的神经元相连，形成反馈的网络。这类网络也可发展为多层的金字塔形的结构。

9.2.3 有代表性的人工神经网络

在神经网络模型中，各处理单元之间相互影响程度的大小，取决于连接权重。单元之间的所有这些连接决定了该神经网络的连接模式。对神经网络来说，连接模式很重要，它构成了整个神经网络模型的知识，也决定了神经网络模型对任一输入的响应方式。对神经网络拓扑结构及网络模型对应的传播准则、网络活跃规则和学习算法的不同考虑可以建立起不同的神经网络模型。目前已提出了许多神经网络模型，其中较有代表性的有以下几种：

(1) 自适应谐振(ART) 网络，由 Grossberg 提出，是根据可选参数对输入资料进行粗分类的网络，ART Ⅰ 用于二值输入，ART Ⅱ 用于连续值输入。其缺点是太敏感，若输入有小的变化，则输出变化很大。

(2) 双向联想(BAM) 器，是一类单状态互联想网络，具有学习功能。其缺点是存储密度低，且易震荡。

(3)Boltzmann 机，由 Hinton 等提出。由于 BP 网络的收敛条件较复杂苛刻，该模型中加入一热噪声系数 T，减小了陷入局部极小的可能。其缺点是训练时间较 BP 网络更长。

(4) 反向传递(BP) 网，是一种反向传递并修正误差的多层映射网，在参数适当时，能收敛到较小的均方误差，是当前应用最广的一种网络。其缺点是训练时间长，易陷入局部极小。

(5)BSB 模型，亦称盒中脑模型，是具有最小均方误差的单层自联想网络，可用于从数据库中提取知识。其缺点是仅有单步决策能力。

(6)CPN(Counter Propagation Network)，由 R. Hecht-Nielsen 于 1987 年提出，亦称对流网，通常是 5 层，在第 1，5 两层加载向量样本对 $\boldsymbol{X}$，$\boldsymbol{Y}$ 并在网络中反向流动，在 2，4 两层输出近似的 $\boldsymbol{Y}'$，$\boldsymbol{X}'$ 向量，可用于联想存储。其缺点是一般应用均要求很多的处理单元。

(7)Hopfield 网，由 Hopfield 于 1982 年提出，是一类不带学习功能的单层自联想网。其缺点是要对称连接，内存开销较大。

(8)MadaLine，它是 AdaLine 的发展，是一组具有最小均方差线性网络的组合，学习能力较强，但 I/O 间需满足线性关系。

(9) 认知机(Neocognitron)，由 Fukushima 于 1972 年提出，是迄今为止结构最复杂的多层网，通过无导师学习，具有选择性注意的能力，对样品的平移、旋转不敏感。其缺点是耗用节点及互连多，参数多且难选。

(10) 感知器(Perceptron)，是最“古老”的网络(Rosenblatt 于 1975 年提出)，是一组可训练线性分类器，目前已很少使用。

(11) 自组织映射网(SOM)，由 Kohonen 于 1972 年提出，能形成簇与簇之间的连续映射，起向量量化器的作用。

9.2.4　人工神经网络的特点

人工神经网络是基于人类大脑的结构和功能而建立起来的新学科。尽管目前它只是大脑的低级近似，但它的很多特点和人类的智能特点类似。正是由于这些特点，使得神经网络不同于一般计算机和人工智能。

1. 固有的并行结构和并行处理

人工神经网络与人类的大脑类似，不但结构上是并行的，它的处理顺序也是并行的和同时的。在同一层内的处理单元都是同时操作的，即神经网络的计算功能分布在多个处理单元上。而一般计算机通常由一个处理单元进行，其处理顺序是串行的。目前的神经网络功能常常用一般计算机的串行工作方式来模拟它的并行处理方式，所以显得很慢，而真正的神经网络将大大提高处理速度，并能实现实时处理。

2. 知识的分布存储

在神经网络中，知识不是存储在特定的存储单元中，而是分布在整个系统中，要存储多个知识就需要很多连接。而在计算机中，只要给定一个地址就可得到一个或一组数据。在神经网络中要获得存储的知识则采用“联想”的办法，这类似人类和动物的联想记忆。当一个神经网络输入一个激励时，它要在已存储的知识中寻找与该输入最好的存储知识为其解。这犹如一个中学教师可以容易地辨认出他的学生潦草的笔迹，甚至这些笔迹是变形的、失真的和缺损的。这就是说，人类根据联想善于正确识别图形，人工神经网络也是这样。

联想记忆有两个主要特点：一是具有存储大量复杂图形的能力（如语声的样本、可视图像、机器人的活动、时空图形的状态、社会的情况等）；二是可以很快地将新的输入图形归并分类为已存储图形的某一类。虽然一般计算机善于高速串行计算，但它却不善于那种实时的图形识别。

3. 容错性

人类大脑具有很强的容错能力。我们知道，每天大脑的一些细胞会自动死去，但并没有影响人们的记忆和考虑能力。这正是由于大脑中知识是存储在很多处理单元和它们的连接上的结果。

人工神经网络也是这样，具有很强的容错性。它可以从不完善的数据和图形中进行学习和做出决定。由于知识存在整个系统中，而不是在一个存储单元中，一定比例的节点不参与运算，对整个系统的性能不会产生重大影响。所以，在神经网络中承受硬件损害的能力比一般计算机强得多。在一般计算机中，这种容错能力是很差的，如果去掉其任一部分，都会导致机器的瘫痪。

4. 自适应性

人类有很强的适应外部环境的能力。一个刚出生的小孩，在周围环境的熏陶下可以学会很多事情，如通过学习可学会认字、说话、走路以及考虑、判断一些事情。人工神经网络也可通过学习具备这种能力。

在训练网络时，有时只给它大量地输入图形，没有指定要求的输出，网络就自行按输入图形的特征对它们进行分类，就像小孩通过大量观察可以分辨出哪是狗、哪是猫一样。网络通过训练自行调节连接加权，从而对输入图形分类的特性，称为自组织特性。它所用的训练方法，称为无指导的训练。

另外，人工神经网络还有综合推理的能力。综合推理是指网络具有正确响应和分辨从未见过的输入图形的能力。比如，在Nettalk的情况下，训练它所用的课文中的字词是有限的，但它却可认识和朗读从未见过的词。又比如，进行数字图形的识别时，对于不完善的数字图形或失真的数字图形仍能正确辨认。

人工神经网络的自适应性是其重要的特点，综上所述，一般包括四个方面：学习性、自组织能力、推理能力和可训练性。正是由于 ANN 具有自适应性，我们可以训练 ANN 控制机器人在无人的地方，在水下航行器中，在装配线上代替人的工作，甚至去完成一些诸如清除辐射物质等的危险工作。

5. 图形识别能力

目前有各种各样的神经网络模型，其中很多网络模型善于识别图形。有些称为分类器，有些称规则检测器用于提取特征（如图形的边缘），而另一些则是自动联想器。其大多数工作都与神经网络辨别图形的能力相关。总之，图形识别是 ANN 最重要的特征之一。它不但能识别静态图形，对实时处理复杂的动态图形（随时间和空间而变化的）也具有巨大潜力。

图形识别的一个商用产品是 Nestorwriter，它可在 IBM PC 机上运行，它部分地用了 ANN 图形识别器，实际上是一种手写体识别器。输入是写在数字书写板上的英文手写体，经过一组典型的手写样本训练之后，可对以前从未见过的手写体进行解释，即使手写体存在大小变化、位置偏移、失真和风格差异等，也仍能进行识别。该设备可以推广到其他字符的识别，如汉字、日文字符等。另外，它还可以推广到识别声音信号和空间视觉信号。ANN 还可以识别一个不完善的输入图形，如输入图形缺损了一部分，或一部分被噪声破坏了，它仍能正确识别。这就像人们只要看一个人的大部分脸，就可以认出此人是谁。ANN 也善于从观察部分图形猜测出整体图形，一般称这种特性为直觉特性。实际上，输入图形数据总是存在某种不确定性，所以它的直觉性是非常重要的。

9.3 人工神经网络的学习方法

在人工神经网络中，权是一个反应信息存储的关键量。在结构和传递函数定了以后，如何设计权使网络达到一定的要求，这是人工神经网络必不可少的部分。大多数神经网络权的设计是通过学习得到的。学习是人工神经网络模型的特征。神经网络通过学习来解决问题，而不是通过编程。神经网络不是通过修改处理单元的本身来完成训练过程，而是靠改变网络中各连接的强度来学习的。其学习机理为修改权重而影响外部输入。任何一个人工神经网络模型要实现某种功能的操作，就必须对它进行训练，即让它学会它要做的事情，并把这些记忆(存储)在网络的权中。所以，学习和训练的实质就是加权矩阵随外部激励(环境)作自适应变化。目前学习可分为下列几种[1-5]。

(1) 死记式学习，即根据待执行的处理直接计算权矩阵。亦即网络的权是事先设计的，值是固定的。如 Hopfield 网络在做优化时，权可根据优化的目标函数和约束条件来设计，一旦设计好了就不能变动。早期的 M－P 模型也是用设计好的固定权来完成与、或、非等逻辑关系的。

当事先无法确定互连值的适当值，或人工地设置互连权太烦琐时，就可采用网络的“学习”方法。“学习”又分有导师学习与无导师学习两大类。

(2) 有导师学习，亦称监督学习，它需组织一批正确的输入输出资料对。将输入资料加载到网络输入端后，把网络的实际响应输出与正确的(期望的)输出相比较得到误差，然后根据误差的情况修改各连接权，使网络朝着能正确响应的方向不断变化下去，直到实际响应的输出与期望的输出之差在允许范围之内。这种学习算法通称误差修正算法。对有导师学习，不但需要训练用的输入向量，同时还要求与之对应的表示所需输出的目标向量。输入向量与对应的目标向量一起称为一个训练对。通常训练一个网络需要很多训练对，这些训练对组成训练组。在加上一个输入向量时，要计算网络的实际输出，并同相应的目标向量比较，比较结果的误差用来按规定的算法改变加权。这样，把训练组中的每个向量对相继加入，对每个向量都要计算误差和调节加权，指导训练组中的误差都达到可接受的最小值为止。

这种方法是用已知的例子作为教师对网络的权进行学习，称为 δ 学习律。

设 $\boldsymbol{x}^i, \boldsymbol{y}^i (i=1,2,\cdots,P, P$ 为样本数目) 为已知的输入、输出例子，$\boldsymbol{x}^i, \boldsymbol{y}^i$ 为 n 和 m 维向量，$\boldsymbol{y}^i=(y_1,y_2,\cdots,y_m)^{\mathrm{T}}$，$\boldsymbol{x}^i=(x_1,x_2,\cdots,x_n)^{\mathrm{T}}$，把 $\boldsymbol{x}^i$ 作为神经网络的输入，在权的作用下，可计算出实际神经网络的输出为 $\boldsymbol{y'}_i=(y'_1,y'_2,\cdots,y'_i,\cdots,y'_m)^{\mathrm{T}}$，设任一个输入神经元 q 到 y'_j 的权为 W_{qj}，则其权的改变量为

$$\Delta W_{qj} = \eta \delta_j V_q$$

式中，$\delta_j = F(y_j - y'_j)$；η 为步长；$(y_j - y'_j)$ 为误差(即要求值与实际值之差)；V_q 为第 q 个神经元的输出；$F(\quad)$ 函数是根据不同的情况而定，多数人工神经网络采用 $F(x)=x$，因此 $\delta_j = (y_j - y'_j)$。

在很多神经网络中，都采用了这种 δ 学习律，如 Perceptron Adaline 和

Back-Propagation 算法等。

(3) 无导师学习，亦称无监督学习。无导师学习不需要目标向量，这时仅有一批输入向量，网络通过自身的“经历”来学会某种功能。因为有指导的训练被很多人批评在生物上是解释不通的。他们认为很难相信在大脑中有那种训练机制，能比较实际的输出和要求的输出，并能将比较结果反馈给网络。退一步讲，假如说大脑中有这种训练机制，那么所要求的输出图形或向量又从何处获得呢？何况人们发现在幼儿的早期发育中，存在自组织的能力，那么幼儿的大脑又是如何实行组织功能的呢？所以无指导的训练倒是生物上有道理的一种训练算法。据此，在无导师学习过程中，不需要目标向量，所以也就无须比较产生控制误差了。训练组织只是由输入向量组成。该训练算法也修改网络的加权，使得产生的输出具有某种可理解的规律性。比如，训练组中的某两个输入向量非常类似时，它们将产生相同的输出图形。这个训练实质上是抽取训练组的统计特征，并把输入向量中按图形类似程度分为不同的类别。它包括如下几类：

1) 迭代自组织学习。在网络初始状态下，互连权均设置为一小正数，通过反复加载这批输入资料，使网络不断受到刺激，当与曾经历的刺激相同的刺激到来时，相应互连权以某一系数增大，重复加入的同种刺激使相应的互连权增大到接近 1 的某值。这一自组织的方法，使网络具有“记忆”能力以致形成“条件反射”，当曾经学习过的或相似的刺激加入时，输出端便按权矩阵产生相应的输出。Kohonen 的自组织映像(Self Organization Mapping ，简称 SOM) 算法便是这类学习的代表。

两个神经元之间的连接权，正比于两个神经元的活动值，如 V_i，V_j 表示两个神经元的输出值，则它们之间的权的变化为

$$\Delta W_{ij} = \eta V_i V_j$$

式中，η 为步长或常数。

2) 竞争与抑制学习。这也是一种无导师学习方法，可举出 IAC 模型为代表。它是由 McClelland 与 Rumelhart 为首的 PDP(Parallel Distributed Processing) 小组提出的。该模型将处理单元划分成几个竞争池，在不同池之间有激励连接(一般都是双向的)，而同一池的不同单元间有抑制连接(对该池中所有其他单元)，从而若外界对不同池的一个或几个单元施加刺激后，将激活不同池中互连最强的一组单元，得到对该刺激的一个整体回忆。

3) 相近学习。设 W_{ij} 为从神经元 i 到神经元 j 的权，V_i 为 i 神经元的输出，则

$$\Delta W_{ij} = \alpha(V_i - W_{ij})$$

在这个学习中，使 W_{ij} 十分逼近 V_i 的值。如 Kohonen 和 ART 等都采用这类学习方法。

9.4　误差反向传播(BP)网络

1985 年，Rumelhart 和 McClelland 提出了多层网络的误差反向传播 BP(Back Propagation) 算法，它突破了两层网络的限制，加入了隐层节点，给出了一种有效的学习算法。它根据学习误差的大小，从后向前修正各层之间的权重，使网络的学习误差达到最小。用 BP 算法进行信息处理是建立在它的函数变换功能上的，BP 网络如图 9.9 所示。这个算法的学习过程由正向传播和反向传播组成，在正向传播中，输入信息从输入层经隐单元层逐层处理，并转向输出层，每一层神经元的状态只能影响下一层神经元的状态；若在输出层不能得到期望的输出，则将误差信号沿原来的连接通路返回，进行反向传播，通过修正各层神经元的权值，使误差信号最小[1-5]。下面具体分析网络的学习过程。

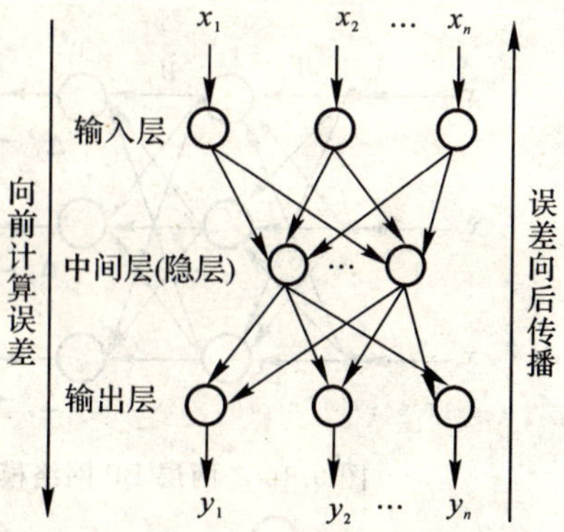

图 9.9　反向传播网络的两步训练

9.4.1　BP 训练算法的导出

BP 训练是有指导的训练，是靠调节各层的加权使网络学会各训练组，这些训练组是由输入输出对 $\{x_i^k \quad T_j^k\}$ 组成。类似感知器中线性单元和非线性单元的训练算法，执行优化的基本方法仍然是梯度下降法(见附录 1)。如图 9.10 至图 9.13 所示。

为明了起见，下面以两层网络为例，该网络如图 9.10 所示。以下采用的符号如图 9.10 所示。输出节点的输出用 y_j^k 表示，隐蔽层节点的输出用 y_h^k 表示，输入信号用 x_i^k 表示。由输入至隐蔽层节点的加权表示为 W_{ih}，由隐蔽层节点至输出层节点的加权表示为 W_{hj}，下标 i,h,j 分别表示某一输入端点、隐蔽层节点和输出节点，上标 k 表示训练对的序号 $k=1,2,\cdots,p$。x_i^k 既可以是二进制数(0/1 或±1)，也可以是连续值。输入端点数目用 n 表示。

在加入第 k 个输入图形时，隐蔽层 h 节点的输入加权和为

$$s_h^k = \sum_i W_{ih} x_i^k \tag{9.7}$$

相应点的输出为

$$y_h^k = f(s_h^k) = f(\sum_i W_{ih} x_i^k) \tag{9.8}$$

同样,输出层 j 节点的输入加权和以及相应的最后输出分别为

$$s_j^k = \sum_h W_{hj} y_h^k = \sum_h W_{hj} f(\sum_i W_{ih} x_i^k) \tag{9.9}$$

$$y_j^k = f(s_j^k) = f(\sum_i W_{hj} y_h^k) = f\left[\sum_i W_{hj} f(\sum_j W_{ih} x_i^k)\right] \tag{9.10}$$

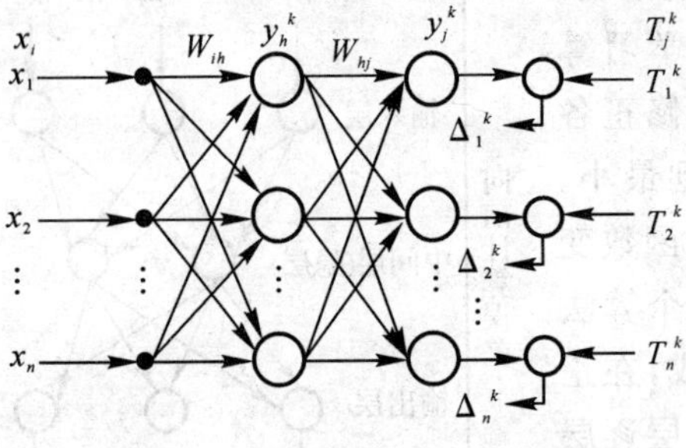

图 9.10　两层 BP 网络模型

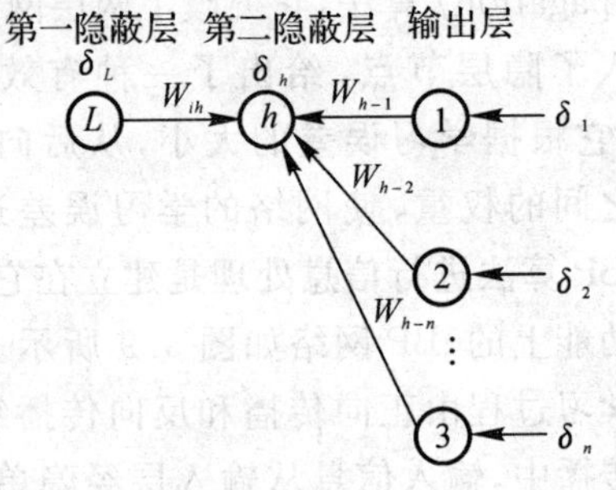

图 9.11　隐蔽层 δ 的计算方法

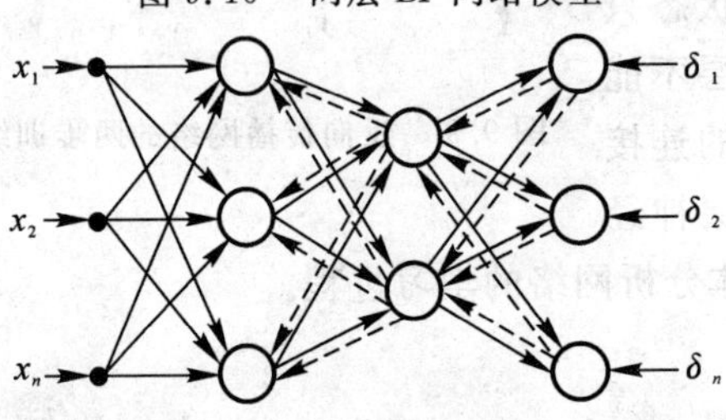

图 9.12　三层网络中误差反传的意义

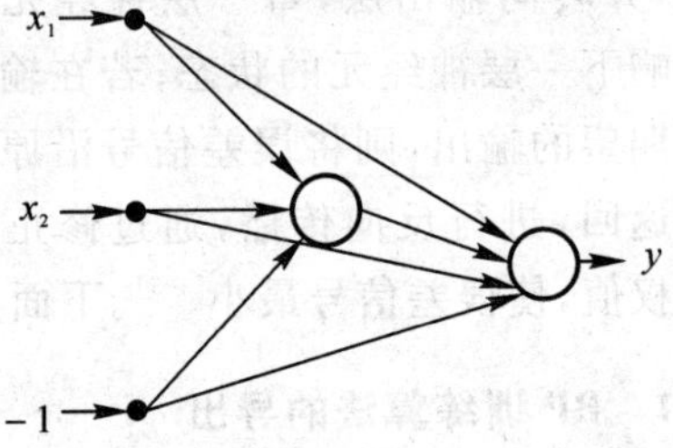

图 9.13　实现"异或"的两层网络

必须注意,我们将各节点的门限值用一连接的加权等效,即 $\theta = W_{0h}$ 或 W_{0j}。这些连接是由各节点连到具有固定值 -1 的偏置节点。这些连接加权也是可调的,同其他加权一样参与调节过程。

这里我们仍然采用熟知的误差函数:

$$E(W) = \frac{1}{2}\sum_{k \cdot j}(T_j^k - y_j^k)^2 \tag{9.11}$$

也可写为

$$E(W) = \frac{1}{2}\sum_{k \cdot j}\left[T_j^k - f(\sum_h W_{hj} f(\sum_i W_{ih} x_i^k))\right]^2 \tag{9.12}$$

由于传递函数是连续可微的,显然上式是每个加权的连续可微函数。反过来,为了使误差函数最小,用梯度下降法求得优化的权值。该权值总是先从输出层开始修正,然后修正前层权值。从这一层意思讲,有反传的含义。根据梯度下降法,由隐蔽层至输出层的连接的加权调节量为

$$\Delta W_{hj} = -\eta \frac{\partial E}{\partial W_{hj}} = \eta \sum_k [T_j^k - y_j^k] f'(s_j^k) y_h^k = \eta \sum_k \delta_j^k y_h^k \tag{9.13}$$

式中，δ_j^k 定义为输出节点的误差信号，即

$$\delta_j^k = f'(s_j^k)[T_j^k - y_j^k] = f'(s_j^k)\Delta_j^k \tag{9.14}$$

式中

$$\Delta_j^k = T_j^k - y_j^k \tag{9.15}$$

这一结果和具有非线性转移函数的感知器所用的加权修正公式形式上一样，只不过这里的隐蔽节点的输出 y_h^k 起到感知器输入信号的作用。

对于由输入到隐蔽层的加权的修正量 ΔW_{ih}，必须考虑将 $E(W)$ 对 W_{ih} 求导。所以 $E(W)$ 应写为

$$E(W) = \frac{1}{2}\sum_{k \cdot j}\left[T_j^k - f(\sum_h W_{hj} f(\sum_i W_{ih} x_i^k))\right]^2 \tag{9.16}$$

利用分层链导法可得

$$\Delta W_{ih} = -\eta\frac{\partial E}{\partial W_{ih}} = -\eta\sum_k \frac{\partial E}{\partial y_h^k}\frac{\partial y_h^k}{\partial W_{ih}} = \eta\sum_{k \cdot j}[T_j^k - y_j^k]f'(s_j^k)W_{hj}f'(s_h^k)x_i^k =$$
$$\eta\sum_{k \cdot j}\delta_j^k W_{hj} f'(s_h^k)x_i^k = \eta\sum_k \delta_h^k x_i^k \tag{9.17}$$

其中

$$\delta_j^k = f'(s_h^k)\sum_j W_{hj}\delta_j^k = f'(s_h^k)\Delta_h^k \tag{9.18}$$

$$\Delta_h^k = \sum_j W_{hj}\delta_j^k \tag{9.19}$$

由式(9.18)可以看出，它与式(9.14)具有相同的形式，所不同的是其误差值的定义。所以，一般来说，BP 训练算法对任意层的加权修正量的一般形式为

$$\Delta W_{pq} = \eta\sum_{\text{向量数}p}\delta_o y_{in} \tag{9.20}$$

式中，下标 o 和 in 指相关连接的输出端点和输入端点；y_{in} 代表输入端点实际输入；δ_o 表示输出端点的误差。具体 δ_o 的含义由具体的层决定。对于输出层由式(9.14)给出，对所有隐蔽层则具有式(9.18)的形式，其含义如图 9.11 所示。输出层 $\Delta_j^k = T_j^k - y_j^k$ 可直接算出，于是误差值 δ_j^k 也很容易得到。对前一隐蔽层没有直接给出目标值，不能直接算 Δ_h^k，而是利用输出层的 δ_j^k 计算，即

$$\Delta_j^k = \sum_j W_{hj}\delta_j^k \tag{9.21}$$

算得 Δ_h^k 后，δ_h^k 也就求得了。如果前面还有隐蔽层，用 δ_h^k 再按式(9.21)的方法计算 Δ_i^k 和 δ_i^k，依次类推，一直将输出误差 δ 一层一层地算到第一隐蔽层为止。各层的 δ 求得后，各层的加权调节量也就可以按式(9.20)求得了。可见误差 δ_j^k 相当于由输出向输入反向传播，所以称这种训练算法为误差反传算法，简称BP算法。误差的反传

是相对信号的正向传播而言的。图 9.12 表示了信号和误差在三层网络中的传输关系，其中实线表示信号的正向传播，虚线表示误差的反向传播。由式(9.13) 和式(9.17) 可知，每个加权的修正要同时考虑所有输入图形的影响。实际上经常用的方法是每加入一个训练对，要对所有加权调节一次。这样一来，式(9.13) 和式(9.17) 中可省掉对 k 求和的项。注意：今后的讨论中大都采用这种方式，即

$$\Delta W_{hj} = \eta \delta_j y_h \quad \text{（输出层节点的加权修正量）} \tag{9.22}$$

$$\Delta W_{ih} = \eta \delta_h x_i \quad \text{（前隐蔽层节点的加权修正量）} \tag{9.23}$$

由式(9.22) 和式(9.23) 可以看出，对于给定的连接，只需连接两端的相关量来计算加权的变化。这一点使得 BP 算法适于并行计算，以加快处理速度。

如前所述，对适于 BP 算法的多层网络，传递函数常采用 S 形压缩函数，即

$$f(s) = \frac{1}{1 + \exp(-s)}$$

其导数为

$$f'(s) = f(s)[1 - F(s)] = y(1 - y) \tag{9.24}$$

其对应的误差值为

$$\delta_j^k = y_j^k(1 - y_j^k)(T_j^k - y_j^k) \tag{9.25}$$

由于 BP 训练算法在实际中得到广泛的应用，所以下面详细地介绍 BP 训练方法的具体步骤。

9.4.2 BP 训练算法的实现步骤

多层网络确定之后，所需要的训练数据组应已准备好，根据前面讨论的 BP 算法就可以对网络进行训练了。设网络具有 m 层，即 1,2,…,m。令 y_j^m 表示第 m 层中第 j 个节点的输出，而 y_j^0(零层输出) 就等于 x_j，即第 j 个输入。这里上标 m 不代表图形序号而是层号。令 W_{ij}^m 表示从 y_i^{m-1} 到 y_i^m 间的连接加权，BP 训练步骤如下：

(1) 将各加权随机置到小的随机数，可用均匀分布的随机数。这样可保证网络不被大的加权值所饱和。

(2) 从训练数据组中选一数据对(x^k,T^k)，将输入向量加到输入层($m = 0$)，使得

$$y_i^0 = x_i^k \quad \text{（对所有端点）} \tag{9.26}$$

式中，上标 k 指图形号。

(3) 信号通过网络的前向传播，即利用关系式

$$y_j^m = f(s_j^m) = f(\sum_i W_{ij}^m y_i^{m-1}) \tag{9.27}$$

计算从第一层开始的各层内每个节点 j 的输出 y_j^m，直到输出层的每个节点的输出 y_j^m 计算完为止。

(4) 计算输出层每个节点的误差值：

$$\delta_j^m = f'(s_j^m)[T_j^k - y_j^m] = y_j^m(1 - y_j^m)[T_j^k - y_j^m] \quad (对\ s\ 压缩函数) \tag{9.28}$$

这个误差由实际输出和要求目标值之差获得。

(5) 计算前面各层每个节点的误差值：

$$\delta_j^{m-1} = f'(s_j^{m-1}) \sum_i W_{ij}^m \delta_i^m \tag{9.29}$$

这靠逐层反传误差算得，其中 $m = m, m-1, \cdots, 1$，直到将每层内每个节点的误差值算得为止。

(6) 利用加权修正量公式

$$\Delta W_{ij}^m = \eta \delta_j^m y_i^{m-1} \tag{9.30}$$

和关系 $W_{ij}^{新} = W_{ij}^{旧} + \Delta W_{ij}$ 修正所有连接。一般 $\eta = 0.01 \sim 1$，称为训练速率系数。

(7) 返回到步骤(2)，为下一输入图形重复步骤(2)至步骤(7)。

9.4.3 BP 网络应用中存在的问题

BP 算法是一个有效的方法，它能解决许多问题。尽管 BP 训练算法已成功地应用于广泛的问题，但是它的训练过程有不确定性。比如，对一些复杂的问题，它可能要训练几天至几周的时间，甚至根本不能训练。冗长的训练时间，可能是由不适当的调节阶距引起的，也就是与选取训练速率系数太小有关。完全不能训练，则一般由两种原因引起的：一是网络的麻痹现象，一是局部最小。

(1) 网络的麻痹现象。在网络训练过程中，加权调得较大可能迫使所有的或大部分节点的加权和输出 s_j 较大，从而操作在 S 形压缩函数的饱和区。此时函数在其导数 $f'(s)$ 非常小的区域。由于在计算加权修正量的公式中，$\delta \propto f'(s)$，当 $f'(s) \to 0$ 时，$\delta \to 0$。这使得 $\Delta W_{ij} \to 0$，相当于调节过程几乎停顿下来。通常，为了避免这种现象，将训练速率系数 η 减小，但又增加了训练时间。为了防止麻痹现象及其影响，人们也曾采取过一些措施，但这些措施只能通过实验确定其效果。

(2) 局部最小。BP 训练算法实际上是采用梯度下降法，即训练过程从某一起始点沿误差函数的斜率逐渐达到最小点的。对于复杂的网络，其误差函数面在多维空间，就像一个碗，碗底是最小点 $E \to 0$。但这个碗的表面凹凸不平，因而在训练过程中可能陷入某一小谷区，称小谷区为局部最小点。由此点向各方向变化均使 E 增加，以至无法逃出这局部最小点。

初始随机加权的大小，对局部最小的影响很大。如果这些加权太大，可能一开始就使网络处于饱和区(S 压缩函数)，那么系统有可能陷入局部最小(或非常平坦区)。为防止上述现象，在选取随机加权值时，采用如下策略：使节点的输入加权和绝对值满足 $|s_j| < 1$，但又不能太小。为此可选择各加权值的量级为 $1/\sqrt{k_i}$，其中 k_i 为连到 j 点的所有前层节点的数目。

一般来说，要避免局部最小点可采用统计训练方法。Wasserman 于 1988 年曾采用柯西统计与 BP 组合的算法，这个算法既保持了较高的训练速率，又能保证找到全局最小点。

(3) 阶距大小。1986 年，Rumelhart，Hinton 和 Williams 证明 BP 训练算法收敛中，假设了无限小的加权调节阶距。这实际上是不可能的，因为这意味着训练时间是无限的。所以，实际上必须选择一个有限的阶距大小，即 η 的值取 0.01～1。一般来说，除了实验或经验确定之外，还没有一个理论指导。如果选的 η 太小，收敛可能很慢；如果太大，可能出现麻痹现象或连续不稳定。1988 年，Wasserman 提出了一个自适应阶距算法，即在训练过程中自动调节阶距的大小。

9.4.4 应用 BP 神经网络应注意的问题

1. 训练样本数据的准备

由于网络靠学习来记住问题应有的模式，所以训练数据应尽可能地包含问题的全部模式。用均匀设计获得数据，对需解决的问题进行分析，确定此问题能用神经网络解决，并把数据线性变换到[0,1) 区间。

2. 网络拓扑结构的确定

(1) 网络层的选择。常用的网络有三到四层，一般情况下，三层网络(一个中间层)已经足够了。

(2) 中间层单元数的确定。采用适当的中间层处理单元数是非常重要的，选得太少，网络难以处理复杂的问题，若过多容易使网络训练过度。粗略地说，可以用几何平均规则来选择中间层中的处理单元数。一个网络具有 n_i 个输入单元和 n_o 个输出单元，如果设计一个三层网络，则中间层处理单元数为 $\sqrt{n_i n_o}$。一般可以先按上述公式选择中间层单元数，然后选择一个准则(比如 MSE) 检验网络性能，若不理想，再加单元数重复和训练。

3. 误差精度的选择

误差精度不宜选择过小，过小会增加学习次数，虽然学习样本的均方误差下降了，但网络则对学习样本越来越有针对性，使得网络性能降低。当然我们还要考虑建立神经网络的目的。

9.5 人工神经网络在材料及其加工过程中的应用

9.5.1 概述

由于人工神经网络具有自组织、自学习和自适应、快速处理、高度容错、联想记忆以及可以逼近任意复杂的非线性系统等独特优点，因此人工神经网络在信号处理、模式识别、目标跟踪、机器人控制、专家系统、组合优化、网络管理等众多领域的应用中获得了引人注目的成果。人工神经网络是一门高度综合的交叉学科，已在生物、微电子、数学、物理、化学化工和材料等学科中得到了广泛的应用。在材料科学与工程领域中，人工神经网络在处理材料科学的许多问题时发挥了巨大作用，已普遍用于材料设计与成分优化、材料的智能加工与控制、材料加工工艺的优化、材料相变规律的研究与相变点的预测、材料性能及缺陷预测等方面，涉及高分子、金属、合金和无机非金属等多种材料，并取得了良好效果[6-9]。

针对材料以及材料加工工程专业，应用人工神经网络较多的领域包括如下几方面：

(1) 材料设计与成分优化。复合材料、金属材料的力学性能、微观组织与组成成分和加工工艺等因素有关，许多研究工作者借助神经网络对其性能进行了预测。如树脂基摩擦材料的摩擦因数的预测、均聚物的物理机械性能预测、复合材料的性能预测及聚合物的组成预测等。

(2) 材料加工工艺设计与优化，即实现对材料加工的智能控制与工艺优化，如点焊过程实时在线监测系统、气体渗碳碳势测定方法、微合金热轧控制模型、复合材料固化变形预测、激光强化模具表面和激光弯曲过程中预测强化效果和弯曲角度的模型、铝箔轧机轧制力模型、注塑成型的质量控制混合模型等。

(3) 相变规律研究，如过冷奥氏体等温转变曲线 TTT 和奥氏体连续冷却转变曲线 CCT 曲线的预测、马氏体转变开始点 Ms 的预测、淬透性曲线的预测。

(4) 材料加工工艺力学性能的预测，如纯金属的表面张力、热处理工艺对 7175 铝合金力学性能的影响等。

(5) 材料本构方程建立，包括 TA15，TC6，TC11 钛合金，Al-Li 合金，高温合金热变形本构方程，高分子材料本构模型的建立等。

(6) 损伤预测与检测模型，如复合材料的层间开裂预测模型、复合材料的无损检测等。

9.5.2 基于人工神经网络的实验建模方法在材料加工过程中的应用

BP 神经网络在材料加工过程中的主要应用之一是建立材料本构模型。利用 BP 神经网络建立材料本构模型，实际上就是非线性函数逼近问题。它不需要给出数学模型，也不需要确定材料参数，直接从实验数据中学习输入变量和输出变量之间的变化规律，通过自身所具有的良好非线性“映射”能力，将这种规律储存在网络的权值和阈值中。

BP 神经网络在材料本构模型中的应用在 20 世纪 90 年代已经开始。K. P. Rao

等[10] 利用误差反向传播(BP)算法的多层前馈神经网络预测热成形过程的流动应力，分别以 $1/T$，$\lg\dot{\varepsilon}$ 和 $\lg\varepsilon$ 为自变量，$\lg\sigma$ 为目标函数，选择 $3\times20\times20\times1$ 四层 BP 前馈网络结构模型，以 $\dot{\varepsilon}$，ε，T，$1/T$，$\lg\dot{\varepsilon}$ 和 ε 为自变量，σ 和 $\lg\sigma$ 为目标函数，选择 $6\times20\times20\times2$ 四层 BP 前馈网络结构模型建立了人工神经网络模型。R. Kapoor 等[11] 以 $1/T$，$\dot{\varepsilon}$ 和 ε 为自变量，σ 为目标函数，选择 $3\times4\times2\times1$ 四层 BP 前馈网络结构模型，采用阻尼最小二乘法算法训练网络，建立人工神经网络模型来预测 Zr-2.5Nb-0.5Cu 的热变形行为。R. H. Wu 等[12] 分别采用双曲正弦函数和 BP 神经网络建立本构模型来预测 0.4C-1.9Cr-1.5Mn-1.0Ni-0.2Mo 的流动应力，对比发现，采用BP神经网络建立的材料本构模型的预测能力好于双曲正弦形式的回归模型。刘庆斌等人[13] 给出应用人工神经网络理论建立热黏塑性材料的本构关系的 BP 模型和学习算法过程，并采用 $3\times20\times15\times1$ 四层 BP 前馈网络结构模型对 45 号钢在高温和高速变形条件下的流动应力进行预测。丰建朋等人[14] 在分析多层前馈网络和 BP 算法的特点的基础上，以 $1/T$，$\lg\dot{\varepsilon}$ 和 ε 为自变量，以 σ 为目标函数分别建立了 GH907 合金和 GH141 合金的 $3\times15\times6\times1$ 四层 BP 前馈网络结构模型、GH706 合金和 GH188 合金的 $3\times15\times8\times1$ 四层 BP 前馈网络结构模型。张兴全等人[15] 基于热压缩试验数据，利用 BP 神经网络构建 Ti-5Al-2Sn-2Zr-4Mo-4Cr 钛合金知识基形式的本构模型，预测结果与实验值对比表明神经网络模型具有较高的精度和预测能力。李淼泉等[16-18] 基于热压缩实验数据，研究建立了 TC6，TC11 钛合金和 SiCp/LY12 复合材料的微观组织演化模型。沈昌武[19] 基于热压缩实验，采用 BP 人工神经网络研究建立了 TA15 和 TC11 钛合金热变形材料本构模型。

除了采用人工神经网络建立用于材料加工过程的材料本构模型外，人工神经网络在材料热加工工艺(包括塑性成形、铸造、焊接、热处理等) 参数选择、质量检验和过程控制等方面也得到了广泛的应用。

Jian Cao 等[20-21] 研究表明，将人工神经网络用于非线性效应和材料性能与工艺参数的耦合作用下的板材弯曲回弹的预测与控制效果较好。

韩利芬和李光耀等[22] 以带法兰的低方形盒的毛坯形状预测为例，探讨了 BP 神经网络和正交试验法在毛坯形状预测的综合应用问题，建立了能描述 6 个工艺参数与毛坯形状之间非线性映射关系的神经网络模型。

M. V. Inamdar 等[23-24] 开发了用于板材三点弯曲回弹预测的 BP 人工神经网络模型，研究了弯曲角、间隙、冲头圆角半径、下模圆角半径、屈强比和材料硬化指数等参数对回弹角的影响。结果表明，回弹精度与训练样本数量与质量密切相关。

陈剑等[25] 开发了基于人工神经网络的气门电热镦粗工艺专家系统，为实际的气门电镦生产工艺提供了合理实用的工艺参数。

何灿焜[26]以拉深件中较为典型的杯形件为对象建立了预测压边力的冲压工艺参数人工神经网络模型。林高用[27]基于MATLAB平台，将BP人工神经网络与遗传算法应用于型材挤压模具参数优化设计。首先利用BP神经网络来训练已有实验值，然后将训练后的神经网络作为知识源，通过曲线拟合与逼近求得设计变量与目标函数值的函数关系表达式，最后将这一函数表达式作为遗传算法的适应度函数进行遗传迭代寻找最优解。

高军等[28]提出了用人工神经网络补充和修改冷挤压工艺设计系统知识库内容的模型框架，根据人工神经网络映射的特征编码提出并实现了一种专家系统自动获取冷挤压零件特征的方法。所提出的知识自动获取方法的优点在于不仅可以通过人工神经网络把冷挤压零件的成形过程整体地存入知识库中，而且由于所选用的人工神经网络映射模式是集中反馈式、分工序循环进行的，因此，通过该方法还可以获取冷挤压成形过程中每步工序半成品件的特征，然后存入冷挤压工艺设计系统的知识库。他们还将模糊理论和人工神经网络进行了有机集成，并用以解决判断冷挤压零件能否通过一次挤压成形的问题[29]。最后选取典型冷挤压零件用商业化软件DEFORM对系统输出的判断结果进行数值模拟分析，其模拟结果证明了系统的可行性。

王秀凤等[30]基于人工神经网络基本理论，建立在板料激光弯曲中预测材料表面最高温度、弯曲角度的BP网络模型。借助于MATLAB仿真软件中的神经网络工具箱作为开发平台，将实验样本数据和经过实验验证的数值计算结果作为补充的样本数据用于BP网络的训练，利用训练好的BP网络对非线性的样本数据规律进行拟合，实现激光加工工艺参数的优化，为实际生产和加工提供有效的依据。

李顺平等[31]在分析传统单向拉伸实验的缺点的基础上，提出了一种应用神经网络、有限元模拟和实验相结合的板材塑性参数的识别模型。采用了具有双向应力状态的板料拉伸试件，利用BP神经网络实现试件拉伸变形过程中载荷、位移曲线与材料性能参数之间的映射关系，从而可以得到双向应力状态和大变形条件下的材料参数。任宁[32]采用与文献[31]相类似的方法，提出了一种应用神经网络、有限元模拟和实验相结合的管材塑性参数的识别模型。

张丹和张卫红[33]将神经网络与遗传算法相结合，以有限元分析得到的样本集合作为教师样本，通过神经网络的训练建立设计参数与控制目标的非线性映射关系，并以此代替后续的有限元分析，获得遗传算法求解优化问题迭代中所需的目标函数近似值。以Al-4.5%Cu应力框为例，在分析铸件热应力及变形机理的基础上，对应力杆的高度、宽度和粗细杆截面比、浇注温度、界面换热系数和砂型的预热温度6个参数进行优化，从而有效地控制铸件内部的热应力及变形。优化结果表明，此方法在较少的有限元计算情况下即可获得较好的优化解，与初始设计相比，弯曲变形和热应力分别降低了58.15%和40.16%。

罗蓬等[34] 在实测铸铁凸轮轴铸造温度场的基础上，研究了人工神经网络技术在铸造数值模拟优化中的应用。其中人工神经网络采用了基于自适应学习率-动量项的误差反向传播梯度下降算法，并以温度场实测数据及有限元模拟数据为样本，进行了充型凝固数值模拟的优化。研究表明：对于凸轮轴铸造过程数值模拟，神经网络在模拟精度和效率方面均优于传统有限元模拟方法，在铸造过程模拟中引入神经网络优化具有良好的可行性。邹风山[35] 在总结大量的实践经验的基础上，采用人工神经网络方法建立了压铸内浇口速度与填充时间的多输入-多输出神经网络模型，并通过实际算例进行了验证。结果表明，用神经网络模型来预测浇注系统的基本参数 —— 内浇口速度和充填时间是切实可行的，在此基础上可进行浇注工艺参数的整体设计。

罗蓬等[36-37] 还基于 BP 网络进行了从合金种类、结构复杂程度和壁厚信息到压力状况的映射模拟，以及基于模糊联想记忆神经网络(FAM 网络) 进行了从壁厚到填充时间的映射模拟。彭立明等[38] 基于人工神经网络原理及数值模拟技术，对定向凝固连续铸造过程中控制参数的选取进行了研究。利用自行设计的上引式定向凝固连铸机，结合数值模拟，提取了引晶速率、熔体温度、结晶器温度、冷却水温度、冷却水流量、冷却距离等控制参数值及相应目标参数值的固液界面位置。通过归一化处理所得数据，采用 BP 算法训练网络，对定向凝固连铸控制参数与固液界面位置之间的映射关系进行了函数逼近，建立了固液界面位置神经网络模型。依据该模型，可定量预测定向凝固连铸过程的工艺状态，并可为将来的定向凝固连铸神经网络控制提供可行的控制模型。

童莉葛等[39] 针对实际中高强度管线钢焊接工艺参数的选择主要依据实验和经验的局限性，使用 VC ++ 6.0 建立了预测高强度管线钢焊接接头性能参数裂纹尖端张开位移(CTOD) 的 BP 神经网络模型。结果表明，人工神经网络方法是预测管线钢焊接接头性能参数 CTOD 的一种有效途径，可为管线钢焊接过程中主要工艺参数的选择和优化提供有效的手段。薛海涛等[40] 将从电极位移曲线上提取出的两个特征值及焊接能量值作为输入值，熔核直径为输出值，建立了基于 BP 算法的铝合金直流点焊熔核直径预测模型。滕文华和张勇智[41] 通过工艺实验，基于人工神经网络建立了电子束焊接参数与二次熔焊接头力学性能之间的数学模型，分析研究了电子束焊接参数对焊缝力学性能的影响规律，为选择合适的二次熔焊工艺参数提供了理论依据。于秀萍等[42] 首先对焊接质量检测系统的一些相关问题进行了研究，考虑了弧焊特性的提取、焊接质量的预报以及人工神经网络模型的应用，设计了一个基于人工神经网络的焊接质量检测系统，给出系统的组成结构，ANN 被用于预测焊缝宽度，建立了焊缝宽度预测的人工神经网络模型。

贾健明[43] 利用电磁无损检测仪，采用改进的 Gram-Schmidt 方法优化的 RBF(径向基函数网络) 人工神经网络，实现了钢铁件淬火硬度的实时在线无损检测。结果表明，淬火硬度的检测精度、网络的收敛速度能满足生产实际的需要。王秀凤等[44] 还将人工神经网络技术应用于模具表面的激光强化中。

在材料冷加工 —— 机械加工领域，人工神经网络的应用也十分广泛，已渗透到机械加工领域的方方面面，涉及工艺设计、加工参数优化、故障诊断、振动控制、工况监控、寿命预测等[45]。从采用的网络来看，除了多层感知器(以 BP 网络为主)、Hopfield 网络，还有 ART 网络。如刘忠和等[46] 实现了基于人工神经网络的铣削参数优化；刘云等[47] 针对激光切割过程中的主要参数，切割速度、板材厚度、辅助气压的大小以及激光器功率的选择，建立了一个基于遗传算法的人工神经网络结构；陈曙光等[48] 采用人工神经网络实现了对切削表面粗糙度的预测。

综上所述，人工神经网络是一门高度综合的交叉学科。在材料加工工程领域中，人工神经网络在处理材料加工科学的许多问题中发挥了巨大作用，已普遍用于塑性成形、焊接、铸造、热处理以及机械加工的材料本构模型预测、工艺参数选择、质量检验和过程控制及缺陷预测等方面，涉及高分子、金属、合金和无机非金属等多种材料，并取得了良好效果。

9.5.3 BP 人工神经网络的应用举例[49]

冷轧带肋钢筋是一种新型高效的建筑用材，其母材圆钢经冷轧与压痕成形而获得具有良好的综合机械性能和经济效益产品，在国内外已得到越来越广泛的应用和普及。但从目前国内的产品整体质量而言，产品合格率偏低，甚至有些地方和企业的平均合格率仅有 40% ～ 50%，严重地制约了该产品的应用推广，给社会和企业造成了相当大的经济损失和安全隐患。为了解决以上问题，通过对生产全过程的分析并考察以往的实际情况，采用人工神经网络进行了合理的优化设计，最后得出了切实可行的优化方案和较优的工艺参数。实验数据见表 9.1。

根据本研究的特点和性质，对系统有如下数学描述：$y = f(x), x \in R^4, y \in R^2$，采用最小二乘法拟合 f^i 得到 y^i，并找出 x^i 使得 f^i 极大。选择用 BP 人工神经网络作为网络模型。这是一个 $n = 4, m = 2$ 的三层人工神经网络模型问题，现取中间层层数为 1，神经元个数为 20，输入层、中间层传递函数为 Sigmoid 函数，输出层神经元个数为 2，输出为 Purelin 函数。采用最小二乘法则评定误差，采用 Trainlm 反传函数进行拟合。

通过测试网络构造合理性 1 ～ 4 号实验数据，经计算得出 $SSE = 0.012 < 0.05$，可见其所设计的网络构造符合整个样本空间范围，即该网络所预测的数据具有可信度，可作为确定设计变量以达到目标最优(实际该问题达到较优即可) 的依

据。并用 5 ～ 8 号数据进行了进一步的验证。

表 9.1　实际工程的样本数据

实验序号	设计变量 x_i(输入)				目标函数 $f_i \approx y_i$(输出)	
	原强度 (100 MPa)	轧制减径量 x_2/mm	拉拔速度 x_3/(m·s^{-1})	滚轮起伏量 x_4/cm	抗拉强度 f_1/(100 MPa)	延伸率 f_2/(%)
1	3.8	2.8	2.1	1.8	6.334	8.7
2	4.0	1.7	1.8	1.4	5.506	10.3
3	4.3	2.3	2.7	0.7	6.162	8.6
4	4.5	2.1	1.9	1.3	6.460	7.3
5	3.8	2.8	1.6	0.8	5.678	9.8
6	4.0	2.3	2.2	1.1	5.876	8.7
7	4.3	1.9	2.4	1.5	5.920	8.4
8	4.5	1.7	2.7	1.8	6.273	8.2

对各设计变量输出($x_i - y_i$)图形并进行定性分析。由于本优化问题是一个双目标的工艺参数优化设计，根据实际问题的要求，对产品质量要求达到抗拉强度为 550 MPa，延伸率为 8% 以上即可，因此在此基础上进行综合考虑和权衡。对训练样本进行数据整理，得到各因素的目标曲线图，如图 9.14 至图 9.17 所示。

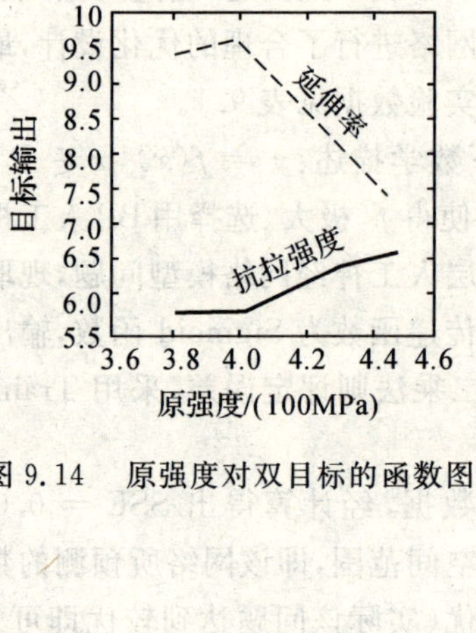

图 9.14　原强度对双目标的函数图

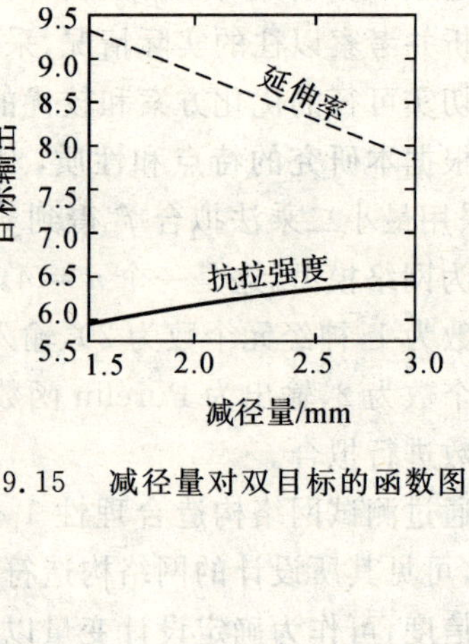

图 9.15　减径量对双目标的函数图

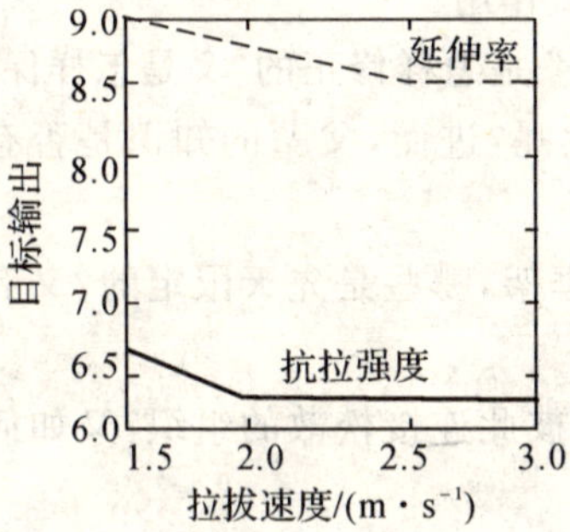

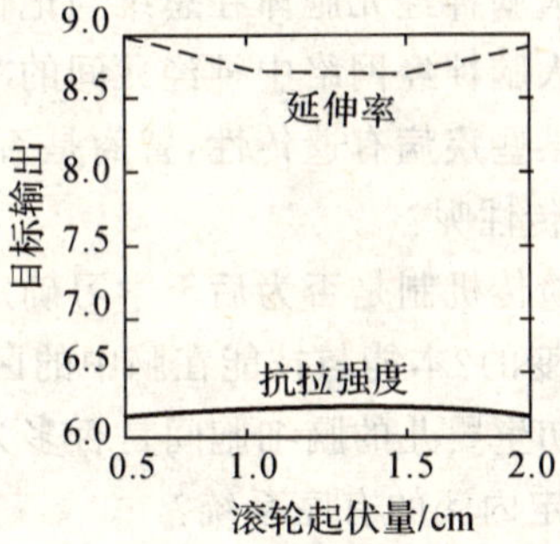

图 9.16 拉拔速度对双目标的函数图　　图 9.17 滚轮起伏量对双目标的函数图

根据以上图形，拟定优化原则为以达到抗拉强度(6.0 ～ 6.5) × 100 MPa 以上，延伸率达到 8.5% ～ 9% 以上为满意值(优值)。由此得出各因素的较优区间段：x_1 为(4.0 ～ 4.3) × 100 MPa，取 x_1 = 411 × 100 MPa；x_2 为(2.0 ～ 2.5) mm，取 x_2 = 2.2 mm；x_3 = (115 ～ 200) m/s，取 x_3 为 118 m/s；x_4 为(1.5 ～ 2) cm，取 x_4 = 1.7 cm。得一向量 $\boldsymbol{x}$ = [411,212,118,117]，拟定 $\boldsymbol{x}^*$ 为工艺参数的较优解。模拟得到最终工艺优化参数值为 $\boldsymbol{x}^*$ = [41,2.2,1.8,1.7]，目标函数为 T^* = [5.89, 9.15]，即可生产出抗拉强度值为 5.89×100MPa，延伸率值为 9.15% 的理想产品。将人工神经网络所得出的结论返回到生产中去检验，所得结果与预测的基本一致。

9.6 人工神经网络展望

9.6.1 人工神经网络的局限性

人工神经网络是发展中的学科，它在众多领域中有很大的应用，任何能用传统的模型分析或统计方法解决的问题，一般来说，用神经网络能处理得更好。人工神经网络特别适用于处理需要同时考虑许多因素和条件的、不精确和模糊的信息处理问题。但这并不意味着它已是一个成熟的学科，恰恰相反，它尚存在诸多不足之处。

1. 受限于脑科学的已有研究成果

由于生理实验的困难性，目前对于人脑思维与记忆机制的认识尚很肤浅。诸如：

(1) 人脑中的层次结构是怎样形成的？

(2) 不同类型的知识在人脑中是怎样表示与组织的？

(3) 人脑是怎样学习的？

(4) 大脑神经元胞体在思维与记忆中起什么作用?

(5) 人脑神经网络中神经元间的"互连强度"是怎样修正的?又是怎样保持的?

(6) 某些疾病有遗传性,智商是否有遗传性呢?进而,父辈的知识是否有某种程度的遗传性呢?

(7) 遗传机制是否为后天学习确定了某种框架,哪些是先天限定的?又有哪些是后天可变的?本能与技能在脑中的区别何在?

(8) 初生婴儿的脑细胞间是否多为无序的、彼此连接松散的组织?又如何发育为具有确定内涵的有序系统?

……

上述诸多问题的研究与解决,无疑将极大地促进人工神经网络的发展。

2. 尚未建立起完整成熟的理论体系

目前已提出了众多的人工神经网络模型,归纳起来,这些模型一般都是一个由节点及其互连构成的有向拓扑网,节点间互连强度所构成的矩阵可通过某种学习策略建立起来。但仅这一共性,还不足以构成一个完整的体系。因为这些学习策略并非统一地基于某一数学公理集,例如数理逻辑之于传统人工智能;这些学习策略也并非统一地基于某一自然界的重大发现,例如元素周期表之于分析化学。这些学习策略大多是各行其道而无法统一于一个完整的框架之中。

固然,在某些模型中已参考了脑科学的某些效果,例如在新感知机模型中参考了视网膜的侧抑制机理,Hebb 律中参考了两兴奋神经元之间的相互影响而修正连接强度,但最致命的是由于罗列在前面的诸多生理学问题并未获得重大发现,从而导致这类借鉴只能是局部的甚至是零星的。

3. 带有浓厚的策略色彩

这是在没有统一的基础理论支持下,为解决某些应用而诱发出的自然结果。这可以从目前应用最广泛的 BP 算法及 Boltzman 机中清楚地觉察到。例如,在引入误差的反向传播与相应互连值的修正后,获得了较好的效果;在引入升温与降温这样的技术措施后,较好地避免了陷入局部极小而不能自拔。这些措施固然奏效,但其生理依据却更难找到了。

由此诱发了众多参数中的经验成分,这些经验性的参数越多,适应的领域就越狭窄。BP 算法的诸多改进,实质上带有明显修修补补的痕迹。而基于数理逻辑的一阶谓词运算中就找不到这种修补的痕迹。

由此而来的另一后果是解的正确性不可预期。系统的运行过程很长,难以跟踪,在某些情况下,仍不可避免地陷入局部极小或振荡,从而表现为错解或无解。

4. 与传统技术的接口不成熟

传统计算技术对数值计算、逻辑运算是很有效很成功的。它们已积累了非常丰富的软件资源以解决许多领域的应用，这是人类绝不可能弃之不用的宝贵财富。人工神经网络技术决不可能全面替代它们，而只可能在某些方面与之互补，从而需要进一步解决与传统计算技术的接口，才能获得自身的发展。与此同时，应采取渗透性策略，拓宽自身的应用。

这一问题，相对地比上述任一问题均较易解决，应给予足够的注意，从某种意义上说，这是事半功倍的路线。

9.6.2　发展人工神经网络的良好机遇

1. 第六代计算机的提出

根据科技发展的规律推测，每隔 50 年就有一次大的跃进。从 1946 年电子计算机问世以来，迄今已 60 多年了，随着电子器件由电子管，晶体管，中、小规模集成电路发展到大与超大规模集成电路制作的计算机，实现了从第一代到第四代的过渡，这都是以采用的电子器件作为标志进行分代的，其速度指标则以每秒执行几百万条指令(MIPS) 进行度量。而从新一代计算机开始，已变为以拥有高水平的智能作为标志，其速度指标也改为每秒执行几百万步逻辑推理(MLIPS) 作为度量。

新一代计算机的目标基本上是以逻辑推理实现知识工程的计算机系统。尽管目前还远未达到预期的目标，但随着人工智能的迅速发展，人们对此目标也不满意，认为即使实现了也只能接近大脑左半球的逻辑思维模拟，要实现名副其实的"电脑"还必须将大脑右半球的功能加上去，从而提出了第六代计算机——右脑计算机的总体设想。

1988 年，日本国防贸易工业省提出了"人类尖端科学计划"(Human Frontier Science Program)，即第六代计算机研究计划。该计划期望在多学科广泛的国际合作下，开发出能增强及模拟人类高级智能行为的计算机。其目标是真正的智能计算、智能控制系统，它面向的不仅是知识工程，还包括所谓的 PINK 工程，即心理(Psychology)、智能(Intelligence)、神经(Neurology)、知识(Knowledge) 四位一体的综合工程。它涉及下列范畴的问题：自组织自适应学习、人工神经系统、神经计算机、目标制导的专家体系统、事件序列计算机、映射、立方体结构、阵列机、并发系统、神经生物学等。其研究的结果将产生新的体系结构、新的算法、新的元件、新的系统和新的应用。为此目的必然导致计算机科学、神经生理学、心理学、逻辑学、语言学等众多学科的通力协作，从而为人工神经网络的研究与发展提供了良好的机遇。

2. 神经元芯片的研制

传统的冯氏体系的计算机难以支持真正的并行神经计算。由于神经网络的应用不断取得成功，至 1990 年至少已约有 20 家集成电路制造公司投入了神经元芯片的研制。这不仅是来自外界的订货(例如欧洲 ESPRIT Ⅱ 中的 PYGMALION 计划投资 2 200 万美元生产神经网络专用芯片),也出于大公司自身的敏感。美国的 Intel,Motorola,Micro Devices 等名声显赫的公司均参与了竞争。如 Intel 公司的一片 80170 中有 64 个 PE 与 10 240 个可编程的互连(售价 2 000 美元)。Neural Semiconductor 公司的 SU3232 中,有 32 个 PE 与 1 024 个互连(售价 500 美元)。MIT(麻省理工学院的林肯实验室)用 CCD 工艺研制了一种有 114 个输入、14 个输出、2 016 个可编程互连的芯片,每秒钟可执行 28 亿次算术运算操作。日本松下、富士通、日立、日电等公司也纷纷投入资金,从事研究与生产。松下公司已有 64 个 PE,三组 16×16 互连矩阵的 $(18 \times 13.5)\ mm^2$ 的芯片,最小的正向传播时间为 10 ns,等于 1×10^9 次/秒乘法。模拟式神经网络芯片也已研制成功并投放市场,模拟电路的精度与稳定性虽不及数字电路,设计周期也长,但模拟集成却可大大减少芯片上的元件数,从而提高单一芯片上网络的规模,而且在精度要求范围内的计算工作量也比数字电路少。

不难想象,这种激烈的竞争将迅速导致性能的提高与价格的降低,而芯片大量供应又必然会刺激应用研究的广泛展开,形成一条不断增长的正馈链。

目前用 VLSI 技术已制造出超过 3 200 万个元件的存储芯片,12 800 万个元件的芯片也正在计划中,采用极大规模集成电路(ULSI) 技术有可能达到 10 亿个元件。考虑到电路设计的改进,用圆片规模集成(WSI) 在 4 英寸的芯片上就能造出 400 ~ 800 个 PE 及相应互连。所以,将来很可能用 ULSI 与 WSI 相结合的技术,将几十亿个晶体管集成在一种单一芯片中以实现成熟的网络模型,达到实时应用的效果。因为如此众多的互连是难以想象在 IC 之外实现的。

除了提高密度和加大面积外,增加层数即向三维方向发展,也是极有利于神经计算的,因为随网络节点的增多,互连数大体成平方关系增长,而在二维平面上增加互连受限于光刻技术与布线规则,故向三维发展是根本解决这一困难的出路,目前已开发出的 SOI 三维技术为部分解决互连问题展现了可喜的前景。其下层储存权值,中层作计算并实现与近邻的连接,上层则与远邻交换数据。

还应该指出,在微处理器之类的集成器件中,各晶体管都是功能独立、缺一不可的。随着器件集成度的提高,对它们的功能测试变得越来越困难,合格率亦随之降低,而神经网络具有很好的容错性,可降低对全面功能测试的要求。

综上所述,神经网络实现技术的新飞跃,无疑将为其应用提供更为优越的物理前提。

9.6.3 前景

根据目前计算机技术、人工神经网络技术及脑科学的发展，在巨大理论突破以前，人工神经网络研究的热度会有所下降，但在已有应用成果的刺激下，在 VLSI 技术的支持下，绝不会再度进入“冬眠”状态，而将保持一定的发展势头。

作为这一学科本身，人工神经网络技术不能等待生理学、心理学的突破性成果，而应立足在现有基础上，大力展开以下几方面的研究：

(1) 模型及学习算法的研究；

(2) 计算能力的研究；

(3) 实际卓有成效的应用研究；

(4) 神经计算机的研究。

可以预知，人工神经网络的研究前景是光明的，可以预期在模式识别、自动控制等领域中，神经网络可获得大批应用成果，且与专家系统的接口可望得到较好解决，与模糊数学的结合将使应用更有成效。

随着人工神经网络理论及其相关技术的不断发展，上述问题终将解决，神经网络的应用无疑将会获得迅猛发展。人工神经网络在材料科学及其加工领域的应用定将更加深入和广泛。采用神经网络技术，无疑将大大缩短研究进程，提高研制开发效率，从而节约大量的人力、物力、财力，同时能开发出满足社会生产需求的新型材料和先进的材料加工方法。

参考文献

[1] 焦李成. 神经网络系统理论. 西安：西安电子科技大学出版社，1990.

[2] 张立明. 人工神经网络模型及其应用. 上海：复旦大学出版社，1993.

[3] 胡守仁，余少波，戴葵. 神经网络导论. 长沙：国防科技大学出版社，1998.

[4] 胡守仁，沈清，胡德文，等. 神经网络应用技术. 长沙：国防科技大学出版社，1998.

[5] 周继成，周青山，韩飘扬. 人工神经网络——第六代计算机的实现. 北京：科学普及出版社，1993.

[6] 刘守纪，马万珍，周蓓霞，等. 人工神经网络在材料科学领域的应用. 塑料工业，2005，33(增刊)：162-164.

[7] 徐强，张辛红，韩杰才，等. 人工神经网络在材料科学中的应用与展望. 材料科学与工艺，2005，13(4)：352-356.

[8] 徐文峰，廖晓玲，刘希东. 人工神经网络在材料性能研究中的应用. 材料导报，2006，20：238-240，257.

[9] 刘艳侠，高新琛. BP神经网络在材料领域中的应用(综述). 辽宁大学学报，2007，34(2):116-119.

[10] Rao K P, Prasad Y K D V. Neural network approach to flow stress evaluation in hot deformation. Journal of Material Process Technology, 1995, 53:552-566.

[11] Kapoor R, Pal D, Chakravartty J K. Use of artificial neural networks to predict the deformation behavior of Zr-2.5Nb-0.5Cu. Journal of Material Process Technology, 2005, 169: 199-205.

[12] Wu R H, Liu J T, Chang H B, et al. Prediction of the flow stress of 0.4C-1.9Cr-1.5Mn-1.0Ni-0.2Mo steel during hot deformation. Journal of Material Process Technology, 2001, 116: 211-218.

[13] 刘庆斌，李淼泉，杨合，等. 应用人工神经网络理论建立热黏塑性材料的本构关系. 塑性工程学报，1996，3(4):14-18.

[14] 丰建朋，郭灵，张麦仓，等. 人工神经网络在建立变形高温合金本构关系中的应用. 中国机械工程，1999，10(1):49-51.

[15] 张兴全，彭颖红，阮雪榆. Ti-5Al-2Sn-2Zr-4Mo-4Cr合金的本构关系的新模型. 上海交通大学学报，1999，33(2):174-177.

[16] Dunjun Chen, Miaoquan Li, Shichun Wu. Modeling of microstructure and constitutive relation during superplastic deformation by fuzzy-neural network. Journal of Materials Processing Technology, 2003, 142:197-202.

[17] Li Miaoquan, Xiong Aiming, Huang Weichao, et al. Microstructural evolution and modelling of the hot compression of a TC6 titanium alloy. Materials Characterization, 2003, 49: 203-209.

[18] Li Miaoquan, Liu Xuemei, Xiong Aiming. Prediction of the mechanical properties of forged TC11 titanium alloy by ANN. Journal of Materials Processing Technology, 2002, 121:1-4.

[19] 沈昌武. TA15、TC11钛合金热变形材料本构模型研究[D]. 西安:西北工业大学，2007.

[20] Cao J, Kinsey B, Solla S. Consistent and minimal springback using a stepped binder force trajectory and neural network control. ASME Journal of Engineering Materials and Technology, 2000, 122(1):113-118.

[21] Viswanathan V, Kinsey B L, Cao J. Experimental implementation of neural network springback control for sheet metal forming. ASME Journal of Engineering Materials and Technology, 2003, 125(2):141-147.

[22] 韩利芬，李光耀，钟志华，等. 神经网络与正交试验设计在板料成形毛坯形状预测中的综合应用. 中国机械工程，2004，15(14):1266-1271.

[23] Inamdar M V, Date P P. Development of an artificial neural network to predict springback in air vee bending. International Journal of Advanced Manufacturing

Technology, 2000 ,16:376 - 381.

[24] Inamdar M V, Date P P, Desai U B. Studies on the prediction of springback in air vee bending of metallic sheets using an artificial neural network. Journal of Materials Processing Technology, 2000,108(1):45 - 54.

[25] 陈剑，吴彤，夏巨谌，等. 基于人工神经网络的气门电热镦粗工艺专家系统. 塑性工程学报，2007,14(1):62 - 65, 79.

[26] 何灿焜. 基于人工神经网络的压边力预测技术研究. 锻压装备与制造技术，2006,5:86 - 89.

[27] 林高用，陈兴科，蒋杰，等. BP人工神经网络与遗传算法在型材挤压模具参数优化中的应用. 湘潭大学学报:自然科学版，2006,28(2):89 - 94.

[28] 高军，赵国群，季廷炜，等. 基于人工神经网络的冷挤压工艺设计系统的知识自动获取研究. 塑性工程学报.，2005,12(5):28 - 33.

[29] 高军，季廷炜，赵国群，等. 模糊人工神经网络在冷挤压工艺设计中的应用研究. 塑性工程学报，2005,12(3):22 - 26.

[30] 王秀凤，吕晓东，陈光南，等. 人工神经网络技术在板料激光弯曲中的应用. 激光技术，2005,29(3):244 - 247.

[31] 李顺平，吴建军，邱华. 确定板材塑性本构参数的神经网络方法研究. 西北工业大学学报，2001,19(2):190 - 194.

[32] 任宁. 管材本构关系对数控弯管成形质量的影响[D]. 西安:西北工业大学，2007.

[33] 张丹，张卫红. 基于铸件热应力及变形的人工神经网络和遗传算法优化方法. 航空学报，2006,27(4):697 - 702.

[34] 罗蓬，胡侨丹，夏巨谌，等. 基于人工神经网络的凸轮轴铸造过程数值模拟优化研究. 四川大学学报:工程科学版，2005,37(2):120 - 124.

[35] 邹风山，王承志，黄勇. 压铸浇注工艺参数的人工神经网络优化设计. 铸造设备研究，2002,6:12 - 14.

[36] 罗蓬，周锦进. 基于BP神经网络的压铸浇注工艺参数设计. 铸造，2000(5):286 - 288.

[37] 罗蓬. 模糊神经网络在压铸浇注系统计算机辅助设计中的应用. 贵州工学院学报，1996,6:40 - 44.

[38] 彭立明，毛协民，徐匡迪，等. 基于数值模拟的定向连续铸造固液界面位置人工神经网络模型的研究. 铸造，2001,50(11):683 - 686.

[39] 童莉葛，白世武，刘方明. 基于BP人工神经网络的高强度管线钢焊接接头性能参数CTOD预测系统. 焊接学报，2007,28(8):96 - 98.

[40] 薛海涛，崔春翔，李永艳，等. 基于人工神经网络的点焊熔核直径预测 // 2007船舶焊接国际论坛论文集. 焊接，2007,5:67 - 70.

[41] 滕文华，张勇智. 电子束二次熔焊人工神经网络模型的建立和分析. 焊接，2006,35(11):73 - 74.

[42] 于秀萍，孙华，赵希人，等. 基于人工神经网络的焊缝宽度预测. 焊接学报，2005,

26(5):17－19,45.

[43] 贾健明. 基于人工神经网络的钢铁件淬火硬度电磁无损检测. 金属热处理，2006，31(9):69－71.

[44] 王秀凤，吕晓东，陈光南，等. 人工神经网络技术在成形模具表面激光强化中的应用. 热加工工艺，2003,6:41－43.

[45] 贾健明，陈剑鹤. 人工神经网络在机械加工中的应用. 机械设计与制造，2006,4:134－136.

[46] 刘忠和，钟建琳. 基于人工神经网络的铣削参数优化. 机械设计与制造，2007,7:103－104.

[47] 刘云，徐德，谭民. 基于遗传算法的人工神经网络方法在激光切割工艺参数选取中的应用. 制造业自动化，2006,28(12):20－22,64.

[48] 陈曙光，刘平，田保红. 切削表面粗糙度的人工神经网络预测. 工具技术，2005,39:30－32.

[49] 谢克非，周天瑞. 基于人工神经网络技术冷轧带肋钢筋工艺参数的优化设计. 锻压技术,2004(2):36－38.

第十章　实验建模方法在材料加工过程中的综合应用

本章阐述第三至九章所介绍的各种实验建模方法在材料加工过程中的综合应用，包括基于正交试验设计、逐步回归分析、人工神经网络的钛合金热变形材料本构模型研究[1]；基于人工神经网络、有限元数值模拟和实验研究相结合的管材本构模型的建立[2]；采用正交试验设计和多元多项式回归分析相结合的不均匀压下面内弯曲件弯曲半径的预测模型的建立[3]。

10.1　钛合金热变形材料本构模型研究

在热变形过程中，材料本构模型反映了材料的流动应力与变形温度、应变速率和材料微观组织变化之间的依赖关系，在先进塑性成形理论与技术研究发展中发挥着不可替代的作用。而不同的材料其热变形本构模型也不同。

TA15，TC11 钛合金因具有独特的优异性能在航空航天领域获得了日益广泛的应用，如何建立这两种钛合金在热变形过程中适用的、可靠的本构模型，是材料塑性成形前沿领域迫切需要研究解决的重要课题。

10.1.1　建模方法的选择及建模思路

近年来，航天、航空、兵器等领域的快速发展要求塑性成形产品朝着轻量化、强韧化、精确化的方向发展，对新材料的要求越来越高。不仅要求材料具有高的比强度、优良的抗氧化性和抗腐蚀性，而且还要求材料具有高的断裂韧性以及抗蠕变性。以“崛起的第三金属”声誉著称的钛及钛合金是一种重要的新型金属结构材料，它具有密度小、比强度高、抗腐蚀性好、耐高温等优点，能够进行多种方式的塑性成形、焊接和机械加工，已成为近年来世界各国研究的热点。但是，钛合金材料属于难变形材料，其价格相对于铝合金、碳钢来说十分昂贵。

随着计算机技术及数值计算方法的发展，基于有限元法的数值模拟方法越来越成为解决塑性成形问题的强有力工具。借助于有限元数值模拟技术和钛合金材料本构模型，就可以在计算机上虚拟实现钛合金锻造、轧制、挤压等多种塑性成形过程，可以通过图形、数据等方法直观地得到诸如温度分布、应变和应力分布、载荷和材料流动情况等各种信息，系统深入地研究相关塑性成形过程，进而实现工艺参数的优化，高质量、低成本和短周期地实现钛合金产品研制。但这一强有力的塑性成形过程分析工具的有效性首先取决于材料精确本构模型的建立。材料本构模型是联系材料塑性变形与热力学参数（变形温度、应变速率和应变）之间的桥梁，关系到有限元数值模拟的准确性与精确度，因而在塑性成形过程的基础研究领域也占有十分重要的地位。

建立材料热变形本构模型的两种方法，即回归分析法和BP神经网络法都存在一些优点和缺点。其中回归分析法处理离散数据点能力差，模型应用受数据点的范围限制；但是它可以由数学公式描述流动应力与应变、变形温度、应变速率之间的关系，在商用有限元软件提供接口程序中应用方便。而人工神经网络模型不能用数学公式直观描述流动应力与应变、变形温度、应变速率之间的关系，其建立的材料本构模型与有限元相连接的接口程序编写困难；但它具有很强的非线性"映射"关系，能够处理离散数据点，并具有良好的预测能力，可以很好地反映流动应力随应变、变形温度、应变速率的变化规律，能够预测非实验数据，以拓宽建立回归模型的数据点范围。因此，本节在建立 TA15，TC11 钛合金材料本构模型时，将回归分析法和人工神经网络法相结合，首先利用BP神经网络法良好的预测能力预测部分非实验数据点，然后再基于实验数据和部分预测数据，利用回归分析法建立简单、适用的回归模型。

为了避免标准 BP 神经网络易出现收敛速度慢、陷入局部极小值和"过适配"的问题（预测能力差），本节采用改进的 Trainbr 算法来训练网络。另外，在利用回归分析法分析问题时，容易将对因变量的影响不显著的自变量引入到模型中，降低模型的预测能力，因此，需要剔除这些影响不显著的自变量，提高模型的预测能力。本节利用逐步回归法来选择对 TA15，TC11 钛合金流动应力影响显著的"最优"自变量子集，建立合理、简单的材料本构模型。

综上所述，本节首先设计适合 TA15，TC11 钛合金热变形的实验方案并实施，然后进行显著性及成形规律分析；进而利用改进的 Trainbr 算法，在正交试验结果的基础上建立 TA15，TC11 钛合金 BP 神经网络模型，预测出的部分数据作为建立回归模型的原始数据；然后考虑所有影响 TA15，TC11 钛合金流动应力的宏观可测变量，利用逐步回归法选择影响显著的"最优"自变量子集，建立 TA15，TC11 钛合金简单、适用的回归模型。

10.1.2 材料热变形过程本构模型的分类

材料的热变形本构模型是指材料流动应力对由变形温度、应变速率、应变等热力学参数所构成的热力学状态所做出的反映。材料的热变形本构模型在先进塑性成形理论与技术研究发展中发挥着不可替代的作用。有限元数值模拟仿真可以比理论和实验做得更深刻、更全面、更细致，可以进行一些理论和实验暂时还做不到的研究。因此，将有限元数值模拟仿真，与理论及实验研究相结合，已成为研究与发展先进塑性成形理论与技术的强有力工具。但这一工具的有效性首先取决于精确描述材料流动应力随热力学参数（变形温度、应变速率和应变）的变化规律，即材料本构模型的建立。

不同的材料，其本构模型也不相同。常用的热变形材料本构模型有两种：唯象本构模型和统计本构模型。唯象本构模型是将材料的微观组织变化由宏观变量（应变）来代替，建立描述材料流动应力与变形温度、应变和应变速率之间关系的本构模型，它不涉及有关原子和分子结构的微观机制；统计本构模型是基于变形机理方面的描述，从位错密度、晶粒尺寸等微观结构入手，建立耦合的本构模型。其中唯象本构模型形式简单，便于应用到塑性成形过程的有限元数值模拟。

本节拟建立 TA15，TC11 两种钛合金热变形过程的唯象本构模型。

10.1.3　材料热变形本构模型的研究现状

影响材料热变形过程的流动应力的因素很多，大致可分为内因和外因两类。其中内因主要有金属的化学成分、晶粒尺寸、组织结构等；外因主要有变形温度、应变速率、应变等，它们通过在热变形过程中使金属内部的组织发生变化，如加工硬化、动态回复、动态再结晶、静态回复、静态再结晶等，影响流动应力的大小。这些内因和外因对流动应力的影响可用下述关系表示：

$$\sigma = \sigma(x\%, R, T, \varepsilon, \dot{\varepsilon}, t) \tag{10.1}$$

式中，$x\%$ 为金属的化学成分；R 为晶粒尺寸；T 为变形温度；ε 为应变；$\dot{\varepsilon}$ 为应变速率；t 为道次间隔时间；σ 为流动应力。

在实际材料的唯象本构模型建立中，采用单道次压缩试验，不考虑道次间隔时间 t 和材料化学成分 $x\%$ 的变化；将材料的微观组织变化通过可测宏观量累计塑性应变（ε）来代替。因此，可将式(10.1) 简化成下式：

$$\sigma = \sigma(T, \varepsilon, \dot{\varepsilon}) = \sigma(T)\sigma(\varepsilon)\sigma(\dot{\varepsilon}) \tag{10.2}$$

式(10.2) 是一个隐式函数，不能直接用于材料本构模型的建立。国内外学者根据不同材料、变形方式等因素，采用回归分析法或人工神经网络法建立了描述材料热变形过程加工硬化和动态软化（再结晶和回复）行为的材料本构模型。

建立材料热变形本构模型的回归分析法和 BP 神经网络方法都存在一些缺陷。

回归分析法处理离散数据点能力差，模型的应用受数据点的范围限制；但是它可以由数学公式描述材料热变形过程中流动应力与应变、变形温度、应变速率之间的关系，很方便地通过商用有限元软件提供子程序接口程序将回归模型嵌入到软件中。

BP神经网络方法实质上是一种"黑箱"操作方法，它不能用数学公式直观表达流动应力与应变、变形温度、应变速率之间的关系，建立的本构模型与有限元相连接的接口程序编写困难。但它具有很强的非线性"映射"关系、能够处理离散数据点和具有良好的预测能力，可以很好地反映流动应力随应变、变形温度、应变速率的变化规律，能够预测数据点，可以作为减少反映材料特性的实验量的一种方法，降低实验成本。

由上面分析可以看出，回归分析法和BP神经网络法在建立材料热变形本构模型时所存在的缺点都可以利用对方的优点来弥补。因此，本节在建立 TA15，TC11 钛合金材料本构模型时，将回归分析法和BP神经网络法相结合，利用BP神经网络的良好预测能力，预测部分非实验数据点，然后再基于实验数据和部分网络预测数据，利用逐步回归分析法建立简单、适用的回归模型。

10.1.4 材料热变形本构模型的实验方案与实施

研究材料热变形过程的力学行为，需要采用合适的实验研究方法。目前，主要有三种方法(拉伸、压缩和扭转)用于研究材料热变形过程的变形行为。由于压缩实验是进行材料热变形行为研究应用最广泛的方法，用它可以获得不同变形条件下材料的流动应力与变形程度(应变)之间的关系，其变形程度可达80%(应变$\varepsilon=1.5$)。虽然试样在压缩过程中易出现"鼓形"，但是可以通过合适的润滑方法来解决。因此，在此采用压缩实验来研究 TA15，TC11 钛合金在热变形过程中的力学行为。

1. 实验材料

实验材料采用北京航空材料研究院提供的 TA15，TC11 两种钛合金棒材，其主要化学成分见表 10.1。

表 10.1 TA15，TC11 钛合金的主要化学成分(质量分数/(%))

元素 / 材料	Ti	Al	Mo	Zr	V	Fe	Si	杂质
TA15	基体	5.5～7.0	0.5～2.0	1.5～2.5	0.8～2.5	0.25		＜0.3
TC11	基体	5.8～7.0	2.8～3.8	0.8～2.0	0.2～0.35		0.25	＜0.3

2. 等温恒应变速率压缩实验

试样设计参考文献[4-5]，原材料经改锻后沿轴向截取并加工成 Φ 8 mm × 12 mm 的圆柱形试样，如图 10.1 所示，试样两端各加工了一个 0.2mm 深的凹槽用来放置玻璃润滑剂。当压缩变形时，封闭腔内的润滑剂可以减小试样两端与模具之间的摩擦，从而可减小试样的不均匀变形，避免试样产生严重的鼓形。

所设计的等温恒应变速率压缩实验是在 Gleeble1500 型动态 / 热力模拟试验机上进行的。压缩是通过将圆柱体试样置于一对平锤之间，然后进行镦粗来实现的，如图 10.2 所示。试样采用电频感应加热，压缩过程中由焊接在试样侧面中部的热电偶实时测量温度，通过闭环温控系统实现控温精度为 ± 1℃。完成压缩后立即向试样吹喷氮气，以 30℃/s 的降温速度进行急冷。在实验过程中，配有微机处理系统的试验机自动采集有关数据，并进行修正和计算，最后以表格形式输出载荷、行程、真应力和真应变等数据。

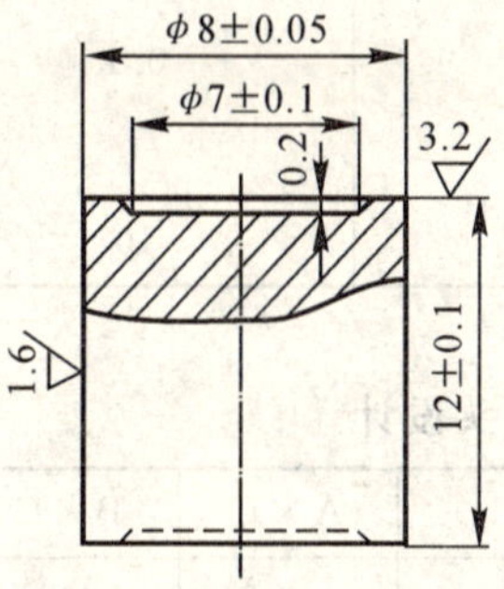

图 10.1 试样图

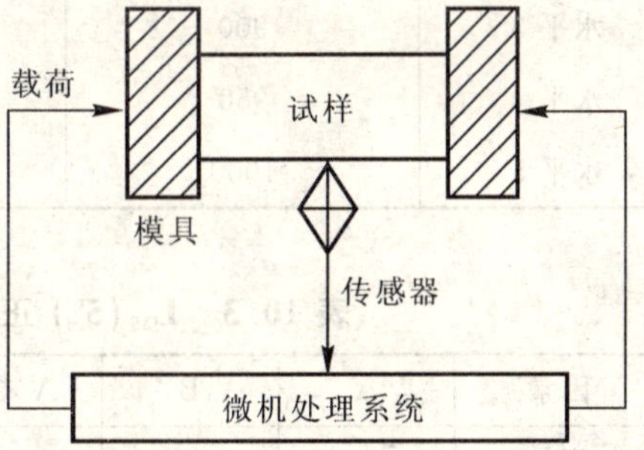

图 10.2 压缩实验装配示意图

根据 TA15，TC11 钛合金材料的热变形工艺规范，设定如下的一系列不同热变形参数条件下的基本热压缩实验方案：

变形温度(℃)：800，850，900，950，1 000，1 050；

变形速率(s^{-1})：0.001，0.01，0.1，1，10；

变形程度为 55%(真应变 0.75)。

3. 正交试验设计方案

由于正交试验设计能够通过代表性很强的少数实验值，弄清各个因素对实验指标的影响情况，确定出因素的主次顺序，找出最优参数组合，是一种解决多因素实验问题卓有成效的方法；因此，本节采用正交试验法研究影响 TA15，TC11 钛合金热变形过程中流动应力的主要因素。

在进行正交试验方案设计时，选取流动应力为目标函数，应变、应变速率和变形温度作为影响因素。TA15，TC11 钛合金热压缩实验中的影响因素和各因素的水平数选取如表 10.2 所示。

(1) 选取正交表。选表时一定要将因素间交互作用看成一个影响因素，同实验影响因素一并考虑。在此只考虑影响因素间一级交互作用。故根据所确定的因素和因素间的交互作用，并且结合各影响因素的水平数，对于 TA15，TC11 钛合金都选

用 $L_{25}(5^6)$ 正交表。

(2) 表头设计。在表头设计中不能任意安排各因素及其交互作用,必须严格按交互列表进行配列。表 10.3 为 $L_{25}(5^6)$ 正交表的表头设计,其具体的实验方案见表 10.4。

表 10.2 正交试验设计中的因素和水平数

水平 \ 因素	A 变形温度/℃	B 应变	C 应变速率/s^{-1}
水平 1	800	0.1	0.001
水平 2	850	0.2	0.01
水平 3	900	0.3	0.1
水平 4	950	0.4	1
水平 5	1000	0.5	10

表 10.3 $L_{25}(5^6)$ 正交表的表头设计

因素	A	B	A×B	C	A×C	B×C
列号	1	2	3	4	5	6

表 10.4 TA15,TC11 钛合金热压缩正交实验方案

实验号 \ 列号 因素	1 A	2 B	3 A×B	4 C	5 A×C	6 B×C
1	1	1	1	1	1	1
2	1	2	2	2	2	2
3	1	3	3	3	3	3
4	1	4	4	4	4	4
5	1	5	5	5	5	5
6	2	1	2	3	4	5
7	2	2	3	4	5	1
8	2	3	4	5	1	2
9	2	4	5	1	2	3
10	2	5	1	2	3	4
11	3	1	3	5	2	4

续表

实验号 \ 因素 \ 列号	1 A	2 B	3 A×B	4 C	5 A×C	6 B×C
12	3	2	4	1	3	5
13	3	3	5	2	4	1
14	3	4	1	2	5	2
15	3	5	2	4	1	3
16	4	1	4	2	5	3
17	4	2	5	3	1	4
18	4	3	1	4	2	5
19	4	4	2	5	3	1
20	4	5	3	1	4	2
21	5	1	5	4	3	2
22	5	2	1	5	4	3
23	5	3	2	1	5	4
24	5	4	3	2	1	5
25	5	5	4	3	2	1

4. 正交试验结果的直观分析

极差R的大小反映相应因素作用的大小。极差大的因素，意味着其不同水平给指标所造成的影响较大，通常是主要因素。极差小的因素，意味着其不同水平给指标所造成的影响小，一般是次要因素。

(1)TA15钛合金热变形压缩试验直观分析：

根据第六章正交试验设计的极差计算公式，计算TA15钛合金热变形压缩实验的各影响因素的极差值，如表10.5所示。

由表10.5的TA15钛合金热变形压缩实验极差分析结果，可以看出影响其流动应力值的各影响因素主次顺序如下：

主————————————→次

B　A　B×C　A×C　A×B　C

由此可见，影响TA15钛合金热变形过程中流动应力的主要因素是变形温度和应变速率，其次是变形温度、应变速率和应变之间的交互作用，应变的影响最小。因此，在利用多元线性回归分析法构建其本构模型时，要考虑参数间的交互项。另外，由因素极差值的大小可以看出，变形温度和应变速率对流动应力的影响是应变对流动应力影响的 6 ～ 7 倍，由此可见，TA15 钛合金是热敏感型和应变速率敏感型材料。

表 10.5 TA15 钛合金热变形压缩实验极差分析表

因素 计算值	A	B	A×B	C	A×C	B×C
$L_{25}(5^6)$ 正交表具体试验方案						
$\bar{k}_1$	51.492	239.414	115.132	141.120	109.510	93.520
$\bar{k}_2$	73.290	169.440	131.776	131.608	107.510	115.424
$\bar{k}_3$	119.336	126.988	103.596	112.276	142.532	152.198
$\bar{k}_4$	166.422	65.200	134.754	134.456	120.136	159.000
$\bar{k}_5$	231.368	40.866	156.650	122.448	162.656	121.766
R	179.876	198.548	53.054	28.844	55.582	65.480

注：A 为应变速率；B 为变形温度；C 为应变。

(2)TC11 钛合金热变形压缩实验直观分析：

根据第六章中正交试验设计的极差计算公式，计算 TC11 钛合金热变形压缩实验的各影响因素的极差值，如表 10.6 所示。

表 10.6 TC11 钛合金热变形压缩实验极差分析

因素 计算值	A	B	A×B	C	A×C	B×C
$L_{25}(5^6)$ 正交表具体实验方案						
$\bar{k}_1$	266.99	56.91	155.78	159.21	135.35	124.08
$\bar{k}_2$	195.79	99.54	138.10	165.04	144.85	117.43
$\bar{k}_3$	152.40	150.23	145.00	148.24	172.76	221.69
$\bar{k}_4$	108.39	206.95	151.92	159.38	169.10	172.66
$\bar{k}_5$	62.82	272.76	190.61	154.51	164.32	150.53
R	204.17	215.85	52.52	16.80	37.41	104.26

注：A 为应变速度；B 为应形温度；C 为应变。

由表 10.6 的 TC11 钛合金热变形压缩实验极差分析结果，可以看出影响其流动应力值的因素主次顺序如下：

主 ————→ 次

B　A　B×C　A×B　A×C　C

由此可见，影响 TC11 钛合金热变形过程中流动应力的主要因素是变形温度和应变速率，其次是变形温度、应变速率和应变之间的交互作用，应变的影响最小。因此，在多元线性回归分析法构建其本构模型时，要考虑参数间的交互项。另外，由因素极差值的大小可以看出，变形温度和应变速率对流动应力的影响是应变对流动应力影响的 14 倍左右。由此可见，TC11 钛合金也是热敏感型和应变速率敏感型材料。

10.1.5 应力-应变曲线特征分析

变形温度、应变速率和应变对 TA15 合金热变形过程中流动应力的影响如图 10.3 所示，对 TC11 合金热变形过程中流动应力的影响如图 10.4 所示。

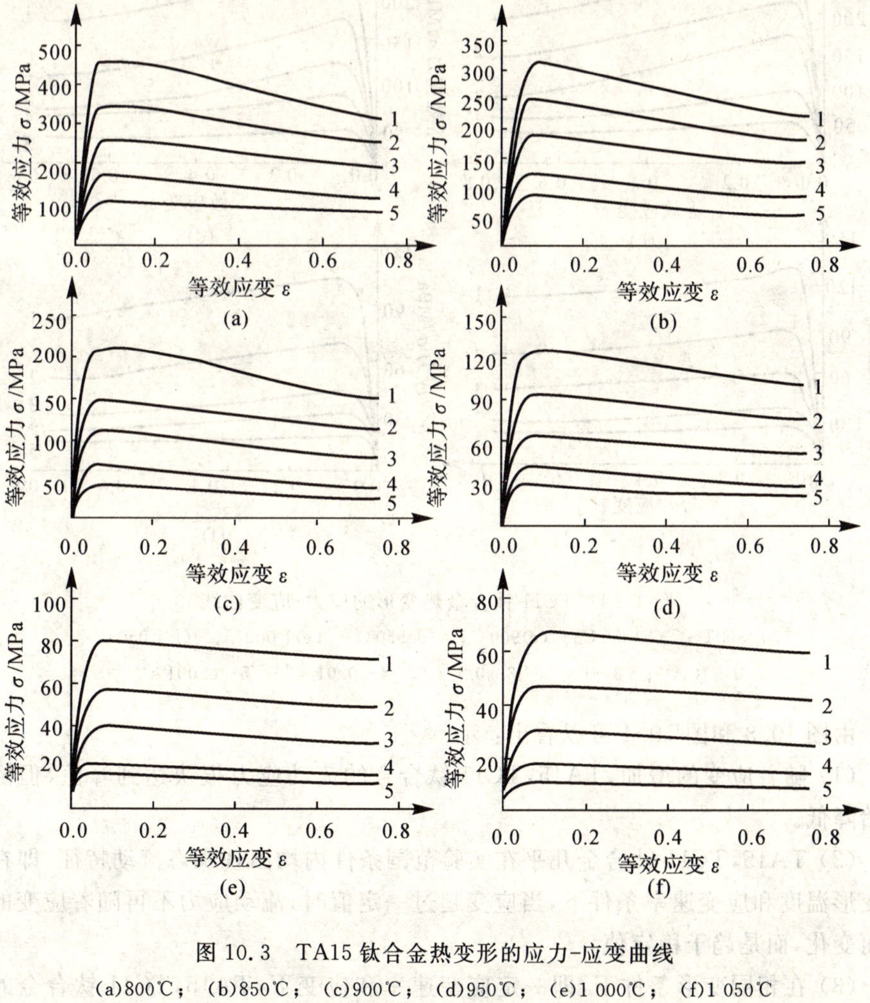

图 10.3 TA15 钛合金热变形的应力-应变曲线

(a)800℃；(b)850℃；(c)900℃；(d)950℃；(e)1 000℃；(f)1 050℃

1—10 s^{-1}；2—1 s^{-1}；3—0.1 s^{-1}；4—0.01 s^{-1}；5—0.001 s^{-1}

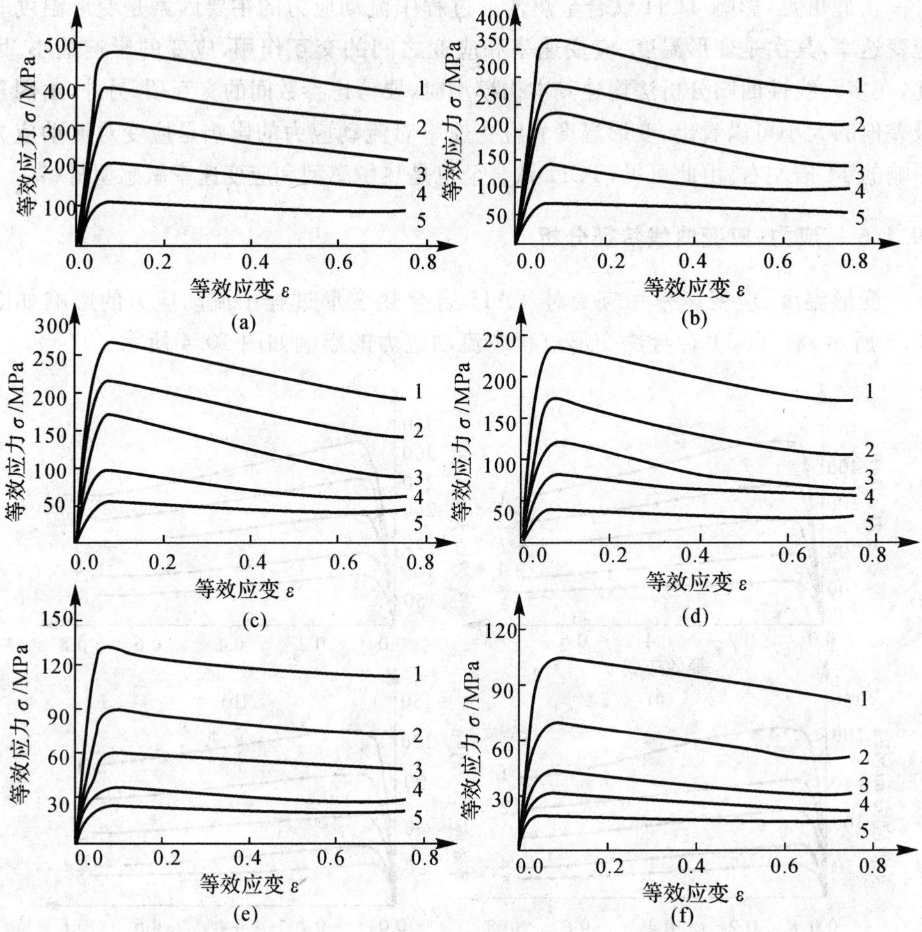

图 10.4　TC11 钛合金热变形的应力-应变曲线

(a)800℃；　(b)850℃；　(c)900℃；　(d)950℃；　(e)1 000℃；　(f)1 050℃

1—10 s^{-1}；　2—1 s^{-1}；　3—0.1 s^{-1}；　4—0.01 s^{-1}；　5—0.001 s^{-1}

由图 10.3 和图 10.4 可以看出：

(1) 随着应变的增加，TA15，TC11 钛合金的流动应力很快达到峰值，但随后开始降低。

(2) TA15，TC11 钛合金几乎在实验范围条件内均出现稳态流动特征，即在一定变形温度和应变速率条件下，当应变超过一定值时，流动应力不再随着应变的增加而变化，而是趋于稳定值。

(3) 在相同变形条件下，即一定应变速率和应变下，TA15，TC11 钛合金的流动应力与变形温度有强烈的依赖关系，它随变形温度的升高而减小，但不是简单的线性关系，如图 10.5 和图 10.6 所示。这是因为随着变形温度的升高，原子热振动的振幅增大，原子间的结合力降低，同时变形温度升高时滑移阻力降低，并产生新的滑移系，使变形过程中的软化作用加强，因而变形时的流动应力呈渐减趋势。

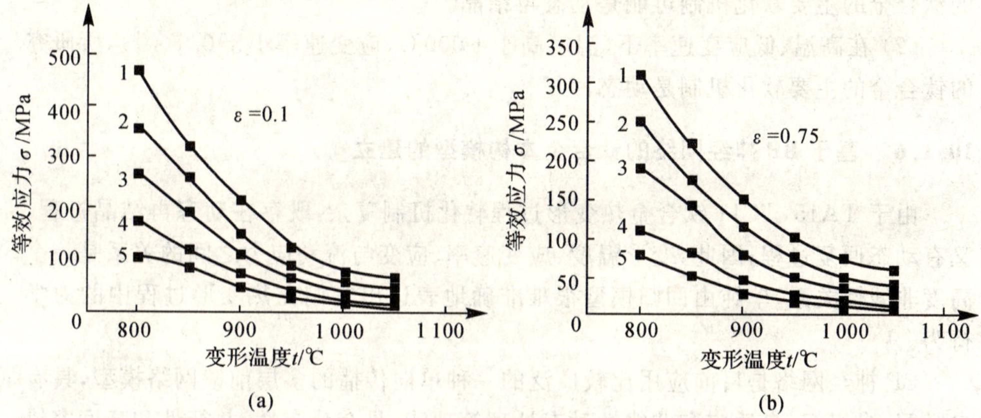

图 10.5　TA15 钛合金热变形峰值应力和稳态应力

(a) 峰值应力；(b) 稳态应力

1—10 s^{-1}；2—1 s^{-1}；3—0.1 s^{-1}；4—0.01 s^{-1}；5—0.001 s^{-1}

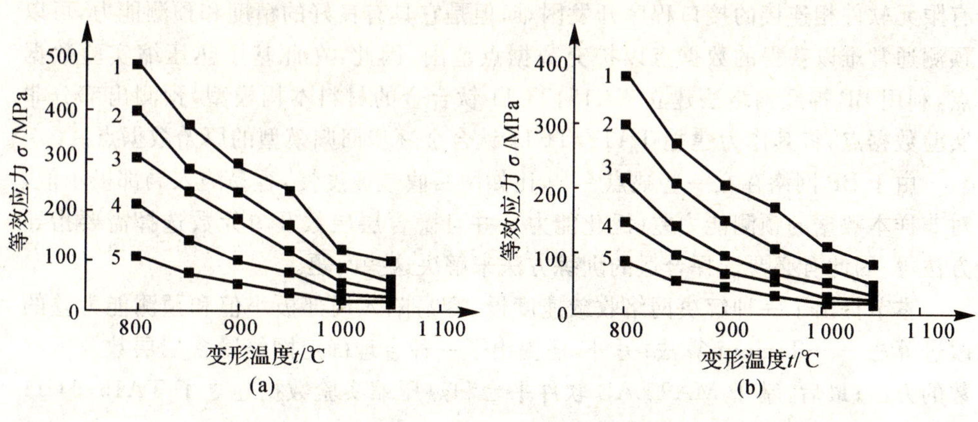

图 10.6　TC11 钛合金热变形峰值应力和稳态应力

(a) 峰值应力；(b) 稳态应力

1—10 s^{-1}；2—1 s^{-1}；3—0.1 s^{-1}；4—0.01 s^{-1}；5—0.001 s^{-1}

(4) 在相同变形条件下，即一定变形温度和应变下，流动应力随着应变速率增加而增加。这是由于随着应变速率的增加，意味着位错运动速度的加快，必然需要更大的切应力，则流动应力必然提高。

从图 10.3 和图 10.4 中还可以看出，TA15，TC11 钛合金在不同的变形条件下，其主要软化机制不同。

(1) 在低温、高应变速率下（温度低于 950℃，应变速率大于 0.1 s^{-1}），所研究的钛合金的主要软化机制可能是动态再结晶。

(2) 在高温、低应变速率下（温度高于 1 000℃，应变速率小于 0.1 s^{-1}），所研究的钛合金的主要软化机制是动态回复。

10.1.6 基于 BP 神经网络的钛合金本构模型的建立

由于 TA15，TC11 钛合金热变形过程软化机制复杂，既存在动态再结晶过程，又有动态回复过程；因此，变形温度、应变速率、应变与流动应力之间的关系是一个高度非线性关系，单纯由回归模型很难准确地表达出它们在热变形过程中的力学行为。

BP 神经网络是目前应用比较广泛的一种单向传播的多层前馈网络模型，具有自学习、自组织、自适应和非线性动态处理等功能，具有分布性、并行性和高度容错性等特性，是一个从输入到输出的高度非线性映射，能高精度逼近高度复杂的非线性函数关系，在解决复杂的非线性问题方面具有广阔的应用前景[6-9]。虽然它不能直观地用数学公式表示变形温度、应变速率、应变与流动应力之间的关系，与商用有限元软件相连接的接口程序开发困难，但是它具有良好的精度和预测能力，可以预测通常难以获得的数据点以扩充数据点范围。因此，在此基于热压缩实验数据点，利用 BP 神经网络法建立 TA15，TC11 钛合金的材料本构模型，预测出部分非实验数据点，将其作为建立 TA15，TC11 钛合金逐步回归模型的原始数据点。

由于 BP 网络存在一些缺点[8-11]，比如网络收敛速度慢，容易陷入局部极小值，对非样本数据的预测能力差（泛化能力），并且隐含层层数及单元数选择需要指导方法等；因此有必要选择合适的训练方法来解决这些问题。

本节提出了一种解决网络收敛速度慢、容易陷入局部极小值和预测能力差的改进算法 ——Trainbr 算法；另外，还提出了一种合理确定网络隐含层层数及节点数的方法；最后，基于 MATLAB 软件平台和热压缩实验数据建立了 TA15，TC11 钛合金网络结构形式的材料本构模型。

一、Trainbr 算法

在 BP 神经网络的训练中，易出现“过适配”（预测能力差）问题，如图 10.7 所示，即对于训练样本集的样本误差可以很小，但对于样本集以外的新样本数据其误差会很大。网络记忆了训练过的样本，但缺乏对新样本泛化的能力。因此，在网络结构设计中，要设计合理的网络模型，使之刚好“适配”[10]。但是对于一个实际问题，确定网络规模为多大时才合适是很困难的。故需要采用新的方法，在不需要精确确定网络规模的前提下，提高网络的预测能力。在此基于 MATLAB 软件平台，提出采用 Trainbr 算法来解决网络的预测能力。

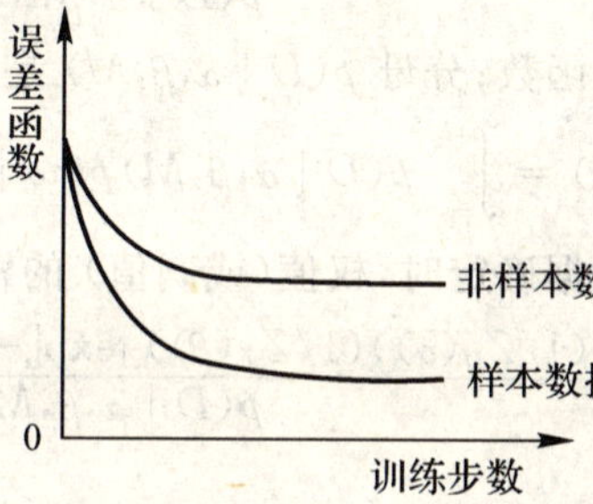

图 10.7　BP 神经网络出现“过适配”现象

Trainbr 算法主要以 David MacKay 所提出的贝叶斯理论(Bayesian Theory)为基础，认为网络的权值和阈值是按照指定分布随机可变的，归一化参数与这些分布的未知随机变量有关，可用统计的方法估计出这些参数的值。它是在应用 Levenberg-Marquardt 算法对网络权重和阈值进行最优化搜索时，采用贝叶斯方法在网络训练过程中自适应地调节 α,β 的大小，使其达到最优值。

1. 贝叶斯正则化算法

正则化方法的基本思路就是修正网络误差性能函数[12]。在一般情况下，标准 BP 网络的误差性能函数采用均方误差函数 mse，即

$$\text{mse} = \frac{1}{n}\sum_{i=1}^{n}(e_i)^2 = \frac{1}{n}\sum_{i=1}^{n}(T_j - O_j) \tag{10.3}$$

在正则化方法中，误差性能函数增加了网络权值和阈值的平方和均值，则式(10.3)可改变为以下形式：

$$\text{msereg} = \alpha\text{mse} + \beta\text{msw} \tag{10.4}$$

式中，$\text{msw} = \frac{1}{n}\sum_{i=1}^{n} w_i^2$；$\alpha,\beta$ 为参数。

通过用修正过的误差性能函数 msereg 来代替均方误差函数 mse，可以保证在网络训练误差尽可能小的情况下使网络具有较小的权值和阈值，即使得网络有效权值和阈值尽可能少，这实际上相当于自动缩小了网络的规模。但是常规的正则化方法很难确定 α,β 的合适值，因此希望找到一种自动设置的方法。

贝叶斯方法着眼于网络的权值(或阈值)在整个全空间的概率分布。若用 M 表示网络结构(主要是隐含层节点数个数)，在网络结构已确定的情况下，在没有样本

数据时，若知道权值（或阈值）的先验分布 $p(w \mid \alpha, M)$，其中 w 为权值（或阈值）向量，有了样本数据集 $D = \{x^{(N)}, d^{(N)}\}$ 后的分布式后验分布 $p(w \mid D, \alpha, \beta, M)$，根据 David MacKay 所提出的贝叶斯理论，权值（或阈值）的密度函数为

$$p(w \mid D, \alpha, \beta, M) = \frac{p(D \mid w, \beta, M) p(w \mid \alpha, M)}{p(D \mid \alpha, \beta, M)} \tag{10.5}$$

式中，$p(D \mid w, \beta, M)$ 为似然函数；分母 $p(D \mid \alpha, \beta, M)$ 是一个归一化因素，即

$$p(D \mid \alpha, \beta, M) = \int_{-\infty}^{+\infty} p(D \mid \alpha, \beta, M) p(w \mid \alpha, M) \mathrm{d}w \tag{10.6}$$

在 BP 网络中，当输入数据确定时，权值（或阈值）的密度函数可更新为

$$p(w \mid D, \alpha, \beta, M) = \frac{[(1/Z_D(\alpha))(1/Z_w(\beta))] \exp[-(\alpha \mathrm{mse} + \beta \mathrm{msw})]}{p(D \mid \alpha, \beta, M)} \tag{10.7}$$

式中，$Z_D(\alpha) = (\pi/\alpha)^{n/2}$；$Z_w(\alpha) = (\pi/\alpha)^{n/2}$。

在贝叶斯模型中，优化权值就是求 $p(w \mid D, \alpha, \beta, M)$ 的最大值，与求目标函数 $\mathrm{msereg} = \alpha \mathrm{mse} + \beta \mathrm{msw}$ 的最小值相同。根据贝叶斯规则，优化的目标函数参数 α, β 分别为

$$\alpha^{\mathrm{MP}} = \frac{\gamma}{2\mathrm{msw}(w^{\mathrm{MP}})} \tag{10.8}$$

$$\beta^{\mathrm{MP}} = \frac{N - \gamma}{2\mathrm{mse}(w^{\mathrm{MP}})} \tag{10.9}$$

式中，$\gamma = n - 2\beta^{\mathrm{MP}} \mathrm{tr}(\boldsymbol{H}^{\mathrm{MP}})^{-1}$，表示网络中有多少参数在减少误差性能指标函数方面起作用，其取值范围为 $0 \sim n$；n 为神经网络参数的总数；$\boldsymbol{H}$ 是目标函数的 Hessian 矩阵。

2. Levenberg-Marquardt（L－M）算法

L－M 算法[11,13-14]是针对为了避免计算采用近似二阶训练速率进行修正时的 Hessian 矩阵而设计的。当误差性能函数具有平方和误差的形式时，Hessian 矩阵可以近似地表示为

$$\boldsymbol{H} = \boldsymbol{J}^{\mathrm{T}} \boldsymbol{J} \tag{10.10}$$

梯度的计算表达式为

$$\boldsymbol{grad} = \boldsymbol{J}^{\mathrm{T}} \boldsymbol{e} \tag{10.11}$$

式中，$\boldsymbol{H}$ 是包含网络误差函数对权重和阈值一阶导数的雅可比矩阵；$\boldsymbol{e}$ 是网络的误差向量。在前馈网络中，雅可比矩阵要比 Hessian 矩阵计算简单。

L－M 算法就用雅可比矩阵代替 Hessian 矩阵按下式进行修正：

$$\Delta \boldsymbol{X}(k+1) = \boldsymbol{X}(k) - [\boldsymbol{J}^{\mathrm{T}} \boldsymbol{J} - \mu \boldsymbol{I}] \boldsymbol{J}^{-1} \boldsymbol{e} \tag{10.12}$$

式中，μ 为调整系数。

L－M 算法能够根据网络训练误差的变化情况，自动调节网络训练参数 μ，使网络实时采取适宜的训练方法。当 μ 较小时，网络训练过程主要依据拟牛顿法；当 μ 较大时，网络训练过程主要依据梯度下降算法。

Trainbr 算法的步骤如下：

(1) 采用 L－M 算法训练网络，改变网络中权值和阈值的值，使目标函数 $\text{msereg} = \alpha\text{mse} + \beta\text{msw}$ 的值趋于最小。

(2) 根据 $\gamma = n - 2\beta^{\text{MP}}\text{tr}(\boldsymbol{H}^{\text{MP}})^{-1}$ 计算出有效参数数量 γ 的值，其中 Hessian 矩阵用 L－M 算法中雅可比矩阵代替。

(3) 根据式(10.8)，式(10.9) 计算出参数 α，β 的值。

(4) 重新执行(1)、(2)、(3) 步，直至收敛。

在 MATLAB 平台上，只需要将训练函数设置为"Trainbr" 就可以实现这一过程。

二、隐含层层数及各层节点数的确定方法

BP 神经网络隐含层及其各层节点数的选择是一个十分复杂的问题，往往需要根据设计者的经验和多次实验来确定，难以用一个理想的解析式来表示。在确定隐含层及各层单元数目时，应考虑以下几个方面[15]：

(1) 隐含层的数目与问题的要求、输入 / 输出变量都有直接的关系。

(2) 随着所逼近函数的波动性的增加，隐含层节点数也应增加；随着学习样本数的增加，隐含层节点数也应增加。

(3) 增加隐含层数目可以减小各隐含层的节点数，在实际应用中应当采用多隐含层，但一般来讲，BP 网络隐含层数不要超过两层。

(4) 随着网络复杂程度和学习样本数目的增加，其收敛速度变慢，学习时间长，误差不一定最佳，容错性差，不能识别非样本数据(预测性差)，所以网络的规模不应随意增大。

因此，为了便于合理地确定网络结构模型，提高网络模型的预测精度，基于 MATLAB 软件平台提出了通过引入均方根误差参数(R. M. S. D)[16]，将其嵌入程序中，来判断网络模型的隐含层数是选择单隐含层还是双隐含层，并确定出最佳节点数的方法。均方根误差参数的计算公式如下：

$$\text{R. M. S. D} = \sqrt{\frac{1}{n}\sum_{i=1}^{n}(\sigma_{\text{pre}} - \sigma_{\text{exp}})^2} \tag{10.13}$$

式中，σ_{pre} 为预测值；σ_{exp} 为实验值。

在选择双隐含层的节点数时，为便于计算方便，第一隐含层的节点数仍采用经验公式确定；而第二隐含层的节点数和单隐含层的节点数都以最小 R. M. S. D 值

为标准，通过程序在网络训练过程中自动选取。

选择双隐含层第一隐含层的节点数的经验公式为

$$n = \sqrt{n_i + n_o} + a \tag{10.14}$$

式中，n 为隐含层节点数；n_i 为输入节点数；n_o 为输出节点数；a 为 1 ～ 10 的常数。

三、基于 BP 神经网络的 TA15 钛合金本构模型的建立

1. TA15 钛合金 BP 神经网络模型的确定

(1) 样本划分。一般来讲，金属材料在高温情况下发生塑性变形时本构模型可表示为式(10.2)。式中，σ 表示流动应力，$\dot{\varepsilon}$ 表示应变速率，T 表示变形温度，ε 表示应变。在此，把 $1\,000/(T+273)$、$\ln\dot{\varepsilon}$ 和 ε 这三个因素作为网络的输入因素，把 $\ln\sigma$ 作为网络输出因素，它们组成网络的训练样本对。以热压缩实验数据作为网络样本，为便于验证网络泛化能力，将实验数据分为样本数据和非样本数据，其中样本数据又分训练样本数据和测试样本数据，具体数据分类方式如表 10.7 所示。

表 10.7 热压缩实验数据划分

温度 /℃	应变速率 /s^{-1}				
	0.001	0.01	0.1	1	10
800	C	W	C	W	C
850	T	C	T	C	T
900	C	W	C	W	C
950	T	C	T	C	T
1 000	C	W	C	W	C
1 050	T	C	T	C	T

注：C 代表训练样本；T 代表测试样本；W 代表非样本数据。

(2) 数据预处理。若大小相差悬殊的数据同时作用于网络的输入节点，势必会淹没小数据对激活函数的作用，会造成隐含层到输入层之间权值调节上的困难，从而影响网络的收敛速度和精度。为了克服这一缺点，先对原始数据进行归一化处理，其方法有如下几种：

1) 线性函数转换，表达式如下：

$$A_i = 0.1 + 0.8 \times \left(\frac{A - A_{min}}{A_{max} - A_{min}}\right) \tag{10.15}$$

式中，网络输入参数 A_{max}，A_{min} 分别表示相应数据 A 的最大值和最小值。

2) 对数函数转换，表达式如下：

$$y = \lg(x) \tag{10.16}$$

网络样本数据和非样本数据的预处理必须采用同一转换方式，便于预测非实验数据条件下的流动应力值。本节对输入变量选用线性函数转换，对输出变量选用对数函数转换，其中输入变量中数据最大、最小值选择为：应变速率 $A_{max}=100\ s^{-1}$（即 $\ln\dot{\varepsilon}=4.6052$），$A_{min}=0.0001\ s^{-1}$（即 $\ln\dot{\varepsilon}=-9.2031$）；变形温度 $A_{max}=1\,100$℃，$A_{min}=750$℃；应变 $A_{max}=2.5$，$A_{min}=0$。

(3) 网络结构模型的确定。TA15 钛合金单隐含层的均方根误差参数值如表 10.8 所示；双隐含层的均方根误差参数值如表 10.9 所示。

表 10.8 TA15 钛合金不同单隐含层时的均方根误差

单隐含层	3×10×1	3×20×1	3×30×1	3×40×1
均方根误差	12.77	12.18	12.49	9.25

表 10.9 TA15 钛合金不同双隐含层时的均方根误差

单隐含层	3×10×5×1	3×10×10×1	3×10×15×1	3×10×20×1
均方根误差	13.72	8.09	9.85	10.35

通过对比表 10.8 和 10.9 中均方根误差参数的值，根据最小原则，对于 TA15 钛合金，网络结构模型应选择双隐含层。

由于网络输入节点数为 3 个，输出节点数为 1 个，因此双隐含层第一隐含层的节点数选为 10 个。由表 10.9 可以看出，对于 TA15 钛合金来说，本节选择 3×10×10×1 的四层 BP 网络结构模型是最合适的。

2. TA15 钛合金 BP 神经网络结构参数的设定

BP 神经网络训练前要设置权值和阈值初始值、单元激活函数、训练函数、学习函数、网络精度要求和网络训练步数等参数。

激活函数又称传递函数，是 BP 神经网络的重要组成部分，但它必须是连续可微的。BP 神经网络常采用单极性 Sigmoid 函数的对数(lgsig)、正切(tansig) 或线性函数(purelin)。且对数函数(lgsig) 的输出值范围为(0,1)；正切函数(tansig) 的输出值范围为(−1,+1)；线性函数(purelin)的输出值范围为(−∞,+∞)。考虑本节中输入、输出向量的取值范围，对输入层和隐含层 1、隐含层 1 和隐含层 2 之间神经单元的激活函数选择正切函数"tansig"，隐含层 2 和输出层之间神经单元的激活函数选择线性函数"purelin"。本节采用 Trainbr 算法来提高网络的预测能力，则网络的训练函数选择为"trainbr"；学习函数选择为"learngdm"；网络权值和阈值初始值设定为 0.5。

3. 结果与分析

按照表 10.7 中设定的样本方案来训练 TA15 钛合金的 BP 神经网络，在

MATLAB 7.01 平台上经过 3 539 步的训练，出现“Maximum MU reached”（达到最大调整系数 μ 的最大值）提示，训练结束，算法已经收敛，平方和误差（SSE）和平方和权重和阈值（SSW）都不发生变化，如图 10.8 所示。

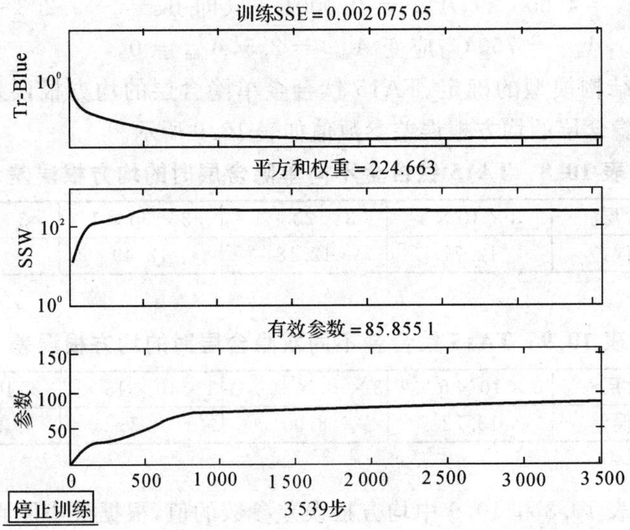

图 10.8　TA15 钛合金 BP 网络的 SSE 和 SSW 变化曲线图

TA15 钛合金的实验值与网络预测值的比较如图 10.9 至图 10.11 所示。其中如图 10.9 所示为训练样本与网络预测值的比较；如图 10.10 所示为测试样本与网络预测值的比较；如图 10.11 所示为非样本与网络预测值的比较。

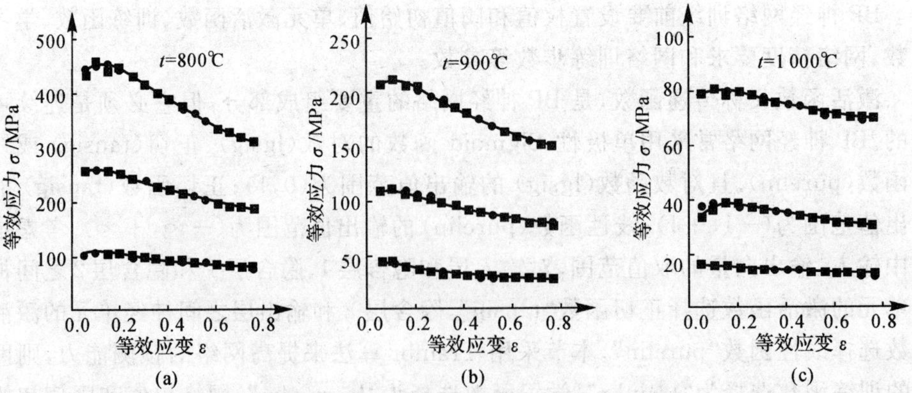

图 10.9　TA15 钛合金训练样本值与网络预测值的比较

1—10 s^{-1}；　2—1 s^{-1}；　3—0.01 s^{-1}

—■— 网络预测值；　● 训练样本值

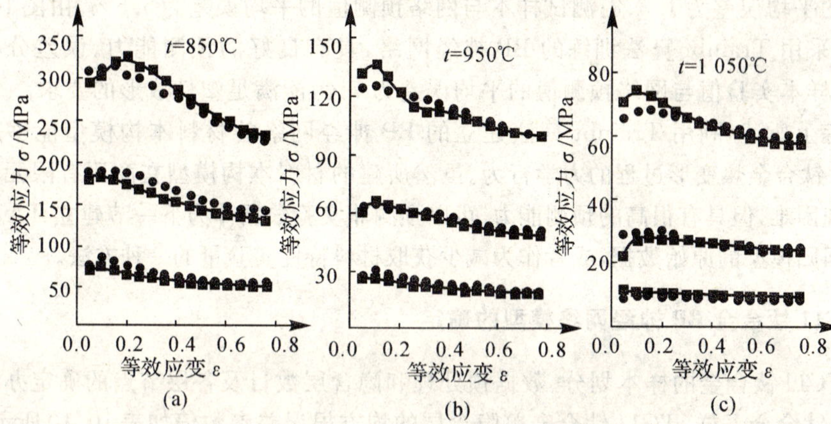

图 10.10　TA15 钛合金测试样本值与网络预测值的比较

1—10 s⁻¹；　2—1 s⁻¹；　3—0.01 s⁻¹

—■— 网络预测值；● 训练样本值

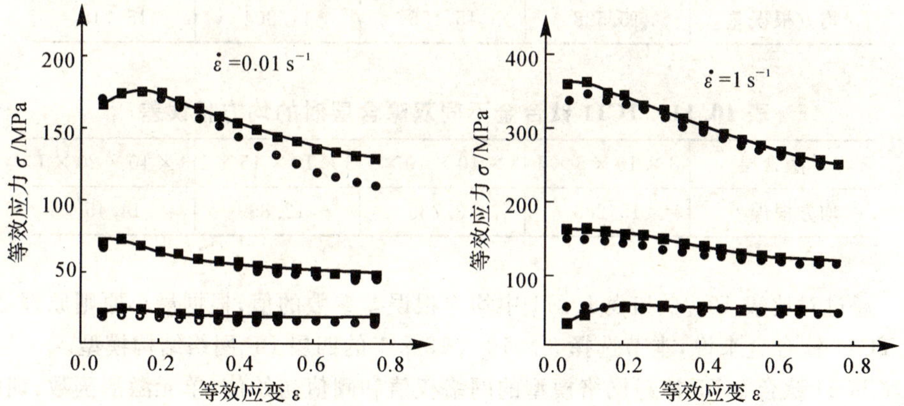

图 10.11　TA15 钛合金非样本值与网络预测值的比较

1—800℃；　2—900℃；　3—1 000℃

—■— 网络预测值 ● 非样本值

从图 10.9、图 10.10 可以看出，采用 Trainbr 算法建立的 BP 神经网络结构形式的材料本构模型可以描述 TA15 钛合金在热变形过程中的加工硬化和动态软化现象（动态再结晶和动态回复行为），能够准确地反映 TA15 钛合金热变形过程中动态力学行为。同时，可以看出采用 Trainbr 算法建立的 BP 神经网络结构形式的材料本构模型预测的流动应力与实验数据很接近。误差分析表明，训练样本与网络预测值的平均误差为1.5%；测试样本与网络预测值的平均误差为5.5%。由图10.11可知，采用 Trainbr 算法训练的 BP 神经网络，具有良好的预测能力。误差分析表明，非样本实验值与网络预测值的平均误差为7%，能满足塑性成形的要求。

综上所述，利用 Trainbr 算法建立的 BP 神经网络的材料本构模型能够反映 TA15 钛合金热变形过程的力学行为。虽然所建的材料本构模型在商用有限元软件中实现困难，但具有很高的预测能力，可以预测非实验数据作为下一节建立 TA15 钛合金回归模型的原始数据，或者作为减少获取材料特性实验量的一种方法。

四、TC11 钛合金 BP 神经网络模型的确定

TC11 钛合金的样本划分、数据预处理和隐含层数目及各层节点的确定办法与 TA15 钛合金一样。TC11 钛合金单隐含层的均方根误差参数值如表 10.10 所示；双隐含层的均方根误差参数值如表 10.11 所示。

表 10.10　TC11 钛合金不同单隐含层时的均方根误差

单隐含层	3×10×1	3×20×1	3×30×1	3×40×1
均方根误差	15.528	15.155	14.804	15.719

表 10.11　TC11 钛合金不同双隐含层时的均方根误差

单隐含层	3×10×5×1	3×10×10×1	3×10×15×1	3×10×20×1
均方根误差	15.285	13.739	12.89	14.45

通过对比表 10.10 和表 10.11 中均方根误差参数的值，根据最小原则原理，对于 TC11 钛合金来说，本节选择 3×10×15×1 的四层 BP 网络结构模型。

TC11 钛合金 BP 神经网络模型的网络权值和阈值初始值、单元激活函数、训练函数、学习函数、网络精度要求和网络训练步数等参数设置都与 TA15 钛合金的设置一样。

按照表 10.7 中设定的样本方案来训练 TC11 钛合金的 BP 神经网络，在 MATLAB 7.01 平台上经过 4 278 步的训练，出现“Maximum MU reached”(达到最大调整系数 μ 的最大值)提示，训练结束，算法已经收敛，平方和误差(SSE)和平方和权重和阈值(SSW)都不发生变化，如图 10.12 所示。

TC11 钛合金的实验值与网络预测值的比较如图 10.13 至图 10.15 所示。其中如图 10.13 所示为训练样本与网络预测值的比较；如图 10.14 所示为测试样本与网络预测值的比较；如图 10.15 所示为非样本值与网络预测值的比较。

从图 10.13，图 10.14 可以看出，采用 Trainbr 算法训练的 BP 神经网络结构模型的材料本构模型可以描述 TC11 钛合金在热变形过程中加工硬化和动态软化现象(动态再结晶和动态回复),能够准确地反映 TC11 钛合金热变形过程的动态力学行为。误差分析表明,训练样本与网络预测值的平均误差为 2.0%;测试样本与网络预测值的平均误差为 6.5%。由图 10.15 可知,采用 Trainbr 算法训练的 BP 神经网络,具有良好的泛化能力。误差分析表明,非样本实验值与网络预测值的平均误差为 8%,能满足塑性成形的误差要求。

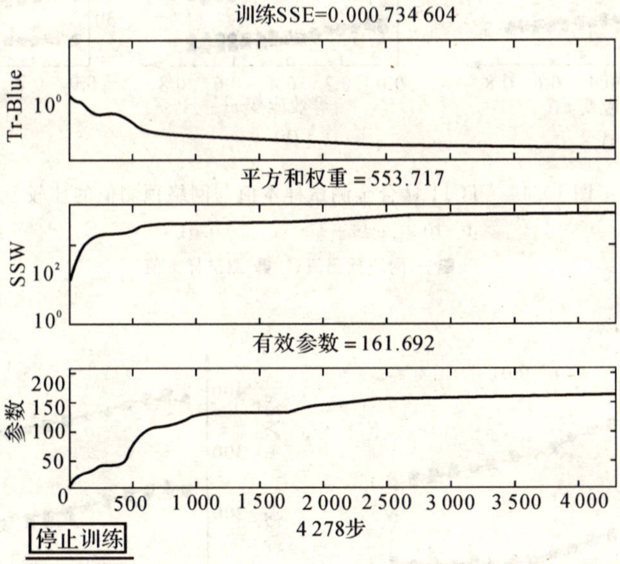

图 10.12　TC11 钛合金 BP 网络的 SSE 和 SSW 变化曲线图

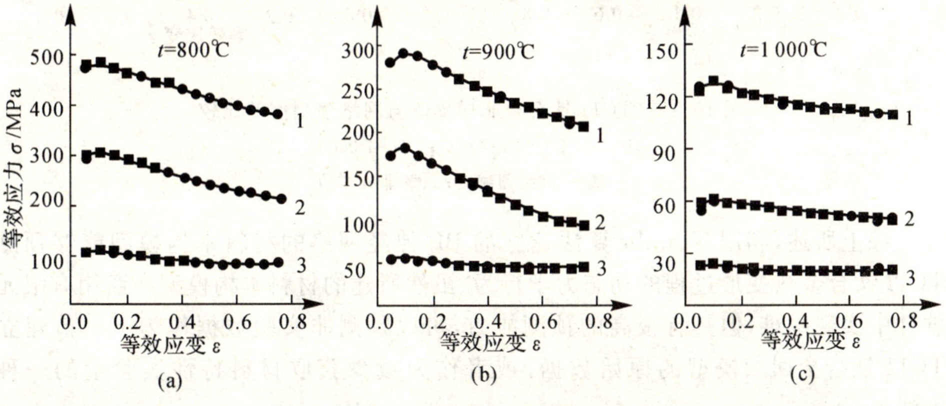

图 10.13　TC11 钛合金训练样本值与网络预测值的比较

1—10 s^{-1}；　2—1 s^{-1}；　3—0.01 s^{-1}

—■— 网络预测值；　● 训练样本值

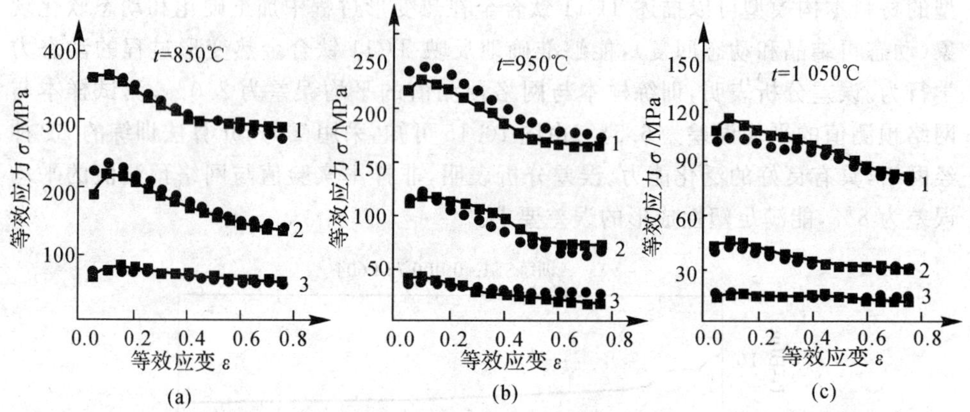

图 10.14　TC11 钛合金测试样本值与网络预测值的比较

1—10 s^{-1}；　2—1 s^{-1}；　3—0.01 s^{-1}

—■— 网络预测值；　● 测试样本值

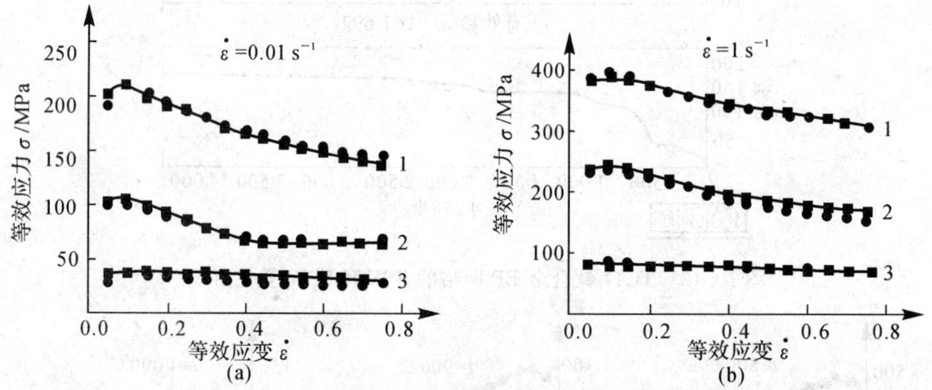

图 10.15　TC11 钛合金非样本值与网络预测值的比较

1—800℃；　2—900℃；　3—1 000℃

—■— 网络预测值；　● 非样本值

综上所述，利用 Trainbr 算法建立的 BP 神经网络的材料本构模型能够预测 TC11 钛合金热变形过程的动态力学行为。虽然所建的材料本构模型在商用有限元软件中实现困难，但具有很高的预测能力，可以预测非实验数据作为下一节建立 TC11 钛合金回归模型的原始数据，或者作为减少获取材料特性实验量的一种方法。

10.1.7 基于逐步回归法的 TA15 钛合金本构模型的建立

网络结构形式的本构模型与商用有限元软件之间接口程序开发困难，而回归模型可以直接通过商用有限元软件的子程序模块嵌入软件中，很方便在商用有限元软件中实现。但回归模型的应用受到数据点范围限制，而由上一节可知，基于 BP 神经网络法建立的 TA15，TC11 钛合金材料本构模型具有很高的精度和预测能力。因此，本节基于热压缩实验数据和部分网络预测数据，采用回归分析法分别建立 TA15，TC11 钛合金本构模型。

人们在利用多元线性回归分析法分析问题时，经常将许多与因变量有关或可能有关的因素作为自变量。但这种用全部可能的自变量建立的回归方程并不一定是最好的，因为某些对因变量影响不显著的自变量引入到回归方程中，既增加了计算量，又导致回归方程的预测精度下降。因此，在实际应用中，须从与因变量有线性相关的自变量集合中，选择一个"最优"自变量子集，以建立一个既合理又简单的数学模型[17-19]。逐步回归法是其中比较常用的方法。因此，本节利用逐步回归分析法选择影响 TA15，TC11 钛合金热变形过程中流动应力的"最优"的自变量子集，建立既简单又实用的材料本构模型。

另外，在利用回归分析法建立材料本构模型时，为了方便模型中回归参数的求解，一般都对模型进行一些假设(比如方程的线性假设，误差正态性、等方差性和独立性假设)。因此，在回归模型建立后，还需要对模型进行检验和评估。

本节基于热压缩实验数据和部分 BP 神经网络预测数据，采用逐步回归分析法选择"最优"的自变量子集，建立既简单又实用的 TA15 钛合金材料本构模型；最后对模型进行检验和评估(回归方程显著性检验和残差分析)。

一、TA15 钛合金回归模型建立及参数求解

由 10.1.4 节正交实验分析结果可以看出，TA15 钛合金热变形过程中影响其流动应力的宏观物理量有变形温度、应变速率、应变以及它们之间的交互作用。因此本节在建立 TA15 钛合金的回归模型时，将变形温度、应变速率、应变以及它们之间的交互项作为因变量(流动应力) 的自变量。其中，交互作用只考虑一阶。

由图 10.16 可以看出，$\ln\sigma - \ln\dot{\varepsilon}$ 之间的关系可以用二次多项式表示，即

$$\ln\sigma_{\dot{\varepsilon}} = b_1 + b_2\ln\dot{\varepsilon} + b_3(\ln\dot{\varepsilon})^2 \tag{10.17}$$

由图 10.17 可以看出，$\ln\sigma - 1\,000/(t+273)$ 之间的关系也可以用二次多项式表示，即

$$\ln\sigma_{\mathrm{T}} = b_1 + b_2(1\,000/(t+273)) + b_3(1\,000/(t+273))^2 \tag{10.18}$$

综合式(10.17) 和式(10.18) 可以得出，TA15 钛合金的材料本构模型可用多

元线性回归数学模型表示：

$$y = \beta_0 + \beta_1 x_1 + \beta_2 x_2 + \cdots + \beta_9 x_9 \tag{10.19}$$

式中，y 为 $\ln\sigma$；$x_1, x_2, x_3, x_4, x_5, x_6, x_7, x_8, x_9$ 分别为 $1\,000/(t+273)$，$\ln\dot{\varepsilon}$，ε，$(1\,000/(t+273))^2$，$(\ln\dot{\varepsilon})^2$，ε^2，$\ln\dot{\varepsilon}\times(1\,000/(t+273))$，$\varepsilon\times(1\,000/(t+273))$，$\ln\dot{\varepsilon}\times\varepsilon$。

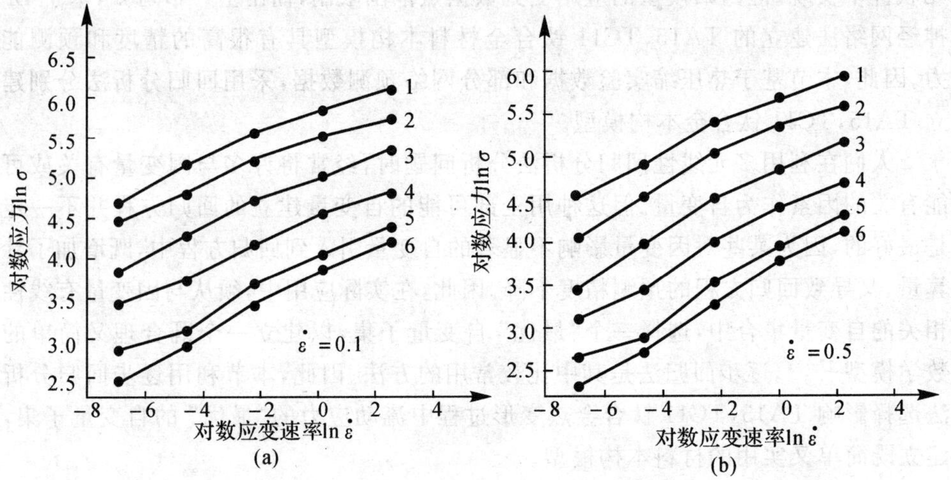

图 10.16　TA15 合金不同应变下的曲线图

1—800℃；　2—850℃；　3—900℃；　4—950℃；　5—1 000℃；　6—1 050℃

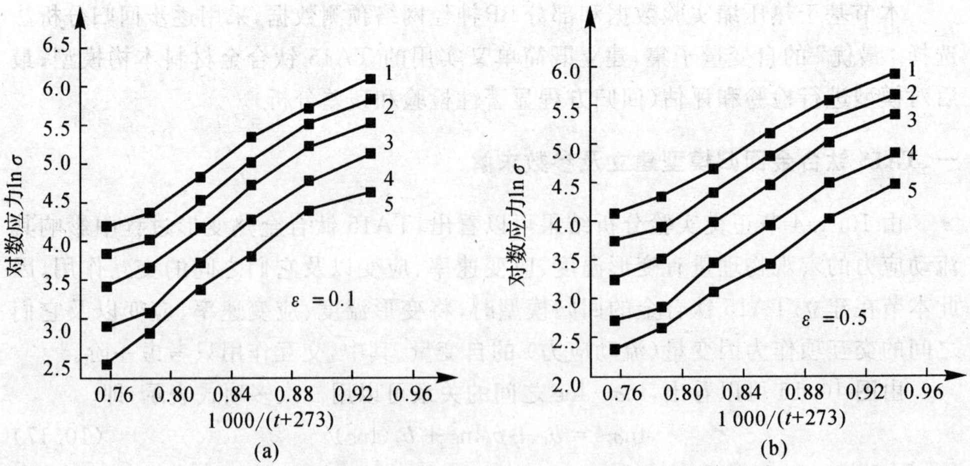

图 10.17　TA15 合金不同应变下的曲线图

1—10 s^{-1}；　2—1 s^{-1}；　3—0.1 s^{-1}；　4—0.01 s^{-1}；　5—0.001 s^{-1}

由 10.1.4 节热压缩实验结果分析可以得知，合金在两相区和单相区的软化机制不同，需用不同的回归模型表示。另外，由应力-应变曲线图还可以看出应变超过一定值后，流动应力不再随应变的增加而变化，即达到稳定状态，其回归模型又不相同。因此本节分别建立 TA15 钛合金在两相区、单相区和稳态区的逐步回归模型。TA15 钛合金的相变点在 980 ～ 990℃，由于本节的实验条件没有这个温度，为了保证模型在整个变形温度范围内适用，选取 1 000℃ 作为分界点。

式(10.19) 所建的 TA15 钛合金回归模型假设了所有能对流动应力有影响的宏观物理量，但某些宏观物理量对流动应力影响很小甚至根本无影响，也包含在内，影响到模型的预测能力，需要将其剔除掉。因此，利用逐步回归法剔除这些无显著影响的自变量，选取对流动应力有显著影响的“最优” 自变量子集。

选取偏 F 统计量的两个临界值 F_E 和 F_D，设自变量对因变量的影响显著水平小于等于 0.05 时，将该自变量引入模型中，即 $F_E = 3.84$；自变量对因变量的影响显著水平大于等于 0.1 时，将该自变量剔除模型，即 $F_D = 2.71$。

为了提高回归模型的适用范围，利用上一节所建的BP神经网络模型的良好预测能力，预测出应变速率为 100 s^{-1} 的部分数据点和热压缩实验数据点一起作为建立回归模型的原始数据，如表 10.12 所示。

表 10.12　建立回归模型的数据点

温度 /℃	应变速率 /s^{-1}					
	热模拟实验数据					预测数据
	0.001	0.01	0.1	1	10	100
800	C	T	C	T	C	
850	T	C	T	C	T	C
900	C	T	C	T	C	
950	T	C	T	C	T	C
1 000	C	T	C	T	C	
1 050	T	C	T	C	T	C

注：C 代表构建模型数据；T 代表验证模型数据。

1. $(\alpha+\beta)$ 两相区回归模型

经过采用逐步回归法对 TA15 钛合金在$(\alpha+\beta)$ 两相区($t<1\ 000$℃) 回归模型的自变量进行逐步引入和剔除后，发现自变量 x_3，x_6 和 x_9 对 y 的影响不显著。因此确定 TA15 钛合金$(\alpha+\beta)$ 两相区回归模型可由式(10.19) 变为

$$y = \beta_0 + \beta_1 x_1 + \beta_2 x_2 + \beta_4 x_4 + \beta_5 x_5 + \beta_7 x_7 + \beta_8 x_8 \qquad (10.20)$$

基于表10.12中数据划分原则，利用最小二乘估计算法求解出式(10.20)的回归系数值，则TA15钛合金($\alpha+\beta$)两相区材料本构模型为

$$\ln\sigma=-30.961+71.953\times(1\,000(t+273))+0.526\times\ln\dot{\varepsilon}-34.744\times(1\,000(t+273))^2-0.006\times(\ln\dot{\varepsilon})^2-0.43\times(1\,000/(t+273))\times\ln\dot{\varepsilon}-0.587\times(1\,000/(t+273))\times\varepsilon \tag{10.21}$$

2. TA15钛合金β单相区的回归模型

经过采用逐步回归法对TA15钛合金在β单相区内($t\geqslant 1\,000$℃)回归模型的自变量进行逐步引入和剔除后，发现自变量x_4，x_6和x_8对y的影响不显著。因此确定TA15钛合金在β单相区内回归模型可由式(10.19)变为

$$y=\beta_0+\beta_1x_1+\beta_2x_2+\beta_3x_3+\beta_5x_5+\beta_7x_7+\beta_9x_9 \tag{10.22}$$

基于表10.12中数据划分原则，利用最小二乘估计算法求解出式(10.22)的回归系数值，则TA15钛合金β单相区材料本构模型为

$$\ln\sigma=1.761+7.461\times(1\,000/(t+273))+0.965\times\ln\dot{\varepsilon}-0.262\times\varepsilon 0.005\times(\ln\dot{\varepsilon})^2+0.018\times\ln\dot{\varepsilon}\times\varepsilon-1.042\times(1\,000/(t+273))\times\ln\dot{\varepsilon} \tag{10.23}$$

3. TA15钛合金稳态区的回归模型

由图10.3中应力-应变曲线看出，当应变超过一定值时，流动应力不再随应变的增加而变化，即达到稳定状态。材料的流动应力只与变形温度和应变速率有关，因此，TA15钛合金稳态区的材料本构模型可由式(10.19)变为

$$y=\beta_0+\beta_1x_1+\beta_2x_2+\beta_4x_4+\beta_5x_5+\beta_7x_7 \tag{10.24}$$

式中，y为$\ln\sigma$；x_1，x_2，x_4，x_5，x_7分别为$1\,000/(t+273)$，$\ln\dot{\varepsilon}$，$(1\,000/(t+273))^2$，$(\ln\dot{\varepsilon})^2$，$\ln\dot{\varepsilon}\times(1\,000/(t+273))$。

经过采用逐步回归法对TA15钛合金在稳态区内回归模型的自变量进行逐步引入和剔除后，发现自变量x_4对y的影响不显著。因此确定TA15钛合金稳态区回归模型可由式(10.24)变为

$$y=\beta_0+\beta_1x_1+\beta_2x_2+\beta_5x_5+\beta_7x_7 \tag{10.25}$$

由图10.3中应力应变曲线可知，在不同变形条件下，TA15钛合金达到稳态时的应变值是不一样的。因此为便于计算，在不同变形条件下，统一以$\varepsilon=0.75$下的应力值作为稳态应力值，利用最小二乘算法求出式(10.25)的回归系数值，则TA15钛合金稳态区的材料本构模型为

$$\ln\sigma=-4.405+10.665\times(1\,000/(t+273))+0.45\times\ln\dot{\varepsilon}-$$

$$0.005 \times \ln\dot{\varepsilon} - 0.315 \times (1\,000/(t+273)) \times \ln\dot{\varepsilon} \qquad (10.26)$$

二、回归方程的显著性检验

由附表中的 F 分布表可知 $F_{0.01}(6,173)=2.92$，$F_{0.01}(6,83)=3.04$，$F_{0.01}(4,28)=4.07$，因此由表 10.13、表 10.14 和表 10.15 的 TA15 钛合金在 $(\alpha+\beta)$ 两相区、β 单相区和稳态区的不同回归方程的方差分析表可以看出，式(10.21)、式(10.23) 和式(10.26) 高度显著。

表 10.13　TA15 钛合金 $(\alpha+\beta)$ 两相区回归模型的方差分析表

方差来源	平方和	自由度	均方差	F 值	复相关系数 R
回归平方和 P	106.641	6	17.774		
残差平方和	2.293	173	0.0133	1 336.39	0.979
总离差平方和	108.934	179			

表 10.14　TA15 钛合金 β 单相区回归模型的方差分析表

方差来源	平方和	自由度	均方差	F 值	复相关系数 R
回归平方和	42.977	6	4.863		
残差平方和	0.84	83	0.002 5	716.3	0.981
总离差平方和	43.817	89			

表 10.15　TA15 钛合金稳态区回归模型的方差分析表

方差来源	平方和	自由度	均方差	F 值	复相关系数 R
回归平方和	31.792	4	7.948		
残差平方和	0.262	28	0.009	883.11	0.992
总离差平方和	32.054	32			

三、残差分析

1. 误差项正态性检验

由图 10.18 的 TA15 钛合金不同回归模型的残差正态性频率检验图可以

看出：

(1) 两相区回归模型的学生化残差(标准化的回归预测误差)有 123/180 = 68.3%(≈0.68)落在(−1,1)区间内；有 172/180 = 95.5%(≈0.95)落在(−2,2)区间内；全部的点都落在(−3,3)区间内。

(2) 单相区回归模型的学生化残差有 61/90 = 67.8%(≈0.68)落在(−1,1)区间内；有 88/90 = 97.7%(≈0.95)落在(−2,2)区间内；全部的点都落在(−3,3)区间内。

(3) 稳态区回归模型的学生化残差有 25/33 = 75.8%(>0.68)落在(−1,1)区间内；有 31/33 = 93.9%(≈0.95)落在(−2,2)区间内；全部的点都落在(−3,3)区间内。

由此可见，TA15 钛合金不同回归模型的学生化残差落在(−1,1)、(−2,2)和(−3,3)区间的频率与 $N(0,1)$ 分布的相应概率相差不大。

因此，从直观上可以说，TA15 钛合金在两相区、单相区和稳态区所建的回归模型中误差项正态分布假定合理。

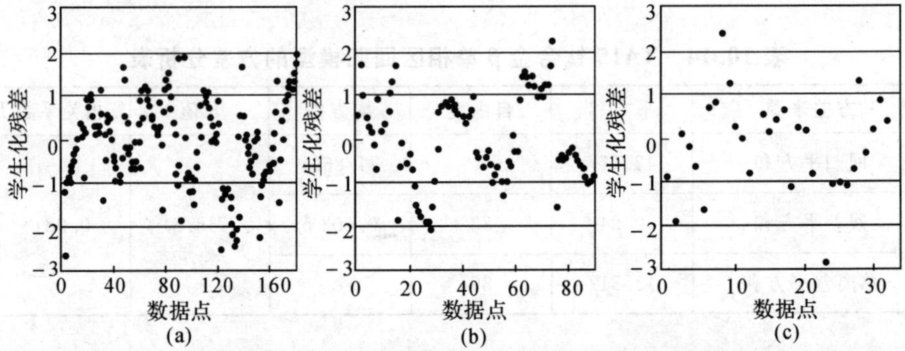

图 10.18 TA15 钛合金不同回归模型的残差正态性频率检验图

(a) 两相区回归模型； (b) 单相区回归模型； (c) 稳态区回归模型

由图 10.19 所示的 TA15 钛合金不同回归模型的残差正态性 Q-Q 检验图可以看出：

(1) 两相区的回归模型学生化残差正态 Q-Q 检验图中散点($q(i)$,SRE(n))大致在直线上，其拟合复相关系数 $R = 0.991$。

(2) 单相区的回归模型的学生化残差正态 Q-Q 检验图中的散点($q(i)$,SRE(n))大致在直线上，其拟合复相关系数 $R = 0.979$。

(3) 稳态区的回归模型的学生化残差正态 Q-Q 检验图中的散点($q(i)$,SRE(n))大致在直线上，其拟合复相关系数 $R = 0.959$。

由此可以认为，在两相区、单相区和稳态区所建的回归模型中误差项正态分布假定合理。

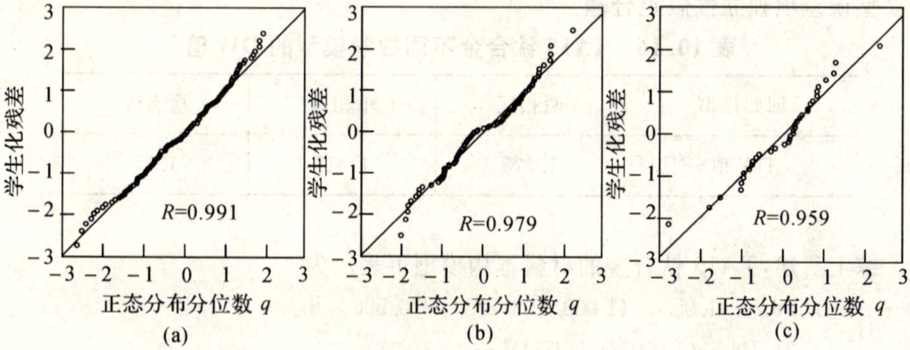

图 10.19　TA15 钛合金不同回归模型的残差正态 Q－Q 检验图

(a) 两相区回归模型；（b) 单相区回归模型；（c) 稳态区回归模型

2. 线性诊断和误差项等方差性检验

由图 10.20 的拟合值-残差图可以看出：

(1) TA15 钛合金在两相区、单相区和稳态区所建的回归模型中自变量与因变量之间符合线性关系，即线性假设合理。

(2) 回归模型的残差变化没有任何规律可寻，基本上在一个水平带内，可以认为回归模型误差项等方差性假定合理。

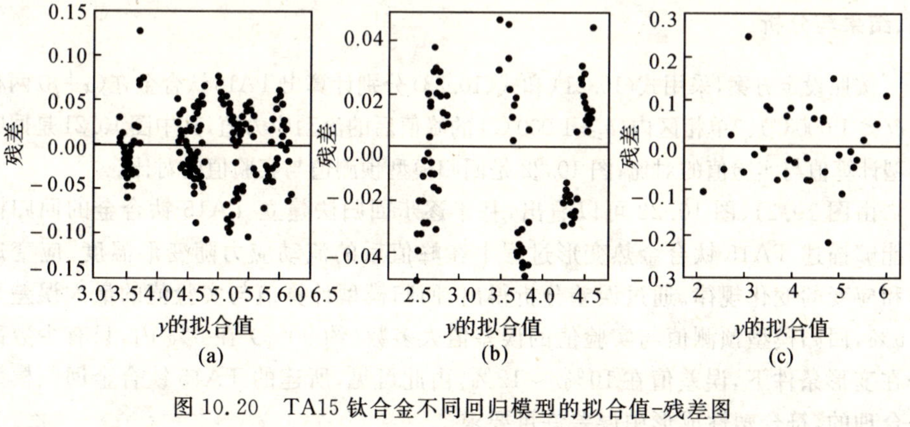

图 10.20　TA15 钛合金不同回归模型的拟合值-残差图

(a) 两相区回归模型；（b) 单相区回归模型；（c) 稳态区回归模型

3. 误差项独立性检验

分别计算出 TA15 钛合金在两相区、单相区和稳态区回归模型的

Durbin-Watson 检验的统计量 DW 值，如表 10.16 所示。

由表 10.16 中 TA15 钛合金在两相区、单相区和稳态区的 DW 值可知所建的回归模型误差项独立性假定合理。

表 10.16　TA15 钛合金不同数学模型的 DW 值

回归模型	两相区	单相区	稳态区
DW 值	1.575	1.612	1.55

综上所述，TA15 钛合金的材料本构模型可表示为

$$\ln\sigma=\begin{cases}-30.961+71.953\times(1\,000/(t+273))+0.526\times\ln\dot{\varepsilon}\\ \quad-34.744\times(1\,000/(t+273))^2-0.43\times\\ \quad(1\,000/(t+273))\times\ln\dot{\varepsilon}\\ \quad-0.006\times(\ln\dot{\varepsilon})^2-0.587\times(1\,000/(t+273))\times\varepsilon & (t<1\,000℃,\varepsilon\leqslant 0.75)\\ -1.761+7.461\times(1\,000/(t+273))+0.965\times\ln\dot{\varepsilon}\\ \quad-0.262\times\varepsilon-0.005\times(\ln\dot{\varepsilon})^2+0.018\times(\ln\dot{\varepsilon})\times\varepsilon\\ \quad-1.042\times(1\,000/(t+273))\times\ln\dot{\varepsilon} & (1\,000℃\leqslant t,\varepsilon\leqslant 0.75)\\ -4.405+10.665\times(1\,000/(t+273))+0.45\times\ln\dot{\varepsilon}\\ \quad-0.005\times(\ln\dot{\varepsilon})^2-0.315\times(1\,000/(t+273))\times\ln\dot{\varepsilon} & (\varepsilon\geqslant 0.75)\end{cases}\tag{10.27}$$

四、结果与分析

按照设定方案，采用式(10.21)和式(10.23)分别计算出 TA15 钛合金在($\alpha+\beta$)两相区($t<1\,000℃$)、β单相区内($t\geqslant 1\,000℃$)的峰值后的流动应力值，其中图 10.21 是回归模型计算值与实验值的对比；图 10.22 是回归模型预测值与实验值的对比。

由图 10.21、图 10.22 可以看出，基于逐步回归法建立 TA15 钛合金的回归模型能够描述 TA15 钛合金热变形过程中在峰值后的流动应力随变形温度、应变速率和应变的变化规律。通过误差分析得出，回归模型计算值与实验值的最大误差为 2.5%，回归模型预测值与实验值的误差值大多数(约 90%)在 6% 内，只有少数部分在变形条件下，误差值在 10% ～ 12%。由此可见，所建的 TA15 钛合金回归模型是合理的，符合塑性成形中误差许可要求。

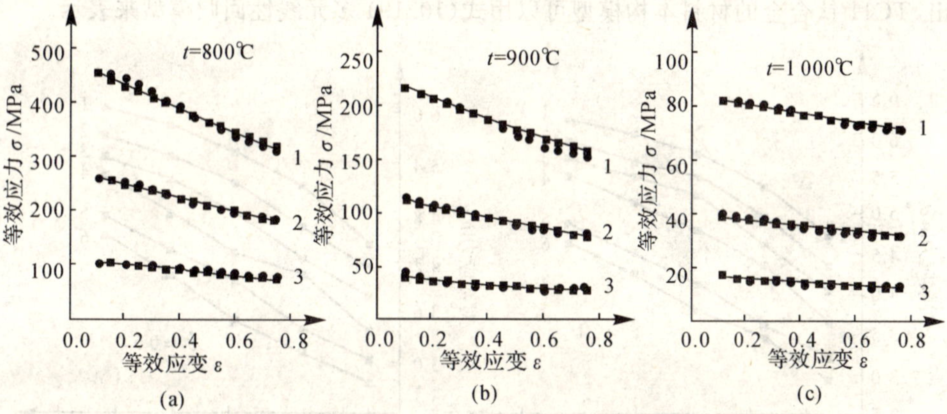

图 10.21　TA15 钛合金回归模型计算值与实验值的对比

1—10 s^{-1}；　2—0.1 s^{-1}；　3—0.001 s^{-1}

—■— 回归模型计算值；　● 实验值

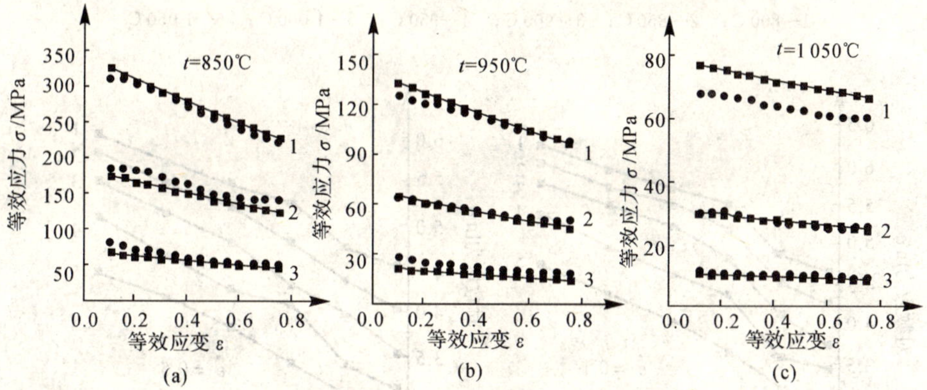

图 10.22　TA15 钛合金回归模型预测值与实验值的对比

1—10 s^{-1}；　2—0.1 s^{-1}；　3—0.001 s^{-1}

—■— 回归模型计算值；　● 实验值

10.1.8　基于逐步回归法的 TC11 钛合金本构模型的建立

采用与基于逐步回归法的 TA15 钛合金本构模型建立同样的方法，建立 TC11 钛合金的热变形本构模型。

一、TC11 钛合金回归模型建立及参数求解

由 10.1.4 节正交实验分析结果和如图 10.23、图 10.24 所示的曲线图可以得

出，TC11 钛合金的材料本构模型可以用式(10.19) 多元线性回归模型来表示。

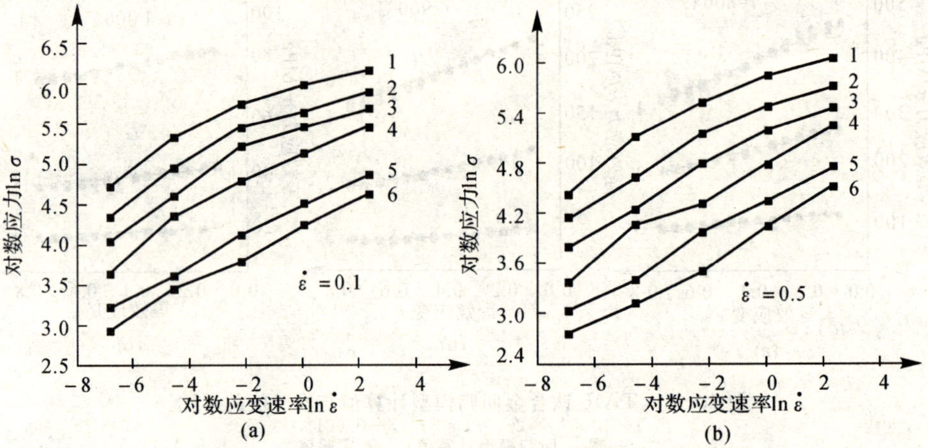

图 10.23 TC11 钛合金不同应变下的曲线图

1—800℃； 2—850℃； 3—900℃； 4—950℃； 5—1 000℃； 6—1 050℃

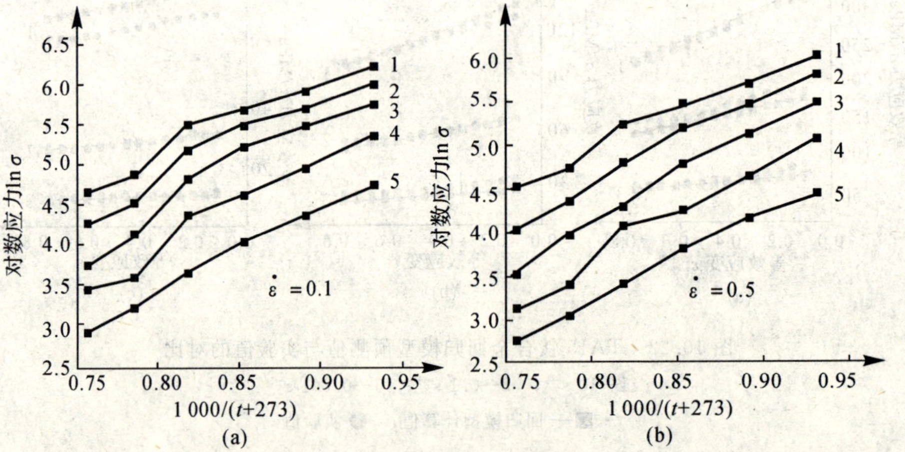

图 10.24 TC11 钛合金不同应变下的曲线图

1—10 s^{-1}； 2—1 s^{-1}； 3—0.1 s^{-1}； 4—0.01 s^{-1}； 5—0.001 s^{-1}

由 10.1.4 节热压缩实验结果分析可以得知，合金在两相区和单相区的软化机制不同，需用不同回归模型描述。另外，由应力-应变曲线图还可以得知，当应变超过一定值时，流动应力不再随应变的增加而变化，即达到稳定状态，其回归模型又不相同。因此本章在两相区、单相区和稳态区分别建立 TC11 钛合金的回归模型。TC11 钛合金的相变点在 1 000℃ 左右，因此选取 1 000℃ 作为分界点。逐步回归法

中偏 F 统计量的两个临界值 F_E 和 F_D 的设置与前面一样，即 $F_E = 3.84$（引入自变量），$F_D = 2.71$（剔除自变量）。建立回归模型的原始数据点的划分与 TA15 钛合金的划分一样，如表 10.12 所示。

1. TC11 钛合金($\alpha+\beta$) 两相区的回归模型

经过采用逐步回归法对 TC11 钛合金在($\alpha+\beta$) 两相区($t<1\,000$℃) 回归模型的自变量进行逐步引入和剔除后，发现自变量 x_1 和 x_9 对 y 的影响不显著。因此确定 TC11 钛合金($\alpha+\beta$) 两相区回归模型可由式(10.19) 变为

$$y = \beta_0 + \beta_2 x_2 + \beta_3 x_3 + \beta_4 x_4 + \beta_5 x_5 + \beta_6 x_6 + \beta_7 x_7 + \beta_8 x_8 \tag{10.28}$$

基于表 10.12 中数据划分原则，利用最小二乘估计算法求解出式(10.28) 的回归系数值，则 TC11 钛合金($\alpha+\beta$) 两相区材料本构模型为

$$\begin{aligned}\ln\sigma = {} & 2.631 + 0.251 \times \ln\dot{\varepsilon} - 2.356 \times \varepsilon + 3.906 \times (1\,000/(t+273))^2 - \\ & 0.007 \times (\ln\dot{\varepsilon})^2 + 0.225 \times \varepsilon^2 - 0.124 \times (1\,000/(t+273)) \times \ln\dot{\varepsilon} + \\ & 1.89 \times (1\,000/(t+273)) \times \varepsilon\end{aligned} \tag{10.29}$$

2. TC11 钛合金 β 单相区的回归模型

经过采用逐步回归法对 TC11 钛合金在 β 单相区内($t \geqslant 1\,000$℃) 回归模型的自变量进行逐步引入和剔除后，发现自变量 x_1，x_6 和 x_7 对 y 的影响不显著。因此确定 TC11 钛合金在 β 单相区内回归模型可由式(10.19) 变为

$$y = \beta_0 + \beta_2 x_2 + \beta_3 x_3 + \beta_4 x_4 + \beta_5 x_5 + \beta_8 x_8 + \beta_9 x_9 \tag{10.30}$$

基于表 10.12 中数据划分原则，利用最小二乘估计算法求解出式(10.30) 的回归系数值，则 TC11 钛合金 β 单相区的材料本构模型为

$$\begin{aligned}\ln\sigma = {} & 1.76 + 0.171 \times \ln\dot{\varepsilon} - 7.021 \times \varepsilon + 4.367 \times (1\,000/(t+273))^2 - \\ & 0.002 \times (\ln\dot{\varepsilon})^2 + 8.71 \times (1\,000/(t+273)) \times \varepsilon + 0.017 \times \ln\dot{\varepsilon} \times \varepsilon\end{aligned} \tag{10.31}$$

3. TC11 钛合金稳态区的回归模型

由图 10.5 中应力-应变曲线可以看出，当应变值超过一定值时，流动应力不再随应变的增加而变化，即达到稳定状态。材料的流动应力只与变形温度和应变速率有关，因此 TC11 钛合金稳态区的回归模型可由式(10.19) 变为

$$y = \beta_0 + \beta_1 x_1 + \beta_2 x_2 + \beta_4 x_4 + \beta_5 x_5 + \beta_7 x_7 \tag{10.32}$$

式中，y 为 $\ln\sigma$；x_1，x_2，x_4，x_5，x_7 分别为 $1\,000/(t+273)$，$\ln\dot{\varepsilon}$，$(1\,000/(t+273))^2$，$(\ln\dot{\varepsilon})^2$，$\ln\dot{\varepsilon} \times (1\,000/(t+273))$。

经过采用逐步回归法对 TC11 钛合金在稳态区内回归模型的自变量进行逐步引入和剔除后，发现自变量 x_4 和 x_5 对 y 的影响不显著。因此确定 TC11 钛合金稳态区回归模型可由式(10.32) 变为

$$y = \beta_0 + \beta_1 x_1 + \beta_2 x_2 + \beta_7 x_7 \tag{10.33}$$

由图 10.5 的应力应变曲线可知，在不同变形条件下，TC11 钛合金达到稳态时的应变值是不一样的。因此为了便于计算，在不同变形条件下，统一以 $\varepsilon = 0.75$ 的应力值作为稳态应力值，利用最小二乘算法求出材料本构模型参数的值，则 TC11 钛合金稳态区的材料本构模型为

$$\ln\sigma = -4.513 + 10.79 \times (1\,000/(t+273)) + 0.447 \times \ln\dot{\varepsilon} - 0.315 \times (1\,000/(t+273)) \times \ln\dot{\varepsilon} \tag{10.34}$$

二、回归方程的显著性检验

查附表中的 F 分布表可知：$F_{0.01}(7,172) = 2.76$，$F_{0.01}(6,83) = 3.04$，$F_{0.01}(3,29) = 4.54$，由表 10.17、表 10.18 和表 10.19 所示的 TC11 钛合金在 $(\alpha+\beta)$ 两相区、β 单相区和稳态区的不同回归模型的方差分析表可以看出，式(10.29)、式(10.31) 和式(10.34) 高度显著。

表 10.17　TC11 钛合金 $(\alpha+\beta)$ 两相区回归模型的方差分析表

方差来源	平方和	自由度	均方差	F 值	复相关系数 R
回归平方和	82.413	7	11.773	1 962.17	0.987
残差平方和	1.041	172	0.006		
总离差平方和	83.454	179			

表 10.18　TC11 钛合金 β 单相区回归模型的方差分析表

方差来源	平方和	自由度	均方差	F 值	复相关系数 R
回归平方和	41.549	6	6.925	505.47	0.973
残差平方和	1.137	83	0.013 7		
总离差平方和	42.686	89			

表 10.19　TC11 钛合金稳态区回归模型的方差分析表

方差来源	平方和	自由度	均方差	F 值	复相关系数 R
回归平方和	23.427	3	7.809	746.399	0.987
残差平方和	0.32	29	0.011		
总离差平方和	23.747	32			

三、残差分析

1. 误差项正态性检验

由图 10.25 所示的 TC11 钛合金不同回归模型的残差正态性频率检验图可以看出：

(1) 两相区回归模型的学生化残差有 $130/180 = 72.2\%(\approx 0.68)$ 落在$(-1,1)$区间内；有 $170/180 = 94.5\%(\approx 0.95)$ 落在$(-2,2)$区间内；全部的点都落在$(-3,3)$区间内。

(2) 单相区回归模型的学生化残差有 $60/90 = 66.7\%(\approx 0.68)$ 落在$(-1,1)$区间内；有 $88/90 = 97.8\%(\approx 0.95)$ 落在$(-2,2)$区间内；全部的点都落在$(-3,3)$区间内。

(3) 稳态区回归模型的学生化残差有 $22/33 = 66.7\%(\approx 0.68)$ 落在$(-1,1)$区间内；有 $32/33 = 96.9\%(\approx 0.95)$ 落在$(-2,2)$区间内；全部的点都落在$(-3,3)$区间内。

由此可见，TC11 钛合金不同回归模型的学生化残差落在$(-1,1)$、$(-2,2)$和$(-3,3)$区间的频率与 $N(0,1)$ 分布的相应概率相差不大。

因此，从直观上可以说，TC11 钛合金在两相区、单相区和稳态区所建的回归模型误差项正态分布假定合理。

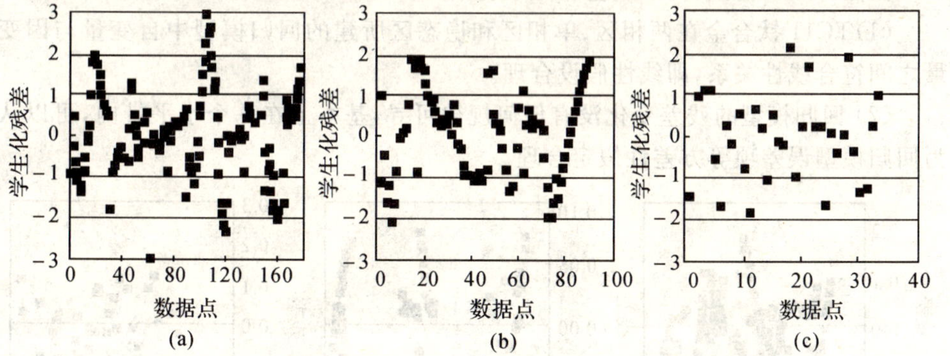

图 10.25　TC11 钛合金不同回归模型的残差正态性频率检验图

(a) 两相区回归模型；(b) 单相区回归模型；(c) 稳态区回归模型

由图 10.26 所示的 TC11 钛合金不同回归模型的残差正态性 Q-Q 检验图可以看出：

(1) 两相区的回归模型的学生化残差正态 Q-Q 检验图中散点$(q(i),\mathrm{SRE}(n))$大致在直线 $y = x$ 上，其拟合复相关系数 $R = 0.992$。

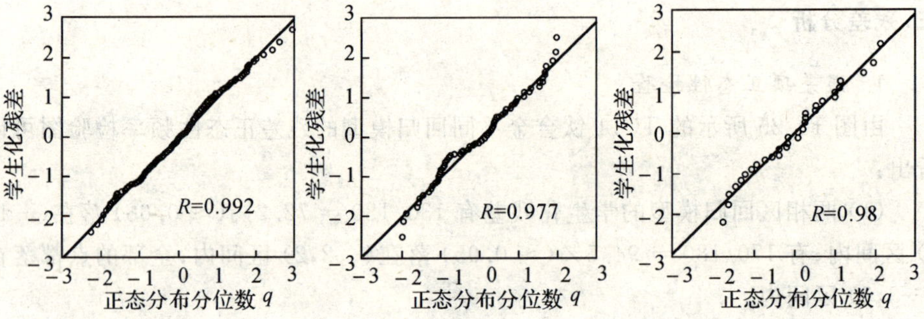

图 10.26　TC11 钛合金不同回归模型的残差正态性 Q－Q 检验图

(a) 两相区回归模型；　(b) 单相区回归模型；　(c) 稳态区回归模型

(2) 单相区的回归模型的学生化残差正态 Q－Q 检验图中的散点($q(i)$, SRE(n)) 大致在直线 $y = x$ 上,其拟合复相关系数 $R = 0.977$。

(3) 稳态区的回归模型的学生化残差正态 Q－Q 检验图中的散点($q(i)$, SRE(n)) 大致在直线 $y = x$ 上,其拟合复相关系数 $R = 0.98$。

由此可以认为,在两相区、单相区和稳态区所建的回归模型中误差项正态分布的假定合理。

2. 线性诊断和误差项等方差性检验

由图 10.27 的拟合值-残差图可以看出:

(1)TC11 钛合金在两相区、单相区和稳态区所建的回归模型中自变量与因变量之间符合线性关系,即线性假设合理。

(2) 回归模型的残差变化没有任何规律可寻,基本上在一个水平带内,可以认为回归模型误差项等方差性假定合理。

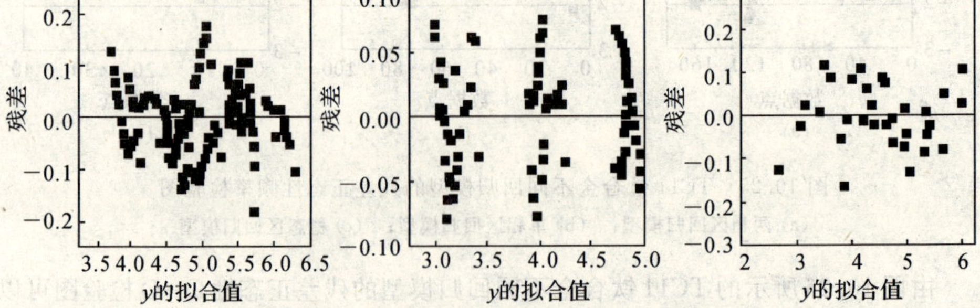

图 10.27　TC11 钛合金不同回归模型的拟合值-残差图

(a) 两相区回归模型；　(b) 单相区回归模型；　(c) 稳态区回归模型

3. 误差项独立性检验

分别计算 TC11 钛合金在两相区、单相区和稳态区回归模型的 DW 值，如表 10.20 所示。

由表 10.20 中 TC11 钛合金在两相区、单相区和稳态区的 DW 值可以得知所建回归模型误差项独立性假定合理。

表 10.20 TC11 钛合金不同回归模型的 DW 值

回归模型	两相区	单相区	稳态区
DW 值	1.56	1.71	2.05

综上所述，TC11 钛合金的材料本构模型可表示为

$$
\ln\sigma=\begin{cases}
2.631+0.251\times\ln\dot{\varepsilon}-2.356\times\varepsilon+3.906\times(1\,000/(t+273))^2- \\
\quad 0.007\times(\ln\dot{\varepsilon})^2+0.225\times\varepsilon^2-0.124\times(1\,000/(t+273))\times\ln\dot{\varepsilon}+ \\
\quad 1.89\times(1\,000/(t+273))\times\varepsilon \qquad (t<1\,000^\circ\mathrm{C},\varepsilon\leqslant 0.75) \\
1.76+0.171\times\ln\dot{\varepsilon}-7.021\times\varepsilon+4.367\times(1\,000/(t+273))^2- \\
\quad 0.002\times(\ln\dot{\varepsilon})^2+8.71\times(1\,000/(t+273))\times\varepsilon+0.017\times\ln\dot{\varepsilon}\times\varepsilon \quad (1\,000^\circ\mathrm{C}\leqslant t,\varepsilon\leqslant 0.75) \\
-4.513+10.79\times(1\,000/(t+273))+0.447\times\ln\dot{\varepsilon}- \\
\quad 0.315\times(1\,000/(t+273))\times\ln\dot{\varepsilon} \qquad (\varepsilon\geqslant 0.75)
\end{cases}
\tag{10.35}
$$

四、结果与分析

按照设定方案，采用式(10.29)和式(10.31)分别计算出 TC11 钛合金在($\alpha+\beta$)两相区($t<1\,000^\circ$C)、β单相区内($t\geqslant 1\,000^\circ$C)的峰值后的流动应力值。其中图 10.28 是回归模型计算值与实验值的对比；图 10.29 是回归模型预测值与实验值的对比。

由图 10.28 和图 10.29 可以看出，基于逐步回归法建立 TC11 钛合金的回归模型能够描述 TC11 钛合金热变形过程中在峰值后的流动应力随变形温度、应变速率和应变的变化规律。通过误差分析得出，回归模型计算值与实验值的最大误差为 3.5%，回归模型预测值与实验值的误差值大多数(约 80%)在 7.5% 内，只有少数部分在变形条件下，误差值在 10% 左右。由此可见，所建的 TC11 钛合金的回归模型是合理的，符合塑性加工中误差许可要求。

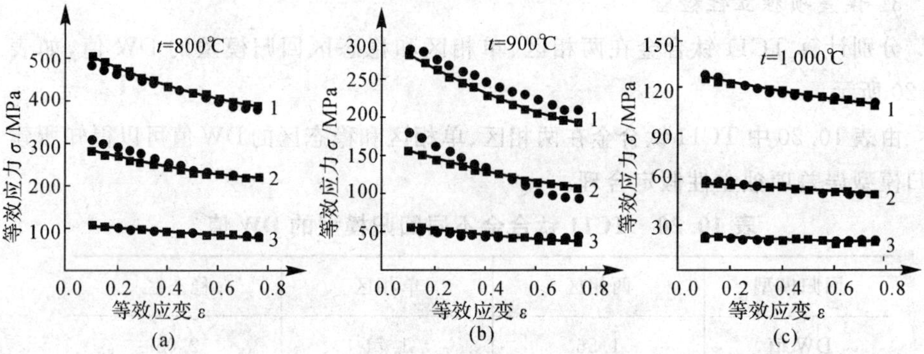

图 10.28 TC11 钛合金回归模型计算值与实验值的对比

1—10 s^{-1}； 2—0.1 s^{-1}； 3—0.001 s^{-1}

—■— 回归模型计算值； ● 实验值

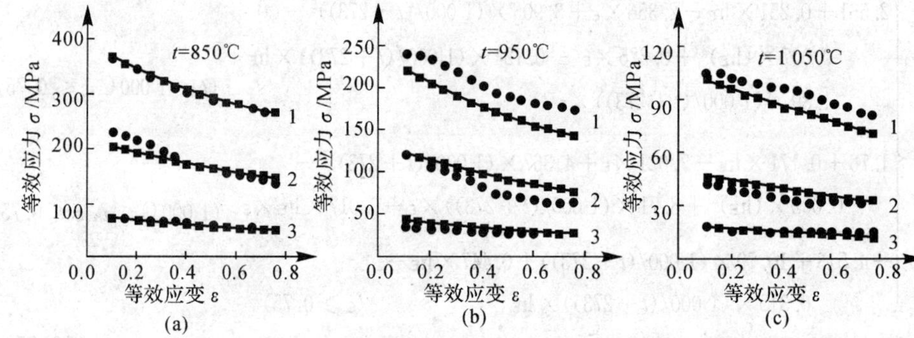

图 10.29 TC11 钛合金回归模型预测值与实验值的对比

1—10 s^{-1}； 2—0.1 s^{-1}； 3—0.001 s^{-1}

—■— 回归模型预测值； ● 实验值

10.2 大口径薄壁管材塑性本构参数的确定[2]

由于管材塑性本构参数的准确性是影响管材塑性成形有限元数值模拟质量的关键因素之一，而传统的管材，塑性本构参数测量方法又存在着一定的缺陷。因此本节提出采用有孔试样拉伸实验、人工神经网络和有限元模拟相结合的新方法，以获得更接近于真实薄壁管数控弯曲成形过程的管材本构模型[2]。

10.2.1 建模方法的提出及实现流程

薄壁管绕弯成形是一个涉及几何非线性、材料非线性和边界条件非线性等多因素交互作用的复杂成形过程。要准确地模拟成形过程，必须对成形过程进行合理的建模。准确的材料本构参数是影响有限元数值模拟精度的关键因素之一。

薄壁管材的塑性本构参数难以从手册中直接查得，而且即使对同一牌号、同一规格的管材塑性本构参数也可能存在差异，同时材料的成形性能受到成形模式的影响。目前，大都采用单向拉伸实验法确定管材的塑性本构参数，拉伸实验简单易行，但所得塑性本构参数是在单向拉应力状态下获得的，且其测量的应变范围也受到限制，只能测得均匀变形范围内的材料性能；而实际的管材弯曲，尤其是大口径薄壁管材弯曲成形中变形程度远大于均匀变形。采用管子胀形实验可以获得较准确的塑性本构参数，但实验实施比较困难，且相应成本也会提高。为此，需要寻求获得管材本构参数的简单易行的方法。

对于大口径薄壁管数控弯曲，可以假设为平面应力状态。因此，作为识别材料参数的实验应与实际成形过程较为相似。考虑对传统单拉试样进行改造，在此采用在单向拉伸试样中心打孔的方法，这样可以使试件在拉伸过程中获得平面应力状态，同时变形的参数(力和位移)又便于测量。但是，采用单向拉伸实验时，很容易实现力、位移参数与真实应力应变曲线即管材塑性本构关系的转换，而采用有孔试样双向拉伸实验则不能直接实现力、位移参数与真实应力应变曲线即管材塑性本构关系的转换。

一些学者[20]采用基于数值模拟和实验相结合的反算法确定材料本构参数。该方法的优点在于对试件的几何形状及应力-应变场的分布没有严格的要求，测量中也仅测量实验中容易得到的载荷和位移。反算法假设描述某一本构关系的参数为 X，有限元模拟得到试件在外力作用下的特征点位移、载荷为 Y，实验测得的位移、载荷为 Y_0，那么参数 X 的识别归结为非线性优化问题：使 $\phi=\sum W_i(Y-Y_0)^2$ 达到最小，其中 W_i 为加权系数，ϕ 为 X 的函数。由于非线性优化要经过多次迭代，每次迭代又需要解一个非线性有限元问题，所以计算量十分庞大；且算法是否收敛、收敛的条件也不易确定。而采用人工神经网络技术，建立材料参数识别模型，只要通过有限次有限元计算就可以得到所需的训练样本，从而实现材料本构参数的识别。并且，为了降低实验的成本，可以通过在计算机上进行虚拟的正交实验仿真有孔试样双向拉伸实验，为人工神经网络提供学习和检验样本，从而保证网络逆向识别的参数值能体现材料在双向应力状态下的材料性能。

基于上述思路，本节采用人工神经网络、有限元模拟及实验研究相结合的方法预测管材塑性本构参数。该方法的具体流程如图 10.30 所示。具体步骤如下：

(1) 基于 MATLAB 软件平台，建立人工神经网络模型，并确定神经网络的拓扑结构(即神经网络的层数以及每层的神经元的个数)、传递函数的具体形式和相应的训练算法。

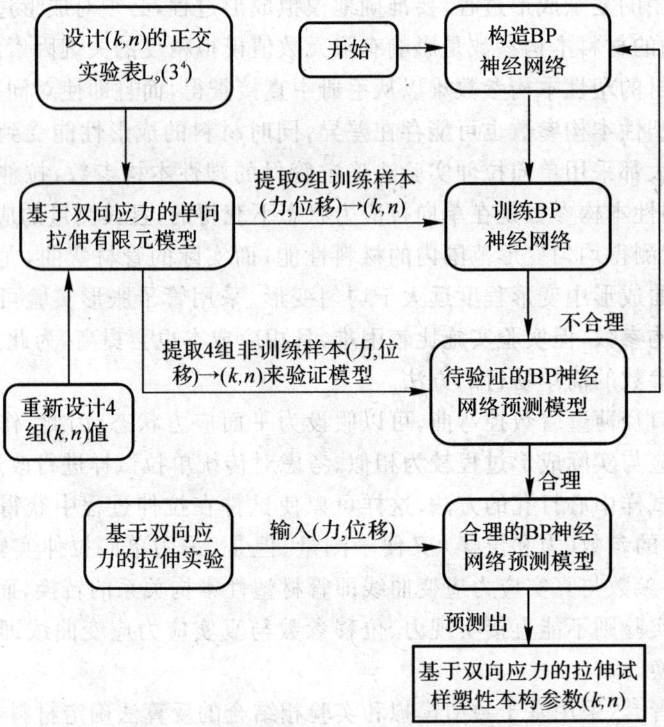

图 10.30　管材本构模型参数确定新方法流程

(2) 采用基于双向应力的单向拉伸有限元模型，通过虚拟正交试验仿真，将若干组(k,n)组合模拟得到的相应(力，位移)数据作为训练样本对所建网络进行训练，从而建立拉伸过程的(力，位移)与相应的管材本构关系参数(k,n)之间的隐性映射关系。

(3) 训练后，重新取若干组(k,n)值，从基于双向应力的拉伸有限元仿真结果中再提取若干组相对应的非训练样本(力，位移)⇒(k,n)，并判断网络模型是否合理。

(4) 若网络预测误差合理，输入有孔拉伸试样的(力，位移)实验数据，采用所建立的神经网络预测出相应的管材本构关系参数(k,n)。

10.2.2　双向应力状态的拉伸试样尺寸确定

传统的管坯试样在拉伸实验中处于单向应力状态，无法反映管材弯曲时的双向应力状态。在拉伸试样中间打一个小孔，可以使试样在拉伸中处于双向应力状态。中间打孔的拉伸试样并没有国标参考来确定其具体尺寸，为了使带孔试样有足够的变形区和较大的位移，在拉伸过程中又产生明显的平面应力状态，同时变形的参数(力，位移)又便于测量，试件的尺寸能够保证其有足够的变形区和较大的位移。在实验中只需测试夹头的位移和载荷。为了获得合适的带孔试样的尺寸，首先建立了基于双向应力状态的有限单元模型，如图 10.31 所示，该模型由拉伸试样和夹头组成。夹头模具为不发生变形的刚体，采用壳体模型将模具简化为其与拉伸试件接触并发生作用力的刚性几何曲面，单元类型选用4节点4边形壳单元(R3D4)。只有拉伸试件发生塑性变形，故将其定义为变形体，并采用壳体模型对其进行描述。单元类型选用可变形的 4 节点 4 边形壳单元(S4R)，该单元类型具有沙漏控制和缩减积分功能。

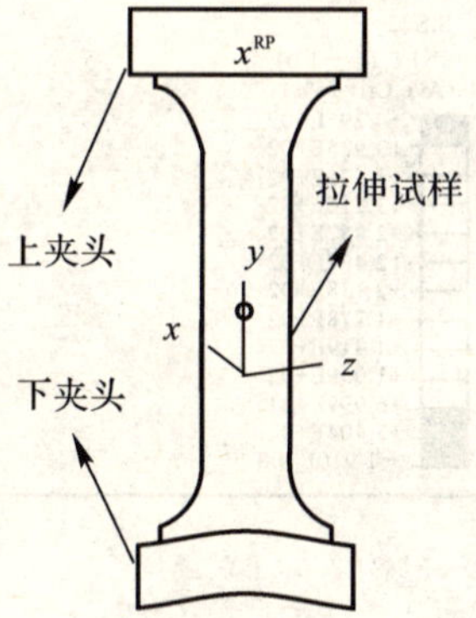

图 10.31　有孔试样单向拉伸模型装配图

采用所建立的有孔试样单向拉伸有限元模型模拟分析后，发现当孔径为3 mm时，试样在拉断之前的变形时间最长，说明此时试样的均匀变形能力比较好，可供测量研究的过程比较长，同时又产生了明显的平面应力状态，如图10.32 所示。

通过上述分析，最终确定基于双向应力拉伸试样的尺寸，如图 10.33 所示。

下面将寻求该力能参数与管坯本构关系间的映射关系，有

$$\begin{cases}\sigma = (1+\varepsilon_{nom})\sigma_{nom} \\ \varepsilon = \ln(1+\varepsilon_{nom})\end{cases} \tag{10.36}$$

式中，σ_{nom} 为名义应力；ε_{nom} 为名义应变；σ 为真实应力；ε 为真实应变。

对于不打孔的传统试样可以从实验中获得其名义应力应变，由式(10.36)将其转化为真实应力-应变曲线，如图 10.34 所示。对于有孔试样，拉伸过程和无孔试样一样。由于在薄壁管试样的中心打有一孔，其在拉伸过程中表现为平面应力状态，单向拉伸实验所得的应力-应变曲线已不能反映试样真实的拉伸变形情况，因

此用力-位移曲线来反映其拉伸过程，如图 10.35 所示。

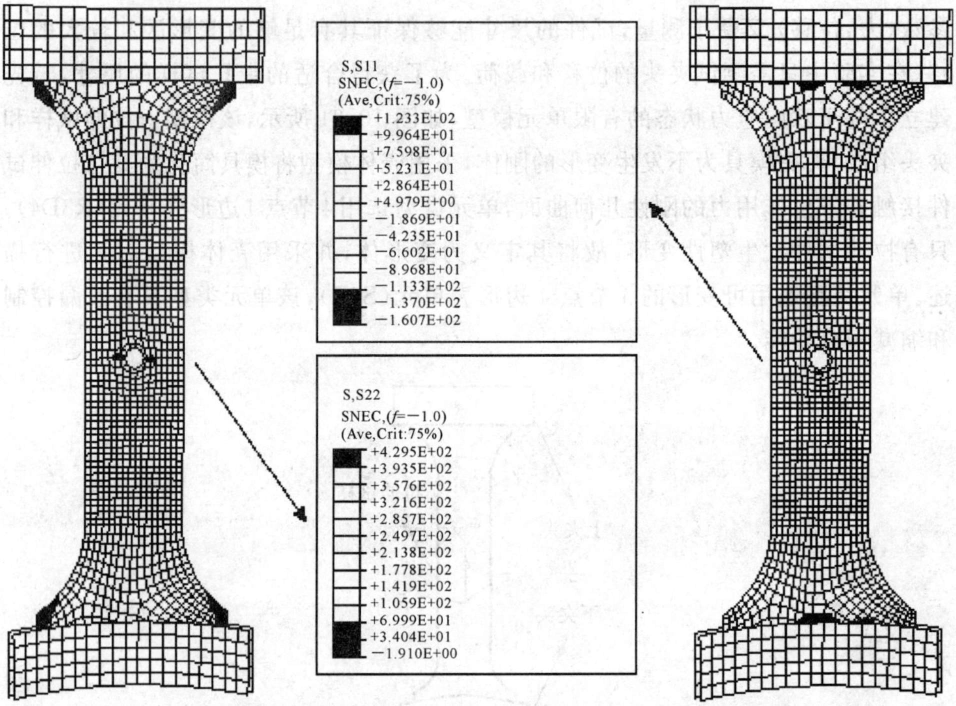

图 10.32　有孔试样拉伸变形应力图

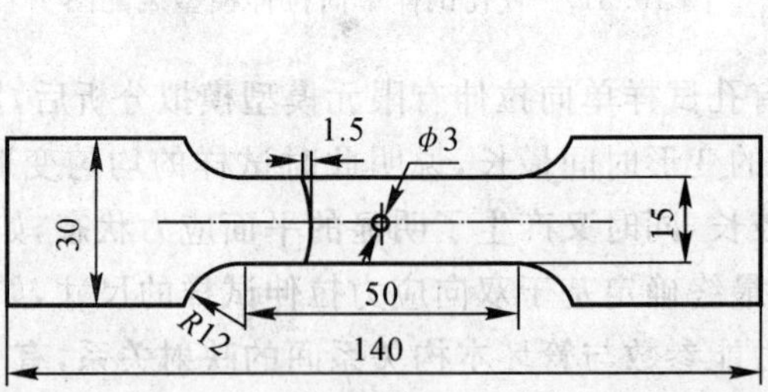

图 10.33　70 mm×1.5 mm 管纵向弧形试样(有孔)

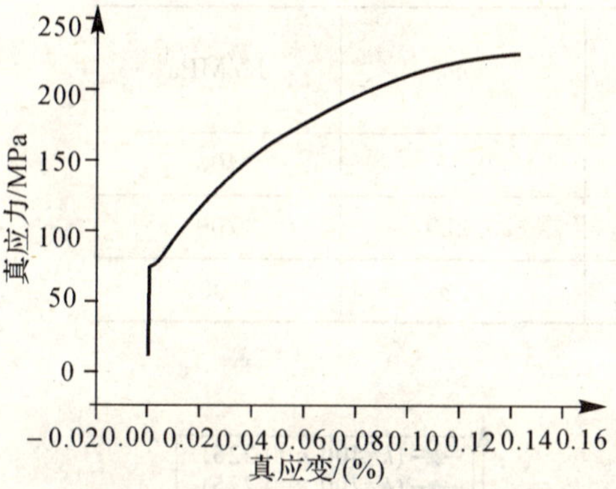

图 10.34 试样的真应力-应变曲线(无孔)

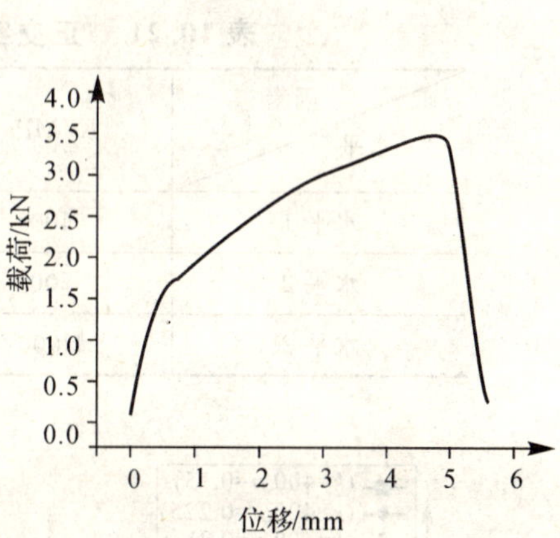

图 10.35 试样的载荷-位移曲线(有孔)

10.2.3 基于人工神经网络的本构参数识别方法

人工神经网络是一种在生物神经系统研究成果基础上发展起来的模仿生物脑结构和功能的信息处理模式。就系统结构而言，神经网络是一个对信息进行分布式存储和并行协同处理的非线性动力学系统。

BP 网络是一种多层次前馈型神经网络，其神经元的传递函数是 S 形函数，输出量为 0 到 1 之间的连续量，它可以实现从输入到输出的任意非线性映射。

利用 BP 神经网络建立管材本构模型，实际上就是非线性函数逼近问题。它不需要给出数学模型，也不需要确定材料参数，直接从实验数据中学习输入变量和输出变量之间的变化规律，通过自身所具有的良好非线性“映射”能力，将这种规律储存在网络的权值和阈值中。BP 神经网络对离散数据点的处理能力很强，它可以在原有网络状态的基础上通过对新加入数据集的学习，调整网络权值和阈值，使之适用于新的数据集。另外，BP 神经网络还具有良好的预测能力。

因此，本节采用 BP 神经网络识别管材本构参数。

一、神经网络训练样本的获取

本节通过虚拟正交实验的方法，获得人工神经网络的训练样本。正交实验表选择为 $L_9(3^4)$，具体因素和水平数如表 10.21 所示。

不同的材料参数(k,n)值对拉伸过程中(力，位移)将产生一定的影响，为了比较，取相同的 k 或 n 值，观察(力，位移)随时间的变化。在模拟中都是在相同的时间取值，而模拟中的拉伸速度都一样，因此每组在相同的时间内位移都相等，只需比较力随时间的变化即可。如图 10.36 所示，拉伸进行 2 s 后，力随(k,n)的变化很显著。

表 10.21　正交实验具体因素和水平数

因素 水平	K/MPa	n	K/MPa
水平 1	400	0.15	400
水平 2	700	0.225	700
水平 3	1 000	0.3	1 000

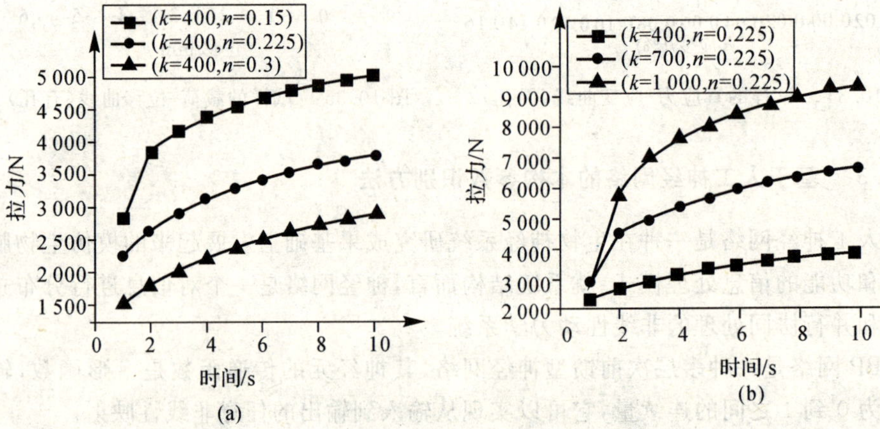

图 10.36　(k,n) 在取不同值时力随拉伸时间的变化

因此,从每一组的模拟结果中可以提取拉伸 2 s 后的(力,位移) 数组来作为网络的训练样本。网络的训练样本如表 10.22 所示。

表 10.22　不同的(k,n) 所得到的网络训练样本

时间 /s	k = 400 MPa n = 0.15	k = 400 MPa n = 0.225	k = 400 MPa n = 0.3	k = 700 MPa n = 0.15	k = 700 MPa n = 0.225	k = 700 MPa n = 0.3	k = 1000 MPa n = 0.15	k = 1000 MPa n = 0.225	k = 1000 MPa n = 0.3
	载荷 /N								
3	4 185	2 920	2 016	7 087	5 060	3 504	8 598	7 084	4 973
4	4 386	3 120	2 198	7 563	5 426	3 829	10 090	7 680	5 448
5	4 542	3 283	2 351	7 871	5 719	4 100	10 810	8 119	5 840
6	4 670	3 422	2 483	8 108	5 965	4 333	11 170	8 476	6173
7	4 778	3 542	2 599	8 293	6 178	4 539	11 460	8 765	6 471

续 表

	位移/mm								
3	0.480 0	0.48	0.480 4	0.480 5	0.48	0.480 5	0.480 3	0.480 5	0.480 5
4	0.640 7	0.640 7	0.641 1	0.641 2	0.640 7	0.641 2	0.641	0.641 2	0.641 2
5	0.801 4	0.801 4	0.801 8	0.801 9	0.801 4	0.801 9	0.801 7	0.801 9	0.801 9
6	0.962 1	0.962 1	0.962 5	0.962 6	0.962 1	0.962 6	0.962 4	0.962 6	0.962 6
7	1.123 0	1.123	1.123	1.123	1.123	1.123	1.123	1.123	1.123

二、基于 BP 神经网络的管坯本构模型的建立

1. BP 神经网络结构

BP 神经网络是一种单向传播的多层前馈网络，是人工神经网络中比较常用的一种方法，其结构如图 10.37 所示。

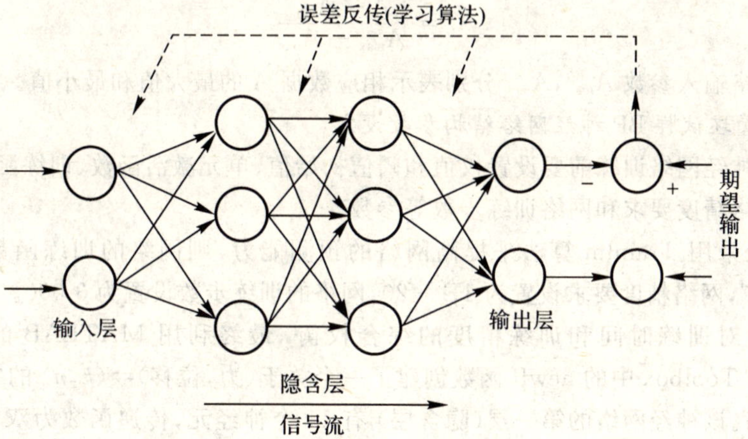

图 10.37　BP 神经网络结构

2. 网络结构的确定

BP 神经网络隐含层及其各层节点数的选择是一个十分复杂的问题，往往需要根据设计者的经验和多次实验来确定，难以用一个理想的解析式来表示。在确定隐含层及各层单元数目时，应考虑以下几个方面：

(1) 隐含层的数目与问题的要求、输入 / 输出变量都有直接的关系。

(2) 随着所逼近函数的波动性的增加，隐含层节点数也应增加；随着学习样本数的增加，隐含层节点数也应增加。

(3) 增加隐含层数目可以减小各隐含层的节点数，在实际应用中应当采用多

隐含层,但一般来讲,BP 网络隐含层数不要超过两层。

(4) 本着降低神经网络的总体训练成本和避免训练过度的原则,在保证输出响应误差低于控制指标的前提下,应尽量减少隐含层的神经元数目。

(5) 随着网络复杂程度和学习样本数目的增加,其收敛速度变慢,学习时间长,误差不一定最佳,容错性差,不能识别非样本数据(预测性差),所以网络的规模不应随意增大。

因此,为了便于合理地确定网络结构模型,采用经验公式式(10.14) 来确定隐含层的节点数。

3. 数据预处理

若大小相差悬殊的数据同时作用于网络的输入节点,势必会淹没小数据对激活函数的作用,会造成隐含层到输入层之间权值调节上的困难,从而影响网络的收敛速度和精度。为了克服这一缺点,我们先对原始数据进行归一化处理,比较常用的方法是线性函数转换,表达式如下:

$$A_i = \frac{A - A_{\min}}{A_{\max} - A_{\min}} \tag{10.37}$$

式中,网络输入参数 $A_{\max}$,$A_{\min}$ 分别表示相应数据 A 的最大值和最小值。

4. 管坯试样 BP 神经网络结构参数设定

BP 神经网络训练前要设置权值和阈值初始值、单元激活函数、训练函数、学习函数、网络精度要求和网络训练步数等参数。

此处采用 Trainlm 算法来提高网络的预测能力,则网络的训练函数选择为“trainlm”,网络精度要求设置为 1E − 20,网络的训练步数设置为 3 000。

通过对训练时间和训练精度的综合权衡,最终利用 MATLAB 的 Neural Network Toolbox 中的 newff 函数创建了一个关于(力,位移)⇒(k,n) 的二层前馈神经网络。该神经网络的第一层(隐含层) 有 11 个神经元,传递函数为双曲正切 S 形函数;第二层(输出层) 有 2 个神经元,传递函数为线性函数。

通过线性回归分析可以进一步衡量上面所训练的(力,位移)⇒(k,n) 二层前馈神经网络对训练样本的响应性能;由相关系数 $r = 1.0$ 可以判定该神经网络的训练结果相当完美。图 10.38 和图 10.39 分别反映了该二层前馈神经网络对训练样本中的材料本构参数(k,n,未还原) 的响应效果。

通过观察对比,发现本神经网络的训练结果相当好。在神经网络的训练过程中,有时会出现过度训练(overfitting) 的现象 —— 神经网络的响应误差对于训练样本可以达到相当小,一旦有新的数据输入却会变得相当大。这说明该神经网络只是“死记硬背”了训练样本的具体细节特征,而没能掌握隐藏在训练样本中的一般映射规律,训练样本不能全面反映所考察问题的普遍特征,神经网络的拓扑规模过大等因素，都将导致过度训练的发生。为此，利用训练过的神经网络解决具体的应用课题之前，必须进行必要的检验。

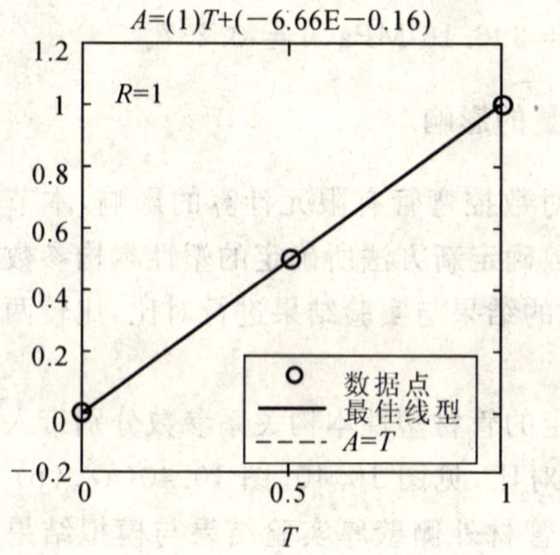

图 10.38　神经网络对训练样本中参数 k 的响应性能的线性回归分析

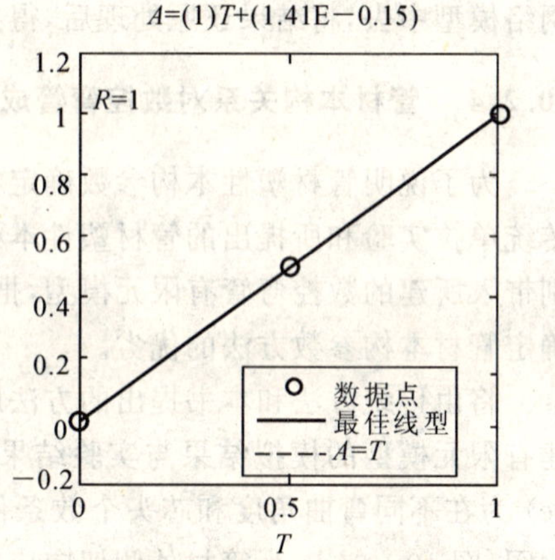

图 10.39　神经网络对训练样本中参数 n 的响应性能的线性回归分析

5. 神经网络模型验证

重新取 4 组(k,n)值，可获得 4 组(力，位移)数据对为检验样本，把这 4 组非训练样本带入神经网络中，可得出 4 组(k,n)，以上过程涉及的具体数据汇总于表 10.23 中。

表 10.23　(力，位移)⇒(k,n)二层前馈神经网络的过度训练检验

序号	材料本构关系参数		预测结果		相对误差	
	k/MPa	n	k/MPa	n	k/MPa	n
1	341	0.16	356.52	0.171 41	4.5%	7.1%
2	492	0.25	469.35	0.235	−4.6%	−6.0%
3	680	0.3	703.6	0.277	3.5%	−8.0%
4	900	0.4	917.64	0.363	2.0%	−9.3%

表 10.23 的相对误差数据表明，通过本节所建立的(力，位移)⇒(k,n)二层(11×2)前馈神经网络的响应性能是可靠的。

6. 基于双向应力状态拉伸实验(k,n)的计算

在做带孔试件单向拉伸时，已测得其(力，位移)数据，现从塑性变形阶段提取出一部分数据后做[0,1]区间的归一化处理，并将其输入到已经训练好的BP神经网络模型中去，将结果还原处理后，得到 $k = 396.16$ MPa，$n = 0.237$。

10.2.4 管材本构关系对数控弯管成形质量的影响

为了说明管材塑性本构参数确定方法对数控弯管有限元计算的影响，本节将传统单拉实验和所提出的管材塑性本构参数确定新方法所确定的塑性本构参数分别带入所建的数控弯管有限元模型，把模拟的结果与实验结果进行对比，比较两种确定管材本构参数方法的优劣。

将由传统方法和本书提出的方法所确定的管材塑性本构关系参数分别带入所建有限元模型的模拟结果与实验结果进行对比，见图10.40。图10.40(a)、(b)和(c)为在不同弯曲角度和芯头个数条件下，管材外侧壁厚实验结果与模拟结果对比图。图10.40(d)为管材外侧切向应变实验结果与模拟结果对比图。图中横坐标的测量角度是指测量的平面与弯曲平面的夹角。

由图10.40(a)、(b)、(c)可以看出，在相同条件下，由本书所提出的本构参数确定方法的管材本构参数条件下得到的管材外侧壁厚值与传统方法确定的本构参数条件下的模拟值和与实验结果的变化规律都是一致的，但前者相对实验值的最大误差为−1.5%，而后者的壁厚值相对实验值的最大误差为−7.6%，本书提出的方法把误差降低了6.1%。

由图10.40(d)可以看出，在二芯头、弯曲角度为90°条件下，本书所提方法确定的本构参数得到的管材外侧切向应变值与实验值的最大误差为−16%。传统方法确定的本构参数对应的切向应变值实验相比的最大误差为−21.2%，本书提出的方法把误差降低了5.2%。

由上述讨论可以看出，本书提出的方法要比传统方法所得到的有限元结果更接近于实验值，但是使误差的降低程度不大于6%。现分析如下：

(1) 管材的本构关系参数并不是影响管材成形质量的唯一因素，还有其他一些因素，如管材与模具的间隙、各接触面间的摩擦力、模具尺寸等，本书是在其他条件不变的情况下，只改变材料本构参数，从而比较管材本构关系对管材数控弯曲成形质量的影响。

(2) 实验本身存在的不足也有可能引起误差，如实验测试精度、原始管材壁厚误差或者操作失误等原因。

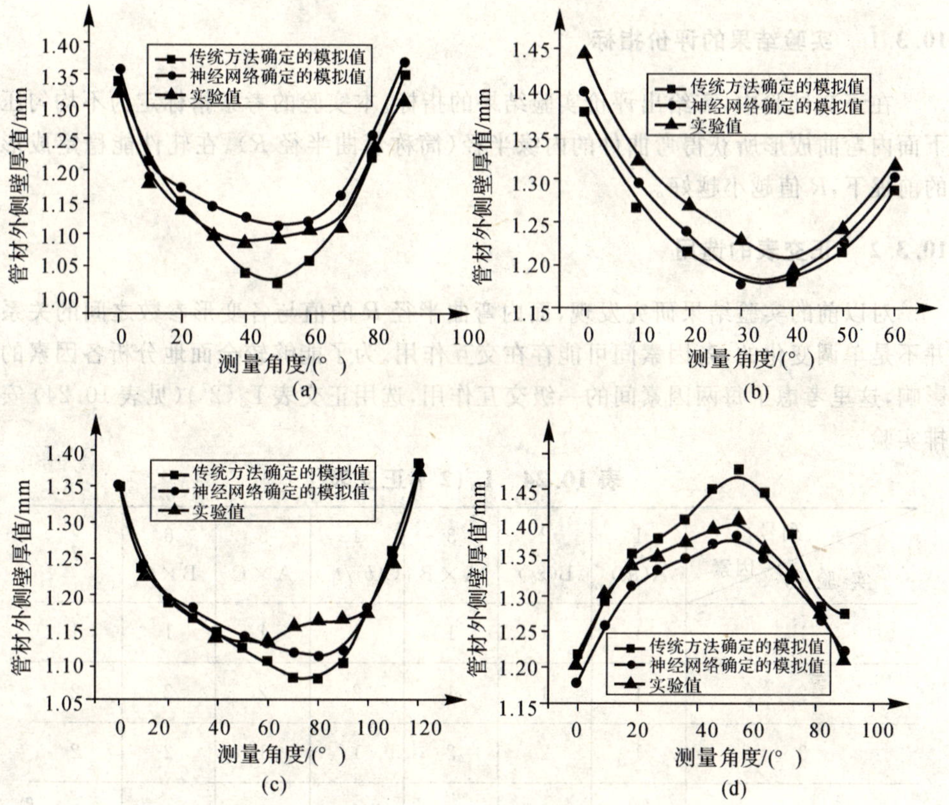

图 10.40　不同方法所确定的管材塑性本构参数的管材数控弯曲有限元模拟结果与实验结果的对比

(a) 三芯头，弯曲角度为 90°；(b) 二芯头，弯曲角度为 60°；

(c) 二芯头，弯曲角度为 120°；(d) 二芯头，弯曲角度为 90°

10.3　不均匀压下面内弯曲半径预测模型研究

正交试验设计方法易于抓住主要矛盾，对于不均匀压下金属板带面内弯曲过程来说，易于掌握该过程的影响因素及各因素对成形结果的影响程度，为回归分析能够较准确地选择显著因素提供依据，而回归方程的建立能够对该过程进行预报和控制。特别是在该成形过程的协调能力还没有完全定量掌握的情况下，回归方程是选择辊缝初始楔角 β_0、送料位置 z_0、板带宽厚比 b_0/t_0 的简单而有效的工具。因此，这里采用正交试验设计和回归分析相结合的方法研究辊缝初始楔角 β_0、送料位置 z_0、板带宽厚比 b_0/t_0 对该成形过程的影响[3]。

10.3.1 实验结果的评价指标

在正交试验中,需给出评价实验结果的指标。本实验的考察指标定为不均匀压下面内弯曲成形所获得弯曲件的内缘半径(简称弯曲半径 R)。在轧件能稳定成形的前提下,R 值越小越好。

10.3.2 正交表的选用

对以前的实验结果研究发现,面内弯曲半径 R 的值与各变形参数之间的关系并不是单调变化的,各因素间可能存在交互作用。为了能够较全面地分析各因素的影响,这里考虑了每两因素间的一级交互作用,选用正交表 $L_8(2^7)$(见表 10.24)安排实验。

表 10.24 $L_8(2^7)$ 正交表

实验号 \ 列号 因素	1 A(β_0)	2 B(z_0)	3 A×B	4 C(b_0/t_0)	5 A×C	6 B×C	7
1	1	1	1	1	1	1	1
2	1	1	1	2	2	2	2
3	1	2	2	1	1	2	2
4	1	2	2	2	2	1	1
5	2	1	2	1	2	1	2
6	2	1	2	2	1	2	1
7	2	2	1	1	2	2	1
8	2	2	1	2	1	1	2

10.3.3 各因素的水平选取

要使极差分析与回归分析的结果具有代表性,各参数的取值范围应满足弯曲件能稳定成形以及面内弯曲半径小两个条件。为此初步确定了锥辊初始状态辊缝楔角 β_0、送料位置 z_0 以及板料宽厚比 b_0/t_0 的范围,得出三参数取值的范围为 $\beta_0 \in [0.45°, 0.92°]$,$b_0/t_0 \in [15.0, 21.0]$(即板带宽度 $b_0 \in [25\text{ mm}, 40\text{ mm}]$),$z_0 \in [66.0\text{ mm}, 82.0\text{ mm}]$。正交试验三因素两水平的取值情况见表 10.25。

表 10.25 正交试验因素水平表

因素 / 水平	$\beta_0/(^\circ)$	z_0/mm	b_0/t_0
1	0.690	76.0	30.0/1.90
2	0.904	82.0	35.0/1.90

10.3.4 实验结果与分析

按表 10.24 的实验方案，以 LF21M 冷轧板为实验材料，辊轧出了各种不同几何尺寸的圆环状试件，并对实验数据进行了分析处理，见表 10.26。

表 10.26 正交试验及极差分析结果

实验号	1 A(β_0)	2 B(z_0)	3 A×B	4 C(b_0/t_0)	5 A×C	6 B×C	7	弯曲半径 R/mm
1	1	1	1	1	1	1	1	57.18
2	1	1	1	2	2	2	2	60.52
3	1	2	2	1	1	2	2	53.45
4	1	2	2	2	2	1	1	58.71
5	2	1	2	1	2	1	2	43.03
6	2	1	2	2	1	2	1	44.21
7	2	2	1	1	2	2	1	46.28
8	2	2	1	2	1	1	2	44.53
$\bar{k}_1$	229.86	204.94	208.51	199.94	199.37	203.45	206.83	
$\bar{k}_2$	178.05	202.97	199.40	207.97	208.54	204.46	201.53	
$\bar{k}_3$	57.46	51.24	52.13	49.89	49.84	50.86	51.60	
$\bar{k}_4$	44.51	50.74	49.85	51.99	52.14	51.12	50.38	
R	12.95	0.50	2.28	2.01	2.30	0.26	1.22	
最优水平	$A_2B_1C_2$ 或 $A_2B_1C_1$							
因素主次	A,A×C,A×B,C,B,B×C							

从表 10.26 中的数据可以直接看出，5 号实验条件得到的结果最好，弯曲件的面内弯曲半径为 43.03 mm，6 号、7 号、8 号实验条件的结果也较好。

从表 10.26 的极差分析结果可以得出，面内弯曲半径的主要影响因素是 A(辊缝初始楔角 β_0)，其余各因素的影响较小；次要的影响因素依次为 A×C(楔角与送料位置 z_0 的交互作用)、A×B(楔角与宽厚比的交互作用)、C(z_0)、B(板带宽厚比)、B×C(宽厚比与送料位置的交互作用),其中B,B×C的极差很小,说明这两个因素对R的影响不显著。根据表10.26中的数据可以分别作出A×C,A×B的二元表及二元图,直观地分析它们对面内弯曲半径R的影响。

根据对面内弯曲半径R影响最显著的因素来确定各变形参数的最优水平。对因素A单独分析时应取A_2;根据A×C的二元表及二元图,因素A×C的最优水平取A_2C_2(或A_2C_1),根据A×B的二元表及二元图,A×B的最优水平应取A_2B_1。

上面的极差分析结果给出了板带面内弯曲半径R的主要影响因素及各因素的主次顺序,但上面分析得出的较好水平搭配不一定能获得最小面内弯曲半径$R_{\min}$,最小面内弯曲半径需根据上述极差分析结果结合利用实验值得出回归公式,在可能获得$R_{\min}$的各变形参数取值范围内安排探索性实验来确定。

10.3.5 面内弯曲半径回归方程的确定及应用

根据前面的极差分析结果,对面内弯曲半径R的主要影响因素β_0取二次项,对有交互作用的$\beta_0\times z_0$,$\beta_0\times b_0/t_0$分别取多项式形式,即可得

$$R=a_0+a_1\beta_0+a_2\beta_0^2+a_3z_0+a_4\frac{b_0}{t_0}+a_5z_0\beta_0+a_6z_0\beta_0^2+a_7\beta_0\frac{b_0}{t_0}+a_8\beta_0^2\frac{b_0}{t_0} \tag{10.38}$$

上式为多元非线性回归模型,但可以用多元线性回归系数的方法来确定上式中的各回归系数。令$x_1=\beta_0$,$x_2=\beta_0^2$,$x_3=z_0$,$x_4=\frac{b_0}{t_0}$,$x_5=z_0\beta_0$,$x_6=z_0\beta_0^2$,$x_7=\beta_0\frac{b_0}{t_0}$,$x_8=\beta_0^2\frac{b_0}{t_0}$,则有

$$R=a_0+a_1x_1+a_2x_2+a_3x_3+a_4x_4+a_5x_5+a_6x_6+a_7x_7+a_8x_8 \tag{10.39}$$

这样就把多元非线性回归模型转化成了多元线性回归模型。

从前面确定各因素最佳水平时的探索性实验以及正交实验中一共取出15组数据作回归分析的原始数据,如表10.27所示。根据表10.27中的实验数据,利用多元线性回归分析程序,得出板带面内弯曲半径R与各变形参数间的回归方程如下:

$$R=-282.52+3\,252.85\beta_0-1\,944.8\beta_0^2+4.03z_0+66.9\frac{b_0}{t_0}+5.99z_0\beta_0+1.21z_0\beta_0^2-178.73\beta_0\frac{b_0}{t_0}+116.3\beta_0^2\frac{b_0}{t_0} \tag{10.40}$$

对回归方程及各回归系数的显著性检验表明,该回归方程是显著的,且每个自变量$x_1,x_2,\cdots,x_8$对R的影响都是显著的,回归方程的每一项都不可删除。

表 10.27　多元回归分析的原始数据

β_0/(°)	z_0/mm	b_0/t_0	R/mm	β_0(°)	z_0/mm	b_0/t_0	R/mm
0.465	67.0	16.62	59.36	0.690	82.0	12.78	58.64
0.465	67.0	18.15	73.51	0.690	82.0	21.05	53.59
0.465	76.5	16.22	71.28	0.904	67.0	16.52	50.00
0.465	82.0	16.32	79.32	0.904	76.5	16.52	43.03
0.690	67.0	15.92	46.32	0.904	76.5	18.73	46.28
0.690	67.0	18.33	52.49	0.904	82.0	15.92	44.21
0.690	76.5	12.87	65.55	0.904	82.0	18.58	44.53
0.690	76.5	18.28	53.45				

另外，取在不同辗轧参数下成形的圆环状试件 5 个，对所得的回归方程进行检验。回归值与实验值的对比情况如表 10.28 所示，从表中数据可以看出，回归方程是在回归实验点所覆盖的区域内，可较精确地预测轧件的面内弯曲半径。

表 10.28　回归方程的实验验证

试件号	β_0/(°)	z_0/mm	b_0/t_0	回归值 R_j/mm	试验值 R_s/mm	误差 $\delta=(R_j-R_s)/R_s\times100\%$
1	0.690	62.0	15.92	45.46	49.08	7.96%
2	0.690	72.0	15.86	53.95	53.36	1.11%
3	0.690	76.5	15.94	56.03	57.18	2.01%
4	0.690	78.5	18.27	54.54	59.64	8.54%
5	0.690	82.0	15.88	58.74	60.52	2.94%

建立回归方程式(10.40)以后，可利用它来预估成形参数。对于实际工程中的薄板环状零件，其尺寸参数主要有三个：内缘半径 R、圆环宽度 b 和厚度 t。假如要求某环状零件的弯曲内缘半径 $R=55$ mm，宽度 $b=(35\pm0.5)$ mm，厚度 t 是为了保证零件的刚性，不作严格规定，只要满足 $1\text{ mm}\leqslant t\leqslant2\text{ mm}$ 即可，为此取初始板带厚度 $t_0=1.90$ mm，宽度 $b_0=34.5$ mm，把 R 及 b_0/t_0 的值代入式(10.40)，则可得辊缝初始楔角 β_0 和送料位置 z_0 的关系式为

$$z_0=\frac{-197.562\beta_0^2+39.535\beta_0+110.155}{1.21\beta_0^2-5.99\beta_0+1.038}\tag{10.41}$$

可作出上式的曲线如图 10.41 所示。由图中的曲线可以看出，要获得所需尺寸

的环状零件，可以变动β_0和z_0两个参数。β_0和z_0的取值可视对零件厚度尺寸t的要求而定。假如要求t沿宽度方向的分布较均匀，则应考虑选用较小的β_0值；反之则可根据变形参数调整简单、成形易于稳定进行的原则选择β_0和z_0值。从这种意义上讲，利用回归方程可在一定范围内优化成形工艺。

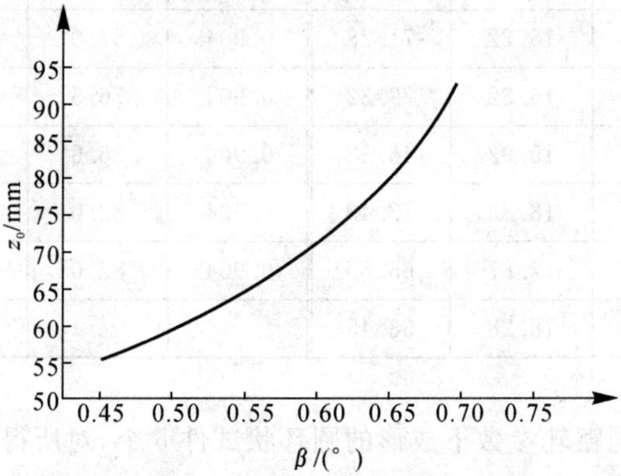

图 10.41 β_0 和 z_0 的关系曲线

回归方程式(10.40)体现了面内弯曲半径R与β_0，z_0以及b_0/t_0之间的数量传递关系，这种传递关系里面实际上隐含了锥辊工作部分的尺寸、轧辊的预紧状态、材料性能、摩擦状态都确定这一先决条件。当这些条件中的某一个发生变化时，上面的回归方程就不再适用，只能为面内弯曲半径的预测以及β_0，z_0，b_0/t_0的预估提供方向性参考。要分析锥辊工作部分的尺寸、轧辊的预紧状态、材料性能、摩擦状况以及β_0，z_0，b_0/t_0三个参数对R的定量影响关系，从更普遍的意义上优化该成形工艺，必须从该过程的塑性变形机理出发，建立包含上述各参数的塑性变形数值模型。

参考文献

[1] 沈昌武. TA15、TC11 钛合金热变形材料本构模型研究[D]. 西安：西北工业大学，2007.
[2] 任宁. 管材本构关系对数控弯管成形质量的影响[D]. 西安：西北工业大学，2007.
[3] 肖红生. 不均匀压下金属板带面内精密弯曲及数值模拟[D]. 西安：西北工业大学，1997.
[4] 周纪华，管克智. 金属塑性变形阻力. 北京：机械工业出版社，1989.
[5] 王少林，阮雪榆，俞新陆，等. 金属高温塑性本构方程的研究. 上海交通大学学报，1996，30(8)：20 - 24.
[6] 张立明. 人工神经网络的模型及应用. 上海：复旦大学出版社，1993.
[7] 焦李成. 神经网络系统理论. 西安：西安电子科技大学出版社，1990.

[8]　闻新，周露，李翔，等. MATLAB神经网络仿真与应用. 北京：科学出版社，2003.

[9]　飞思科技产品研发中心. 神经网络理论与 MATLAB 7 实现. 北京：电子工业出版社，2005.

[10]　周开利，康耀红. 神经网络模型及其MATLAB仿真程序设计. 北京：清华大学出版社，2004.

[11]　李敏生，刘斌. BP学习算法的改进与应用. 北京理工大学学报，1999,19(6):721-724.

[12]　陈黎霞，裴炳南. 基于Bayesian正则化算法的非线性函数拟合. 河南科学，2005,23(1):23-25.

[13]　董长虹. MATLAB神经网络与应用. 北京：国防工业出版社，2005.

[14]　苏高利，邓芳萍. 论基于 MATLAB 语言的 BP 神经网络的改进算法. 科技通报，2003(2):45-50.

[15]　孙雷剑. 基于神经网络的微合金钢热轧组织及流变应力模型研究[D]. 哈尔滨：哈尔滨工业大学，2000.

[16]　Kapoor R, Pal D, Chakravartty J K. Use of artificial neural networks to predict the deformation behavior of Zr-2.5Nb-0.5Cu. Journal of Material Process Technology, 2005,169:199-205.

[17]　何晓群，刘文卿. 应用回归分析. 北京：中国人民大学出版社，2001.

[18]　梅长林，范金城. 数据分析方法. 北京：高等教育出版社，2006.

[19]　向东进，李宏伟，刘小雅. 实用多元统计分析. 武汉：中国地质大学出版社，2005.

[20]　孙志超，杨合，蔡旺等. 一种确定管材塑性本构关系的反算法. 重型机械，2000,3:43-46.

附　录

附录1　优化与梯度下降法简介

设有一物理系统，其系统参数为 $W_1, W_2, \cdots, W_n$，将其表示为向量，有

$$\boldsymbol{W} = (W_1, W_2, \cdots, W_n) \tag{A.1}$$

为了描述系统的性能，一般常根据系统的物理意义用其参数构成一个函数，即

$$E(\boldsymbol{W}) = E(W_1, W_2, \cdots, W_n) \tag{A.2}$$

该函数可以是耗费函数(Cost Function)，它越小表明系统性能越好；该函数也可以是优度函数(Merit Function)，优度函数越大表示系统性能越好。不管是耗费函数还是优度函数，通称为目标函数。

所谓优化问题，就是在系统的定义域 D 上调节并确定系统参数为

$$\boldsymbol{W}^* = (W_1^*, W_1^*, \cdots, W_n^*) \tag{A.3}$$

使目标函数 $E(\boldsymbol{W})$ 取极大值或极小值，即

$$E(\boldsymbol{W}^*) = \max_{W \in D} E(\boldsymbol{W}) \tag{A.4}$$

或

$$E(\boldsymbol{W}^*) = \min_{W \in D} E(\boldsymbol{W}) \tag{A.5}$$

在这个条件下，$\boldsymbol{W}^*$ 称为系统的最优解，我们称该系统被优化了。显然，优化就是极值问题，一般来说，优化就是“在给定条件下，尽力求得最好解”。通常，用优化方法解决的问题有两个特征：① 要求对一个或多个自变量(参数)进行调节和选择，使其满足客观问题的要求，而这些选定的变量值称为容许解，容许解可以不是唯一的；② 有一个度量“好”与“坏”的标准，用其判断众多容许解，选其最优者，例如耗费函数最小或优度函数最大。

由于目标函数的极大和极小只是差一个正负号，因此下面只讨论求极小值的优化问题。这种优化问题的求解方法很多，这里只介绍一种最普通的方法，即梯度下降法。

为了便于理解，先以二元二次函数为例，因为它有简单的几何解释，然后推广到多元函数。

二元二次函数 $E(\boldsymbol{W}) = E(W_1, W_2)$ 的图形是三维空间的一个碗状曲面，见附

图 1(a),也可称其为响应曲面。用平行于 W_1W_2 坐标面的平面截响应曲面,可得到截线,它在 W_1W_2 平面上的投影,称等高线。由于在等高线上函数 $E(W_1,W_2)$ 值相等,每个确定的函数值都对应一条等高线。相继取不同的值,就可在 W_1W_2 坐标面上组成一组等高线,如附图 1(b) 所示。响应曲面的谷点的坐标就是封闭等高线的中心点。这点正是函数 $E(W_1W_2)$ 的极值点,也就是最小点。用画等高线求极值,通常是不行的。借助这个思路可找出一个切实可行的方法,即梯度下降法。为此,研究在某一点(a_1,a_2)(亦可表示为向量 $\boldsymbol{a}=(a_1,a_2)$)的响应曲面的切平面与相应等高线的切线间的关系。由于一元函数 $y=f(x)$ 在点 $x=\boldsymbol{a}$ 的切线方程为 $y=f(\boldsymbol{a})+f'(\boldsymbol{a})(x-\boldsymbol{a})$,即函数 $y=f(x)$ 在点 a 的泰勒展开式并略去二次以上的项,与此相近,对于响应曲面 $y=E(W_1,W_2)$ 在点 $E(a_1,a_2)$ 的切平面方程为

$$y(\boldsymbol{W})=E(\boldsymbol{a})+(W_1-a_1)E_{W_1}(\boldsymbol{a})+(W_2-a_2)E_{W_2}(\boldsymbol{a}) \tag{A.6}$$

式中

$$E_{W1}(\boldsymbol{a})=\left.\frac{\partial E}{\partial W_1}\right|_{\substack{W_1=a_1\\W_2=a_2}}$$

$$E_{W2}(\boldsymbol{a})=\left.\frac{\partial E}{\partial W_2}\right|_{\substack{W_1=a_1\\W_2=a_2}}$$

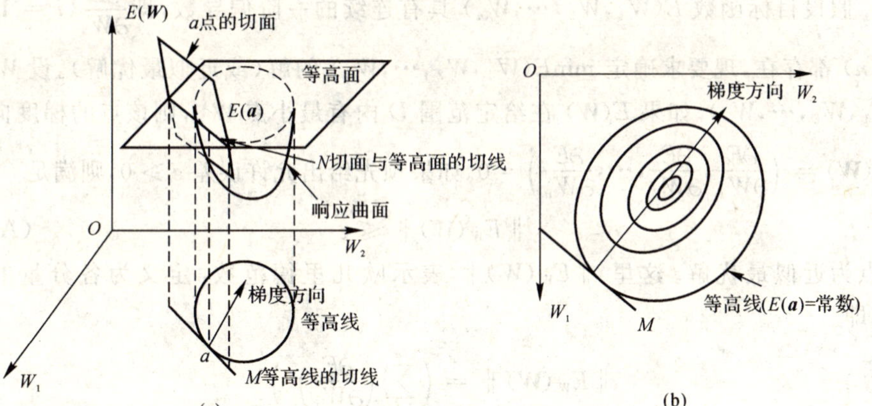

附图 1　梯度下降法的几何解释

(a) 响应曲面；(b) 等高线

式(A.6)是二元函数 $y=E(\boldsymbol{W})$ 在点 $\boldsymbol{a}=(a_1,a_2)$ 的泰勒展开式略去高次项的结果。

通过响应曲面上点 $E(\boldsymbol{a})$ 的切平面,与通过点 $E(\boldsymbol{a})$ 且平行于 W_1W_2 坐标平面的截平面(也称等高面)的交线,在 W_1W_2 坐标面上的投影叫做等高线切线,由附图 1 可见,等高线的切线 M 是等高面的切线 N 向下平移获得的。因此,M 与等高线

相切，直线 N 的方程为

$$\left.\begin{aligned} y(\boldsymbol{a}) &= E(\boldsymbol{a}) + (W_1 - a_1)E_{W_1}(\boldsymbol{a}) + (W_2 - a_2)E_{W_2}(\boldsymbol{a}) \\ y(\boldsymbol{W}) &= E(\boldsymbol{a}) \end{aligned}\right\} \tag{A.7}$$

于是，作为 N 的投影 M 的方程应为 $E(\boldsymbol{W}) = 0$，即

$$(W_1 - a_1)E_{W_1}(\boldsymbol{a}) + (W_2 - a_2)E_{W_2}(\boldsymbol{a}) = 0 \tag{A.8}$$

这个通过点 $a = (a_1, a_2)$ 且与等高线的切线正交的方向称为该点的梯度方向，如附图 1(b) 所示，其大小等于该点函数的最大变化率。如果 $E(\boldsymbol{W})$ 在给定范围 D 内有最大点，则可沿梯度方向一步一步地达到最大点。这就像爬山一样，沿着最陡方向总可达到最高点。相反，当 $E(\boldsymbol{W})$ 在给定范围 D 内具有最小点时，可沿梯度的负方向达到最小点。这种求最小点的方法称为梯度下降法，或称最陡梯度下降法。为了确定最优点(使 $E(\boldsymbol{W})$ 为最小)$\boldsymbol{W}^*$，该方法就是从某一初始点 $\boldsymbol{W}^0$ 开始，沿梯度方向调节 $\Delta\boldsymbol{W}^0$，并到达一新点 $\boldsymbol{W}^0 + \Delta\boldsymbol{W}^0 = \boldsymbol{W}^1$。此时检查 $\boldsymbol{W}^1$ 是否是最小点，如果是就停止调节，否则就从 $\boldsymbol{W}^1$ 开始继续调节，直到 $\boldsymbol{W}^*$ 点或近似 $\boldsymbol{W}^*$ 点为止。显然，越趋于 $\boldsymbol{W}^*$ 点，梯度绝对值越小，到达 $\boldsymbol{W}^*$ 时，梯度绝对值为 0。所以迭代停止的判据可以是梯度的绝对值小于某一最小值 ε，或 $E(\boldsymbol{W})$ 小于某一预定最小值 e。

假设目标函数 $E(W_1, W_2, \cdots, W_n)$ 具有连续的一阶偏导数，即 $\dfrac{\partial E}{\partial W_i}(i = 1, 2, \cdots, n)$ 都存在，现要求确定 $\min E(W_1, W_2, \cdots, W_n)$ 的解(或近似最优解)。设 $W = (W_1, W_2, \cdots, W_n)$。如果 $E(\boldsymbol{W})$ 在给定范围 D 内有最小点 $\boldsymbol{W}^*$，则该点的梯度向量 $E_W(\boldsymbol{W}) = \left(\dfrac{\partial E}{\partial W_1}, \dfrac{\partial E}{\partial W_2}, \cdots, \dfrac{\partial E}{\partial W_n}\right) = 0$。如果预先给出允许误差 $\varepsilon > 0$，则满足

$$\| E_W(\boldsymbol{W}) \| \leqslant \varepsilon \tag{A.9}$$

的点为近似最优解。这里 $\| E_W(W) \|$ 表示欧几里德范数，定义为各分量的均方，即

$$\| E_W(\boldsymbol{W}) \| = \left(\sum_{i=1}^{n} \left(\frac{\partial E}{\partial W_i} \right)^2 \right)^{\frac{1}{2}}$$

(注：有时采用切比雪夫范数，即 $\| E_W(\boldsymbol{W}) = \max \left| \dfrac{\partial E}{\partial W_i} \right| \|$)

一般梯度下降法的求解有四步：

(1) 选择初始点(越靠近最优解越好)。

(2) 如 $\boldsymbol{W}^{(k)}$(其上标(k) 代表迭代次数)已得到，但为非最优解，则应选取一方向 $\boldsymbol{Z}^{(k)}$ 使沿着方向 $\boldsymbol{Z}^{(k)}$ 下降最快。

(3) 方向 $\boldsymbol{Z}^{(k)}$ 确定后，在射线 $\boldsymbol{W}^k + \lambda\boldsymbol{Z}^{(k)}(\lambda \geqslant 0)$ 上取长度 λ_k(如式(A.10)所示)使 $E(\boldsymbol{W})$ 下降得最多，以此定出下一个点。

$$\boldsymbol{W}^{(k+1)} = \boldsymbol{W}^{(k)} + \lambda_k \boldsymbol{Z}^{(k)} \tag{A.10}$$

(4) 判断所得的新点是否最优解。

显然，沿梯度方向 $E_W(\boldsymbol{W})$ 的负方向下降得最快。于是，可得如下求最优解的计算程序(事先给定允许误差 $\varepsilon > 0$)：

(1) 选取初始点 $\boldsymbol{W}^0$。

(2) 令迭代次数 $k = 0$。

(3) 计算 $-E_W(\boldsymbol{W}^{(k)})$。

(4) 令 $\boldsymbol{Z}^{(k)} = -E_W(\boldsymbol{W}^{(k)})$。若 $\| \boldsymbol{Z}^{(k)} \| < \varepsilon$，则计算停止，$\boldsymbol{W}^{(k)}$ 即为所求的近似最优解。否则，继续下一步。

(5) 求自变量为 λ 的一元函数的最小值：

$$E(\boldsymbol{W}^{(k)} + \lambda_k \boldsymbol{Z}^{(k)}) = \min_{\lambda \geqslant 0} E(\boldsymbol{W}^{(k)} + \lambda_k \boldsymbol{Z}^{(k)}) \tag{A.11}$$

(6) 令 $\boldsymbol{W}^{(k+1)} = \boldsymbol{W}^{(k)} + \lambda_k \boldsymbol{Z}^{(k)}$，将 k 换为 $k+1$，返回到(3)。

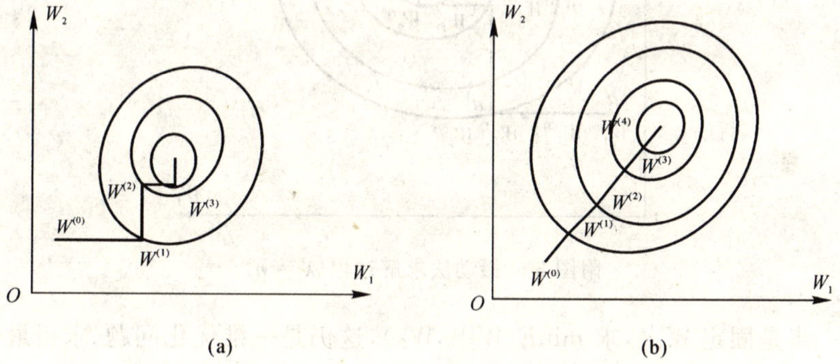

附图 2　梯度下降法求解过程

(a) 梯度下降法求解过程 1；(b) 梯度下降法求解过程 2

这里要特别指出(5)的含义。首先说明它的几何意义。附图 2(a) 表明了二元变量时逐次下降的过程。在从点 $\boldsymbol{W}^{(1)}$ 沿梯度负方向下降时，究竟下降到哪一点为止呢?实际上，在这个方向与某一等高线相切的切点就是这方向的最低点。因为 $\boldsymbol{W}^{(2)}$ 所在的等高线是与下降方向相交的所有等高线中最低的一条。因此，(5) 中要求的 λ 值是使 $E(\boldsymbol{W}^{(k)} + \lambda \boldsymbol{Z}^{(k)})$ 取极小值，此时有 $\boldsymbol{W}^{(k+1)} = \boldsymbol{W}^{(k)} + \lambda \boldsymbol{Z}^{(k)}$。但是，当 $E(\boldsymbol{W})$ 不能表示为数学表达式，或表示式很繁时，常选用一固定值 $\lambda = \eta$，即每次迭代的调节步距是相同的，并称为调节系数，一般 $0 < \eta < 1$，此时，调节过程如附图 2(b) 所示。在这种没有明确表达式的情况下，梯度下降法还可采用摄动法(Perturbation tests)。为了说明计算步骤，仍以两变量的情况为例。设 $\boldsymbol{W} = (W_1, W_2)$，目标函数为 $E(\boldsymbol{W}) = E(W_1, W_2)$，问题是要求出 $E(W_1, W_2)$ 在 $a_1 \leqslant W_1 \leqslant b_1$ 和 $a_2 \leqslant W_2 \leqslant b_2$

上的极小值。当变量W_1,W_2分别处于给定值$W_1^{(0)}$,$W_2^{(0)}$时,该算法就是从此初始点($W_1^{(0)}$,$W_2^{(0)}$)出发,分别对W_1,W_2逐个进行单要素选优。具体步骤为:从初始点$\boldsymbol{W}^{(0)}=(W_1^{(0)},W_2^{(0)})$出发,固定因素$W_2=W_2^{(0)}$,对$W_1$求最优化值。这是一元函数优化问题。所以,只要将梯度算法中第(3)步求梯度,变为对一变量求偏导数$\dfrac{\partial E}{\partial W_1}$就可以了。结果得到当$W_1=W_1^{(1)}$时,目标函数满足

$$\min_{a_1\leqslant W_1\leqslant b_1} E(W_1,W_2^{(0)})=E(W_1^{(1)},W_2^{(0)})$$

如附图3所示。这样,完成了调解的第一步。

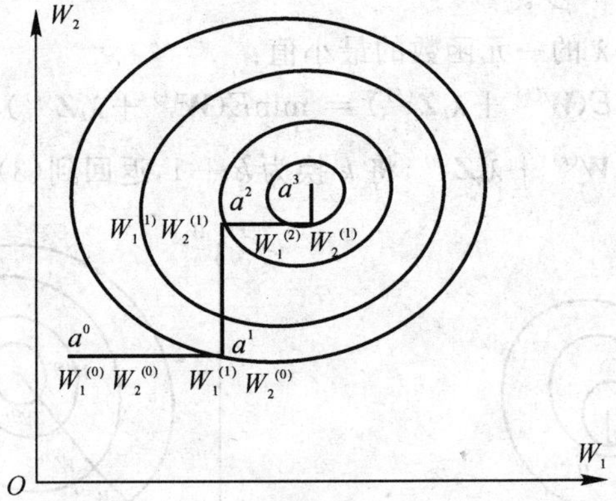

附图3　摄动法求解过程($\lambda=n$)

下一步是固定$W_1^{(1)}$,求$\min E(W_1^{(1)},W_2)$,这仍是一维优化问题。求得最优解记为$W_2^{(1)}$。就这样,W_1与W_2交替调节,直到相邻两步函数之差小于预先给出的允许误差ε(或e)时,调节停止。

对于多元函数求极值问题,也如上面介绍的方法,逐次在每一变量优选一次。然后,按同样的顺序重复第二遍、第三遍,直到两次搜索到的函数值之差小于预先给定的允许误差值,迭代即告结束。最终点的坐标即为所求的最优解。显然,在这种梯度算法中,迭代进程中的关键一步是求每个变量的调节量:

$$\Delta \boldsymbol{W}_i=\eta \boldsymbol{Z}_i=-\eta\frac{\partial E}{\partial W_i}$$

在这种梯度下降法中,在调节的开始阶段,自变量的改变和目标函数的下降都较快,但接近最优点时,自变量的改变很小,目标函数的下降也很慢。这是因为在趋于最优点$\boldsymbol{W}^*$时,$\dfrac{\partial E}{\partial W_i}\to 0(i=1,2,\cdots,n)$的结果。这是梯度算法的一个缺点。

附录 2　相关系数检验表

$P(|r|>r_\alpha)=\alpha$

$N-2$ \ α	0.05	0.01	$N-2$ \ α	0.05	0.01
1	0.997	1.000	21	0.413	0.526
2	0.950	0.990	22	0.404	0.515
3	0.878	0.959	23	0.396	0.505
4	0.811	0.917	24	0.388	0.496
5	0.754	0.874	25	0.381	0.487
6	0.707	0.834	26	0.374	0.478
7	0.666	0.798	27	0.367	0.470
8	0.632	0.765	28	0.361	0.463
9	0.602	0.735	29	0.355	0.456
10	0.576	0.708	30	0.349	0.449
11	0.553	0.684	35	0.325	0.418
12	0.532	0.661	40	0.304	0.393
13	0.514	0.641	45	0.288	0.372
14	0.497	0.623	50	0.273	0.354
15	0.482	0.606	60	0.250	0.325
16	0.468	0.590	70	0.232	0.302
17	0.456	0.575	80	0.217	0.283
18	0.444	0.561	90	0.205	0.267
19	0.433	0.549	100	0.195	0.254
20	0.423	0.537	200	0.138	0.181

附录 3　正态分布函数数值表

正态分布函数 $\Phi(x)=\frac{1}{\sqrt{2\pi}}\int_{-\infty}^{x}\mathrm{e}^{-\frac{t^2}{2}}\mathrm{d}t$

x	0	1	2	3	4	5	6	7	8	9
0.0	0.500 00	0.503 99	0.507 98	0.511 97	0.515 95	0.519 94	0.523 92	0.527 90	0.331 88	0.535 86
0.1	0.539 83	0.543 80	0.547 76	0.551 72	0.555 67	0.559 62	0.563 56	0.567 49	0.571 42	0.575 35
0.2	0.579 26	0.583 17	0.587 06	0.590 95	0.594 83	0.598 71	0.602 57	0.606 42	0.610 26	0.614 09
0.3	0.617 91	0.621 72	0.625 52	0.629 30	0.633 07	0.636 83	0.640 58	0.644 31	0.648 03	0.651 73
0.4	0.655 42	0.659 10	0.662 76	0.66640	0.670 03	0.673 64	0.677 24	0.680 82	0.684 39	0.687 93
0.5	0.691 46	0.694 97	0.698 47	0.701 94	0.705 40	0.708 84	0.712 26	0.715 66	0.719 04	0.722 40
0.6	0.725 75	0.729 07	0.732 37	0.735 65	0.738 91	0.742 15	0.745 37	0.748 57	0.751 75	0.754 90
0.7	0.758 04	0.761 15	0.764 25	0.767 30	0.770 35	0.773 37	0.776 37	0.779 35	0.782 30	0.785 24
0.8	0.788 14	0.791 03	0.793 89	0.796 73	0.799 55	0.802 34	0.805 11	0.807 85	0.810 57	0.813 27
0.9	0.819 54	0.818 59	0.821 21	0.823 81	0.826 39	0.828 94	0.831 47	0.833 98	0.836 46	0.838 91
1.0	0.841 34	0.843 75	0.846 14	0.848 50	0.850 83	0.853 14	0.855 43	0.857 69	0.859 93	0.862 14
1.1	0.864 33	0.866 50	0.868 64	0.870 76	0.872 86	0.874 93	0.876 98	0.879 00	0.881 00	0.882 98
1.2	0.884 93	0.886 86	0.888 77	0.890 65	0.892 51	0.894 35	0.896 17	0.897 96	0.899 73	0.901 47
1.3	0.903 20	0.904 90	0.906 58	0.908 24	0.909 88	0.911 49	0.913 09	0.914 66	0.916 21	0.917 74
1.4	0.919 24	0.920 73	0.922 20	0.923 64	0.925 07	0.926 47	0.927 86	0.929 22	0.930 56	0.931 89
1.5	0.933 19	0.934 48	0.935 74	0.936 99	0.938 22	0.939 43	0.940 62	0.941 79	0.942 95	0.944 08
1.6	0.945 20	0.946 30	0.947 38	0.948 45	0.949 50	0.950 53	0.951 54	0.952 54	0.953 52	0.954 49
1.7	0.955 43	0.956 37	0.957 28	0.958 18	0.959 07	0.959 94	0.960 80	0.961 64	0.964 46	0.963 27
1.8	0.964 07	0.964 85	0.965 62	0.966 38	0.967 12	0.967 84	0.968 56	0.969 26	0.969 95	0.970 62
1.9	0.971 28	0.971 93	0.972 57	0.973 20	0.973 81	0.974 41	0.975 00	0.975 58	0.976 15	0.976 70
2.0	0.977 25	0.977 78	0.978 31	0.978 82	0.979 32	0.979 82	0.980 30	0.980 77	0.981 24	0.981 69
2.1	0.982 14	0.982 57	0.983 00	0.983 41	0.983 82	0.984 22	0.984 61	0.985 00	0.985 37	0.985 74
2.2	0.986 10	0.986 45	0.986 79	0.987 13	0.987 45	0.987 78	0.988 09	0.988 40	0.988 70	0.988 99
2.3	0.989 28	0.989 56	0.989 83	0.990 10	0.990 36	0.990 61	0.990 86	0.991 11	0.991 34	0.991 58
2.4	0.991 80	0.992 02	0.992 24	0.992 45	0.992 66	0.992 86	0.993 05	0.993 24	0.993 43	0.993 61
2.5	0.993 79	0.993 96	0.994 13	0.994 30	0.994 46	0.994 61	0.994 77	0.994 92	0.995 06	0.995 20
2.6	0.995 34	0.995 47	0.995 60	0.995 73	0.995 85	0.995 98	0.996 09	0.996 21	0.996 32	0.996 43
2.7	0.996 53	0.996 64	0.996 74	0.996 83	0.996 93	0.997 02	0.997 11	0.997 20	0.997 29	0.997 36
2.8	0.997 44	0.997 52	0.997 60	0.997 67	0.997 74	0.997 81	0.997 88	0.997 95	0.998 01	0.998 07
2.9	0.998 13	0.998 19	0.998 25	0.998 31	0.998 36	0.998 41	0.998 46	0.998 51	0.998 56	0.998 61
3.0	0.998 65	0.998 69	0.998 74	0.998 78	0.998 82	0.998 86	0.998 89	0.998 93	0.998 96	0.999 00
4.0	0.999 968									
4.5	0.999 997									

附录 4　t 检验的临界值表

$P(|t|>t_{\alpha})=\alpha$

t \ α	0.9	0.8	0.7	0.6	0.5	0.4	0.3	0.2	0.1	0.05	0.02	0.01	0.001
1	0.158	0.325	0.510	0.727	1.000	1.376	1.963	3.078	6.314	12.706	31.821	63.657	636.619
2	0.142	0.289	0.445	0.617	0.816	1.061	1.386	1.886	2.920	4.303	6.965	9.925	31.598
3	0.137	0.277	0.424	0.584	0.765	0.978	1.250	1.638	2.353	3.182	4.541	5.841	12.924
4	0.134	0.271	0.414	0.569	0.741	0.941	1.190	1.533	2.132	2.776	3.747	4.604	8.610
5	0.132	0.267	0.408	0.599	0.727	0.920	1.156	1.476	2.015	2.571	3.365	4.032	6.859
6	0.131	0.265	0.404	0.553	0.718	0.906	1.134	1.440	1.943	2.447	3.143	3.707	5.959
7	0.130	0.263	0.402	0.549	0.711	0.896	1.119	1.415	1.895	2.365	2.998	3.499	5.405
8	0.130	0.262	0.399	0.546	0.706	0.899	1.108	1.397	1.860	2.306	2.896	3.355	5.041
9	0.129	0.261	0.398	0.543	0.703	0.883	1.100	1.383	1.833	2.262	2.821	3.250	4.781
10	0.129	0.260	0.397	0.542	0.700	0.879	1.093	1.372	1.812	2.228	2.764	3.169	4.587
11	0.129	0.260	0.396	0.540	0.697	0.876	1.088	1.363	1.796	2.201	2.718	3.106	4.437
12	0.128	0.259	0.395	0.539	0.695	0.872	1.083	1.356	1.782	2.179	2.681	3.055	4.318
13	0.128	0.259	0.394	0.538	0.684	0.870	1.079	1.350	1.771	2.160	2.650	3.012	4.221
14	0.128	0.258	0.393	0.537	0.692	0.868	1.076	1.345	1.761	2.145	2.624	2.977	4.140
15	0.128	0.258	0.393	0.536	0.691	0.866	1.074	1.341	1.753	2.131	2.602	2.947	4.073
16	0.128	0.258	0.392	0.535	0.690	0.865	1.071	1.337	1.746	2.120	2.583	2.921	4.015
17	0.128	0.257	0.392	0.534	0.689	0.863	1.069	1.333	1.740	2.110	2.567	2.898	3.965
18	0.127	0.257	0.392	0.534	0.688	0.862	1.067	1.330	1.734	2.101	2.552	2.878	3.922
19	0.127	0.257	0.391	0.533	0.688	0.861	1.066	1.328	1.729	2.093	2.539	2.861	3.883
20	0.127	0.257	0.391	0.533	0.687	0.860	1.064	1.325	1.725	2.086	2.528	2.845	3.850
21	0.127	0.257	0.391	0.532	0.686	0.859	1.063	1.323	1.721	2.080	2.518	2.831	3.819
22	0.127	0.256	0.390	0.532	0.686	0.858	1.061	1.321	1.717	2.074	2.508	2.819	3.792
23	0.127	0.256	0.390	0.532	0.685	0.858	1.060	1.319	1.714	2.069	2.500	2.807	3.767
24	0.127	0.256	0.390	0.531	0.685	0.857	1.059	1.318	1.711	2.064	2.492	2.797	3.745
25	0.127	0.256	0.390	0.531	0.684	0.856	1.058	1.316	1.708	2.060	2.485	2.787	3.725
26	0.127	0.256	0.390	0.531	0.684	0.856	1.058	1.315	1.706	2.056	2.479	2.779	3.707
27	0.127	0.256	0.389	0.531	0.684	0.855	1.057	1.314	1.703	2.052	2.473	2.771	3.690
28	0.127	0.256	0.389	0.530	0.683	0.855	1.056	1.313	1.701	2.048	2.467	2.763	3.674
29	0.127	0.256	0.389	0.530	0.683	0.854	1.055	1.311	1.699	2.045	2.462	2.756	3.659
30	0.127	0.256	0.389	0.530	0.683	0.854	1.055	1.310	1.697	2.042	2.457	2.750	3.646
40	0.126	0.255	0.388	0.529	0.681	0.851	1.050	1.303	1.684	2.021	2.423	2.704	3.551
60	0.126	0.254	0.387	0.527	0.679	0.848	1.046	1.296	1.671	2.000	2.390	2.660	3.460
120	0.126	0.254	0.386	0.526	0.677	0.845	1.041	1.289	1.658	1.980	2.358	2.617	3.373
∞	0.126	0.253	0.385	0.524	0.674	0.842	1.036	1.282	1.645	1.960	2.326	2.576	3.291

附录5 F 检验的临界值表

$P(F > F_x) = \alpha$

$\alpha = 0.10$

f_2 \ f_1	1	2	3	4	5	6	7	8	9	10	15	20	30	50	100	200	500	∞
1	39.9	49.5	53.6	55.8	57.2	58.2	58.9	59.4	59.9	60.2	61.2	61.7	62.3	62.7	63.0	63.2	63.3	63.3
2	8.53	9.00	9.16	9.24	9.29	9.33	9.35	9.37	9.38	9.39	9.42	9.44	9.46	9.47	9.48	9.49	9.49	9.49
3	5.54	5.46	5.39	5.34	5.31	5.28	5.27	5.25	5.24	5.23	5.20	5.18	5.17	5.15	5.14	5.14	5.14	5.13
4	4.54	4.32	4.19	4.11	4.05	4.01	3.98	3.95	3.94	3.92	3.87	3.84	3.82	3.80	3.78	3.77	3.76	3.76
5	4.06	3.78	3.62	3.52	3.45	3.40	3.37	3.34	3.32	3.30	3.24	3.21	3.17	3.15	3.13	3.12	3.11	3.10
6	3.78	3.46	3.29	3.18	3.11	3.05	3.01	2.98	2.96	2.94	2.87	2.84	2.80	2.77	2.75	2.73	2.73	2.72
7	3.59	3.26	3.07	2.96	2.88	2.83	2.78	2.75	2.72	2.70	2.63	2.59	2.56	2.52	2.50	2.48	2.48	2.47
8	3.46	3.11	2.92	2.81	2.73	2.67	2.62	2.59	2.56	2.54	2.46	2.42	2.38	2.35	2.32	2.31	2.30	2.29
9	3.36	3.01	2.81	2.69	2.61	2.55	2.51	2.47	2.44	2.42	2.34	2.30	2.25	2.22	2.19	2.17	2.17	2.16
10	3.28	2.92	2.73	2.61	2.52	2.46	2.41	2.38	2.35	2.32	2.24	2.20	2.16	2.12	2.09	2.07	2.06	2.06
11	3.23	2.86	2.66	2.54	2.45	2.39	2.34	2.30	2.27	2.25	2.17	2.12	2.08	2.04	2.00	1.99	1.98	1.97
12	3.18	2.81	2.61	2.48	2.39	2.33	2.28	2.24	2.21	2.19	2.10	2.06	2.01	1.97	1.94	1.92	1.91	1.90
13	3.14	2.76	2.56	2.43	2.35	2.28	2.23	2.20	2.16	2.14	2.05	2.01	1.96	1.92	1.88	1.86	1.85	1.85
14	3.10	2.73	2.52	2.39	2.31	2.24	2.19	2.15	2.12	2.10	2.01	1.96	1.91	1.87	1.83	1.82	1.80	1.80
15	3.07	2.70	2.49	2.36	2.27	2.21	2.16	2.12	2.09	2.06	1.97	1.92	1.87	1.83	1.79	1.77	1.76	1.76
16	3.05	2.67	2.46	2.33	2.24	2.18	2.13	2.09	2.06	2.03	1.94	1.89	1.84	1.79	1.76	1.74	1.73	1.72
17	3.03	2.64	2.44	2.31	2.22	2.15	2.10	2.06	2.03	2.00	1.91	1.86	1.81	1.76	1.73	1.71	1.69	1.69
18	3.01	2.62	2.42	2.29	2.20	2.13	2.08	2.04	2.00	1.98	1.89	1.84	1.78	1.74	1.70	1.68	1.67	1.66
19	2.99	2.61	2.40	2.27	2.18	2.11	2.06	2.02	1.98	1.96	1.86	1.81	1.76	1.71	1.67	1.65	1.64	1.63
20	2.97	2.59	2.38	2.25	2.16	2.09	2.04	2.00	1.96	1.94	1.84	1.79	1.74	1.69	1.65	1.63	1.62	1.61
22	2.95	2.56	2.35	2.22	2.13	2.06	2.01	1.97	1.93	1.90	1.81	1.76	1.70	1.65	1.61	1.59	1.58	1.57
24	2.93	2.54	2.33	2.19	2.10	2.04	1.98	1.94	1.91	1.88	1.78	1.73	1.67	1.62	1.58	1.56	1.54	1.53
26	2.91	2.52	2.31	2.17	2.08	2.01	1.96	1.92	1.88	1.86	1.76	1.71	1.65	1.59	1.55	1.53	1.51	1.50
28	2.89	2.50	2.29	2.16	2.06	2.00	1.94	1.90	1.87	1.84	1.74	1.69	1.63	1.57	1.53	1.50	1.49	1.48
30	2.88	2.49	2.28	2.14	2.05	1.98	1.93	1.88	1.85	1.82	1.72	1.67	1.61	1.55	1.51	1.48	1.47	1.46
40	2.84	2.44	2.23	2.09	2.00	1.93	1.87	1.83	1.79	1.76	1.66	1.61	1.54	1.48	1.43	1.41	1.39	1.38
50	2.81	2.41	2.20	2.06	1.97	1.90	1.84	1.80	1.76	1.73	1.63	1.57	1.50	1.44	1.39	1.36	1.34	1.33
60	2.79	2.39	2.18	2.04	1.95	1.87	1.82	1.77	1.74	1.71	1.60	1.54	1.48	1.41	1.36	1.33	1.31	1.29
80	2.77	2.37	2.15	2.02	1.92	1.85	1.79	1.75	1.71	1.68	1.57	1.51	1.44	1.38	1.32	1.28	1.26	1.24
100	2.76	2.36	2.14	2.00	1.91	1.83	1.78	1.73	1.70	1.66	1.56	1.49	1.42	1.35	1.29	1.26	1.23	1.21
200	2.73	2.33	2.11	1.97	1.88	1.80	1.75	1.70	1.66	1.63	1.52	1.46	1.38	1.31	1.24	1.20	1.17	1.14
500	2.72	2.31	2.10	1.96	1.86	1.79	1.73	1.68	1.64	1.61	1.50	1.44	1.36	1.28	1.21	1.16	1.12	1.09
∞	2.71	2.30	2.08	1.94	1.85	1.77	1.72	1.67	1.63	1.60	1.49	1.42	1.34	1.26	1.18	1.13	1.08	1.00

α=0.05

f_2 \ f_1	1	2	3	4	5	6	7	8	9	10	12	14	16	18	20
1	161	200	216	225	230	234	237	239	241	242	244	245	246	247	248
2	18.5	19.0	19.2	19.2	19.3	19.3	19.4	19.4	19.4	19.4	19.4	19.4	19.4	19.4	19.4
3	10.1	9.55	9.28	9.12	9.01	8.94	8.89	8.85	8.81	8.79	8.74	8.71	8.69	8.67	8.66
4	7.71	6.94	6.59	6.39	6.26	6.16	6.09	6.04	6.00	5.96	5.91	5.87	5.84	5.82	5.80
5	6.61	5.79	5.41	5.19	5.05	4.95	4.88	4.82	4.77	4.74	4.68	4.64	4.60	4.58	4.56
6	5.99	5.14	4.76	4.53	4.39	4.28	4.21	4.15	4.10	4.06	4.00	3.96	3.92	3.90	3.87
7	5.59	4.74	4.35	4.12	3.97	3.87	3.79	3.73	3.68	3.64	3.57	3.53	3.49	3.47	3.44
8	5.32	4.46	4.07	3.84	3.69	3.58	3.50	3.44	3.39	3.35	3.28	3.24	3.20	3.17	3.15
9	5.12	4.26	3.86	3.63	3.48	3.37	3.29	3.23	3.18	3.14	3.07	3.03	2.99	2.96	2.94
10	4.96	4.10	3.71	3.48	3.33	3.22	3.14	3.07	3.02	2.98	2.91	2.86	2.83	2.80	2.77
11	4.84	3.98	3.59	3.36	3.20	3.09	3.01	2.95	2.90	2.85	2.79	2.74	2.70	2.67	2.65
12	4.75	3.89	3.49	3.26	3.11	3.00	2.91	2.85	2.80	2.75	2.69	2.64	2.60	2.57	2.54
13	4.67	3.81	3.41	3.18	3.03	2.92	2.83	2.77	2.71	2.67	2.60	2.55	2.51	2.48	2.46
14	4.60	3.74	3.34	3.11	2.96	2.85	2.76	2.70	2.65	2.60	2.53	2.48	2.44	2.41	2.39
15	4.54	3.68	3.29	3.06	2.90	2.79	2.71	2.64	2.59	2.54	2.48	2.42	2.38	2.35	2.33
16	4.49	3.63	3.24	3.01	2.85	2.74	2.66	2.59	2.54	2.49	2.42	2.37	2.33	2.30	2.28
17	4.45	3.59	3.20	2.96	2.81	2.70	2.61	2.55	2.49	2.45	2.38	2.33	2.29	2.26	2.23
18	4.41	3.55	3.16	2.93	2.77	2.66	2.58	2.51	2.46	2.41	2.34	2.29	2.25	2.22	2.19
19	4.38	3.52	3.13	2.90	2.74	2.63	2.54	2.48	2.42	2.38	2.31	2.26	2.21	2.18	2.16
20	4.35	3.49	3.10	2.87	2.71	2.60	2.51	2.45	2.39	2.35	2.28	2.22	2.18	2.15	2.12
21	4.32	3.47	3.07	2.84	2.68	2.57	2.49	2.42	2.37	2.32	2.25	2.20	2.16	2.12	2.10
22	4.30	3.44	3.05	2.82	2.66	2.55	2.46	2.40	2.34	2.30	2.23	2.17	2.13	2.10	2.07
23	4.28	3.42	3.03	2.80	2.64	2.53	2.44	2.37	2.32	2.27	2.20	2.15	2.11	2.07	2.05
24	4.26	3.40	3.01	2.78	2.62	2.51	2.42	2.36	2.30	2.25	2.18	2.13	2.09	2.05	2.03

续 表

f_2 \ f_1	1	2	3	4	5	6	7	8	9	10	12	14	16	18	20
25	4.24	3.39	2.99	2.76	2.60	2.49	2.40	2.34	2.28	2.24	2.16	2.11	2.07	2.04	2.01
26	4.23	3.37	2.98	2.74	2.59	2.47	2.39	2.32	2.27	2.22	2.15	2.09	2.05	2.02	1.99
27	4.21	3.35	2.96	2.73	2.57	2.46	2.37	2.31	2.25	2.20	2.13	2.08	2.04	2.00	1.97
28	4.20	3.34	2.95	2.71	2.56	2.45	2.36	2.29	2.24	2.19	2.12	2.06	2.02	1.99	1.96
29	4.18	3.33	2.93	2.70	2.55	2.43	2.35	2.28	2.22	2.18	2.10	2.05	2.01	1.97	1.94
30	4.17	3.32	2.92	2.69	2.53	2.42	2.33	2.27	2.21	2.16	2.09	2.04	1.99	1.96	1.93
32	4.15	3.29	2.90	2.67	2.51	2.40	2.31	2.24	2.19	2.14	2.07	2.01	1.97	1.94	1.91
34	4.13	3.28	2.88	2.65	2.49	2.38	2.29	2.23	2.17	2.12	2.05	1.99	1.95	1.92	1.89
36	4.11	3.26	2.87	2.63	2.48	2.36	2.28	2.21	2.15	2.11	2.03	1.98	1.93	1.90	1.87
38	4.10	3.24	2.85	2.62	2.46	2.35	2.26	2.19	2.14	2.09	2.02	1.96	1.92	1.88	1.85
40	4.08	3.23	2.84	2.61	2.45	2.34	2.25	2.18	2.12	2.08	2.00	1.95	1.90	1.87	1.84
42	4.07	3.22	2.83	2.59	2.44	2.32	2.24	2.17	2.11	2.06	1.99	1.93	1.89	1.86	1.83
44	4.06	3.21	2.82	2.58	2.43	2.31	2.23	2.16	2.10	2.05	1.98	1.92	1.88	1.84	1.81
46	4.05	3.20	2.81	2.57	2.42	2.30	2.22	2.15	2.09	2.04	1.97	1.91	1.87	1.83	1.80
48	4.04	3.19	2.80	2.57	2.41	2.29	2.21	2.14	2.08	2.03	1.96	1.90	1.86	1.82	1.79
50	4.03	3.18	279	2.56	2.40	2.29	2.20	2.13	2.07	2.03	1.95	1.89	1.85	1.81	1.78
60	4.00	3.15	2.76	2.53	2.37	2.25	2.17	2.10	2.04	1.99	1.92	1.86	1.82	1.78	1.75
80	3.96	3.11	2.72	2.49	2.33	2.21	2.13	2.06	2.00	1.95	1.88	1.82	1.77	1.73	1.70
100	3.94	3.09	2.70	2.46	2.31	2.19	2.10	2.03	1.97	1.93	1.85	1.79	1.75	1.71	1.68
125	3.92	3.07	2.68	2.44	2.29	2.17	2.08	2.01	1.96	1.91	1.83	1.77	1.72	1.69	1.65
150	3.90	3.06	2.66	2.43	2.27	2.16	2.07	2.00	1.94	1.89	1.82	1.76	1.71	1.67	1.64
200	3.89	3.04	2.65	2.42	2.26	2.14	2.06	1.98	1.93	1.88	1.80	1.74	1.69	1.66	1.62
300	3.87	3.03	2.63	2.40	2.24	2.13	2.04	1.97	1.91	1.86	1.78	1.72	1.68	1.64	1.61
500	3.86	3.01	2.62	2.39	2.23	2.12	2.03	1.96	1.90	1.85	1.77	1.71	1.66	1.62	1.59
1000	3.85	3.00	2.61	2.38	2.22	2.11	2.02	1.95	1.89	1.84	1.76	1.70	1.65	1.61	1.58
∞	3.84	3.00	2.60	2.37	2.21	2.10	2.01	1.94	1.88	1.83	1.75	1.69	1.64	1.60	1.57

$\alpha=0.05$

f_2 \ f_1	22	24	26	28	30	35	40	45	50	60	80	100	200	500	∞
1	249	249	249	250	250	251	251	251	252	252	252	253	254	254	254
2	19.5	19.5	19.5	19.5	19.5	19.5	19.5	19.5	19.5	19.5	19.5	19.5	19.5	19.5	19.5
3	8.65	8.64	8.63	8.62	8.62	8.60	8.59	8.59	8.58	8.57	8.56	8.55	8.54	8.53	8.53
4	5.79	5.77	5.76	5.75	5.75	5.73	5.72	5.71	5.70	5.69	5.67	5.66	5.65	5.64	5.63
5	4.54	4.53	4.52	4.50	4.50	4.48	4.46	4.45	4.44	4.43	4.41	4.41	4.39	4.37	4.37
6	3.86	3.84	3.83	3.82	3.81	3.79	3.77	3.76	3.75	3.74	3.72	3.71	3.69	3.68	3.67
7	3.43	3.41	3.40	3.39	3.38	3.36	3.34	3.33	3.32	3.30	3.29	3.27	3.25	3.24	3.23
8	3.13	3.12	3.10	3.09	3.08	3.06	3.04	3.03	3.02	3.01	2.99	2.97	2.95	2.94	2.93
9	2.92	2.90	2.89	2.87	2.86	2.84	2.83	2.81	2.80	2.79	2.77	2.76	2.73	2.72	2.71
10	2.75	2.74	2.72	2.71	2.70	2.68	2.66	2.65	2.64	2.62	2.60	2.59	2.56	2.55	2.54
11	2.63	2.61	2.59	2.58	2.57	2.55	2.53	2.52	2.51	2.49	2.47	2.46	2.43	2.42	2.40
12	2.52	2.51	2.49	2.48	2.47	2.44	2.43	2.41	2.40	2.38	2.36	2.35	2.32	2.31	2.30
13	2.44	2.42	2.41	2.39	2.38	2.36	2.34	2.33	2.31	2.30	2.27	2.26	2.23	2.22	2.21
14	2.37	2.35	2.33	2.32	2.31	2.28	2.27	2.25	2.24	2.22	2.20	2.19	2.16	2.14	2.13
15	2.31	2.29	2.27	2.26	2.25	2.22	2.20	2.19	2.18	2.16	2.14	2.12	2.10	2.08	2.07
16	2.25	2.24	2.22	2.21	2.19	2.17	2.15	2.14	2.12	2.11	2.08	2.07	2.04	2.02	2.01

续表

f_2 \ f_1	22	24	26	28	30	35	40	45	50	60	80	100	200	500	∞
17	2.21	2.19	2.17	2.16	2.15	2.12	2.10	2.09	2.08	2.06	2.03	2.02	1.99	1.97	1.96
18	2.17	2.15	2.13	2.12	2.11	2.08	2.06	2.05	2.04	2.02	1.99	1.98	1.95	1.93	1.92
19	2.13	2.11	2.10	2.08	2.07	2.05	2.03	2.01	2.00	1.98	1.96	1.94	1.91	1.89	1.88
20	2.10	2.08	2.07	2.05	2.04	2.01	1.99	1.98	1.97	1.95	1.92	1.91	1.88	1.86	1.84
21	2.07	2.05	2.04	2.02	2.01	1.98	1.96	1.95	1.94	1.92	1.89	1.88	1.84	1.82	1.81
22	2.05	2.03	2.01	2.00	1.98	1.96	1.94	1.92	1.91	1.89	1.86	1.85	1.82	1.80	1.78
23	2.02	2.00	1.99	1.97	1.96	1.93	1.91	1.90	1.88	1.86	1.84	1.82	1.79	1.77	1.76
24	2.00	1.98	1.97	1.95	1.94	1.91	1.89	1.88	1.86	1.84	1.82	1.80	1.77	1.75	1.73
25	1.98	1.96	1.95	1.93	1.92	1.89	1.87	1.86	1.84	1.82	1.80	1.78	1.75	1.73	1.71
26	1.97	1.95	1.93	1.91	1.90	1.87	1.85	1.84	1.82	1.80	1.78	1.76	1.73	1.71	1.69
27	1.95	1.93	1.91	1.90	1.88	1.86	1.84	1.82	1.81	1.79	1.76	1.74	1.71	1.69	1.67
28	1.93	1.91	1.90	188	1.87	1.84	1.82	1.80	1.79	1.77	1.74	1.73	1.69	1.67	1.65
29	1.92	1.90	1.88	1.87	1.85	1.83	1.81	1.79	1.77	1.75	1.73	1.71	1.67	1.65	1.64
30	1.91	1.89	1.87	1.85	1.84	1.81	1.79	1.77	1.76	1.74	1.71	1.70	1.66	1.64	1.62
32	1.88	1.86	1.85	1.83	1.82	1.79	1.77	1.75	1.74	1.71	1.69	1.67	1.63	1.61	1.59
34	1.86	1.84	1.82	1.80	1.80	1.77	1.75	1.73	1.71	1.69	1.66	1.65	1.61	1.59	1.57
36	1.85	1.82	1.81	1.79	1.78	1.75	1.73	1.71	1.69	1.67	1.64	1.62	1.59	1.56	1.55
38	1.83	1.81	1.79	1.77	1.76	1.73	1.71	1.69	1.68	1.65	1.62	1.61	1.57	1.54	1.53
40	1.81	1.79	1.77	1.76	1.74	1.72	1.69	1.67	1.66	1.64	1.61	1.59	1.55	1.53	1.51

续　表

f_2 \ f_1	22	24	26	28	30	35	40	45	50	60	80	100	200	500	∞
42	1.80	1.78	1.76	1.74	1.73	1.70	1.68	1.66	1.65	1.62	1.59	1.57	1.53	1.51	1.49
44	1.79	1.77	1.75	1.73	1.72	1.69	1.67	1.65	1.63	1.61	1.58	1.56	1.52	1.49	1.48
46	1.78	1.76	1.74	1.72	1.71	1.68	1.65	1.64	1.62	1.60	1.57	1.55	1.51	1.48	1.46
48	1.77	1.75	1.73	1.71	1.70	1.67	1.64	1.62	1.61	1.59	1.56	1.54	1.49	1.47	1.45
50	1.76	1.74	1.72	1.70	1.69	1.66	1.63	1.61	1.60	1.58	1.54	1.52	1.48	1.46	1.44
60	1.72	1.70	1.68	1.66	1.65	1.62	1.59	1.57	1.56	1.53	1.50	1.48	1.44	1.41	1.39
80	1.68	1.65	1.63	1.62	1.60	1.57	1.54	1.52	1.51	1.48	1.45	1.43	1.38	1.35	1.32
100	1.65	1.63	1.61	1.59	1.57	1.54	1.52	1.49	1.48	1.45	1.41	1.39	1.34	1.31	1.28
125	1.63	1.60	1.58	1.57	1.55	1.52	1.49	1.47	1.45	1.42	1.39	1.36	1.31	1.27	1.25
150	1.61	1.59	1.57	1.55	1.53	1.50	1.48	1.45	1.44	1.41	1.37	1.34	1.29	1.25	1.22
200	1.60	1.57	1.55	1.53	1.52	1.48	1.46	1.43	1.41	1.39	1.35	1.32	1.26	1.22	1.19
300	1.58	1.55	1.53	1.51	1.50	1.46	1.43	1.41	1.39	1.36	1.32	1.30	1.23	1.19	1.15
500	1.56	1.54	1.52	1.50	1.48	1.45	1.42	1.40	1.38	1.34	1.30	1.28	1.21	1.16	1.11
1000	1.55	1.53	1.51	1.49	1.47	1.44	1.41	1.38	1.36	1.33	1.29	1.26	1.19	1.13	1.08
∞	1.54	1.52	1.50	1.48	1.46	1.42	1.39	1.37	1.35	1.32	1.27	1.24	1.17	1.11	1.00

$\alpha=0.01$

f_2 \ f_1	1	2	3	4	5	6	7	8	9	10	12	14	16	18	20
1	405	500	540	563	576	586	593	598	602	606	611	614	617	619	621
2	98.5	99.0	99.2	99.2	99.3	99.3	99.4	99.4	99.4	99.4	99.4	99.4	99.4	99.4	99.4
3	34.1	30.8	29.5	28.7	28.2	27.9	27.7	27.5	27.3	27.2	27.1	26.9	26.8	26.8	26.7
4	21.2	18.0	16.7	16.0	15.5	15.2	15.0	14.8	14.7	14.5	14.4	14.2	14.2	14.1	14.0
5	16.3	13.3	12.1	11.4	11.0	10.7	10.5	10.3	10.2	10.1	9.89	9.77	9.68	9.61	9.55
6	13.7	10.9	9.78	9.15	8.75	8.47	8.26	8.10	7.98	7.87	7.72	7.60	7.52	7.45	7.40
7	12.2	9.55	8.45	7.85	7.46	7.19	6.99	6.84	6.72	6.62	6.47	6.36	6.27	6.21	6.16
8	11.3	8.65	7.59	7.01	6.63	6.37	6.18	6.03	5.91	5.81	5.67	5.56	5.48	5.41	5.36
9	10.6	8.02	6.99	6.42	6.06	5.80	5.61	5.47	5.35	5.26	5.11	5.00	4.92	4.86	4.81
10	10.0	7.56	6.55	5.99	5.64	5.39	5.20	5.06	4.94	4.85	4.71	4.60	4.52	4.46	4.41
11	9.65	7.21	6.22	5.67	5.32	5.07	4.89	4.74	4.63	4.54	4.40	4.29	4.21	4.15	4.10
12	9.33	6.93	5.95	5.41	5.06	4.82	4.64	4.50	4.39	4.30	4.16	4.05	3.97	3.91	3.86
13	9.07	6.70	5.74	5.21	4.86	4.62	4.44	4.30	4.19	4.10	3.96	3.86	3.78	3.71	3.66
14	8.86	6.51	5.56	5.04	4.70	4.46	4.28	4.14	4.03	3.94	3.80	3.70	3.62	3.56	3.51
15	8.68	6.36	5.42	4.89	4.56	4.32	4.14	4.00	3.89	3.80	3.67	3.56	3.49	3.42	3.37

续　表

f_2 \ f_1	1	2	3	4	5	6	7	8	9	10	12	14	16	18	20
16	8.53	6.23	5.29	4.77	4.44	4.20	4.033	3.89	3.78	3.69	3.55	3.45	3.37	3.31	3.26
17	8.40	6.11	5.18	4.67	4.34	4.10	.93	3.79	3.68	3.59	3.46	3.35	3.27	3.21	3.16
18	8.29	6.01	5.09	4.58	4.25	4.01	3.84	3.71	3.60	3.51	3.37	3.27	3.19	3.13	3.08
19	8.18	5.93	5.01	4.50	4.17	3.94	3.77	3.63	3.52	3.43	3.30	3.19	312	3.05	3.00
20	8.10	5.85	4.94	4.43	4.10	3.87	3.70	3.56	3.46	3.37	3.23	3.13	3.05	2.99	2.94
21	8.02	5.78	4.87	4.37	4.04	3.81	3.64	3.51	3.40	3.31	3.17	3.07	2.99	2.93	2.88
22	7.95	5.72	4.82	4.31	3.99	3.76	3.59	3.45	3.35	3.26	3.12	3.02	2.94	2.88	2.83
23	7.88	566	4.76	4.26	3.94	3.71	3.54	3.41	3.30	3.21	3.07	2.97	2.89	2.83	2.78
24	7.82	5.61	4.72	4.22	3.90	3.67	3.50	3.36	3.26	3.17	3.03	2.93	2.85	2.79	2.74
25	7.77	5.57	4.68	4.18	3.86	3.63	3.46	3.32	3.22	3.13	2.99	2.89	2.81	2.75	2.70
26	7.72	5.53	4.64	4.14	3.82	3.59	3.42	3.29	3.18	3.09	2.96	2.86	2.78	2.72	2.66
27	7.68	5.49	4.60	4.11	3.78	3.56	3.39	3.26	3.15	3.06	2.93	2.82	2.75	2.68	2.63
28	7.64	5.45	4.57	4.07	3.75	3.53	3.36	3.23	3.12	3.03	2.90	2.79	2.72	2.65	2.60
29	7.60	5.42	4.54	4.04	3.73	3.50	3.33	3.20	3.09	3.00	2.87	2.77	2.69	2.62	2.57
30	7.56	5.39	4.51	4.02	3.70	3.47	3.30	3.17	3.07	2.98	2.84	2.74	2.66	2.60	2.55
32	7.50	5.34	4.46	3.97	3.65	3.43	3.26	3.13	3.02	2.93	2.80	2.70	2.62	2.55	2.50
34	7.44	5.29	4.42	3.93	3.61	3.39	3.22	3.09	2.98	2.89	2.76	2.66	2.58	2.51	2.46
36	7.40	5.25	4.38	3.89	3.57	3.35	3.18	3.05	2.95	2.86	2.72	2.62	2.54	2.48	2.43
38	7.35	5.21	4.34	3.86	3.54	3.32	3.15	3.02	2.92	2.83	2.69	2.59	2.51	2.45	2.40
40	7.31	5.18	4.31	3.83	3.51	3.29	3.12	2.99	2.89	2.80	2.66	2.56	2.48	2.42	2.37

续 表

f_2 \ f_1	1	2	3	4	5	6	7	8	9	10	12	14	16	18	20
42	7.28	5.15	4.29	3.80	3.49	3.27	3.10	2.97	2.86	2.78	2.64	2.54	2.46	2.40	2.34
44	7.25	5.12	4.26	3.78	3.47	3.24	3.08	2.95	2.84	2.75	2.62	2.52	2.44	2.37	2.32
46	7.22	5.10	4.24	3.76	3.44	3.22	3.06	2.93	2.82	2.73	2.60	2.50	2.42	2.35	2.30
48	7.20	5.08	4.22	3.74	3.43	3.20	3.04	2.91	2.80	2.72	2.56	2.48	2.40	2.33	2.28
50	7.17	5.06	4.20	3.72	3.41	3.19	3.02	2.89	2.79	2.70	2.54	2.46	2.38	2.32	2.27
60	7.08	4.98	4.13	3.65	3.34	3.12	2.95	2.82	2.72	2.63	2.50	2.39	2.31	2.25	2.20
80	6.96	4.88	4.04	3.56	3.26	3.04	2.87	2.74	2.64	2.55	2.42	2.31	2.23	2.17	2.12
100	6.90	4.82	3.98	3.51	3.21	2.99	2.82	2.69	2.59	2.50	2.37	2.26	2.19	2.12	2.07
125	6.84	4.78	3.94	3.47	3.17	2.95	2.79	2.66	2.55	2.47	2.33	2.23	2.15	2.08	2.03
150	6.81	4.75	3.92	3.45	3.14	2.92	2.76	2.63	2.53	2.44	2.31	2.20	2.12	2.06	2.00
200	6.76	4.71	3.88	3.41	3.11	2.89	2.73	2.60	2.50	2.41	2.27	2.17	2.09	2.02	1.97
300	6.72	4.68	3.85	3.38	3.08	2.86	2.70	2.57	2.47	2.38	2.24	2.14	2.06	1.99	1.94
500	6.69	4.65	3.82	3.36	3.05	2.84	2.68	2.55	2.44	2.36	2.22	2.12	2.04	1.97	1.92
1000	6.66	4.63	3.80	3.34	3.04	2.82	2.66	2.53	2.43	2.34	2.20	2.10	2.02	1.95	1.90
∞	6.63	4.61	3.78	3.32	3.02	2.80	2.64	2.51	2.41	2.32	2.18	2.08	2.00	1.93	1.88

α=0.01

f_2 \ f_1	22	24	26	28	30	35	40	45	50	60	80	100	200	500	∞
1	622	623	624	625	626	628	629	630	630	631	633	633	635	636	637
2	99.5	99.5	99.5	99.5	99.5	99.5	99.5	99.5	99.5	99.5	99.5	99.5	99.5	99.5	99.5
3	26.6	26.6	26.6	26.5	26.5	26.5	26.4	26.4	26.4	26.3	26.3	26.2	26.2	26.1	26.1
4	14.0	13.9	13.9	13.9	13.8	13.8	13.7	13.7	13.7	13.7	13.6	13.6	13.5	13.5	13.5
5	9.51	9.47	9.43	9.40	9.38	9.33	9.29	9.26	9.24	9.20	9.16	9.13	9.08	9.04	9.02
6	7.35	7.31	7.28	7.25	7.23	7.18	7.14	7.11	7.09	7.06	7.01	6.99	6.93	6.90	6.88
7	6.11	6.07	6.04	6.02	5.99	5.94	5.91	5.88	5.86	5.82	5.78	5.75	5.70	5.67	5.65
8	5.32	5.28	5.25	5.22	5.20	5.15	5.12	5.00	5.07	5.03	4.99	4.96	4.91	4.88	4.86
9	4.77	4.73	4.70	4.67	4.65	4.60	4.57	4.54	4.52	4.48	4.44	4.42	4.36	4.33	4.31
10	4.36	4.33	4.30	4.27	425	4.20	4.17	4.14	4.12	4.08	4.04	4.01	3.96	3.93	3.91
11	4.06	402	3.99	3.96	3.94	3.89	3.86	3.83	3.81	3.78	3.73	3.71	3.66	3.62	3.60
12	3.82	3.78	3.75	3.72	3.70	3.65	3.62	3.59	3.57	3.54	3.49	3.47	3.41	3.38	3.36
13	3.62	3.59	3.56	3.53	3.51	3.46	3.43	3.40	3.38	3.34	3.30	3.27	3.22	3.19	3.17
14	3.46	3.43	3.40	3.37	3.35	3.30	3.27	3.24	3.22	3.18	3.14	3.11	3.06	3.03	3.00
15	3.33	3.29	3.26	3.24	3.21	3.17	3.13	3.10	3.08	3.05	3.00	2.98	2.92	2.89	2.87

续 表

f_2 \ f_1	22	24	26	28	30	35	40	45	50	60	80	100	200	500	∞
16	3.22	3.18	3.15	3.12	3.10	3.05	3.02	2.99	2.97	2.93	2.89	2.86	2.81	2.78	2.75
17	3.12	3.08	3.05	3.03	3.00	2.96	2.92	2.89	2.87	2.83	2.79	2.76	2.71	2.68	2.65
18	3.03	3.00	2.97	2.94	2.92	2.87	2.84	2.81	2.78	2.75	2.70	2.68	2.62	2.59	2.57
19	2.96	2.92	2.89	2.87	2.84	2.80	2.76	2.73	2.71	2.67	2.63	2.60	2.55	2.51	2.49
20	2.90	2.86	2.83	2.80	2.78	2.73	2.69	2.67	2.64	2.61	2.56	2.54	2.48	2.44	2.42
21	2.84	2.80	2.77	2.74	2.72	2.67	2.64	2.61	2.58	2.55	2.50	2.48	2.42	2.38	2.36
22	2.78	2.75	2.72	2.69	2.67	2.62	2.58	2.55	2.53	2.50	2.45	2.42	2.36	2.33	2.31
23	2.74	2.70	2.67	2.64	2.62	2.57	2.54	2.51	2.48	2.45	2.40	2.37	2.32	2.28	2.26
24	2.70	2.66	2.63	2.60	2.58	2.53	2.49	2.46	2.44	2.40	2.36	2.33	2.27	2.24	2.21
25	2.66	2.62	2.59	2.56	2.54	2.49	2.45	2.42	2.40	2.36	2.32	2.29	2.23	2.19	2.17
26	2.62	2.58	2.55	2.53	2.50	2.45	2.42	2.39	2.36	2.33	2.28	2.25	2.19	2.16	2.13
27	2.59	2.55	2.52	2.49	2.47	2.42	2.38	2.35	2.33	2.29	2.25	2.22	2.16	2.12	2.10
28	2.56	2.52	2.49	2.46	2.44	2.39	2.35	2.32	2.30	2.26	2.22	2.19	2.13	2.09	2.06
29	2.53	2.49	2.46	2.44	2.41	2.36	2.33	2.30	2.27	2.23	2.19	2.16	2.10	2.06	2.03
30	2.51	2.47	2.44	2.41	2.39	2.34	2.30	2.27	2.25	2.21	2.16	2.13	2.07	2.03	2.01
32	2.46	2.42	2.39	2.36	2.34	2.29	2.25	2.22	2.20	2.16	2.11	2.08	2.02	1.98	1.96
34	2.42	2.38	2.35	2.32	2.30	2.25	2.21	2.18	2.16	2.12	2.07	2.04	1.98	1.94	1.91
36	2.38	2.35	2.32	2.29	2.26	2.21	2.17	2.14	2.12	2.08	2.03	2.00	1.94	1.90	1.87
38	2.35	2.32	2.28	2.26	2.23	2.18	2.14	2.11	2.09	2.05	2.00	1.97	1.90	1.86	1.84
40	2.33	2.29	2.26	2.23	2.20	2.15	2.11	2.08	2.06	2.02	1.97	1.94	1.87	1.83	1.80

续　表

f_2 \ f_1	22	24	26	28	30	35	40	45	50	60	80	100	200	500	∞
42	2.30	2.26	2.23	2.20	2.18	2.13	2.09	2.06	2.03	1.99	1.94	1.91	1.85	1.80	1.78
44	2.28	2.24	2.21	2.18	2.15	2.10	2.06	2.03	2.01	1.97	1.92	1.89	1.82	1.78	1.75
46	2.26	2.22	2.19	2.16	2.13	2.08	2.04	2.01	1.99	1.95	1.90	1.86	1.80	1.75	1.73
48	2.24	2.20	2.17	2.14	2.12	2.06	2.02	1.99	1.97	1.93	1.88	1.84	1.78	1.73	1.70
50	2.22	2.18	2.15	2.12	2.10	2.05	2.01	1.97	1.95	1.91	1.86	1.82	1.76	1.71	1.68
60	2.15	2.12	2.08	2.05	2.03	1.98	1.94	1.90	1.88	1.84	1.78	1.75	1.68	1.63	1.60
80	2.07	2.03	2.00	1.97	1.94	1.89	1.85	1.81	1.79	1.75	1.69	1.66	1.58	1.53	1.49
100	2.02	1.98	1.94	1.92	1.89	1.84	1.80	1.76	1.73	1.69	1.63	1.60	1.52	1.47	1.43
125	1.98	1.94	1.91	1.88	1.85	1.80	1.76	1.72	1.69	1.65	1.59	1.55	1.47	1.41	1.37
150	1.96	1.92	1.88	1.85	1.83	1.77	1.73	1.69	1.66	1.62	1.56	1.52	1.43	1.38	1.33
200	1.93	1.89	1.85	1.82	1.79	1.74	1.69	1.66	1.63	1.58	1.52	1.48	1.39	1.33	1.28
300	1.89	1.85	1.82	1.79	1.76	1.71	1.66	1.62	1.59	1.55	1.48	1.44	1.35	1.28	1.22
500	1.87	1.83	1.79	1.76	1.74	1.68	1.63	1.60	1.56	1.52	1.45	1.41	1.31	1.23	1.16
1000	1.85	1.81	1.77	1.74	1.72	1.66	1.61	1.57	1.54	1.50	1.43	1.38	1.28	1.19	1.11
∞	1.83	1.79	1.76	1.72	1.70	1.64	1.59	1.55	1.52	1.47	1.40	1.36	1.25	1.15	1.00

附录 6　常用正交试验表

(1) $L_4(2^3)$

试验号＼列号	1	2	3
1	1	1	1
2	1	2	2
3	2	1	2
4	2	2	1

注:任意二列间的交互作用出现于另一列。

(2) $L_8(2^7)$

试验号＼列号	1	2	3	4	5	6	7
1	1	1	1	1	1	1	1
2	1	1	1	2	2	2	2
3	1	2	2	1	1	2	2
4	1	2	2	2	2	1	1
5	2	1	2	1	2	1	2
6	2	1	2	2	1	2	1
7	2	2	1	1	2	2	1
8	2	2	1	2	1	1	2

$L_8(2^7)$:二列间的交互作用表

列号 / 试验号	1	2	3	4	5	6	7
	(1)	3	2	5	4	7	6
		(2)	1	6	7	4	5
			(3)	7	6	5	4
				(4)	1	2	3
					(5)	3	2
						(6)	1

(3) $L_{12}(2^{11})$

列号 / 试验号	1	2	3	4	5	6	7	8	9	10	11
1	1	1	1	1	1	1	1	1	1	1	1
2	1	1	1	1	1	2	2	2	2	2	2
3	1	1	2	2	2	1	1	1	2	2	2
4	1	2	1	2	2	1	2	2	1	1	2
5	1	2	2	1	2	2	1	2	1	2	1
6	1	2	2	2	1	2	2	1	2	1	1
7	2	1	2	2	1	1	2	2	1	2	1
8	2	1	2	1	2	2	2	1	1	1	2
9	2	1	1	2	2	2	1	2	2	1	1
10	2	2	2	1	1	1	1	2	2	1	2
11	2	2	1	2	1	2	1	1	1	2	2
12	2	2	1	1	2	1	2	1	2	2	1

(4) $L_{16}(2^{15})$

试验号 \ 列号	1	2	3	4	5	6	7	8	9	10	11	12	13	14	15
1	1	1	1	1	1	1	1	1	1	1	1	1	1	1	1
2	1	1	1	1	1	1	1	2	2	2	2	2	2	2	2
3	1	1	1	2	2	2	2	1	1	1	1	2	2	2	2
4	1	1	1	2	2	2	2	2	2	2	2	1	1	1	1
5	1	2	2	1	1	2	2	1	1	2	2	1	1	2	2
6	1	2	2	1	1	2	2	2	2	1	1	2	2	1	1
7	1	2	2	2	2	1	1	1	1	2	2	2	2	1	1
8	1	2	2	2	2	1	1	2	2	1	1	1	1	2	2
9	2	1	2	1	2	1	2	1	2	1	2	1	2	1	2
10	2	1	2	1	2	1	2	2	1	2	1	2	1	2	1
11	2	1	2	2	1	2	1	1	2	1	2	2	1	2	1
12	2	1	2	2	1	2	1	2	1	2	1	1	2	1	2
13	2	2	1	1	2	2	1	1	2	2	1	1	2	2	1
14	2	2	1	1	2	2	1	2	1	1	2	2	1	1	2
15	2	2	1	2	1	1	2	1	2	2	1	2	1	1	2
16	2	2	1	2	1	1	2	2	1	1	2	1	2	2	1

$L_{16}(2^{15})$:二列间的交互作用表

试验号 \ 列号	1	2	3	4	5	6	7	8	9	10	11	12	13	14	15
	(1)	3	2	5	4	7	6	9	8	11	10	13	12	15	14
		(2)	1	6	7	4	5	10	11	8	9	14	15	12	13
			(3)	7	6	5	4	11	10	9	8	15	14	13	12
				(4)	1	2	3	12	13	14	15	8	9	10	11
					(5)	3	2	13	12	15	14	9	8	11	10
						(6)	1	14	15	12	13	10	11	8	9
							(7)	15	14	13	12	11	10	9	8
								(8)	1	2	3	4	5	6	7
									(9)	3	2	5	4	7	6
										(10)	1	6	7	4	5
											(11)	7	6	5	4
												(12)	1	2	3
													(13)	3	2
														(14)	1

(5) $L_9(3^4)$

试验号＼列号	1	2	3	4
1	1	1	1	1
2	1	2	2	2
3	1	3	3	3
4	2	1	2	3
5	2	2	3	1
6	2	3	1	2
7	3	1	3	2
8	3	2	1	3
9	3	3	2	1

注:任意二列间的交互作用出现于另外二列。

(6) $L_{18}(3^7)$

试验号＼列号	1	2	3	4	5	6	7	1′
1	1	1	1	1	1	1	1	1
2	1	2	2	2	2	2	2	1
3	1	3	3	3	3	3	3	1
4	2	1	1	2	2	3	3	1
5	2	2	2	3	3	1	1	1
6	2	3	3	1	1	2	2	1
7	3	1	2	1	3	2	3	1
8	3	2	3	2	1	3	1	1
9	3	3	1	3	2	1	2	1
10	1	1	3	3	2	2	1	2
11	1	2	1	1	3	3	2	2
12	1	3	2	2	1	1	3	2
13	2	1	2	3	1	3	2	2
14	2	2	3	1	2	1	3	2
15	2	3	1	2	3	2	1	2
16	3	1	3	2	3	1	2	2
17	3	2	1	3	1	2	3	2
18	3	3	2	1	2	3	1	2

注:把两水平的列 1′ 排进 $L_{18}(2^7)$,便得混合型 $L_{18}(2^1\times3^7)$。交互作用 $1'\times1$ 可从两列的二元表求出。在 $L_{18}(2^1\times3^7)$ 中把列 1′ 和列 1 的水平组合 11,12,13,21,22,23 分别换成 1,2,3,4,5,6,便得混合型 $L_{18}(6^2\times3^6)$。

(7) $L_{27}(3^{13})$

试验号 \ 列号	1	2	3	4	5	6	7	8	9	10	11	12	13
1	1	1	1	1	1	1	1	1	1	1	1	1	1
2	1	1	1	1	2	2	2	2	2	2	2	2	2
3	1	1	1	1	3	3	3	3	3	3	3	3	3
4	1	2	2	2	1	1	1	2	2	2	3	3	3
5	1	2	2	2	2	2	2	3	3	3	1	1	1
6	1	2	2	2	3	3	3	1	1	1	2	2	2
7	1	3	3	3	1	1	1	3	3	3	2	2	2
8	1	3	3	3	2	2	2	1	1	1	3	3	3
9	1	3	3	3	3	3	3	2	2	2	1	1	1
10	2	1	2	3	1	2	3	1	2	3	1	2	3
11	2	1	2	3	2	3	1	2	3	1	2	3	1
12	2	1	2	3	3	1	2	3	1	2	3	1	2
13	2	2	3	1	1	2	3	2	3	1	3	1	2
14	2	2	3	1	2	3	1	3	1	2	1	2	3
15	2	2	3	1	3	1	2	1	2	3	2	3	1
16	2	3	1	2	1	2	3	3	1	2	2	3	1
17	2	3	1	2	2	3	1	1	2	3	3	2	2
18	2	3	1	2	3	1	2	2	3	1	1	1	3
19	3	1	3	2	1	3	2	1	3	2	1	3	2
20	3	1	3	2	2	1	3	2	1	3	2	1	3
21	3	1	3	2	3	2	1	3	2	1	3	2	1
22	3	2	1	3	1	3	2	2	1	3	3	2	1
23	3	2	1	3	2	1	3	3	2	1	1	3	2
24	3	2	1	3	3	2	1	1	3	2	2	1	3
25	3	3	2	1	1	3	2	3	2	1	2	1	3
26	3	3	2	1	2	1	3	1	3	2	3	2	1
27	3	3	2	1	3	2	1	2	1	3	1	3	2

$L_{27}(3^{13})$:二列间的交互作用表

试验号 \ 列号	1	2	3	4	5	6	7	8	9	10	11	12	13
	(1)	3	2	2	6	5	5	9	8	8	12	11	11
		4	4	3	7	7	6	10	10	9	13	13	12
		(2)	1	1	8	9	10	5	6	7	5	6	7
			4	3	11	12	13	11	12	13	8	9	10
			(3)	1	9	10	8	7	5	6	6	7	5
				2	13	11	12	12	13	11	10	8	9
				(4)	10	8	9	6	7	5	7	5	6
					12	13	11	13	11	12	9	10	8
					(5)	1	1	2	3	4	2	4	3
						7	6	11	13	12	8	10	9
						(6)	1	4	2	3	3	2	4
							5	13	12	11	10	9	8
							(7)	3	4	2	4	3	2
								12	11	13	9	8	10
								(8)	1	1	2	3	4
									10	9	5	7	6
									(9)	1	4	2	3
										8	7	6	5
										(10)	3	4	2
											6	5	7
											(11)	1	1
												13	12
												(12)	1
													11

(8) $L_{36}(3^{13})$

试验号 \ 列号	1	2	3	4	5	6	7	8	9	10	11	12	13	1′	2′	3′
1	1	1	1	1	1	1	1	1	1	1	1	1	1	1	1	1
2	1	2	2	2	2	2	2	2	2	2	2	2	2	1	1	1
3	1	3	3	3	3	3	3	3	3	3	3	3	3	1	1	1
4	1	1	1	1	1	2	2	2	2	3	3	3	3	1	2	2
5	1	2	2	2	2	3	3	3	3	1	1	1	1	1	2	2
6	1	3	3	3	3	1	1	1	1	2	2	2	2	1	2	2
7	1	1	1	2	3	1	2	3	3	1	2	2	3	2	1	2
8	1	2	2	3	1	2	3	1	1	2	3	3	1	2	1	2
9	1	3	3	1	2	3	1	2	2	3	1	1	2	2	1	2
10	1	1	1	3	2	1	3	2	3	2	1	3	2	2	2	1
11	1	2	2	1	3	2	1	3	1	3	2	1	3	2	2	1
12	1	3	3	2	1	3	2	1	2	1	3	2	1	2	2	1
13	2	1	2	3	1	3	2	1	3	3	2	1	2	1	1	1
14	2	2	3	1	2	1	3	2	1	1	3	2	3	1	1	1
15	2	3	1	2	3	2	1	3	2	2	1	3	1	1	1	1
16	2	1	2	3	2	1	1	3	2	3	3	2	1	1	2	2
17	2	2	3	1	3	2	2	1	3	1	1	3	2	1	2	2
18	2	3	1	2	1	3	3	2	1	2	2	1	3	1	2	2
19	2	1	2	1	3	3	3	1	2	2	1	2	3	2	1	2
20	2	2	3	2	1	1	1	2	3	3	2	3	1	2	1	2
21	2	3	1	3	2	2	2	3	1	1	3	1	2	2	1	2
22	2	1	2	2	3	3	1	2	1	1	3	3	2	2	2	1
23	2	2	3	3	1	1	2	3	2	2	1	1	3	2	2	1
24	2	3	1	1	2	2	3	1	3	3	2	2	1	2	2	1
25	3	1	3	2	1	2	3	3	1	3	1	2	2	1	1	1
26	3	2	1	3	2	3	1	1	2	1	2	3	3	1	1	1
27	3	3	2	1	3	1	2	2	3	2	3	1	1	1	1	1
28	3	1	3	2	2	2	1	1	3	2	3	1	3	1	2	2
29	3	2	1	3	3	3	2	2	1	3	1	2	1	1	2	2
30	3	3	2	1	1	1	3	3	2	1	2	3	2	1	2	2
31	3	1	3	3	3	2	3	2	2	1	2	1	1	2	1	2

续表

试验号＼列号	1	2	3	4	5	6	7	8	9	10	11	12	13	1′	2′	3′
33	3	3	2	2	2	1	2	1	1	3	1	3	3	2	1	2
34	3	1	3	1	2	3	2	3	1	2	2	3	1	2	2	1
35	3	2	1	2	3	1	3	1	2	3	3	1	2	2	2	1
36	3	3	2	3	1	1	1	2	3	1	1	2	3	2	2	1

注：把两水平的列1′,2′,3′排进$L_{36}(3^{13})$，便得混合型$L_{36}(2^3\times3^{13})$。这时交互作用$1'\times2'$出现于3′，并且交互作用$1'\times1$，$2'\times1$和$3'\times1$可分别从各自的二元表求出。

(9) $L_{16}(4^5)$

试验号＼列号	1	2	3	4	5
1	1	1	1	1	1
2	1	2	2	2	2
3	1	3	3	3	3
4	1	4	4	4	4
5	2	1	2	3	4
6	2	2	1	4	3
7	2	3	4	1	2
8	2	4	3	2	1
9	3	1	3	4	2
10	3	2	4	3	1
11	3	3	1	2	4
12	3	4	2	1	3
13	4	1	4	2	3
14	4	2	3	1	4
15	4	3	2	4	1
16	4	4	1	3	2

注：任意二列间的交互作用出现于其他三列。

(10) $L_{32}(4^6)$

试验号＼列号	1	2	3	4	5	6	7	8	9	1′
1	1	1	1	1	1	1	1	1	1	1
2	1	2	2	2	2	2	2	2	2	1
3	1	3	3	3	3	3	3	3	3	1
4	1	4	4	4	4	4	4	4	4	1
5	2	1	1	2	2	3	3	4	4	1
6	2	2	2	1	1	4	4	3	3	1
7	2	3	3	4	4	1	1	2	2	1
8	2	4	4	3	3	2	2	1	1	1
9	3	1	2	3	4	1	2	3	4	1
10	3	2	1	4	3	2	1	4	3	1
11	3	3	4	1	2	3	4	1	2	1
12	3	4	3	2	1	4	3	2	1	1
13	4	1	2	4	3	3	4	2	1	1
14	4	2	1	3	4	4	3	1	2	1
15	4	3	4	2	1	1	2	4	3	1
16	4	4	3	1	2	2	1	3	4	1
17	1	1	4	1	4	2	3	2	3	2
18	1	2	3	2	3	1	4	1	4	2
19	1	3	2	3	2	4	1	4	1	2
20	1	4	1	4	1	3	2	3	2	2
21	2	1	4	2	3	4	1	3	2	2
22	2	2	3	1	4	3	2	4	1	2
23	2	3	2	4	1	2	3	1	4	2
24	2	4	1	3	2	1	4	2	3	2
25	3	1	3	3	1	2	4	4	2	2
26	3	2	4	4	2	1	3	3	1	2
27	3	3	1	1	3	4	2	2	4	2
28	3	4	2	2	4	3	1	1	3	2
29	4	1	3	4	2	4	2	1	3	2
30	4	2	4	3	1	3	1	2	4	2
31	4	3	1	2	4	2	4	3	1	2
32	4	4	2	1	3	1	3	4	2	2

注：把两水平的列1′排进$L_{32}(4^9)$，便得混合型$L_{32}(2^1\times4^9)$。这时交互作用1×1可从二元表求出。把列1′和列1的水平组合11,12,13,14,21,22,23,24分别换成1,2,3,4,5,6,7,8便得混合型$L_{32}(8^1\times4^8)$。

(11) $L_{25}(5^6)$

试验号＼列号	1	2	3	4	5	6
1	1	1	1	1	1	1
2	1	2	2	2	2	2
3	1	3	3	3	3	3
4	1	4	4	4	4	4
5	1	5	5	5	5	5
6	2	1	2	3	4	5
7	2	2	3	4	5	1
8	2	3	4	5	1	2
9	2	4	5	1	2	3
10	2	5	1	2	3	4
11	3	1	3	5	2	4
12	3	2	4	1	3	5
13	3	3	5	2	4	1
14	3	4	1	3	5	2
15	3	5	2	4	1	3
16	4	1	4	2	5	3
17	4	2	5	3	1	4
18	4	3	1	4	2	5
19	4	4	2	5	3	1
20	4	5	3	1	4	2
21	5	1	5	4	3	2
22	5	2	1	5	4	3
23	5	3	2	1	5	4
24	5	4	3	2	1	5
25	5	5	4	3	2	1

注：任意二列间的交互作用出现于其他四列。

(12) $L_8(4\times 2^4)$

试验号 \ 列号	1	2	3	4	5
1	1	1	1	1	1
2	1	2	2	2	2
3	2	1	1	2	2
4	2	2	2	1	1
5	3	1	2	1	2
6	3	2	1	2	1
7	4	1	2	2	1
8	4	2	1	1	2

(13) $L_{12}(3^1\times 2^4)$

试验号 \ 列号	1	2	3	4	5
1	1	1	1	1	1
2	1	1	1	2	2
3	1	2	2	1	2
4	1	2	2	2	1
5	2	1	2	1	1
6	2	1	2	2	2
7	2	2	1	1	1
8	2	2	1	2	2
9	3	1	2	1	2
10	3	1	1	2	1
11	3	2	1	1	2
12	3	2	2	2	1

(14) $L_{122}(6^1 \times 2^2)$

试验号＼列号	1	2	3
1	2	1	1
2	5	1	2
3	5	2	1
4	2	2	2
5	4	1	1
6	1	1	2
7	1	2	1
8	4	2	2
9	3	1	1
10	6	1	2
11	6	2	1
12	3	2	2

(15) $L_{16}(4^1 \times 2^{12})$

试验号＼列号	1	2	3	4	5	6	7	8	9	10	11	12	13
1	1	1	1	1	1	1	1	1	1	1	1	1	1
2	1	1	1	1	1	2	2	2	2	2	2	2	2
3	1	2	2	2	2	1	1	1	1	2	2	2	2
4	1	2	2	2	2	2	2	2	2	1	1	1	1
5	2	1	1	2	2	1	1	2	2	1	1	2	2
6	2	1	1	2	2	2	2	1	1	2	2	1	1
7	2	2	2	1	1	1	1	2	2	2	2	1	1
8	2	2	2	1	1	2	2	1	1	1	1	2	2
9	3	1	2	1	2	1	2	1	2	1	2	1	2
10	3	1	2	1	2	2	1	2	1	2	1	2	1
11	3	2	1	2	1	1	2	1	2	2	1	2	1
12	3	2	1	2	1	2	1	2	1	1	2	1	2
13	4	1	2	2	1	1	2	2	1	1	2	2	1
14	4	1	2	2	1	2	1	1	2	2	1	1	2
15	4	2	1	1	2	1	2	2	1	2	1	1	2
16	4	2	1	1	2	2	1	1	2	1	2	2	1

注：$L_{16}(4^1 \times 2^{12})$，$L_{16}(4^2 \times 2^9)$，$L_{16}(4^3 \times 2^6)$，$L_{16}(4^4 \times 2^3)$ 均由 $L_{16}(2^{15})$ 并列得到。

(16) $L_{16}(8^1 \times 2^8)$

试验号＼列号	1	2	3	4	5	6	7	8	9
1	1	1	1	1	1	1	1	1	1
2	1	2	2	2	2	2	2	2	2
3	2	1	1	1	1	2	2	2	2
4	2	2	2	2	2	1	1	1	1
5	3	1	1	2	2	1	1	2	2
6	3	2	2	1	1	2	2	1	1
7	4	1	1	2	2	2	2	1	1
8	4	2	2	1	1	1	1	2	2
9	5	1	2	1	2	1	2	1	2
10	5	2	1	2	1	2	1	2	1
11	6	1	2	1	2	2	1	2	1
12	6	2	1	2	1	1	2	1	2
13	7	1	2	2	1	1	2	2	1
14	7	2	1	1	2	2	1	1	2
15	8	1	2	2	1	2	1	1	2
16	8	2	1	1	2	1	2	2	1

(17) $L_{18}(2 \times 3^7)$

试验号＼列号	1	2	3	4	5	6	7	8
1	1	1	1	1	1	1	1	1
2	1	1	2	2	2	2	2	2
3	1	1	3	3	3	3	3	3
4	1	2	1	1	2	2	3	3
5	1	2	2	2	3	3	1	1
6	1	2	3	3	1	1	2	2
7	1	3	1	2	1	3	2	3
8	1	3	2	3	2	1	3	1
9	1	3	3	1	3	2	1	2
10	2	1	1	3	3	2	2	1
11	2	1	2	1	1	3	3	2
12	2	1	3	2	2	1	1	3
13	2	2	1	2	3	1	3	2
14	2	2	2	3	1	2	1	3
15	2	2	3	1	2	3	2	1
16	2	3	1	3	2	3	1	2
17	2	3	2	1	3	1	2	3
18	2	3	3	2	1	2	3	1

注：将第一列划去，便是非标准表 $L_{18}(3^7)$。

(18) $L_{18}(6\times3^6)$

试验号 \ 列号	1	2	3	4	5	6	7
1	1	1	1	1	1	1	1
2	1	2	2	2	2	2	2
3	1	3	3	3	3	3	3
4	2	1	1	2	2	3	3
5	2	2	2	3	3	1	1
6	2	3	3	1	1	2	2
7	3	1	2	1	3	2	3
8	3	2	3	2	1	3	1
9	3	3	1	3	2	1	2
10	4	1	3	3	2	2	1
11	4	2	1	1	3	3	2
12	4	3	2	2	1	1	3
13	5	1	2	3	1	3	2
14	5	2	3	1	2	1	3
15	5	3	1	2	3	2	1
16	6	1	3	2	3	1	2
17	6	2	1	3	1	2	3
18	6	3	2	1	2	3	1

(19) $L_{20}(5^1 \times 2^8)$

试验号 \ 列号	1	2	3	4	5	6	7	8	9
1	1	1	1	1	1	1	1	1	1
2	1	1	1	1	1	2	2	2	2
3	1	2	2	2	2	1	1	1	1
4	1	2	2	2	2	2	2	2	2
5	2	1	2	1	2	1	1	1	2
6	2	1	2	2	1	2	2	2	1
7	2	2	1	1	2	2	1	2	1
8	2	2	1	2	1	1	2	1	2
9	3	1	1	2	1	2	1	2	2
10	3	1	2	2	2	1	2	1	1
11	3	2	1	1	2	2	2	2	1
12	3	2	2	1	1	1	1	1	2
13	4	1	1	2	2	2	2	1	2
14	4	1	2	1	2	2	1	2	2
15	4	2	1	2	1	1	1	1	1
16	4	2	2	1	1	2	2	2	1
17	5	1	1	1	2	2	2	1	1
18	5	1	2	2	1	2	1	2	1
19	5	2	1	2	2	1	1	2	2
20	5	2	2	1	1	1	2	1	2

附录 7　常用均匀设计表

(1) $U_5(5^4)$

试验号＼列号	1	2	3	4
1	1	2	3	4
2	2	4	1	3
3	3	1	4	2
4	4	3	2	1
5	5	5	5	5

$U_5(5^4)$ 的使用表

因素数	列号			
2	1	2		
3	1	2	4	
4	1	2	3	4

(2) $U_7(7^6)$

试验号＼列号	1	2	3	4	5	6
1	1	2	3	4	5	6
2	2	4	6	1	3	5
3	3	6	2	5	1	4
4	4	1	5	2	6	3
5	5	3	1	6	4	2
6	6	5	4	3	2	1
7	7	7	7	7	7	7

$U_7(7^6)$ 的使用表

因素数	列号					
2	1	3				
3	1	2	3			
4	1	2	3	6		
5	1	2	3	4	6	
6	1	2	3	4	5	6

(3) $U_9(9^6)$

试验号 \ 列号	1	2	3	4	5	6
1	1	2	4	5	7	8
2	2	4	8	1	5	7
3	3	6	3	6	3	6
4	4	8	7	2	1	5
5	5	1	2	7	8	4
6	6	3	6	3	6	3
7	7	5	1	8	4	2
8	8	7	5	4	2	1
9	9	9	9	9	9	9

$U_9(9^6)$ 的使用表

因素数	列号					
2	1	3				
3	1	3	5			
4	1	2	3	5		
5	1	2	3	4	5	
6	1	2	3	4	5	6

(4) $U_{11}(11^{10})$ 的使用表

试验号＼列号	1	2	3	4	5	6	7	8	9	10
1	1	2	3	4	5	6	7	8	9	10
2	2	4	6	8	10	1	3	5	7	9
3	3	6	9	1	4	7	10	2	5	8
4	4	8	1	5	9	2	6	10	3	7
5	5	10	4	9	3	8	2	7	1	6
6	6	1	7	2	8	3	9	4	10	5
7	7	3	10	6	2	9	5	1	8	4
8	8	5	2	10	7	4	1	9	6	3
9	9	7	5	3	1	10	8	6	4	2
10	10	9	8	7	6	5	4	3	2	1
11	11	11	11	11	11	11	11	11	11	11

$U_{11}(11^{10})$

因素数	列号									
2	1	7								
3	1	5	7							
4	1	2	5	7						
5	1	2	3	5	7					
6	1	2	3	5	7	10				
7	1	2	3	4	5	7	10			
8	1	2	3	4	5	6	7	10		
9	1	2	3	4	5	6	7	9	10	
10	1	2	3	4	5	6	7	8	9	10

(5) $U_{13}(13^{12})$

列号 / 试验号	1	2	3	4	5	6	7	8	9	10	11	12
1	1	2	3	4	5	6	7	8	9	10	11	12
2	2	4	6	8	10	12	1	3	5	7	9	11
3	3	6	9	12	2	5	8	11	1	4	7	10
4	4	8	12	3	7	11	2	6	10	1	5	9
5	5	10	2	7	12	4	9	1	6	11	3	8
6	6	12	5	11	4	10	3	9	2	8	1	7
7	7	1	8	2	9	3	10	4	11	5	12	6
8	8	3	11	6	1	9	4	12	7	2	10	5
9	9	5	1	10	6	2	11	7	3	12	8	4
10	10	7	4	1	11	8	5	2	12	9	6	3
11	11	9	7	5	3	1	12	10	8	6	4	2
12	12	11	10	9	8	7	6	5	4	3	2	1
13	13	13	13	13	13	13	13	13	13	13	13	13

$U_{13}(13^{12})$ 的使用表

因素数	列号											
2	1	5										
3	1	3	4									
4	1	6	8	10								
5	1	6	8	9	10							
6	1	2	6	8	9	10						
7	1	2	6	8	9	10	12					
8	1	2	6	7	8	9	10	12				
9	1	2	3	6	7	8	9	10	12			
10	1	2	3	5	6	7	8	9	10	12		
11	1	2	3	4	5	6	7	8	9	10	12	
12	1	2	3	4	5	6	7	8	9	10	11	12

(6) $U_{15}(15^8)$

试验号＼列号	1	2	3	4	5	6	7	8
1	1	2	4	7	8	11	13	14
2	2	4	8	14	1	7	11	13
3	3	6	12	6	9	3	9	12
4	4	8	1	13	2	14	7	11
5	5	10	5	5	10	10	5	10
6	6	12	9	12	3	6	3	9
7	7	14	13	4	11	2	1	8
8	8	1	2	11	4	13	14	7
9	9	3	6	3	12	9	12	6
10	10	5	10	10	5	5	10	5
11	11	7	14	2	13	1	8	4
12	12	9	3	9	6	12	6	3
13	13	11	1	1	14	8	4	2
14	14	13	11	8	7	4	2	1
15	15	15	15	15	15	15	15	15

$U_{15}(15^8)$ 的使用表

因素数	列　号							
2	1	6						
3	1	3	4					
4	1	3	4	7				
5	1	2	3	4	7			
6	1	2	3	4	6	8		
7	1	2	3	4	6	7	8	
8	1	2	3	4	5	6	7	8

附录 8　正交多项式表

α	$N=2$	$N=3$		$N=4$			$N=5$			
	$2\varphi_1$	φ_1	$3\varphi_2$	$2\varphi_1$	φ_2	$\frac{10}{3}\varphi_3$	φ_1	φ_2	$\frac{5}{6}\varphi_3$	$\frac{35}{12}\varphi_4$
1	−1	−1	1	−3	1	−1	−2	2	−1	1
2	1	0	−2	−1	−1	3	−1	−1	2	−4
3		1	1	1	−1	−3	0	−2	0	6
4				3	1	1	1	−1	−2	−4
5							2	2	1	1
s_j	2	2	6	20	4	20	10	14	10	70

α	$N=6$					$N=7$				
	$2\varphi_1$	$\frac{3}{2}\varphi_2$	$\frac{5}{3}\varphi_3$	$\frac{7}{12}\varphi_4$	$\frac{21}{10}\varphi_5$	φ_1	φ_2	$\frac{1}{6}\varphi_3$	$\frac{7}{12}\varphi_4$	$\frac{7}{20}\varphi_5$
1	−5	5	−5	1	−1	-3	5	−1	3	−1
2	−3	−1	7	−3	5	−2	0	1	−7	4
3	−1	−4	4	2	−10	−1	−3	1	1	−5
4	1	−4	−4	2	10	0	−4	0	6	0
5	3	-1	−7	−3	−5	1	−3	−1	1	5
6	5	5	5	1	1	2	0	−1	−7	−4
7						3	5	1	3	1
s_j	70	84	180	28	252	28	84	6	154	84

α	$N=8$					$N=9$				
	$2\varphi_1$	φ_2	$\frac{2}{3}\varphi_3$	$\frac{7}{12}\varphi_4$	$\frac{7}{10}\varphi_5$	φ_1	$3\varphi_2$	$\frac{5}{6}\varphi_3$	$\frac{7}{12}\varphi_4$	$\frac{3}{20}\varphi_5$
1	−7	7	−7	7	−7	−4	28	−14	14	−4
2	−5	1	5	−13	23	−3	7	7	−21	11
3	−3	−3	7	−3	−17	−2	−8	13	−11	−4
4	−1	−5	3	9	−15	−1	−17	9	9	−9
5	1	−5	−3	9	15	0	−20	0	18	0
6	3	−3	−7	−3	17	1	−17	−9	9	9
7	5	1	−5	−13	−23	2	−8	−13	−11	4
8	7	7	7	7	7	3	7	−7	−21	−11
9						4	28	14	14	4
s_j	168	168	264	616	2 184	60	2 772	990	2 002	468

α	$N=10$					$N=11$				
	$2\varphi_1$	$\frac{1}{2}\varphi_2$	$\frac{5}{3}\varphi_3$	$\frac{5}{12}\varphi_4$	$\frac{1}{10}\varphi_5$	φ_1	φ_2	$\frac{5}{6}\varphi_3$	$\frac{1}{12}\varphi_4$	$\frac{1}{40}\varphi_5$
1	−9	6	-42	18	−6	−5	15	−30	6	−3
2	−7	2	14	−22	14	−4	6	6	−6	6
3	−5	−1	35	−17	−1	−3	−1	22	−6	1
4	−3	−3	31	3	−11	−2	−6	23	−1	−4
5	−1	−4	12	18	−6	−1	−9	14	4	−4
6	1	−4	−12	18	6	0	−10	0	6	0
7	3	−3	−31	3	11	1	−9	−14	4	4
8	5	−1	−35	−17	1	2	−6	−23	−1	4
9	7	2	−14	−22	−14	3	−1	−22	−6	−1
10	9	6	42	18	6	4	6	−6	−6	−6
11						5	15	30	6	3
s_j	330	132	8 580	2 860	780	110	858	4 290	286	156

α	N=12					N=13				
	$2\varphi_1$	$3\varphi_2$	$\frac{2}{3}\varphi_3$	$\frac{7}{24}\varphi_4$	$\frac{3}{20}\varphi_5$	φ_1	φ_2	$\frac{1}{6}\varphi_3$	$\frac{7}{12}\varphi_4$	$\frac{7}{120}\varphi_5$
1	−11	55	-33	33	−33	−6	22	−11	99	−22
2	−9	25	3	−27	57	−5	11	0	−66	33
3	−7	1	21	−33	21	−4	2	6	−96	18
4	−5	−17	25	−13	−29	−3	−5	8	−54	−11
5	−3	−29	19	12	−44	−2	−10	7	11	−26
6	−1	−35	7	28	−20	−1	−13	4	64	−20
7	1	−35	−7	28	20	0	−14	0	84	0
8	3	−29	−19	12	44	1	−13	−4	64	20
9	5	−17	−25	−13	29	2	−10	−7	11	26
10	7	1	−21	−33	−21	3	−5	−8	−54	11
11	9	25	-3	−27	−57	4	2	−6	−96	−18
12	11	55	33	33	33	5	11	0	−66	−33
13						6	22	11	99	22
s_j	572	12 012	5 148	8 008	15 912	182	2 002	572	6 8068	6 188

α	N=14					N=15				
	$2\varphi_1$	$\frac{1}{2}\varphi_2$	$\frac{5}{3}\varphi_3$	$\frac{7}{12}\varphi_4$	$\frac{7}{30}\varphi_5$	φ_1	$3\varphi_2$	$\frac{5}{6}\varphi_3$	$\frac{35}{12}\varphi_4$	$\frac{21}{20}\varphi_5$
1	−13	13	−143	143	−143	−7	91	−91	1 001	−1 001
2	−11	7	−11	−77	187	−6	52	−13	−429	1 144
3	−9	2	66	−132	132	−5	19	35	−869	979
4	−7	−2	98	−92	−28	−4	−8	58	−704	44
5	−5	−5	95	−13	−139	−3	−29	61	−249	−751
6	−3	−7	67	63	−145	−2	−44	49	251	−1 000
7	−1	−8	24	108	−60	−1	−53	27	621	−675
8	1	−8	−24	108	60	0	−56	0	756	0
9	3	−7	−67	63	145	1	−53	−27	621	675
10	5	−5	−95	−13	139	2	−44	−49	251	1 000
11	7	−2	−98	−92	28	3	−29	−61	−249	751
12	9	2	−66	−132	−132	4	−8	−58	−704	−44
13	11	7	11	−77	−187	5	19	−35	−869	−979
14	13	13	143	143	143	6	52	13	−429	−1 144
15						7	91	91	1 001	1 001
s_j	910	728	97 240	136 136	235 144	280	37 128	39 786	6 466 460	10 581 480

α	N=16					N=17				
	$2\varphi_1$	φ_2	$\frac{10}{3}\varphi_3$	$\frac{7}{12}\varphi_4$	$\frac{1}{10}\varphi_5$	φ_1	φ_2	$\frac{1}{6}\varphi_3$	$\frac{1}{12}\varphi_4$	$\frac{1}{20}\varphi_5$
1	−15	35	−455	273	−143	−8	40	−28	52	−104
2	−13	21	−91	91	143	−7	25	−7	−13	91
3	−11	9	143	−221	143	−6	12	7	−39	104
4	−9	−1	267	−201	33	−5	1	15	−39	39
5	−7	−9	301	−101	−77	−4	−8	18	−24	−36
6	−5	−15	265	23	−131	−3	−15	17	−3	−83
7	−3	−19	179	129	−115	−2	−20	13	17	−88
8	−1	−21	63	189	−45	−1	−23	7	31	−55
9						0	−24	0	36	0
s_j	1 360	5 712	1 007 760	470 288	201 552	408	7 752	3 876	16 796	100 776

注：从 $N=16$ 起，只列出前一半的数值（包括 N 为奇数时的中间的数值）。后一半的数值，当 j（φ 的下标）为偶数时，与前一半对称；当 j 为奇数时，与前一半反对数（即数字对称，符号相反），如对于 $N=16$，$(10/3)\varphi_3$ 的后一半数值为 −63，−179，−265，−301，−267，−143，91，455。最后一行仍然是全部数值的平方和。

α	N=18					N=19				
	$2\varphi_1$	$\frac{3}{2}\varphi_2$	$\frac{1}{3}\varphi_3$	$\frac{1}{12}\varphi_4$	$\frac{3}{10}\varphi_5$	φ_1	φ_2	$\frac{5}{6}\varphi_3$	$\frac{7}{12}\varphi_4$	$\frac{1}{40}\varphi_5$
1	−17	68	−68	68	−884	−9	51	−204	612	−102
2	−15	44	−20	−12	676	−8	34	−68	−68	68
3	−13	23	13	−47	871	−7	19	28	−388	98
4	−11	5	33	−51	429	−6	6	89	−453	58
5	−9	−10	42	−36	−156	−5	−5	120	−354	−3
6	−7	−22	42	−12	−588	−4	−14	126	−168	−54
7	−5	−31	35	13	−733	−3	−21	112	42	−79
8	−3	−37	23	33	−583	−2	−26	83	227	−74
9	−1	−40	8	44	−220	−1	−29	44	352	−44
10						0	−30	0	396	0
s_j	1 938	23 256	23 256	28 424	6 953 544	570	13 566	213 180	2 288 132	89 148

α	$N=20$				
	$2\varphi_1$	φ_2	$\frac{10}{3}\varphi_3$	$\frac{35}{24}\varphi_4$	$\frac{7}{20}\varphi_5$
1	−19	57	−969	1938	−1 938
2	−17	39	−357	−102	1 122
3	−15	23	85	−1 122	1 802
4	−13	9	377	−1 402	1 222
5	−11	−3	539	−1 187	187
6	−9	−13	591	−687	−771
7	−7	−21	553	−77	−1 351
8	−5	−27	445	503	−1 441
9	−3	−31	287	948	−1 076
10	−1	−33	99	1 188	−396
s_j	2 660	17 556	4 903 140	22 881 320	31 201 800

α	$N=21$				
	φ_1	$3\varphi_2$	$\frac{5}{6}\varphi_3$	$\frac{7}{12}\varphi_4$	$\frac{21}{40}\varphi_5$
1	−10	190	−285	969	-3 876
2	−9	133	−114	0	1 938
3	−8	82	12	−510	3 468
4	−7	37	98	−680	2 618
5	−6	−2	149	−615	783
6	−5	−35	170	−406	−1 063
7	−4	−62	166	−130	−2 354
8	−3	−83	142	150	−2 819
9	−2	−98	103	385	−2 444
10	−1	−107	54	540	−1 404
11	0	−110	0	594	0
s_j	770	201 894	432 630	5 720 330	121 687 020

α	$N=22$				
	$2\varphi_1$	$\frac{1}{2}\varphi_2$	$\frac{1}{3}\varphi_3$	$\frac{7}{12}\varphi_4$	$\frac{7}{30}\varphi_5$
1	−21	35	−133	1 197	−2 261
2	−19	25	−57	57	969
3	−17	16	0	−570	1 938
4	−15	8	40	−810	1 598
5	−13	1	65	−775	663
6	−11	−5	77	−563	−363
7	−9	−10	78	−258	−1 158
8	−7	−14	70	70	−1 554
9	−5	−17	55	365	−1 509
10	−3	−19	35	585	−1 079
11	−1	−20	12	702	−390
s_j	3 542	7 084	96 140	8 748 740	40 562 340

α	$N=23$				
	φ_1	φ_2	$\frac{1}{6}\varphi_3$	$\frac{7}{12}\varphi_4$	$\frac{1}{60}\varphi_5$
1	−11	77	−77	1 463	−209
2	−10	56	−35	133	76
3	−9	37	−3	−627	171
4	−8	20	20	−950	152
5	−7	5	35	−955	77
6	−6	−8	43	−747	−12
7	−5	−19	45	−417	−87
8	−4	−28	42	−42	−132
9	−3	−35	35	315	−141
10	−2	−40	25	605	−116
11	−1	−43	13	793	−65
12	0	−44	0	858	0
s_j	1 012	35 420	32 890	13 123 110	340 860

α	N = 24				
	$2\varphi_1$	$3\varphi_2$	$\frac{10}{3}\varphi_3$	$\frac{1}{12}\varphi_4$	$\frac{3}{10}\varphi_5$
1	−23	253	−1 771	253	−4 807
2	−21	187	−847	33	1 463
3	−19	127	−133	−97	3 743
4	−17	73	391	−157	3 553
5	−15	25	745	−165	2 071
6	−13	−17	949	−137	169
7	−11	−53	1 023	−87	−1 551
8	−9	−83	987	−27	−2 721
9	−7	−107	861	33	−3 171
10	−5	−125	665	85	−2 893
11	−3	−137	419	123	−2 005
12	−1	−143	143	143	−715
s_j	4 600	394 680	17 760 600	394 680	177 928 920

α	N = 25				
	φ_1	φ_2	$\frac{5}{6}\varphi_3$	$\frac{5}{12}\varphi_4$	$\frac{1}{20}\varphi_5$
1	−12	92	−506	1 518	−1 012
2	−11	69	−253	253	253
3	−10	48	−55	−517	748
4	−9	29	93	−897	753
5	−8	12	196	−982	488
6	−7	−3	259	−857	119
7	−6	−16	287	−597	−236
8	−5	−27	285	−267	−501
9	−4	−36	258	78	−636
10	−3	−43	211	393	−631
11	−2	−48	149	643	−500
12	−1	−51	77	803	−275
13	0	−52	0	858	0
s_j	1 300	53 820	1 480 050	14 307 150	7 803 900

α	$N=26$				
	$2\varphi_1$	$\frac{1}{2}\varphi_2$	$\frac{5}{3}\varphi_3$	$\frac{7}{12}\varphi_4$	$\frac{1}{10}\varphi_5$
1	−25	50	−1 150	2 530	−2 530
2	−23	38	−598	506	506
3	−21	27	−161	−759	1 771
4	−19	17	171	−1 419	1 881
5	−17	8	408	−1 614	1 326
6	−15	0	560	−1 470	482
7	−13	−7	637	−1 099	−377
8	−11	−13	649	−599	−1 067
9	−9	−18	606	−54	−1 482
10	−7	−22	518	466	−1 582
11	−5	−25	395	905	−1 381
12	−3	−27	247	1 221	−935
13	−1	−28	84	1 386	−330
s_j	5 850	16 380	7 803 900	40 060 020	48 384 180

α	$N=27$				
	φ_1	$3\varphi_2$	$\frac{1}{6}\varphi_3$	$\frac{7}{12}\varphi_4$	$\frac{21}{40}\varphi_5$
1	−13	325	−130	2 990	−16 445
2	−12	250	−70	690	2 530
3	−11	180	−22	−782	10 879
4	−10	118	15	−1 587	12 144
5	−9	61	42	−1 872	9 174
6	−8	10	60	−1 770	4 188
7	−7	−35	70	−1 400	−1 162
8	−6	−74	73	867	−5 728
9	−5	−107	70	−262	−8 803
10	−4	−134	62	338	−10 058
11	−3	−155	50	870	−9 479
12	−2	−170	35	1 285	−7 304
13	−1	−179	18	1 548	−3 960
14	0	−182	0	1 638	0
s_j	1 638	712 530	101 790	56 448 210	2 032 135 560

α	N = 28				
	$2\varphi_1$	φ_2	$\frac{2}{3}\varphi_3$	$\frac{7}{24}\varphi_4$	$\frac{7}{20}\varphi_5$
1	−27	117	−585	1 755	−13 455
2	−25	91	−325	455	1 495
3	−23	67	−115	−395	8 395
4	−21	45	49	−879	9 821
5	−19	25	171	−1 074	7 866
6	−17	7	255	−1 050	4 182
7	−15	−9	305	-870	22
8	−13	−23	325	-590	−3 718
9	−11	−35	319	-259	−6 457
10	−9	−45	291	81	−7 887
11	−7	−53	245	395	−7 931
12	−5	−59	185	655	−6 701
13	−3	−63	115	840	−4 456
14	−1	−65	39	936	−1 560
s_j	7 308	95 004	2 103 660	19 634 160	1 354 757 040

α	N = 29				
	φ_1	φ_2	$\frac{5}{6}\varphi_3$	$\frac{7}{12}\varphi_4$	$\frac{7}{40}\varphi_5$
1	−14	126	−819	4 095	−8 190
2	−13	99	−468	1 170	585
3	−12	74	−182	−780	4 810
4	−11	51	44	−1 930	5 880
5	−10	30	215	−2 441	4 958
6	−9	11	336	−2 460	2 946
7	−8	−6	412	−2 120	556
8	−7	−21	448	−1 540	−1 694
9	−6	−34	449	−825	−3 454
10	−5	−45	420	−66	−4 521
11	−4	−54	366	660	−4 818
12	−3	−61	292	1 290	−4 373
13	−2	−66	203	1 775	−3 298
14	−1	−69	104	2 080	−1 768
15	0	−70	0	2 184	0
s_j	2 030	113 274	4 207 320	107 987 880	500 671 080

α	N = 30				
	$2\varphi_1$	$\frac{3}{2}\varphi_2$	$\frac{5}{3}\varphi_3$	$\frac{35}{12}\varphi_4$	$\frac{3}{10}\varphi_5$
1	−29	203	−1 827	23 751	−16 965
2	−27	161	−1 071	7 371	585
3	−25	122	−450	−3 744	9 360
4	−23	86	46	−10 504	11 960
5	−21	53	427	−13 749	10 535
6	−19	23	703	−14 249	6 821
7	−17	−4	884	−12 704	2 176
8	−15	−28	980	−9 744	−2 384
9	−13	−49	1 001	−5 929	−6 149
10	−11	−67	957	−1 749	−8 679
11	−9	−82	858	2 376	−9 768
12	−7	−94	714	6 096	−9 408
13	−5	−103	535	9 131	−7 753
14	−3	−109	331	11 271	−5 083
15	−1	−112	112	12 376	−1 768
s_j	8 990	302 064	21 360 240	3 671 587 920	2 145 733 200

附录 9　随机数表 1

03 47 43 73 86	36 96 47 36 61	46 93 63 71 62	33 26 16 80 45	60 11 14 10 95
97 74 24 67 62	42 81 14 57 20	42 53 32 37 32	27 07 36 07 51	24 51 79 89 73
16 76 62 27 66	56 50 26 71 07	32 90 79 78 53	13 55 38 58 59	88 97 54 14 10
12 56 85 99 26	96 96 68 27 31	05 03 72 93 15	57 12 10 14 21	88 26 49 81 76
55 59 56 35 64	38 54 82 46 22	34 62 43 09 90	06 18 44 35 53	23 83 01 30 30
16 22 77 94 39	49 54 43 54 82	17 37 93 23 78	87 35 20 96 43	84 26 34 91 61
84 42 17 53 31	57 24 55 06 88	77 04 74 47 67	21 76 33 50 25	83 92 12 06 76
63 01 63 78 59	16 95 55 67 19	98 10 50 71 75	12 86 73 58 07	44 39 52 38 79
33 21 12 34 29	78 64 56 07 82	52 42 07 44 38	15 51 00 13 42	99 66 02 79 54
57 60 96 32 77	09 47 27 96 54	49 17 46 09 62	90 52 84 77 27	98 02 73 43 28
18 18 07 92 45	44 17 16 58 09	79 83 86 19 52	06 76 50 03 10	55 23 64 05 05
26 62 38 97 75	84 16 07 44 99	83 11 46 32 24	20 14 85 88 45	10 93 72 88 71
23 42 40 64 74	82 97 77 77 81	07 45 32 14 08	32 98 94 07 72	93 85 79 10 75
52 36 28 19 95	50 92 26 11 97	00 56 76 31 38	80 22 02 53 53	86 60 42 04 53
37 85 94 35 12	83 39 50 08 30	42 34 07 96 88	54 42 06 87 98	35 85 29 48 39
70 29 17 12 13	40 33 20 38 26	13 89 51 03 74	17 76 37 13 04	07 74 24 19 30
56 62 18 37 25	96 83 50 97 75	97 12 25 93 47	70 33 24 03 54	97 77 46 44 80
99 49 57 22 77	88 42 95 45 72	16 64 36 16 00	04 43 18 66 79	94 77 24 21 90
16 08 15 04 72	33 27 14 34 09	45 59 34 68 49	12 72 07 34 45	99 27 72 95 14
31 16 93 32 43	50 27 89 87 19	20 15 37 00 49	52 85 66 60 44	38 68 88 11 80
68 34 30 13 70	55 74 30 77 40	44 22 78 84 26	04 33 46 09 52	68 07 97 06 57
74 57 25 65 76	59 29 97 68 60	71 91 38 67 54	13 58 18 24 76	15 54 55 95 52
27 42 37 86 53	48 55 90 68 72	96 57 69 36 10	96 46 93 42 45	97 60 49 04 91
00 39 68 29 61	66 37 32 20 30	77 84 57 03 29	10 45 65 04 26	11 04 96 67 24
29 94 98 94 24	68 49 69 10 82	53 75 91 93 30	34 25 20 57 27	40 48 73 51 92
16 90 82 66 59	83 62 64 11 12	67 19 00 71 74	60 47 21 29 68	02 02 37 03 31
11 27 94 75 06	06 09 19 74 66	02 94 37 34 02	76 70 90 30 86	38 45 94 30 38
35 24 10 16 20	33 32 51 26 38	79 78 45 04 91	16 92 53 56 16	02 75 50 95 98
38 23 16 86 38	42 38 97 01 50	87 75 66 81 41	40 01 74 91 62	48 51 84 08 32
31 96 25 91 47	96 44 33 59 13	34 86 82 53 91	00 42 43 48 85	27 55 26 89 62

66 67 40 67 14	64 05 71 95 86	11 05 65 09 68	76 83 20 37 90	57 16 00 11 66
14 90 84 45 11	75 73 88 05 90	52 27 41 14 86	22 98 12 22 08	07 52 74 95 80
68 05 51 18 00	33 96 02 75 19	07 60 62 93 55	59 33 82 43 90	49 37 38 44 59
20 46 78 73 90	97 51 40 14 02	04 02 33 31 08	39 54 16 49 36	47 95 93 13 30
64 19 58 97 79	15 06 15 93 20	01 90 10 75 06	40 78 78 89 62	02 67 74 17 33
05 26 93 70 60	22 25 85 15 13	92 03 51 59 77	59 56 78 06 83	52 91 05 70 74
07 97 10 88 23	09 98 42 99 64	61 71 62 99 15	06 51 29 16 93	58 05 77 09 51
63 71 86 85 85	54 87 66 47 54	73 32 08 11 12	44 95 92 63 16	29 56 24 29 48
26 99 61 65 53	58 37 78 80 70	42 10 50 67 42	32 17 55 35 74	94 44 67 16 94
14 65 52 68 75	87 59 36 22 41	26 78 63 06 55	13 08 27 04 50	15 29 39 39 43
17 53 77 58 71	74 41 61 50 72	12 41 94 96 26	44 95 27 36 99	02 96 74 30 83
90 26 59 21 19	23 52 23 33 12	96 93 02 18 39	07 02 18 36 07	25 99 32 70 23
41 23 52 55 99	31 04 49 69 96	10 47 48 45 88	13 41 43 89 20	97 17 14 49 17
60 20 50 81 69	31 99 73 68 68	35 81 33 03 76	24 30 12 48 60	18 99 10 72 34
91 25 38 05 90	94 58 28 41 36	45 37 59 03 09	90 35 57 29 12	82 62 54 65 60
34 50 57 74 37	98 80 33 00 91	09 77 93 19 82	74 94 80 04 04	45 07 31 66 49
85 22 04 39 43	73 81 53 94 79	33 62 46 86 28	09 31 54 46 31	53 94 13 38 47
09 79 13 77 48	73 82 97 22 21	05 03 27 24 83	72 89 44 05 60	35 80 39 94 88
88 75 80 18 14	22 95 75 42 49	39 32 82 22 49	02 48 07 70 37	16 04 61 67 87
90 96 23 70 00	39 00 03 06 90	55 85 78 38 36	94 37 30 69 32	90 89 00 76 33

附录10 随机数表2

53 74 23 99 67	61 32 28 69 84	94 62 67 86 24	98 33 41 19 95	47 53 53 38 09
63 38 06 86 54	99 00 65 26 94	02 82 90 23 07	79 62 67 80 60	75 91 12 81 19
35 30 58 24 46	06 72 17 10 94	25 21 31 75 96	49 28 24 00 49	55 65 79 78 07
63 43 36 82 69	65 51 18 37 88	61 28 44 12 45	32 92 85 88 65	54 34 81 85 35
98 25 37 55 26	01 91 82 81 46	74 71 12 94 97	24 02 71 37 07	03 92 18 66 75
02 63 21 17 69	71 50 80 89 56	38 15 70 11 49	43 40 45 96 98	00 83 26 91 03
64 55 22 21 82	48 22 28 06 00	61 54 13 43 91	82 78 12 23 29	06 66 24 12 27
85 07 26 13 89	01 10 07 82 04	59 63 69 36 03	69 11 15 83 80	13 29 54 19 28
58 54 16 24 15	51 54 44 82 00	62 61 65 04 69	38 18 65 18 97	85 72 13 49 21
34 85 27 84 87	61 48 64 56 26	90 28 48 13 26	37 70 15 42 57	65 65 80 39 07
03 92 18 27 46	57 99 16 96 56	30 33 72 85 22	84 64 38 56 98	99 01 30 98 64
62 93 30 27 59	37 75 41 66 48	86 97 80 61 45	23 53 04 01 63	45 76 08 64 27
08 45 93 15 22	60 21 75 45 91	98 77 27 85 42	28 88 61 08 84	69 62 03 42 73
07 03 55 18 40	45 44 75 13 90	24 94 96 61 02	57 55 66 83 15	73 42 37 11 61
01 85 89 95 66	51 10 19 34 88	15 84 97 19 75	12 76 39 43 78	64 63 91 08 25
72 84 71 14 35	19 11 58 49 26	50 11 17 17 76	86 31 57 20 18	95 60 78 46 75
88 78 28 16 84	13 52 53 94 53	75 45 69 30 96	73 89 65 70 31	99 17 43 48 76
45 17 75 65 57	28 40 19 72 12	25 12 74 75 67	60 40 60 81 19	24 62 01 61 16
96 76 23 12 54	22 01 11 94 25	71 96 16 16 88	68 61 36 74 45	19 59 50 88 92
43 31 67 72 30	24 02 94 08 63	38 32 36 66 02	69 36 38 25 39	48 03 45 15 22
50 44 66 44 21	66 06 58 05 62	68 15 54 35 02	42 35 48 96 32	14 52 41 52 43
22 66 22 15 86	26 63 75 41 99	58 42 36 72 24	58 37 52 18 51	03 37 18 39 11
96 24 40 14 51	23 22 30 88 57	95 67 47 29 83	94 69 40 06 07	18 16 36 78 86
31 73 91 61 19	60 20 72 93 48	98 57 07 23 69	65 95 39 69 58	56 80 30 19 44
78 60 73 99 84	43 89 94 36 45	56 69 47 07 41	90 22 91 07 12	78 35 34 08 72
84 37 90 61 56	70 10 23 93 05	85 11 34 76 60	76 48 45 34 60	01 64 18 39 96
36 67 10 08 23	98 93 35 08 86	99 29 76 29 81	33 34 91 58 93	63 14 52 32 52
07 28 59 07 38	87 64 58 89 75	83 85 62 27 89	30 14 78 56 27	86 63 59 80 02
10 15 83 87 60	79 24 31 66 56	21 48 24 06 93	91 98 94 05 49	01 47 59 38 00
55 19 68 97 65	03 73 52 16 56	00 53 55 90 27	33 42 29 38 87	22 13 88 83 34

53 81 29 13 39	35 01 20 71 34	62 33 74 82 14	53 73 19 09 03	56 54 29 56 93
51 86 32 68 92	33 92 74 66 99	40 14 71 94 58	45 94 19 38 81	14 44 99 81 07
35 91 70 29 13	80 03 54 07 27	96 94 78 32 66	50 95 52 74 33	13 80 55 62 54
37 71 67 95 13	20 02 44 95 94	64 85 04 05 72	01 32 90 76 14	53 89 74 60 41
93 66 13 83 27	92 79 64 64 72	28 54 96 53 84	48 14 52 98 94	56 07 93 89 30
02 96 08 45 65	13 05 00 41 84	93 07 54 72 59	21 45 57 09 77	19 48 56 27 44
49 83 43 48 35	82 88 33 69 96	72 36 04 18 76	47 45 15 18 60	82 11 08 95 97
84 60 74 62 46	40 80 81 30 37	34 39 23 05 38	25 15 35 74 30	88 12 57 21 77
18 17 30 88 71	44 91 14 88 47	89 23 30 63 15	56 34 20 47 89	99 82 93 24 98
79 69 10 61 78	71 32 76 95 62	87 00 22 58 40	92 54 01 75 25	43 11 71 99 31
75 93 36 57 83	56 20 14 82 11	74 21 97 90 65	96 42 68 63 86	74 54 13 26 94
38 30 92 29 03	06 28 81 39 38	62 25 06 84 63	61 29 08 93 67	04 32 92 08 09
51 29 50 10 34	31 57 75 95 80	54 97 02 74 77	76 15 48 49 44	18 55 63 77 09
21 31 38 86 24	37 79 81 53 74	73 54 16 10 33	52 83 90 94 76	70 47 14 54 36
29 01 23 87 88	58 02 39 37 67	42 10 14 20 92	16 55 23 42 45	54 96 09 11 06
95 33 95 22 00	18 74 72 00 18	38 79 58 69 32	81 76 80 26 92	82 80 84 25 39
90 84 60 79 80	24 36 59 87 38	82 07 53 89 35	96 35 23 79 18	05 98 90 07 35
46 40 62 98 82	54 97 20 56 98	15 74 80 08 32	16 46 70 50 80	67 72 16 42 79
20 31 89 03 43	38 46 82 68 72	32 14 82 99 70	80 60 47 18 97	63 49 30 21 30
71 59 73 05 50	08 22 23 71 77	91 01 93 20 49	82 96 59 26 94	66 39 67 98 60